ANSYS 机械工程实战应用 30 例

高耀东　宿福存　乔冠　等 编著

电子工业出版社
Publishing House of Electronics Industry
北京·BEIJING

内 容 简 介

本书的中心是引领读者解决工程实际问题，围绕该中心精选了工程应用中的 30 个案例，内容分 6 篇，包括前处理、结构静力学分析、结构动力学分析、非线性分析、热分析及热应力计算，以及综合应用。通过精选的实例，读者可以循序渐进地掌握 ANSYS 软件的基础知识。此外，参照这些实例的步骤，把模型或参数做简单的修改，就能解决工程实际问题。

本书总结了编著者多年教学和工程经验，讲解详细、深入浅出、实例典型全面，且每个实例都配备了 GUI 分析步骤和对应的命令流。既适合初学者使用，也适合对 ANSYS 软件有一定使用经验的读者解决实际问题时参考。读者能够在较短时间内，既知其然，又知其所以然。

本书可以作为高等院校机械、建筑、力学类专业本科生或研究生的教材，也可作为相关领域工程技术人员进阶、提高的参考书。

图书在版编目（CIP）数据

ANSYS 机械工程实战应用 30 例 / 高耀东等编著.

北京 ：电子工业出版社，2024. 12. -- ISBN 978-7-121-49211-2

Ⅰ. TH-39

中国国家版本馆 CIP 数据核字第 2024AU3749 号

责任编辑：陈韦凯　　文字编辑：许　静
印　　刷：涿州市京南印刷厂
装　　订：涿州市京南印刷厂
出版发行：电子工业出版社
　　　　　北京市海淀区万寿路 173 信箱　邮编　100036
开　　本：787×1 092　1/16　印张：24.75　字数：634 千字
版　　次：2024 年 12 月第 1 版
印　　次：2024 年 12 月第 1 次印刷
定　　价：89.00 元

凡所购买电子工业出版社图书有缺损问题，请向购买书店调换。若书店售缺，请与本社发行部联系，联系及邮购电话：（010）88254888，88258888。

质量投诉请发邮件至 zlts@phei.com.cn，盗版侵权举报请发邮件至 dbqq@phei.com.cn。

本书咨询联系方式：（010）88254441，chenwk@phei.com.cn。

前　　言

本书的中心是引领读者解决工程实际问题，围绕该中心精选了工程应用中的 30 个案例，内容分 6 篇，包括前处理、结构静力学分析、结构动力学分析、非线性分析、热分析及热应力计算和综合应用。通过精选的实例，读者可以循序渐进地掌握 ANSYS 软件的基础知识。此外，参照这些实例的步骤，把本书模型或参数做简单的修改，就能解决工程实际问题。

本书总结了编著者多年教学和工程经验，讲解详细、深入浅出、实例典型全面，每个实例都配备了 GUI 分析步骤和对应的命令流。既适合初学者使用，也适合对 ANSYS 软件有一定使用经验的人在解决实际问题时使用。读者能够在较短时间内，既知其然，又知其所以然。

本书第 1 例～第 4 例介绍了关键点、线、面和体等几何实体的创建方法，介绍了由几何实体创建有限元模型的方法。

第 5 例～第 9 例介绍了结构静力学分析的步骤和方法，介绍了杆系结构、平面问题和空间结构问题的静力学分析适用范围、处理问题的方法。

第 10 例～第 15 例介绍了模态分析、谐响应分析、瞬态动力学分析、连杆机构运动分析等常用结构动力学分析类型，介绍了各分析类型的分析步骤、方法和应用场合。

第 16 例～第 22 例介绍了非线性分析的基本概念，介绍了结构、材料、接触、单元生死等非线性问题的分析步骤、方法和应用场合。

第 23 例～第 26 例介绍了结构分析中常见的耦合场、热应力的计算方法，以及相关的热分析方法、步骤。

第 27 例～第 30 例是综合应用类实例分析。

本书参加编写的有：沈阳城科工程检测咨询有限公司宿福存（第 1～3 例）、沈阳城科工程检测咨询有限公司胡新颖（第 4～6 例）、沈阳城科工程检测咨询有限公司隋青春（第 7～9 例）、沈阳城科工程检测咨询有限公司李希武（第 10～13 例）、内蒙古科技大学郭晓峰（第 14～16 例）、内蒙古工业大学乔冠（第 17～20 例）、内蒙古科技大学矿业与煤炭学院孙建平（第 21～22 例）、辽宁轻工职业学院张福宽（第 23～27 例）、内蒙古科技大学高耀东（第 28～30 例和附录）。

由于编著者水平有限，加之时间仓促，书中难免存在一些错误和缺点，敬请广大读者不吝赐教、批评指正，读者可通过邮箱 jxxgyd@126.com 与编著者联系和交流。

编著者

目　　录

第三篇　结构动力学分析

0　绪论

0.1　ANSYS 简介

ANSYS 软件是融结构、流体、电场、磁场、声场分析于一体的大型通用有限元分析软件。在核工业、铁道、石油化工、航空航天、机械制造、能源、汽车交通、国防军工、电子、土木工程、造船、生物医学、轻工、地矿、水利、日用家电等领域都有着广泛的应用。ANSYS 功能强大，操作简单方便，是国际流行的有限元分析软件。

0.1.1　ANSYS 的主要功能

1. 结构分析

ANSYS 主要用于分析结构的变形、应力、应变和反力等。结构分析包括以下内容。

1）静力分析

静力分析用于载荷不随时间变化的场合，是机械专业应用最多的一种分析类型。ANSYS 的静力分析不仅可以进行线性分析，还支持非线性分析，如接触、塑性变形、蠕变、大变形、大应变问题的分析。

2）动力学分析

动力学分析包括模态分析、谐响应分析、瞬态动力学分析、谱分析。模态分析用于计算结构的固有频率和振型（见图 0-1）。谐响应分析用于计算结构对正弦载荷的响应。瞬态动力学分析用于计算结构对随时间任意规律变化的载荷的响应，且可以包含非线性特性。谱分析用于确定结构对随机载荷或时间变化载荷（如地震载荷）的动力响应。

3）用 ANSYS/LS-DYNA 进行显式动力学分析

ANSYS 能够分析各种复杂几何非线性、材料非线性、状态非线性问题，特别适合求解高速碰撞、爆炸和金属成型等非线性动力学问题。

4）其他结构分析功能

ANSYS 还可用于疲劳分析、断裂分析、随机振动分析、特征值屈曲分析、子结构/子模型分析。

2. 热分析

热分析通过模拟热传导、对流和辐射 3 种热传递方式，以确定物体中的温度分布（见图 0-2）。ANSYS 能进行稳态和瞬态热分析，能进行线性和非线性分析，能模拟材料的凝固和熔化过程。

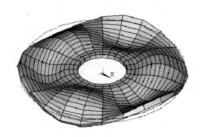

图 0-1　圆盘的模态分析

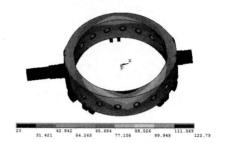

图 0-2　转炉托圈的温度分布

3．电磁场分析

ANSYS 可以用来分析电磁场的多方面问题，如电感、电容、磁通量密度、涡流、电场分布、磁力线、力、运动效应、电路和能量损失等。分析的磁场可以是 2D 的或 3D 的，可以是静态的、瞬态的或谐波的，可以是低频的或高频的。另外，ANSYS 还可以解决静电学、电流传导、电路耦合等电磁场相关问题。

4．流体动力学分析

ANSYS 的流体动力学分析可用来解决 2D、3D 流体动力场问题，可以进行传热或绝热、层流或湍流、压缩或不可压缩等问题的研究。

0.1.2　ANSYS 的特点

（1）具有强大的建模能力，用 ANSYS 本身的功能即可创建各种形状复杂的几何模型。

（2）具有强大的求解能力，ANSYS 提供了多种先进的直接求解器和迭代求解器，可以由用户指定，也可以由软件根据情况自行选择。

（3）不但可以对结构、热、流体、电磁场等单独物理场进行研究，还可以对这些物理现象的相互影响进行研究。例如，热-结构耦合、流体-结构耦合、电-磁-热耦合等。

（4）集合前后处理、求解及多场分析等功能于一体，使用统一的数据库。

（5）具有强大的非线性分析功能。

（6）良好的用户界面，且在所有硬件平台上具有统一界面，使用方便。

（7）具有强大的二次开发功能，如应用宏、参数设计语言、用户可编程特性、用户自定义语言、外部命令等功能，可以开发出适合用户自己特点的应用程序，并对 ANSYS 功能进行扩展。

（8）具有强大的网格划分能力，提供了多种网格划分工具，能进行智能网格划分。

（9）提供了与常用 CAD 软件的数据接口，可精确地将在 CAD 系统下创建的模型传入 ANSYS 中，并对其进行操作。

（10）可以在有限元分析的基础上进行优化设计。

0.1.3　ANSYS 产品简介

ANSYS Mechanical Enterprise 是一款功能最全面的通用结构力学仿真分析软件，其包括了线性/非线性分析、静力学、隐式动力学、显式动力学、多刚体/刚柔混合动力学、多体水动力学、复合材料分析、疲劳分析、优化分析等在内的所有结构分析功能。此外，ANSYS Mechanical Enterprise 还支持热分析、声学分析、压电分析，以及热-结构、电-热、磁-结构、电-热-结构等多物理耦合功能；同时集成于 ANSYS 协同仿真平台 ANSYS Workbench，可以与 ANSYS 的流体产品 CFX、Fluent，电磁产品 Maxwell 等实现无缝的电磁-流体-结构的多场耦合分析。

ANSYS Mechanical Premium 是一款高级的结构分析软件，它具有 ANSYS Mechanical Enterprise 的大部分分析功能。

ANSYS LS-DYNA——通用显式动力学仿真软件。ANSYS LS-DYNA 将 LS-DYNA 显式求解算法与 ANSYS 前后处理程序组合在一起，发挥各自优势，特别适合求解各种 2D、3D 结构的高度非线性动力冲击问题。

ANSYS Workbench 是 ANSYS 公司提出的协同仿真环境，包含了所有基于物理仿真的 ANSYS 软件，各种软件之间能够实现自动连接，数据可以实现无缝通信。

ANSYS Workbench 的特点包括：
（1）轻松管理所有 ANSYS 产品的数据。
（2）在单个界面中集成多个分析。
（3）通过自动数据传输节省时间。
（4）创建更高保真度的模型。

0.1.4　处理器

了解一些 ANSYS 内部结构有助于指导用户正确操作软件，并发现错误原因。

ANSYS 按功能提供了 10 个处理器，不同的处理器用于执行不同的任务。例如，PREP7 预处理器主要用于模型创建、网格划分。ANSYS 常用处理器的功能如表 0-1 所示。

表 0-1　ANSYS 常用处理器的功能

处理器名称	功 能	菜 单 路 径	命 令
预处理器（PREP7）	建立几何模型，赋予材料属性，划分网格等	Main Menu→Preprocessor	/PREP7
求解器（SOLUTION）	施加载荷和约束，进行求解	Main Menu→Solution	/SOLU
通用后处理器（POST1）	显示在指定时间点上选定模型的计算结果	Main Menu→General Postproc	/POST1
时间历程后处理器（POST26）	显示模型上指定点在整个时间历程上的结果	Main Menu→TimeHist Postpro	/POST26
辅助处理器（AUX2）	把二进制文件变为可读文件	Utility Menu→File→List→Binary Files	/AUX2
辅助处理器（AUX3）	结果文件编辑	无	/AUX3
辅助处理器（AUX12）	在热分析中计算辐射因子和矩阵	Main Menu→Radiation Opt	/AUX12
辅助处理器（AUX15）	从 CAD 或者 FEA 软件中传递文件	Utility Menu→File→Import	/AUX15
RUNSTAT	估计计算时间、运行状态等	Main Menu→Run-Time Stats	/RUNST

一个命令必须在其所属的处理器下执行，否则会出错。例如，只能在 PREP7 预处理器下执行关键点创建命令 KP。但有的命令属于多个处理器，如载荷操作既可以在 PREP7 预处理器下

执行，又可以在 SOLUTION 求解器中使用。

刚进入 ANSYS 时，软件位于 BEGIN（开始）级，也就是不位于任何处理器下。有两种方法可以进入处理器：图形用户交互方式和命令方式。例如，欲进入 PREP7 预处理器，可以选择菜单 Main Menu→Preprocessor，或者在命令窗口输入/PREP7。退出某个处理器可以选择菜单 Main Menu→Finish，或者在命令窗口输入并执行 FINISH 命令。

0.2 ANSYS 软件的使用

0.2.1 ANSYS 软件解决问题的步骤

与其他的通用有限元软件一样，ANSYS 执行一个典型的分析任务要经过 3 个步骤：前处理、求解、后处理。

1）前处理

在分析过程中，与其他步骤相比，建立有限元模型需要花费操作者更多的时间。在前处理过程中，先指定任务名和分析标题，然后在 PREP7 预处理器下定义单元类型、单元实常数、材料特性和有限元模型等。

（1）指定任务名和分析标题。该步骤虽然不是必须的，但 ANSYS 推荐使用任务名和分析标题。

（2）定义单位制。ANSYS 对单位没有专门的要求，除了磁场分析以外，只要保证输入的数据都使用统一的单位制即可。这时，输出的数据与输入数据的单位制完全一致。

（3）定义单元类型。从 ANSYS 提供的单元库内根据需要选择单元类型。

（4）定义单元实常数。在选择了单元类型以后，有的单元类型需要输入用于对单元进行补充说明的实常数。是否需要实常数及实常数的类型，由所选单元类型决定。

（5）定义材料特性，指定材料特性参数。

（6）定义截面。

（7）创建有限元模型。

2）求解

建立有限元模型以后，首先需要在 SOLUTION 求解器下选择分析类型，指定分析选项，然后施加载荷和约束，指定载荷步长并对有限元求解进行初始化并求解。

（1）选择分析类型和指定分析选项。在 ANSYS 中，可以选择下列分析类型包括静态分析、模态分析、谐响应分析、瞬态分析、谱分析、屈曲分析、子结构分析等。不同的分析类型有不同的分析选项。

（2）施加载荷和约束。在 ANSYS 中约束被处理为自由度载荷。ANSYS 的载荷共分为 6 类：DOF（自由度）载荷、集中力和力矩、表面分布载荷、体积载荷、惯性载荷和耦合场载荷。如果按载荷施加的实体类型划分的话，ANSYS 的载荷又可以分为直接施加在几何实体上的载荷和施加在有限元模型即节点、单元上的载荷。

（3）指定载荷步选项。主要是对载荷步进行修改和控制，如指定子载荷步数、时间步长、对输出数据进行控制等。

（4）求解。主要工作是从 ANSYS 数据库中获得模型和载荷信息，进行计算求解，并将结果写入结果文件和数据库中。结果文件和数据库文件的不同点是，数据库文件每次只能驻留一组结果，而结果文件保存所有结果数据。

3）后处理

求解结束以后，就可以根据需要使用 POST1 通用后处理器或 POST26 时间历程后处理器对结果进行查看了。POST1 通用后处理器用于显示在指定时间点上选定模型的计算结果，POST26 时间历程后处理器用于显示模型上指定点在整个时间历程上的结果。

0.2.2　命令输入方法

ANSYS 常用的命令输入方法有两种：

1）GUI（图形用户界面）交互式输入

该方式用鼠标在菜单或工具条上选择来执行命令，ANSYS 会弹出对话框以实现人机交互。优点是直观明了、容易使用，非常适合于初学者。缺点是效率较低，操作出现问题时，不容易发现和修改。

2）命令流输入

优点是方便快捷、效率高，能克服菜单方式的缺点。但要求用户非常熟悉 ANSYS 命令的使用，此方法适合于高级用户使用。

无论使用哪一种命令输入方法，ANSYS 都会将相应的命令自动保存到记录文件（Jobname.LOG）中，可以将由菜单方式形成的命令语句从记录文件（Jobname.LOG）中复制出来，稍加修改即可作为命令流输入。

0.2.3　图形用户界面（GUI）

ANSYS 启动步骤：（1）在 Windows "开始" 菜单执行 ANSYS x.x→Mechanical APDL x.x。（2）在 Windows "开始" 菜单执行 ANSYS x.x→Mechanical APDL Product launcher→设置 Working directory（工作目录）和 Initial Jobname（初始任务名）等→Run。

ANSYS 标准的图形用户界面如图 0-3 所示，主要包括以下几个部分。

（1）Main Menu（主菜单）。包含各个处理器下的基本命令，它是基于完成分析任务的操作顺序进行排列的，原则上是完成一个处理器下的所有操作后再进入下一个处理器。该菜单为树状弹出式菜单结构。

（2）Utility Menu（通用菜单）。包含了 ANSYS 的全部公共命令，如文件管理、实体选择、显示及其控制、参数设置等。该菜单为下拉菜单结构，可直接完成某一功能或弹出对话框。

（3）Graphics Window（图形窗口）。该窗口显示出 ANSYS 创建或传递到 ANSYS 的模型及分析结果等图形。

（4）Command Input Area（命令输入窗口）。该窗口用于输入 ANSYS 命令，显示当前和先前输入的命令，并给出必要的提示信息。

（5）Output Window（输出窗口）。该窗口显示软件运行过程的文本输出，即对已经进行操作的响应信息的输出，通常隐藏于其他窗口之后，需要查看时可提到前面。

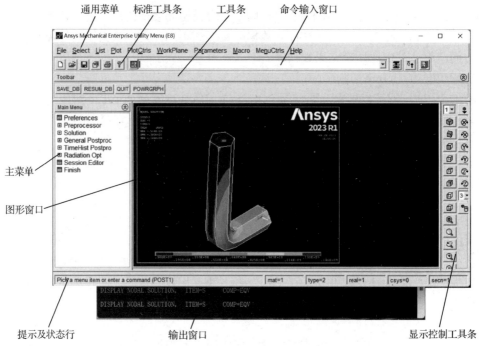

图 0-3　ANSYS 标准的图形用户界面

（6）Toolbar（工具条）。包含了一些常用命令的文字按钮，用户可以根据需要自定义增加、编辑或删除按钮。

（7）Standard Toolbar（标准工具条）。包含了新建分析、打开 ANSYS 文件等常用命令的图形按钮。

（8）Status and Prompt Area（提示及状态行）。向用户显示指导信息，显示当前单元属性设置和当前激活坐标系等。

（9）Display Toolbar（显示控制工具条）。包含了窗口选择、改变观察方向、图形缩放、旋转、平移等常用显示控制操作的图形按钮。

0.2.4　对话框及其组成控件

对话框提供用户和软件的交互平台，了解对话框是熟练掌握 ANSYS 软件的前提。组成 ANSYS 对话框的控件主要有文本框、按钮、单选列表、多选列表、单选按钮组、复选框等，这些控件的外观和使用与标准 Windows 应用程序基本相同，但有些控件也略有不同，下面就一些不同点简单介绍。

1. 单选列表框

单选列表框允许用户从一个列表中选择一个选项。用鼠标单击欲选择的选项，该选项高亮显示，表示该项被选中。如果对话框中有相应编辑框的话，同时该项还会被复制到编辑框中，然后可以对其进行编辑。如图 0-4 所示是单选列表框的应用实例。单击"PI=3.1415926"，即选中该项，同时该项也出现在了下面的编辑框里，可以对其进行编辑修改。

2．多选列表框

多选列表框同单选列表框作用基本相同，也是用于选择选项，不同的是多选列表框一次可以选择多个选项。如图 0-5 所示是多选列表框的应用实例，其中两个选项"SR""ST"被同时选中。

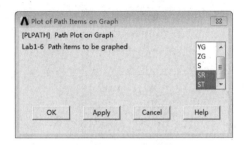

图 0-4　单选列表框　　　　　　　　　　　　　　　图 0-5　多选列表框

3．双列选择列表框

双列选择列表框由两个相互关联的单选列表框组成，左边一列选择的是类，右边一列选择的是子项目。根据左边选择的不同，右边会显示不同的选项。使用双列选择列表框可以方便对项目分类、选择。双列选择列表框的应用如图 0-6 所示。在左边列表中选中"Solid"后，右边列表即显示所属的子项目，即可在其中选中某一项，如"Quad 8 node 183"。

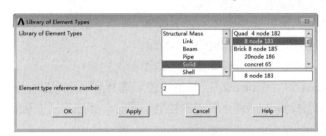

图 0-6　双列选择列表框

4．选择窗口

选择窗口是一种特殊的对话框，用于在图形窗口中选择实体和定位坐标。由于使用频繁，所以单独进行介绍。

选择窗口有两种，一种是实体检索选择窗口（见图 0-7），另一种是坐标定位选择窗口（见图 0-8）。主菜单中所有前面带有♂的菜单项在单击后都会弹出一个实体检索选择窗口，该窗口用于选择图形窗口中已经创建的实体。坐标定位选择窗口用于对一个新的关键点或节点进行坐标定位。

选择窗口由以下几个区域组成。

1）选择模式

选择模式有"Pick""Unpick"两种，"Pick"模式下处于选择状态，"Unpick"模式下处于取消选择实体状态。可单击鼠标右键来切换两种模式。

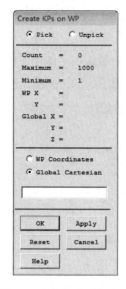

图 0-7　实体检索选择窗口　　　　　图 0-8　坐标定位选择窗口

2）选择方法

"Single"：用鼠标左键选择单个实体。

"Box" "Polygon" "Circle"：在图形窗口中建立矩形、多边形或圆形框以选择多个实体。

"Loop"：选择线链或面链。

3）选择状态和数据区域

"Count"：其值为已经选择的实体的数量。

"Maximum"：其值为可以选择实体的最大数量。

"Minimum"：其值为可以选择实体的最小数量。

"WP X" "WP Y"：其值为最后选择点在工作平面上的坐标。

"Global X" "Global Y" "Global Z"：其值为最后选择点在全球坐标系上的坐标。

"Line No"：显示选择实体的编号，实体类型不同时，标题有所变化，如 "Area No"。

4）键盘输入区域

在用鼠标直接选择不能准确定位时，从选择窗口的文本框中输入坐标值或实体编号比较方便。

"文本框"：用于输入坐标值或实体编号，各输入值之间要用英文逗号隔开。

"WP Coordinates" "Global Cartesian"：选择输入坐标值所使用的坐标系。

"List of Items" "Min，Max，Inc"：选择输入的实体编号是编号列表，还是最小值、最大值、增量。

5）热点

应在热点附近选择实体。体和面的热点在其中心处，线有 3 个热点，分别在端部和中点。

5. 作用按钮

典型的对话框都有如下作用按钮："OK" "Apply" "Reset" "Cancel" 和 "Help"，它们的作用如下。

"OK"：应用对话框内的改变，并关闭对话框。

"Apply"：应用对话框内的改变，但不关闭对话框，可以继续输入。

"Reset"：重置对话框中的内容，恢复其默认值，不关闭对话框。

"Cancel"：取消对话框中的内容，恢复其默认值，并关闭对话框。

"Help"：帮助按钮。

0.2.5 ANSYS 的菜单系统

利用菜单方式输入命令，必须对菜单项的功能和位置有所了解，才能更好地使用它。ANSYS 的菜单有两种：通用菜单和主菜单，下面选择关键的菜单项进行简单的介绍。

1. 通用菜单

通用菜单包含了 ANSYS 的所有公共命令，允许在任何处理器下使用，它采用下拉菜单结构，使用方法与标准 Windows 下拉菜单相同。通用菜单共包括 10 项内容，现按其排列顺序就其重要部分进行简单的说明。

1）File 菜单

File 菜单包含了与文件和数据库操作有关的命令。

File→Clear & Start New：清除当前分析过程，开始一个新的分析过程。

File→Change Jobname：改变任务名。

File→Change Directory：改变 ANSYS 的工作文件夹。

File→Resume Jobname.db：从当前工作文件夹中恢复文件名为任务名的数据库文件。

File→Resume from：恢复用户选择的数据库文件。

File→Save as Jobname.db：将当前数据库以任务名为文件名保存于当前工作文件夹中。

File→Save as：将当前数据库按用户选择的文件名、路径进行保存。

File→Read Input from：读入并执行一个文本格式的命令流文件。

2）Select 菜单

Select 菜单用于选择实体和创建组件、部件。

Select→Entities：用于在图形窗口选择实体，该命令经常使用，将在后文详细介绍。

Select→Comp/Assembly：进行组件、部件操作。

Select→Everything：选择模型所属类型的所有实体。

3）List 菜单

List 菜单用于列表显示保存于数据库中的各种信息。

List→Keypoint/Lines/Areas/Volumes/Nodes/Elements：列表显示各类实体的详细信息。

List→Properties：列表显示单元类型、实常数设置、材料属性等。

List→Loads：列表显示各种载荷信息。

List→Other→Database Summary：显示数据库摘要信息。

4）Plot 菜单

Plot 菜单用于在图形窗口绘制各类实体。

Plot→Replot：重画图形。

Plot→Keypoints/Lines/Areas/Volumes/Nodes/Elements：在图形窗口显示各类实体。

Plot→Multi-Plots：在图形窗口显示多类实体，显示实体的种类由 PlotCtrls→Multi-Plots

Controls 命令控制。

5）PlotCtrls 菜单

PlotCtrls 菜单用于对实体及各类图形显示特性进行控制。

PlotCtrls→Pan Zoom Rotate：用于进行平移、缩放、旋转、改变视点等观察设置。

PlotCtrls→Numbering：用于设置实体编号信息。

PlotCtrls→Style：用于控制实体、窗口、等高线等外观。

PlotCtrls→Animate：动画控制与使用。

PlotCtrls→Hard Copy：复制图形窗口到文件或打印机。

PlotCtrls→Multi-Plots Controls：控制 Plot→Multi-Plots 命令显示的内容。

6）WorkPlane 菜单

WorkPlane 菜单用于工作平面和坐标系操作及控制。

WorkPlane→Display Working Plane：控制是否显示工作平面的图标。

WorkPlane→WP Settings：用于对工作平面的属性进行设置。

WorkPlane→Offset WP by Increments：通过偏移或旋转，改变工作平面的位置和方向。

WorkPlane→Offset WP to：通过偏移，改变工作平面的位置。

WorkPlane→Align WP with：使工作平面的方向与实体、坐标系对齐。

WorkPlane→Change Active CS to：设置活跃坐标系。

WorkPlane→Local Coordinate Systems：自定义局部坐标系。

2．主菜单

主菜单包含了各个处理器下的基本命令。

1）Preferences

图形界面过滤器，通过选择该命令可以过滤掉与分析学科无关的用户界面选项。

2）PREP7 预处理器

PREP7 预处理器主要用于单元定义、建立模型、划分网格。

Preprocessor→Element Type→Add/Edit/Delete：用于定义、编辑或删除单元类型。执行一个分析任务前，必须定义单元类型用于有限元模型的创建。ANSYS 单元库包含了 100 多种不同单元，可以根据分析学科、实体的几何性质、分析的精度等来选择单元类型。

Preprocessor→Real Constants→Add/Edit/Delete：用于定义、编辑或删除实常数。单元只包含了基本的几何信息和自由度信息，有些类型的单元还需要使用实常数，对其部分几何和物理信息进行补充说明。

Preprocessor→Material Props→Material Models：这是定义材料属性的最常用方法。材料属性可以分为：线性材料和非线性材料；各向同性的、正交异性的和非弹性的；不随温度变化的和随温度变化的，等等。

Preprocessor→Sections：用于定义梁和壳单元横截面、销轴单元的坐标系等。

Preprocessor→Modeling→Create：主要用于创建简单实体或节点、单元。

Preprocessor→Modeling→Operate：通过挤出、布尔运算、比例等操作形成复杂实体。

Preprocessor→Modeling→Move/Modify：用于移动或修改实体。

Preprocessor→Modeling→Copy：用于复制实体。

Preprocessor→Modeling→Reflect：用于镜像实体。

Preprocessor→Modeling→Delete：用于删除实体。

Preprocessor→Meshing：网格划分。

3）SOLUTION 求解器

SOLUTION 求解器包括选择分析类型、分析选项、施加载荷、载荷步设置、求解控制和求解等。

Solution→Analysis Type→New Analysis：开始一个新的分析，需要用户指定分析类型。

Solution→Analysis Type→Analysis Options：选定分析类型以后，应当设置分析选项。不同的分析类型有不同的分析选项。

Solution→Define Loads→Apply/Delete/Operate：用于载荷的施加、删除和操作。

Solution→Load Step Opts：设置载荷步选项。包含输出控制、求解控制、时间/频率设置、非线性设置、频谱设置等。

Solution→Solve：求解。

Solution→Unabridged Menu/Abridged Menu：切换完整/缩略求解器菜单。

4）POST1 通用后处理器

该处理器用于显示在指定时间点上选定模型的计算结果，包括结果读取、结果显示、结果计算等。

General Postproc→Read Results：从结果文件中读取结果数据到数据库中。ANSYS 求解后，结果保存在结果文件中，只有读入数据库中才能进行操作和后处理。

General Postproc→Plot Results：以图形显示结果。包括变形显示（Plot Deformed Shape）、等高线（Contour Plot）、矢量图（Vector Plot）、路径图（Plot Path Item）等。

General Postproc→List Results：列表显示结果。

General Postproc→Query Results：显示查询结果。

General Postproc→Nodal Calcs：计算选定单元的节点力、节点载荷及其合力等。

General Postproc→Element Table：用于单元表的定义、修改、删除和数学运算等。

5）POST26 时间历程后处理器

用于显示模型上指定点在整个时间历程上的结果，即某点结果随时间或频率的变化情况。所有 POST26 时间历程后处理器下的操作都是基于变量的，变量代表了与时间或频率相对应的结果数据，参考号为 1 的变量为时间或频率。

TimeHist Postpro→Define Variables：定义变量。

TimeHist Postpro→List Variables：列表显示变量。

TimeHist Postpro→Graph Variables：图形显示变量。

TimeHist Postpro→Math Operates：对已有变量进行数学运算，以得到新的变量。

第一篇 前处理

第1例 关键点和线的创建实例——正弦曲线

1.1 实体建模概述

ANSYS 中的模型分为几何实体模型和有限元模型。有限元分析的对象是有限元模型，它由节点和单元组成。几何实体模型由关键点、线、面、体等几何实体组成。

创建有限元模型的方法包括直接生成法和实体建模法。直接生成法包括人工创建节点和单元，它只适合创建形状简单、规模较小的模型，第 5 例就采用了这种方法。实体建模法先创建几何实体模型，然后通过指定属性、网格划分生成有限元模型，这种方法可以创建形状复杂、规模较大的模型，是比较常用的方法。而几何实体模型可以用 ANSYS 本身的功能来创建，也可以从其他 CAD 软件导入。

ANSYS 使用的几何实体类型包括关键点、线、面、体。ANSYS 规定从关键点、线、面到体，等级依次提高。高级实体由低级实体组成，体由面围成、面由线围成、线的端点是关键点，所以不能单独删除依附于高级实体上的低级实体。

实体建模法包括自上而下法和自下而上法。如图 1-1（a）所示，自上而下法用 ANSYS 命令直接创建高级实体，而依附的低级实体自然被创建。如图 1-1（b）所示，先创建关键点，再形成线、面、体，自下而上法先创建依附的低级实体，再创建高级实体。

（a）自上而下法

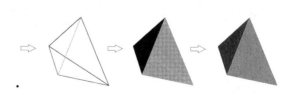

（b）自下而上法

图 1-1 实体建模法

1.1.1 关键点的创建

1．创建关键点

菜单：Main Menu→Preprocessor→Modeling→Create→Keypoints→In Active CS

Main Menu→Preprocessor→Modeling→Create→Keypoints→On Working Plane

命令：K, NPT, X, Y, Z

命令说明：NPT 为关键点编号，默认时软件自动指定为可用的最小编号。X, Y, Z 为在当前激活坐标系上的坐标值。如果输入的关键点编号与已有的关键点重合，则覆盖已有关键点，但不能覆盖已有关键点与高级实体相连或已划分的单元。

2．在线上生成关键点

菜单：Main Menu→Preprocessor→Modeling→Create→Keypoints→On Line

Main Menu→Preprocessor→Modeling→Create→Keypoints→On Line w/Ratio

命令：KL, NL1, RATIO, NK1

命令说明：NL1 为线的编号。RATIO 为生成关键点的位置与线长度的比值，应介于 0～1，默认为 0.5。NK1 指定生成关键点的编号，默认时为可用的最小编号。

3．在两个关键点间填充多个关键点

菜单：Main Menu→Preprocessor→Modeling→Create→Keypoints→Fill between KPs

命令：KFILL, NP1, NP2, NFILL, NSTRT, NINC, SPACE

命令说明：NP1, NP2 为要填充的两个关键点的编号。NFILL 为要填充的关键点的数目。NSTRT 指定要填充的第一个关键点的编号。NINC 指定要填充关键点的编号的增量。SPACE 为要填充的关键点的间距比，即最后的间距与第一个间距（见图 1-2）的比值。当 SPACE 默认值为 1 时，称为等间距。新创建的关键点相邻间距的比值相等，位置与当前激活坐标系有关。

图 1-2　间距比

4．在线或面上创建硬点

硬点是一种特殊的关键点，可以在硬点上施加载荷或获取结果数据。硬点附属于线或面，但不改变线或面的几何形状和拓扑关系，大多数针对关键点的命令也适用于硬点。创建硬点一般应在几何实体模型创建完毕、单元划分之前进行。

菜单：Main Menu→Preprocessor→Modeling→Create→Keypoints→Hard PT on line

Main Menu→Preprocessor→Modeling→Create→Keypoints→Hard PT on area

命令：HPTCREATE, TYPE, ENTITY, NHP, LABEL, VAL1, VAL2, VAL3

命令说明：TYPE 为 LINE 或 AREA。ENTITY 为线或面的编号。NHP 指定硬点编号，默认值为可用的最小编号。当 LABEL=COORD 时，由 VAL1, VAL2, VAL3 指定硬点在全局坐标系下的 x、y、z 坐标值；当 LABEL=RATIO 时，由 VAL1 指定比值，该选项只对线有效。

5.其他关键点创建命令

KNODE：在节点处创建关键点。

KBETW：根据距离或比值在两个关键点间创建一个关键点。

KCENTER：在圆弧的圆心创建关键点。

1.1.2 线的创建

线是几何实体的边界，其类型有直线、圆弧、样条曲线和其他曲线。常用的创建命令如下。

1．由两个关键点创建一条直线

菜单：Main Menu→Preprocessor→Modeling→Create→Lines→Lines→Straight Line

命令：LSTR, P1, P2

命令说明：P1, P2 分别为线的起始和终止关键点编号。

2．由两个关键点创建一条线

菜单：Main Menu→Preprocessor→Modeling→Create→Lines→Lines→In Active Coord

命令：L, P1, P2, NDIV, SPACE, XV1, YV1, ZV1, XV2, YV2, ZV2

命令说明：P1, P2 分别为线的起始和终止关键点编号。NDIV 指定线划分单元数量，通常不用此命令，推荐用 LESIZE 命令指定。SPACE 指定划分单元的间距比，通常不用。XV1, YV1, ZV1 为在当前激活坐标系下与关键点 P1 相关的斜率向量的末点位置，XV2, YV2, ZV2 为在当前激活坐标系下与关键点 P2 相关的斜率向量的末点位置。

当前激活坐标系为直角坐标系时，该命令创建的是直线；当前激活坐标系为圆柱坐标系或球坐标系时，该命令可创建曲线。

3．创建一条直线与现有的线成给定角度

菜单：Main Menu→Preprocessor→Modeling→Create→Lines→Lines→At angle to line

　　　Main Menu→Preprocessor→Modeling→Create→Lines→Lines→Normal to Line

命令：LANG, NL1, P3, ANG, PHIT, LOCAT

命令说明：NL1 为现有线的编号。P3 指定新直线端点处的关键点编号。ANG 为新直线与现有线在 PHIT 处切线的夹角，如果夹角为 0°（默认值），新直线为现有线的切线；如果夹角是 90°，则为垂线。PHIT 指定现有线和新直线在交点处的关键点编号，默认时为可用的最小编号。LOCAT 为沿线 NL1 长度的距离比值，用于确定 PHIT 的大致位置。

该命令新创建的直线为 PHIT-P3，它与现有的线 NL1 在 PHIT 处切线的夹角为 ANG，并将现有的线 P1-P2（即 NL1）在 PHIT 处分割为 P1-PHIT 和 PHIT-P2 两段。

4．由三个关键点创建一条圆弧

菜单：Main Menu→Preprocessor→Modeling→Create→Lines→Arcs→By End KPs & Rad

　　　Main Menu→Preprocessor→Modeling→Create→Lines→Arcs→Through 3 KPs

命令：LARC, P1, P2, PC, RAD

命令说明：P1，P2 为圆弧起始端和终止端关键点编号。PC 用于定义圆弧所在平面及定位圆弧中心，PC 不得在 P1 和 P2 的连线上。RAD 为圆弧半径，若为空，则圆弧通过 P1、PC 和 P2 三个关键点。

5．创建一条圆弧

菜单：Main Menu→Preprocessor→Modeling→Create→Lines→Arcs→By Cent & Radius
　　　Main Menu→Preprocessor→Modeling→Create→Lines→Arcs→Full Circle

命令：CIRCLE, PCENT, RAD, PAXIS, PZERO, ARC, NSEG

命令说明：PCENT 为圆弧中心关键点编号。RAD 为圆弧半径，若为空，则半径为 PCENT 到 PZERO 的距离。关键点 PAXIS 连同 PCENT 用于定义圆轴（圆弧平面法线），若为空，轴垂直于工作平面。关键点 PZERO 定义零度方向。ARC 为圆心角，默认为 360°，方向沿着 PCENT-PAXIS 轴按右手定则为正方向。NSEG 为圆弧线的段数，默认时每 90° 为一段。

6．由一系列关键点拟合样条曲线

菜单：Main Menu→Preprocessor→Modeling→Create→Lines→Splines→Spline thru KPs
　　　Main Menu→Preprocessor→Modeling→Create→Lines→Splines→Spline thru Locs

命令：BSPLIN, P1, P2, P3, P4, P5, P6, XV1, YV1, ZV1, XV6, YV6, ZV6

命令说明：P1, P2, P3, P4, P5, P6 为样条曲线通过的关键点，至少为两个。XV1, YV1, ZV1 和 XV6, YV6, ZV6 分别定义样条曲线在 P1 和 P6 处切线的矢量方向。

7．在两条相交线间创建圆角

菜单：Main Menu→Preprocessor→Modeling→Create→Lines→Line Fillet

命令：LFILLT, NL1, NL2, RAD, PCENT

命令说明：NL1, NL2 为两条相交线的编号。RAD 为圆角半径，其值应小于线 NL1 和 NL2 的长度。PCENT 指定圆弧中心关键点的编号，如果为零或空，则没有关键点产生。

要求线 NL1 和 NL2 间有公共关键点。

8．其他的线创建命令

LAREA：在面上的两个关键点间创建距离最短的线。

LTAN：创建与线段末端相切的线。

L2TAN：创建与两条线相切的线。

L2ANG：创建直线与两条线成指定角度。

SPLINE：由一系列关键点创建分段样条曲线。

1.2　正弦曲线创建原理

如图 1-3 所示，将圆的等分点向相应铅垂线进行投影，则投影点的连线即为一条近似正弦曲线。

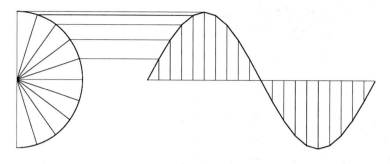

图 1-3　正弦曲线创建原理

1.3　创建步骤

（1）创建圆弧，圆心在原点，半径为 1，圆心角为 90°。选择菜单 Main Menu→Preprocessor→Modeling→Create→Lines→Arcs→By Cent & Radius，弹出选择窗口（见图 1-4），在文本框中输入 "0, 0" 后回车，再输入 "1"，然后单击 "OK" 按钮；随后弹出如图 1-5 所示的对话框，在 "ARC" 文本框中输入 "90"，单击 "OK" 按钮。

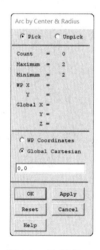

图 1-4　选择窗口

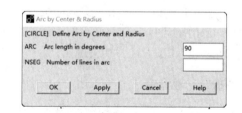

图 1-5　创建圆弧对话框

（2）激活全局圆柱坐标系。选择菜单 Utility Menu→WorkPlane→Change Active CS to→Global Cylindrical。活跃坐标系改变为全局圆柱坐标系后，会在状态行上显示 "CSYS=1"。

（3）在圆弧端点间等间距填充关键点。选择菜单 Main Menu→Preprocessor→Modeling→Create→Keypoints→Fill between KPs，弹出选择窗口，选择圆弧的两个端点，然后单击 "OK" 按钮；随后弹出如图 1-6 所示的对话框，在 "NFILL" 文本框中输入 "4"、在 "NSTRT" 文本框中输入 "3"、在 "NINC" 文本框中输入 "1"，单击 "OK" 按钮。

于是，在已存在的两个关键点 1 和 2 间填充了一系列关键点，编号为 3、4、5、6，由于激活了全局圆柱坐标系，这些关键点填充在所选关键点 1 和 2 间圆弧的等分点上。

（4）创建关键点。选择菜单 Main Menu→Preprocessor→Modeling→Create→Keypoints→In Active CS，弹出如图 1-7 所示的对话框，在 "NPT" 文本框中输入 "7"、在 "X, Y, Z" 文本框

中分别输入"1+3.1415926/2, 0, 0"，单击"OK"按钮。

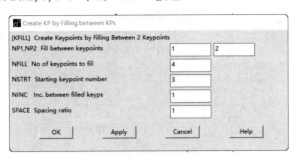

图 1-6　填充关键点的对话框

（5）显示关键点、线的编号。选择菜单 Utility Menu→PlotCtrls→Numbering，弹出如图 1-8 所示的对话框，将"Keypoint numbers"（关键点编号）和"Line numbers"（线编号）打开，单击"OK"按钮。

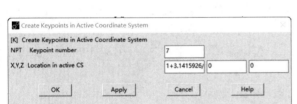

图 1-7　创建关键点的对话框

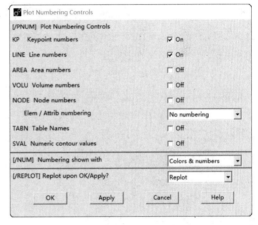

图 1-8　图号控制对话框

（6）在图形窗口同时显示关键点和线。选择菜单 Utility Menu→Plot→Multi-Plots。

（7）激活全局直角坐标系。选择菜单 Utility Menu→WorkPlane→Change Active CS to→Global Cartesian。

（8）在关键点 1、7 间等间距填充关键点。选择菜单 Main Menu→Preprocessor→Modeling→Create→Keypoints→Fill between KPs，弹出选择窗口，选择关键点 1、7，然后单击"OK"按钮；随后弹出如图 1-6 所示的对话框，在"NFILL"文本框中输入"4"、在"NSTRT"文本框中输入"8"、在"NINC"文本框中输入"1"，单击"OK"按钮。

（9）沿 y 方向复制关键点，距离为 1。选择菜单 Main Menu→Preprocessor→Modeling→Copy→Keypoints，弹出选择窗口，选择关键点 7、8、9、10、11，单击"OK"按钮；随后弹出如图 1-9 所示的对话框，在"DY"文本框中输入"1"，单击"OK"按钮。

（10）创建铅垂线。选择菜单 Main Menu→Preprocessor→Modeling→Create→Lines→Lines→Straight Line，弹出选择窗口，分别在关键点 8 和 13、9 和 14、10 和 15、11 和 16 之间创建直线，单击"OK"按钮。

（11）过圆弧等分点作对应铅垂线的垂线。选择菜单 Main Menu→Preprocessor→Modeling→

Create→Lines→Lines→Normal to Lines，弹出选择窗口，选择直线 2，单击"OK"按钮；再次弹出选择窗口，选择关键点 3，单击"OK"按钮，作过关键点 3 与直线 2 垂直的直线。用同样的方法可以作其余 3 条垂线。

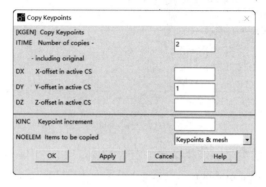

图 1-9　复制关键点对话框

（12）创建样条曲线近似正弦曲线。选择菜单 Main Menu→Preprocessor→Modeling→Create→Lines→SpLines→SpLine thru KPs，弹出选择窗口，依次选择关键点 1、17、18、19、20、12，单击"OK"按钮。

（13）删除除正弦曲线外的其他线。选择菜单 Main Menu→Preprocessor→Modeling→Delete→Line and Below，弹出选择窗口，选择除样条曲线以外的所有线，单击"OK"按钮。

（14）偏移工作平面原点到关键点 12。选择菜单 Utility Menu→WorkPlane→Offset WP to→Keypoints，弹出选择窗口，选择关键点 12，单击"OK"按钮。

（15）切换活跃坐标系为工作平面坐标系。选择菜单 Utility Menu→WorkPlane→Change Active CS to→Working Plane。

（16）镜像样条曲线。选择菜单 Main Menu→Preprocessor→Modeling→Reflect→Lines，弹出选择窗口，选择样条曲线，单击选择窗口中的"OK"按钮，弹出如图 1-10 所示的对话框，选择对称平面为"Y-Z plane"，单击"OK"按钮。

由于镜像命令要求对称平面为活跃坐标系的坐标平面，而且活跃坐标系必须是直角坐标系，所以先将工作平面偏移到关键点 12 处，并将工作平面坐标系切换为活跃坐标系。

（17）合并关键点。选择菜单 Main Menu→Preprocessor→Numbering Ctrls→Merge Items，弹出如图 1-11 所示的对话框，选择"Label"下拉列表框为"Keypoints"，单击"OK"按钮。

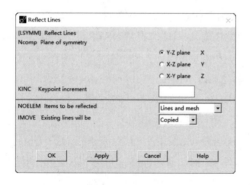

图 1-10　镜像样条曲线对话框

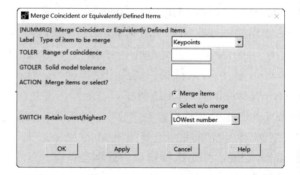

图 1-11　合并关键点对话框

在当前的两条样条曲线的交点处，有两个关键点，虽然它们的坐标相同但分属于两条样条曲线，即这两条样条曲线没有公共关键点，为了能够对两条样条曲线进行求和运算，需要先合并这两个关键点。

（18）对样条曲线求和。选择菜单 Main Menu→Preprocessor→Modeling→Operate→Booleans→Add→Lines，弹出选择窗口，选择两条样条曲线，单击"OK"按钮；在"Add Lines"对话框（见图1-12）中单击"OK"按钮。创建的正弦曲线如图1-13所示。

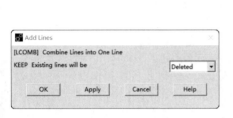

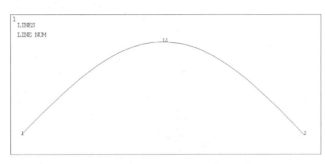

图1-12 "Add Lines"对话框　　　　　　图1-13 创建的正弦曲线

（19）制作后1/2周期的正弦曲线。读者可参照上述步骤，自行创建。

1.4　命令流

```
/PREP7                          !进入预处理器
K, 100, 0, 0, 0                 !创建关键点100，坐标为0, 0, 0
CIRCLE, 100, 1, , , 90          !创建圆弧线，圆心为关键点100，半径为1，角度为90°
CSYS, 1                         !切换活跃坐标系为全局圆柱坐标系
KFILL, 1, 2, 4, 3, 1            !在关键点1、2间填充4个关键点，初始编号为3
K, 7, 1+3.1415926/2, 0, 0       !创建关键点7，坐标为1+3.1415926/2, 0, 0
CSYS, 0                         !切换活跃坐标系为全局直角坐标系
KFILL, 1, 7, 4, 8, 1            !在关键点1、7间填充4个关键点，初始编号为8
KGEN, 2, 7, 11, 1, , 1          !复制关键点7、8、9、10、11，y方向距离增量为1
LSTR, 8, 13 $ LSTR, 9, 14 $ LSTR, 10, 15 $ LSTR, 11, 16
                                !在关键点8、13间创建直线，等等
LANG, 2, 3, 90 $ LANG, 3, 4, 90 $ LANG, 4, 5, 90 $ LANG, 5, 6, 90
                                !过关键点3作直线2的垂线，等等
BSPLIN, 1, 17, 18, 19, 20, 12   !通过关键点1、17、18、19、20、12创建样条曲线
LSEL, U, , , 14                 !创建线选择集，选择除线14（样条曲线）外的所有线
LDELE, ALL, , , 1               !删除线选择集中的所有线
LSEL, ALL                       !选择所有线
KWPAVE, 12                      !偏移工作平面原点到关键点12
CSYS, 4                         !切换活跃坐标系为工作平面坐标系
```

LSYMM, X, 14	!镜像线 14，对称平面为 *yz* 坐标平面
NUMMRG, KP, , , , LOW	!合并关键点
LCOMB, ALL, , 0	!对线求和
FINISH	!退出预处理器

1.5   高级应用

1. 过一个已知关键点作一个已知圆弧的切线

/PREP7	!进入预处理器
K, 100 $ K, 101, 0, 1.5	!创建关键点 100 和 101
CIRCLE, 100, 1, , , 90	!创建圆弧线，圆心为关键点 100，半径为 1，角度为 90°
LANG, 1, 101, 0	!过关键点 101 作圆弧 1 的切线
GPLOT	!显示多种实体
FINISH	!退出预处理器

2. 作两条圆弧的公切线

/PREP7	!进入预处理器
K, 100 $ K, 101, 2	!创建关键点 100 和 101
CIRCLE, 100, 1 $ CIRCLE, 101, 0.6	!创建圆弧线
L2ANG, 1, 5	!作圆弧 1 和 5 的公切线
GPLOT	!显示多种实体
FINISH	!退出预处理器

3. 作一组折线

/PREP7	!进入预处理器
K, 11, 0.7, -1.2 $ K, 12, 2.4, -0.9 $ K, 13, 3, 1 $ K, 14, 1.4, 2 $ K, 15, -1.5, 1.7 $ K, 16, -0.9, -0.2	
	!创建关键点
LSTR, 11, 12	!在关键点 11、12 间创建直线
*REPEAT, 5, 1, 1	!重复上个命令 5 次，每次两个关键点编号均加 1
LSTR, 11, 16	
FINISH	!退出预处理器

4. 按函数关系作曲线——正弦曲线

/PREP7	!进入预处理器
R=2 $ N=10	!定义参数，R 为正弦曲线的最大值，N 为段数
*DO, I, 1, N+1	!开始循环
X=(I-1)*3.1415926/2/N $ Y=R*SIN(X)	!计算正弦曲线上点的坐标
K, I, X, Y	!创建关键点
*ENDDO	!结束循环

| BSPLIN, ALL | !通过所有关键点创建样条曲线 |
| FINISH | !退出预处理器 |

5. 按函数关系作曲线——圆锥阿基米德螺旋线

在圆柱坐标系下，曲线方程为 $\begin{cases} r = r_2 - \dfrac{(r_2 - r_1)P}{2\pi H}\theta \\ z = \dfrac{P}{2\pi}\theta \end{cases}$，$r_1$、$r_2$、$H$ 分别为圆锥面顶半径、底半径和高度，P 为螺距。

R1=0.08 $ R2=0.05 $ P=0.02 $ N=5 $ M=50	!顶半径 R1、底半径 R2、螺距 P、圈数 N、段数 M
/PREP7	!进入预处理器
CSYS, 1	!切换活跃坐标系为全局圆柱坐标系
*DO, I, 0, 1, 1/M	!开始循环
R=R2-I*(R2-R1) $ THETA=360*I*N $ Z=I*P*N	!计算阿基米德圆锥螺旋线上点的坐标
K, I*M+1, R, THETA, Z	!创建关键点
*ENDDO	!结束循环
L, 1, 2 $ *REPEAT, M, 1, 1	!创建线
FINISH	!退出预处理器

6. 按函数关系作曲线——圆锥对数螺旋线

在球坐标系下，曲线方程为 $r = \dfrac{a}{\sin\delta}\mathrm{e}^{\frac{\sin\delta}{\tan\beta}\theta}$，$a$ 为圆锥面底半径，δ 为圆锥面圆锥角，β 为螺旋角。

T=3.1415926/180 $ M=36	!T 为弧度/°、M 为段数
A=0.02 $ DELTA=30*T $ BETA=40*T $ N=1	!底半径 A、圆锥角 DELTA、螺旋角 BETA、圈数 N
/PREP7	!进入预处理器
CSYS, 2	!切换活跃坐标系为全局球坐标系
*DO, I, 0, M	!开始循环
THETA=360*N*I/M	!计算阿基米德圆锥螺旋线上点的坐标
R=A/SIN(DELTA)*EXP(SIN(DELTA)/TAN(BETA)*THETA*T)	
K, I+1, R, THETA, 90-DELTA/T	!创建关键点
*ENDDO	!结束循环
L, 1, 2 $ *REPEAT, M, 1, 1	!创建线
FINISH	!退出预处理器

7. 创建椭圆线

椭圆长半轴长度为 1、短半轴长度为 0.5。

/PREP7	!进入预处理器
	!第一种方法
K, 10	!创建关键点 10
CIRCLE, 10, 1	!创建圆弧线，圆心为关键点 10，半径为 1，角度为 360°

```
LSSCALE, ALL, , , 1, 0.5, 1, , , 1          !对线进行比例操作，X、Y、Z 方向比例分别为 1, 0.5, 1
                                           !第二种方法
CSWPLA, 11, 1, 0.5, 1                       !创建椭圆柱坐标系 11
K, 10, 1 $ K, 11, 1, 90 $ K, 12, 1, 180 $ K, 13, 1, 270   !创建关键点 10、11、12、13
L, 10, 11 $ L, 11, 12 $ L, 12, 13 $ L, 13, 10           !创建线，形状为椭圆
FINISH                                     !退出预处理器
```

第2例 工作平面及实体创建的应用实例——相交圆柱体

2.1 面的创建

创建任意形状的面命令属于自下而上实体建模方法；而创建矩形、圆形、正多边形命令属于自上而下法，创建出的面都在工作平面上。

1. 通过连接关键点创建任意形状的面

菜单：Main Menu→Preprocessor→Modeling→Create→Areas→Arbitrary→Through KPs

命令：A, P1, P2, P3, P4, P5, P6, P7, P8, P9, P10, P11, P12, P13, P14, P15, P16, P17, P18

命令说明：P1～P18 为关键点列表，至少应有 3 个关键点。

关键点 P1～P18 必须围绕面以顺时针或逆时针顺序输入，该顺序还按右手定则确定面的正法线方向。面及边界的形状与当前活跃坐标系有关，如果是直角坐标系，则是直线边；如果是圆柱坐标系和球坐标系，则为曲线边和曲面。当定义关键点数≥4 时，应使所有关键点在当前活跃坐标系下有一个相同的坐标值。如果相邻关键点间已存在线，则在创建面时使用该线；如果有多条线，则使用最短的线。

2. 以线为边界创建任意形状的面

菜单：Main Menu→Preprocessor→Modeling→Create→Areas→Arbitrary→By Lines

命令：AL, L1, L2, L3, L4, L5, L6, L7, L8, L9, L10

命令说明：L1～L10 为线的列表，至少应有 3 条线。生成面的正法线方向沿着线 L1 的方向按右手定则确定。如果 L1=ALL，使用所有选定的线；L1 也可以是组件的名称。

线的编号顺序是任意的，但要求这些线首尾相连可形成简单的闭环。当定义线数≥4 时，所有线必须位于同一平面上或在当前活跃坐标系下有一个相同的坐标值。

3. 由引导线蒙皮创建光滑曲面

菜单：Main Menu→Preprocessor→Modeling→Create→Areas→Arbitrary→By Skinning

命令：ASKIN, NL1, NL2, NL3, NL4, NL5, NL6, NL7, NL8, NL9

命令说明：NL1 为第一条引导线，也可以是组件的名称。NL2～NL9 为附加引导线。

引导线是蒙皮曲面的肋，其中第一条和最后一条引导线被用作蒙皮曲面相对的两条边，蒙皮曲面的另外两条边通过所有引导线的端点用样条曲线拟合得到。曲面内部形状由内部引导线确定。

4．由角点创建一个矩形面或长方体

菜单：Main Menu→Preprocessor→Modeling→Create→Areas→Rectangle→By 2 Corners
　　　Main Menu→Preprocessor→Modeling→Create→Volumes→Block→By 2 Corners & Z
命令：BLC4, XCORNER, YCORNER, WIDTH, HEIGHT, DEPTH
命令说明：XCORNER, YCORNER 为矩形面或长方体在工作平面上的一个角点的坐标。WIDTH, HEIGHT, DEPTH 分别为矩形面或长方体沿工作平面坐标系 x、y、z 方向的尺寸。当 DEPTH=0 时，在工作平面上创建矩形面。

矩形面或长方体各条边分别与工作平面坐标系的相应坐标轴平行。

5．由角点、中心创建一个矩形面或长方体

菜单：Main Menu→Preprocessor→Modeling→Create→Areas→Rectangle→By Centr & Cornr
　　　Main Menu→Preprocessor→Modeling→Create→Primitives→Block
　　　Main Menu→Preprocessor→Modeling→Create→Volumes→Block→By Centr, Cornr, Z
命令：BLC5, XCENTER, YCENTER, WIDTH, HEIGHT, DEPTH
命令说明：XCENTER, YCENTER 为矩形面或长方体中心在工作平面上的坐标。WIDTH, HEIGHT, DEPTH 分别为矩形面或长方体沿工作平面坐标系 x、y、z 方向的尺寸。当 DEPTH=0 时，在工作平面上创建矩形面。

矩形面或长方体各条边分别与工作平面坐标系的相应坐标轴平行。

6．由尺寸在工作平面上创建一个矩形面

菜单：Main Menu→Preprocessor→Modeling→Create→Areas→Rectangle→By Dimensions
命令：RECTNG, X1, X2, Y1, Y2
命令说明：X1, X2 为矩形面的 x 坐标，Y1, Y2 为矩形面的 y 坐标。

矩形面各条边分别与工作平面坐标系的相应坐标轴平行。

7．由工作平面创建一个圆形面或圆柱体

菜单：Main Menu→Preprocessor→Modeling→Create→Areas→Circle→Annulus
　　　Main Menu→Preprocessor→Modeling→Create→Areas→Circle→Partial Annulus
　　　Main Menu→Preprocessor→Modeling→Create→Areas→Circle→Solid Circle
　　　Main Menu→Preprocessor→Modeling→Create→Primitives→Solid Cylindr
　　　Main Menu→Preprocessor→Modeling→Create→Volumes→Cylinder→Hollow Cylinder
　　　Main Menu→Preprocessor→Modeling→Create→Volumes→Cylinder→Partial Cylinder
　　　Main Menu→Preprocessor→Modeling→Create→Volumes→Cylinder→Solid Cylinder
命令：CYL4, XCENTER, YCENTER, RAD1, THETA1, RAD2, THETA2, DEPTH
命令说明：XCENTER, YCENTER 为圆形面或圆柱体中心在工作平面上的坐标。RAD1, RAD2 为内、外半径，当 RAD1, RAD2 其中一个为零或空白时，创建的是实心圆形面或圆柱体。THETA1, THETA2 为起始和终止角度，默认值分别为 0°和 360°。DEPTH 为 z 方向的尺寸，当 DEPTH=0 时，创建圆形面。

圆形面或圆柱体的底面在工作平面上。

8．通过指定直径的端点创建一个圆形面或圆柱体

菜单：Main Menu→Preprocessor→Modeling→Create→Areas→Circle→By End Points

　　　　Main Menu→Preprocessor→Modeling→Create→Volumes→Cylinder→By End Pts & Z

命令：CYL5, XEDGE1, YEDGE1, XEDGE2, YEDGE2, DEPTH

命令说明：XEDGE1, YEDGE1, XEDGE2, YEDGE2 分别为圆形面或圆柱体底面直径端点在工作平面上的坐标。DEPTH 为 z 方向的尺寸，当 DEPTH=0 时，创建圆形面。

创建为 360°的实心圆形面或圆柱体，并且圆形面或圆柱体的底面在工作平面上。

9．创建圆心在工作平面原点的圆形面

菜单：Main Menu→Preprocessor→Modeling→Create→Areas→Circle→By Dimensions

命令：PCIRC, RAD1, RAD2, THETA1, THETA2

命令说明：RAD1, RAD2 为内、外半径，当 RAD1, RAD2 其中一个为零或空白时，创建的是实心圆形面。THETA1, THETA2 为起始和终止角度，默认值分别为 0°和 360°。

圆形面在工作平面上，圆心在工作平面的原点处。

10．创建正多边形面或正棱柱体

菜单：Main Menu→Preprocessor→Modeling→Create→Areas→Polygon→Hexagon/Octagon/Pentagon/Septagon/Square/Triangle

　　　Main Menu→Preprocessor→Modeling→Create→Volumes→Prism→Hexagonal/Octagonal/Pentagonal/Septagonal/Square/Triangular

命令：RPR4, NSIDES, XCENTER, YCENTER, RADIUS, THETA, DEPTH

命令说明：NSIDES 为多边形的边数，应大于 2。XCENTER, YCENTER 为正多边形面或正棱柱体中心在工作平面上的坐标。RADIUS 为半径，即从中心到顶点的距离。THETA 为从工作平面 x 轴到第一个顶点的角度，默认值为 0°。DEPTH 为 z 方向的尺寸，当 DEPTH=0 时，创建正多边形面。

正多边形面或正棱柱体的底面在工作平面上。

11．创建中心在工作平面原点的正多边形面

菜单：Main Menu→Preprocessor→Modeling→Create→Areas→Polygon→By Circumscr Rad

　　　　Main Menu→Preprocessor→Modeling→Create→Areas→Polygon→By Inscribed Rad

　　　　Main Menu→Preprocessor→Modeling→Create→Areas→Polygon→By Side Length

命令：RPOLY, NSIDES, LSIDE, MAJRAD, MINRAD

命令说明：NSIDES 为正多边形的边数，应大于 2。LSIDE 为边长，MAJRAD 为正多边形的外接圆半径，MINRAD 为内切圆半径。LSIDE、MAJRAD、MINRAD 三者中有一个被定义即可。

正多边形面在工作平面上，中心在工作平面原点处，第一个顶点的角度为 0°。

12．其他的面创建命令

ASUB：用现有面的形状创建新面。

AOFFST：通过沿法线偏置创建面。

AFILLT：在两个相交的面间创建圆角面。

2.2 体的创建

创建任意形状的体命令属于自下而上的实体建模法；而创建长方体、圆柱体、正棱柱体等命令属于自上而下法，创建出的体都与工作平面相关联。

1. 通过关键点创建任意形状的体

菜单：Main Menu→Preprocessor→Modeling→Create→Volumes→Arbitrary→Through KPs

命令：V, P1, P2, P3, P4, P5, P6, P7, P8

命令说明：P1, P2, P3, P4, P5, P6, P7, P8 为体的角点编号。应先以逆时针或顺时针顺序输入底面的关键点，再输入顶面对应的关键点。

体的形状与当前活跃坐标系有关。

2. 以现有面为边界创建任意形状的体

菜单：Main Menu→Preprocessor→Modeling→Create→Volumes→Arbitrary→By Areas

命令：VA, A1, A2, A3, A4, A5, A6, A7, A8, A9, A10

命令说明：A1, A2, A3, A4, A5, A6, A7, A8, A9, A10 为面的编号，最少应有 4 个面，如果 A1=ALL，则使用 ASEL 命令选定的所有面，而忽略 A2～A10。面的编号顺序可以是任意的。

3. 基于工作平面坐标创建长方体

菜单：Main Menu→Preprocessor→Modeling→Create→Volumes→Block→By Dimensions

命令：BLOCK, X1, X2, Y1, Y2, Z1, Z2

命令说明：X1, X2, Y1, Y2, Z1, Z2 分别为长方体在工作平面坐标系上的坐标。

长方体的 6 个面分别与工作平面坐标系的相应坐标平面平行。

4. 以工作平面原点为中心创建一个圆柱体

菜单：Main Menu→Preprocessor→Modeling→Create→Volumes→Cylinder→By Dimensions

命令：CYLIND, RAD1, RAD2, Z1, Z2, THETA1, THETA2

命令说明：RAD1, RAD2 为内、外半径，如果 RAD1 或 RAD2 其中一个为零或空白，则创建的是实心圆柱体。Z1, Z2 为两底面在工作平面坐标系上的 z 坐标。THETA1, THETA2 为起始角和终止角，默认值分别为 0° 和 360°。

圆柱体底面与工作平面平行，轴线与 wz 轴重合。

5. 以工作平面原点为中心创建一个正棱柱体

菜单：Main Menu→Preprocessor→Modeling→Create→Volumes→Prism→By Circumscr Rad

　　　Main Menu→Preprocessor→Modeling→Create→Volumes→Prism→By Inscribed Rad

　　　Main Menu→Preprocessor→Modeling→Create→Volumes→Prism→By Side Length

命令：RPRISM, Z1, Z2, NSIDES, LSIDE, MAJRAD, MINRAD

命令说明：Z1, Z2 为正棱柱体两底面在工作平面坐标系上的 z 坐标。NSIDES 为边数，最小为 3。LSIDE 为正多边形的边长。MAJRAD 为外接圆半径。MINRAD 为内切圆半径。LSIDE、MAJRAD、MINRAD 三者中有一个被定义即可。

正棱柱体两底面与工作平面平行，轴线与 wz 轴重合。

6. 创建一个球心在工作平面原点的球体

菜单：Main Menu→Preprocessor→Modeling→Create→Volumes→Sphere→By Dimensions

命令：SPHERE, RAD1, RAD2, THETA1, THETA2

命令说明：RAD1, RAD2 为内、外半径，如果 RAD1 或 RAD2 其中一个为零或空白，则创建实心球。THETA1, THETA2 为起始角和终止角，默认值分别为 0°和 360°。

7. 创建一个中心在工作平面原点的圆锥体

菜单：Main Menu→Preprocessor→Modeling→Create→Volumes→Cone→By Dimensions

命令：CONE, RBOT, RTOP, Z1, Z2, THETA1, THETA2

命令说明：RBOT, RTOP 为底面半径和顶面半径，如果 RBOT 或 RTOP 其中一个为零或空白，则创建锥顶在中心轴上的圆锥体。Z1, Z2 为底面和顶面在工作平面坐标系上的 z 坐标，较小的值总是与底面相关联。THETA1, THETA2 为起始角和终止角，默认值分别为 0°和 360°。

圆锥体底面和顶面与工作平面平行，轴线与 wz 轴重合。

8. 其他的体创建命令

BLC4：由角点、深度创建一个长方体。

BLC5：由角点、中心创建一个长方体。

CYL4：由工作平面创建一个圆柱体。

CYL5：通过指定直径的端点创建一个圆柱体。

RPR4：由工作平面创建正棱柱体。

SPH4：创建一个球心在工作平面任意位置上的球体。

CON4：创建一个中心在工作平面任意位置上的圆锥体。

TORUS：创建一个环形腔体（面包圈）。

KSUM/LSUM/ASUM/VSUM：计算并显示所选择关键点、线、面、体的质心、质量、长度、面积、体积、转动惯量、惯性矩等几何和质量特性数据。

2.3 工作平面

工作平面是一个定义有坐标系、栅格、捕捉的无限大平面，它在 ANYSY 建模和其他操作中都有重要作用。

（1）ANSYS 提供的自上而下实体建模方法都是与工作平面相关联的，工作平面决定所创建实体的方向或位置。

（2）将工作平面作为坐标系使用。在 ANSYS 中，可以很方便地对工作平面进行旋转、偏移而改变其方向和位置，如果再将工作平面坐标系切换为活跃坐标系，其效果相当于自定义了一个坐标系。

（3）将工作平面作为工具平面使用。例如，工具平面可以作为 DIVIDE 命令的分割平面使用，可以用作切片图等。

在默认时，3D 坐标系 *wxwywz* 与全局直角坐标系重合，工作平面 *wxwy* 与全局直角坐标系的 *xOy* 坐标平面重合。工作平面只有一个，可以根据需要对其进行旋转、偏移。

2.3.1　工作平面的设置

设置工作平面的坐标系、显示、栅格和捕捉等。

菜单：Utility Menu→WorkPlane→WP Settings

　　　　Utility Menu→WorkPlane→Display Working Plane

　　　　Utility Menu→WorkPlane→Show WP Status

命令：WPSTYL, SNAP, GRSPAC, GRMIN, GRMAX, WPTOL, WPCTYP, GRTYPE, WPVIS, SNAPANG

SNAP 为捕捉增量，用于定义捕捉点的位置。当捕捉打开时，在工作平面上用鼠标选择点时就只能选择捕捉点。默认时，SNAP 为 0.05；SNAP=-1，关闭捕捉。

GRSPAC, GRMIN, GRMAX 用于设置栅格。当坐标系为直角坐标系时，设置矩形栅格的间距、最小值和最大值。当坐标系为极坐标系时，GRSPAC, GRMAX 分别是环形栅格的间距和外部半径，GRMIN 则被忽略。若 GRMIN=GRMAX，则不显示栅格。

WPTOL 为公差。当图元位置偏离工作平面，但在公差范围内时，仍认为其位于工作平面上。

WPCTYP 为工作平面坐标系的类型。当 WPCTYP=0（默认）时，*wxwy* 为直角坐标系，而3D 坐标系 *wxwywz* 也是直角坐标系。当 WPCTYP=1 时，*wxwy* 为极坐标系，而 3D 坐标系 *wxwywz* 是圆柱坐标系。当 WPCTYP=2 时，*wxwy* 为极坐标系，而 3D 坐标系 *wxwywz* 是球坐标系。

GRTYPE 用于控制栅格及坐标系的显示。当 GRTYPE=0 时，同时显示栅格和工作平面坐标系符号。当 GRTYPE=1 时，仅显示栅格。当 GRTYPE=2 时，只显示工作平面坐标系符号（默认）。

WPVIS 用于控制栅格的显示。当 WPVIS=0（默认）时，不显示栅格。当 WPVIS=1 时，显示栅格。当 *wxwy* 为直角坐标系时，显示矩形栅格；当 *wxwy* 为极坐标系时，显示环状栅格。

SNAPANG 为捕捉角度。只在 WPCTYP=1 或 2 时使用。

WPSTYL, STAT 命令用于表示工作平面状态。

2.3.2　工作平面的偏移和旋转

1. 通过增量偏移工作平面

菜单：Utility Menu→WorkPlane→Offset WP by Increments

命令：WPOFFS, XOFF, YOFF, ZOFF

命令说明：XOFF, YOFF, ZOFF 为在工作平面坐标系下的偏移增量。

2．通过增量旋转工作平面

菜单：Utility Menu→WorkPlane→Offset WP by Increments
命令：WPROTA, THXY, THYZ, THZX
命令说明：THXY, THYZ, THZX 分别为绕工作平面坐标系 wz、wx、wy 轴的转动角度，角度正向按右手定则确定。

3．偏移工作平面原点到关键点的平均位置

菜单：Utility Menu→WorkPlane→Offset WP to→Keypoints
命令：KWPAVE, P1, P2, P3, P4, P5, P6, P7, P8, P9
命令说明：P1, P2, P3, P4, P5, P6, P7, P8, P9 为关键点编号，应至少有一个。
偏移后，工作平面原点在全局坐标系上的坐标为各关键点坐标的平均值。当只有 P1 时，工作平面原点移动到关键点 P1 处。

4．移动工作平面原点到指定点的平均位置

菜单：Utility Menu→WorkPlane→Offset WP to→Global Origin
　　　Utility Menu→WorkPlane→Offset WP to→Origin of Active CS
　　　Utility Menu→WorkPlane→Offset WP to→XYZ Locations
命令：WPAVE, X1, Y1, Z1, X2, Y2, Z2, X3, Y3, Z3
命令说明：X1, Y1, Z1, X2, Y2, Z2, X3, Y3, Z3 为在当前活跃坐标系下 3 个点的坐标，应至少有一个点被定义。
偏移后，在当前活跃坐标系下工作平面原点的坐标为各关键点坐标的平均值。X1, Y1, Z1, X2, Y2, Z2, X3, Y3, Z3 全部为零或空白时，工作平面原点偏移到当前活跃坐标系的原点。

5．使用三个关键点定义工作平面的位置和方向

菜单：Utility Menu→WorkPlane→Align WP with→Keypoints
命令：KWPLAN, WN, KORIG, KXAX, KPLAN
命令说明：WN 为显示窗口的编号。KORIG 为确定工作平面原点的关键点编号。KXAX 为确定工作平面 wx 轴的关键点编号。KPLAN 为确定工作平面的关键点编号。

6．用已有的线作为法线来定义工作平面

菜单：Utility Menu→WorkPlane→Align WP with→Plane Normal to Line
命令：LWPLAN, WN, NL1, RATIO
命令说明：NL1 为作为法线的线的编号。RATIO 为长度比率，用于确定工作平面原点在线 NL1 上的位置，其值必须介于 0~1。

7．其他的有关工作平面的命令

NWPAVE：偏移工作平面原点到节点的平均位置，与 KWPAVE 命令类似。
NWPLAN：使用 3 个节点定义工作平面的位置和方向，与 KWPLAN 命令类似。
WPLANE：使用 3 个指定点定义工作平面的位置和方向，与 KWPLAN 命令类似。

WPCSYS：将既有坐标系的 *xy* 坐标平面作为工作平面。

2.4 相交圆柱体的剖面图

如图 2-1 所示为相交圆柱体剖面图。

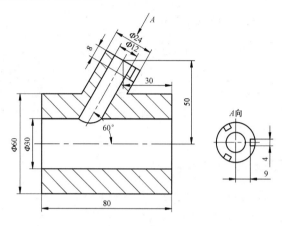

图 2-1 相交圆柱体剖面图

2.5 创建步骤

（1）创建两个同心圆柱体。选择菜单 Main Menu→Preprocessor→Modeling→Create→Volumes→Cylinder→By Dimension，弹出如图 2-2 所示的对话框，在"RAD1"文本框中输入"0.03"，在"Z2"文本框中输入"0.08"，然后单击对话框中的"Apply"按钮；再在"RAD1"文本框中输入"0.015"，单击"OK"按钮。

（2）改变观察方向。单击图形窗口右侧显示控制工具条上的 按钮，显示正等轴测图。

（3）显示体的编号。选择菜单 Utility Menu→PlotCtrls→Numbering，在弹出的对话框中，将"Volume numbers"（体号）打开，单击"OK"按钮。

（4）偏移、旋转工作平面。选择菜单 Utility Menu→WorkPlane→ Offset WP by Increment，弹出如图 2-3 所示的对话框，在"X, Y, Z Offsets"文本框中输入"0, 0.05, 0.03"，在"XY, YZ, ZX Angles"文本框中输入"0, 60"，单击"OK"按钮。

于是，将工作平面从默认位置偏移到了一个新的位置，偏移增量为（0, 0.05, 0.03），同时将 *wywz* 平面绕 *wx* 轴逆时针旋转 60°。

（5）创建两个同心圆柱体。选择菜单 Main Menu→Preprocessor→Modeling→Create→Volumes→Cylinder→By Dimension，弹出如图 2-2 所示的对话框，在"RAD1"文本框中输入"0.012"，在"Z2"文本框中输入"0.045"，然后单击对话框中的"Apply"按钮；再在"RAD1"文本框中输入"0.006"，单击"OK"按钮。

（6）做布尔减运算，形成内孔。选择菜单 Main Menu→Preprocessor→Modeling→Operate→Booleans→Subtract→Volumes，弹出选择窗口，选择半径为"0.03"和"0.012"，即两个外圆所

对应的圆柱体，然后单击选择窗口中的"OK"按钮；再次弹出选择窗口，选择半径为"0.015"和"0.006"，即两个内孔所对应的圆柱体，最后单击选择窗口中的"OK"按钮。

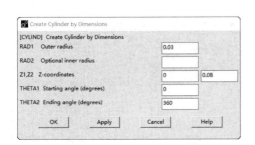

图 2-2　创建圆柱体对话框　　　　　　　图 2-3　工作平面对话框

在选择圆柱体时，会弹出如图 2-4 所示的对话框。当前被选择的是体 1，即颜色变化的那个。如果要选择另外的体，可通过单击如图 2-4 所示的对话框中的"Prev"或"Next"按钮改变选择。

（7）重画图形。选择菜单 Utility Menu→Plot→Replot。

（8）创建长方体。选择菜单 Main Menu→Preprocessor→Modeling→Create→Volumes→Block→By Dimension，弹出如图 2-5 所示的对话框，在"X1, X2"文本框中分别输入"-0.002, 0.002"，在"Y1, Y2"文本框中分别输入"-0.013, -0.009"，在"Z1, Z2"文本框中分别输入"0, 0.008"，最后单击对话框中的"OK"按钮。

图 2-4　选择多个实体对话框　　　　　　　图 2-5　创建六面体对话框

（9）切换工作平面的坐标系为极坐标系。选择菜单 Utility Menu→WorkPlane→WP Settings，弹出如图 2-6 所示的对话框，在其中选择"Polar"选项，单击"OK"按钮。

则 3D 坐标系 *wxwywz* 切换为圆柱坐标系。

（10）激活工作平面坐标系。选择菜单 Utility Menu→WorkPlane→Change Active CS to→Working Plane，工作平面坐标系编号为4。

（11）复制长方体。选择菜单 Main Menu→Preprocessor→Modeling→Copy→Volumes，弹出选择窗口，选择刚创建的长方体，单击"OK"按钮；随后弹出如图 2-7 所示的对话框，在"ITIME"

文本框中输入"3",在"DY"文本框中输入"120",单击"OK"按钮。

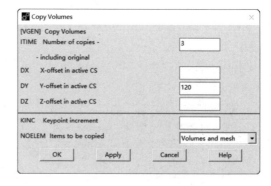

图 2-6　工作平面设置对话框　　　　　　　　　　　图 2-7　复制体对话框

（12）做布尔减运算。选择菜单 Main Menu→Preprocessor→Modeling→Operate→Booleans→Subtract→Volumes，弹出选择窗口，选择半径较小的圆柱体，然后单击选择窗口中的"OK"按钮；再次弹出选择窗口，选择刚创建的 3 个块，然后单击选择窗口中的"OK"按钮。

（13）重画图形。选择菜单 Utility Menu→Plot→Replot。

（14）旋转工作平面。选择菜单 Utility Menu→WorkPlane→Offset WP by Increment，弹出如图 2-3 所示的对话框，在"XY, YZ, ZX Angles"文本框中输入"0, 0, 90"，单击"OK"按钮。

（15）划分模型。将两个空心圆柱体分别划分成两部分。选择菜单 Main Menu→Preprocessor→Modeling→Operate→Booleans→Divide→Volumes by WorkPlane，弹出选择窗口，单击"Pick All"按钮。

（16）重画图形。选择菜单 Utility Menu→Plot→Replot。

（17）删除实体。选择菜单 Main Menu→Preprocessor→Modeling→Delete→Volumes and Below，弹出选择窗口，选择两个空心圆柱体的各一半，单击"OK"按钮。

（18）做布尔加运算。选择菜单 Main Menu→ Preprocessor→Modeling→Operate→Booleans→Add→Volumes，弹出选择窗口，单击其"Pick All"按钮。将两个体进行求和，形成一个整体。

（19）重画图形。选择菜单 Utility Menu→ Plot→Replot，创建出的体如图 2-8 所示。

图 2-8　创建出的体

（20）观察模型。选择控制工具条上的 按钮，改变观察方向、缩放和旋转视图等。

2.6 命令流

```
/PREP7                                              !进入预处理器
CYLIND, 0.015, 0, 0, 0.08, 0, 360 $ CYLIND, 0.03, 0, 0, 0.08, 0, 360   !创建圆柱体
/VIEW, 1, 1, 1, 1                                   !显示正等轴测图
/PNUM, VOLU, 1                                      !显示体的编号
WPOFF, 0, 0.05, 0.03 $ WPROT, 0, 60                 !偏移、旋转工作平面
CYLIND, 0.012, 0, 0, 0.045, 0, 360 $ CYLIND, 0.006, 0, 0, 0.045, 0, 360
VSEL, S, , , 2, 3, 1                                !创建体选择集，选择两个外圆所对应的圆柱体
CM, VV1, VOLU                                       !创建体组件 VV1
VSEL, INVE                                          !创建体选择集，选择两个内孔所对应的圆柱体
CM, VV2, VOLU                                       !创建体组件 VV2
VSEL, ALL                                           !选择所有体
VSBV, VV1, VV2                                      !对体组件 VV1、VV2 进行减运算
BLOCK, -0.002, 0.002, -0.013, -0.009, 0, 0.008      !创建六面体
WPSTYLE, , , , , , 1                                !设置工作平面坐标系为极坐标系
CSYS, 4                                             !切换活跃坐标系为工作平面坐标系
VGEN, 3, 1, , , , 120                               !复制六面体
VSBV, 5, 1 $ VSBV, 4, 2 $ VSBV, 1, 3               !用圆柱体减去六面体，形成槽
WPROT, 0, 0, 90                                     !旋转工作平面
VSBW, ALL                                           !用工作平面切割体
VDELE, 1, 4, 3, 1                                   !删除体
VADD, ALL                                           !对体求和
VPLOT                                               !显示体
FINISH                                              !退出预处理器
```

2.7 高级应用

1. 圆柱面的创建

```
/PREP7                                              !进入预处理器
CSYS, 1                                             !切换活跃坐标系为全局圆柱坐标系
K, 10, 1 $ K, 11, 1, 0, 0.5 $ K, 12, 1, 75, 0.3 $ K, 13, 1, 75   !创建关键点 10、11、12、13
A, 10, 11, 12, 13                                   !创建圆柱面
FINISH                                              !退出预处理器
```

2．按函数关系作曲面——双曲抛物面

双曲抛物面的方程为 $y = \dfrac{x^2}{a^2} - \dfrac{z^2}{b^2}$，其中 a、b 为常数。

/PREP7	!进入预处理器
A=2 \$ B=1 \$ N=11	!定义参数，N 为段数
*DO, X, - 2*A, 2*A, 4*A/N	!开始 X 循环
KSEL, NONE	!将关键点选择集置为空集
*DO, Z, -X/2, X/2, X/N	!开始 Z 循环
Y=X*X/A/A-Z*Z/B/B	!计算 Y 坐标
K, , X, Y, Z	!创建关键点，软件自动编号
*ENDDO	!结束 Z 循环
BSPLIN, ALL	!创建样条曲线
*ENDDO	!结束 X 循环
CM, LLL, LINE	!创建线的组件，名称为 LLL
ASKIN, LLL	!蒙皮创建曲面
FINISH	!退出预处理器

第3例　复杂形状实体的创建实例——螺栓

3.1　高级建模技术

3.1.1　布尔运算

布尔运算是由简单实体构造复杂实体的一种方法。进行布尔运算的实体不能被划分网格，而且布尔运算后，实体上的载荷将被删除。

1. 布尔运算设置

菜单：Main Menu→Preprocessor→Modeling→Operate→Booleans→Settings

命令：BOPTN, Lab, Value

　　　　BTOL, PTOL

当 Lab=DEFA 时，重设各选项为默认值。

当 Lab=STAT 时，列表各选项的当前状态。

当 Lab=KEEP 时，Value=NO 或 YES，控制删除（默认）或保留输入实体。

当 Lab=NWARN 时，如果运算失效，Value=0，显示警告信息（默认）；Value=1，不显示任何信息；Value=-1，显示错误信息。

当 Lab=VERSION 时，激活软件的版本信息。

PTOL 为布尔运算的公差。

2. 交运算

1）公共交集

菜单：Main Menu→Preprocessor→Modeling→Operate→Booleans→Intersect→Common

命令：VINV, NV1, NV2, NV3, NV4, NV5, NV6, NV7, NV8, NV9

　　　　AINA, NA1, NA2, NA3, NA4, NA5, NA6, NA7, NA8, NA9

　　　　LINL, NL1, NL2, NL3, NL4, NL5, NL6, NL7, NL8, NL9

命令说明：NX1～NX9（X 代表 V、A、L）为求交运算的体、面或线。运算结果为所有输入实体的公共交集，如图 3-1、图 3-2、图 3-3 所示。

2）两两交集

菜单：Main Menu→Preprocessor→Modeling→Operate→Booleans→Intersect→Pairwise

命令：VINP, NV1, NV2, NV3, NV4, NV5, NV6, NV7, NV8, NV9

　　　　AINP, NA1, NA2, NA3, NA4, NA5, NA6, NA7, NA8, NA9

　　　　LINP, NL1, NL2, NL3, NL4, NL5, NL6, NL7, NL8, NL9

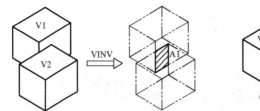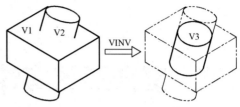

图 3-1　体的公共交集

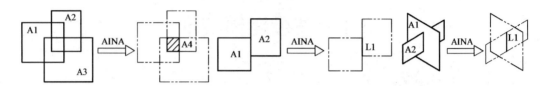

图 3-2　面的公共交集

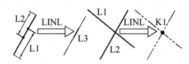

图 3-3　线的公共交集

命令说明：NX1～NX9（X 代表 V、A、L）为求交运算的体、面或线，当 NX1=ALL 时，对所有选定的实体求交集。运算结果为所有输入实体的两两交集，如图 3-4 所示。

3）其他交运算命令

AINV：求输入面与体的交集，如图 3-5 所示。

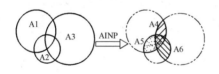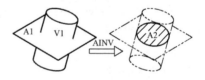

图 3-4　面的两两交集　　　　　　　　图 3-5　面与体的交集

LINV：求输入线与体的交集，如图 3-6 所示。

LINA：求输入线与面的交集，如图 3-7 所示。

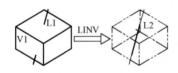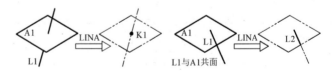

图 3-6　线与体的交集　　　　　　　　图 3-7　线与面的交集

3. 加运算

菜单：Main Menu→Preprocessor→Modeling→Operate→Booleans→Add

命令：VADD, NV1, NV2, NV3, NV4, NV5, NV6, NV7, NV8, NV9

　　　AADD, NA1, NA2, NA3, NA4, NA5, NA6, NA7, NA8, NA9

　　　LCOMB, NL1, NL2, KEEP

命令说明：NX1～NX9（X 代表 V、A）为求加运算的体、面的编号，当 NX1=ALL 时，对所有选定的实体求和。NX1 也可以是组件的名称。运算结果为所有输入实体合并为一个实体，如图 3-8 所示。另外，求和的面必须是共面的。

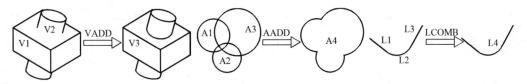

图 3-8　加运算

NL1, NL2 为求和的线的编号，当 NL1=ALL 时，对用 LSEL 命令选定的所有线求和；NL1 也可以是组件的名称。当 KEEP=0 时，求和后删除线 NL1, NL2；当 KEEP=1 时，则保留。运算结果为所有输入线合并为一条线。另外，求和的线必须有公共关键点。

4．减运算

菜单：Main Menu→Preprocessor→Modeling→Operate→Booleans→Subtract

命令：VSBV, NV1, NV2, SEPO, KEEP1, KEEP2

　　　ASBA, NA1, NA2, SEPO, KEEP1, KEEP2

　　　LSBL, NL1, NL2, SEPO, KEEP1, KEEP2

命令说明：NX1, NX2（X 代表 V、A、L）分别为被减去的和减去的体、面、线的编号，当 NX1=ALL 时，使用所有选定的实体；当 NX2=ALL 时，使用所有选定的实体，但包括在 NX1 内的除外。NX1, NX2 都可以是组件的名称。SEPO 用于控制 NV1, NV2 的交集为面、NA1, NA2 的交集为线、NL1, NL2 的交集为关键点的行为。KEEP1, KEEP2 用于控制 NX1, NX2 是否被删除，其内容为空时，使用 BOPTN 命令中 KEEP 的设置；为 DELETE 时，删除；为 KEEP 时，保留。

运算的结果是从实体 NX1 中减去 NX1, NX2 的交集，如图 3-9 所示。

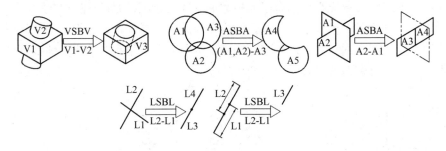

图 3-9　减运算

5．分割运算

菜单：Main Menu→Preprocessor→Modeling→Operate→Booleans→Divide

命令：VSBA：输入的体被面分割，分割后有公共面。

VSBW：输入的体被工作平面分割，分割后有公共面。

ASBV：从输入面中减去输入面与输入体的相交面。

ASBL：输入的面被线分割，分割后有公共线。

ASBW：输入的面被工作平面分割，分割后有公共线。

LSBV：从输入线中减去输入线与输入体的相交线。

以上命令说明如图 3-10 所示。

LSBA：从输入线中减去线与输入面的相交线，或者是输入线被输入面分割。

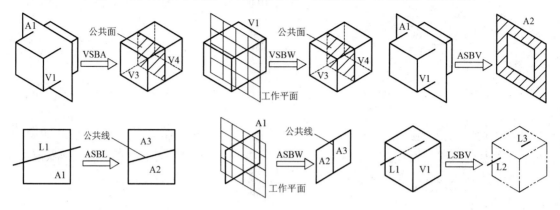

图 3-10　分割运算

6．粘接运算

菜单：Main Menu→Preprocessor→Modeling→Operate→Booleans→Glue

命令：VGLUE, NV1, NV2, NV3, NV4, NV5, NV6, NV7, NV8, NV9

　　　AGLUE, NA1, NA2, NA3, NA4, NA5, NA6, NA7, NA8, NA9

　　　LGLUE, NL1, NL2, NL3, NL4, NL5, NL6, NL7, NL8, NL9

命令说明：NX1～NX9（X 代表 V、A、L）为求粘接运算的体、面或线，当 NX1=ALL 时，对所有选定的实体进行粘接运算，NX1 也可以是组件的名称。

粘接运算要求输入实体沿边界相交，输出实体与输入实体相比形状和数量没有变化，但实体粘接后有公共边界，如图 3-11 所示。

以面粘接为例，划分单元得到的有限元模型如图 3-12 所示。由于在公共线上有公共节点，两个面上的单元共同构成一个有限元模型。但两个面间有分界线，两个面上的单元可以设置不同的单元特性，如使用不同材料。由分割、搭接、拆分等运算得到的输出实体都有公共边界，得到的有限元模型也有类似特点。

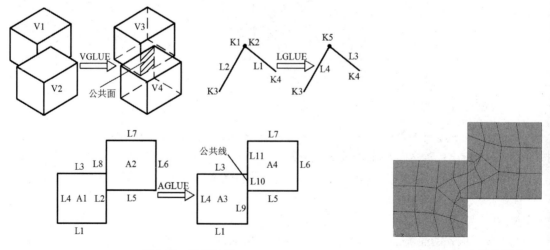

图 3-11　粘接运算　　　　　　　　　　　　图 3-12　有限元模型

7．搭接运算

菜单：Main Menu→Preprocessor→Modeling→Operate→Booleans→Overlap

命令：VOVLAP, NV1, NV2, NV3, NV4, NV5, NV6, NV7, NV8, NV9

　　　AOVLAP, NA1, NA2, NA3, NA4, NA5, NA6, NA7, NA8, NA9

　　　LOVLAP, NL1, NL2, NL3, NL4, NL5, NL6, NL7, NL8, NL9

命令说明：NX1~NX9（X 代表 V、A、L）为求搭接运算的体、面或线，当 NX1=ALL 时，对所有选定的实体进行搭接运算，NX1 也可以是组件的名称。搭接运算如图 3-13 所示。

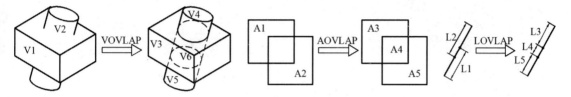

图 3-13　搭接运算

3.1.2　挤出

挤出属于自下而上实体建模方法，关键点挤出形成线、线挤出形成面、面挤出形成体。另外，若面已经划分单元，则面挤出形成体的同时，面单元会形成体单元。

1．面单元挤出形成体单元时的选项

菜单：Main Menu→Preprocessor→Modeling→Operate→Extrude→Elem Ext Opts

命令：EXTOPT, Lab, Val1, Val2, Val3, Val4

命令说明：当 Lab=ATTR 时，设定体单元属性；Val1, Val2, Val3, Val4 分别用于指定体单元的材料模型、实常数集、单元坐标系和截面属性，其值为 0 时，则由 MAT、REAL、ESYS 和 SECNUM 命令分别指定；其值为 1 时，使用源面单元的相应属性。

当 Lab=ESIZE 时，Val1 用于指定生成体的方向或扫略方向上的单元段数。对于 VDRAG 和 VSWEEP 命令，Val1 被 LESIZE 命令中的 NDIV 设置所覆盖。Val2 为距离比例。

当 Lab=ACLEAR 时，Val1=0，保留源面上的面单元；Val1=1，清除面单元。

2．面沿法线方向偏移创建体

菜单：Main Menu→Preprocessor→Modeling→Operate→Extrude→Areas→Along Normal

命令：VOFFST, NAREA, DIST, KINC

命令说明：NAREA 为源面的编号。DIST 为沿法线方向的距离，正法线方向沿关键点顺序按右手定则确定。KINC 为关键点编号的增量，其值为 0 时由软件自动确定。

面偏移创建体的实例如图 3-14（a）所示，该命令与当前活跃坐标系无关。

3．面挤出创建体

菜单：Main Menu→Preprocessor→Modeling→Operate→Extrude→Areas→By XYZ Offset

命令：VEXT, NA1, NA2, NINC, DX, DY, DZ, RX, RY, RZ

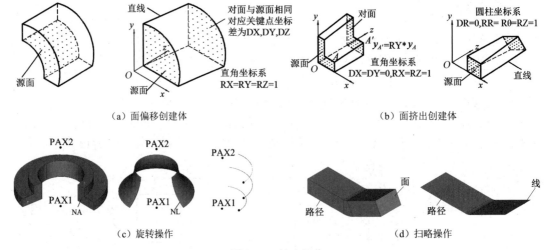

（a）面偏移创建体　　　　　　　　　　　　　　（b）面挤出创建体

（c）旋转操作　　　　　　　　　　　　　　　　（d）扫略操作

图 3-14　挤出操作

命令说明：NA1, NA2, NINC 为挤出操作源面的初始编号、终止编号、增量。NA2 默认为 NA1，当 NA1=ALL 时，对所有选定的面进行挤出操作，NA1 也可以是组件的名称。DX, DY, DZ 为当前活跃坐标系下的坐标增量，其在圆柱坐标系下为 DR, Dθ, DZ，其在球坐标系下为 DR, Dθ, DΦ。RX, RY, RZ 为在当前活跃坐标系下将要生成的关键点坐标在 x, y, z 方向上的缩放因子。其在圆柱坐标系下为 RR, Rθ, RZ，其在球坐标系下为 RR, Rθ, RΦ，其中 Rθ 和 RΦ 为角度增量。当缩放因子为零、空白或负值时被假定为 1；缩放因子不为 1 时，先缩放、后挤出。

面挤出创建体的实例如图 3-14（b）所示。该命令与当前活跃坐标系有关。

4．面、线、关键点绕轴旋转创建回转体

菜单：Main Menu→Preprocessor→Modeling→Operate→Extrude→Areas→About Axis
　　　Main Menu→Preprocessor→Modeling→Operate→Extrude→Lines→About Axis
　　　Main Menu→Preprocessor→Modeling→Operate→Extrude→Keypoints→About Axis

命令：VROTAT, NA1, NA2, NA3, NA4, NA5, NA6, PAX1, PAX2, ARC, NSEG
　　　AROTAT, NL1, NL2, NL3, NL4, NL5, NL6, PAX1, PAX2, ARC, NSEG
　　　LROTAT, NK1, NK2, NK3, NK4, NK5, NK6, PAX1, PAX2, ARC, NSEG

命令说明：NX1～NX6（X 代表 A、L、K）为进行旋转操作的实体编号，面或线必须位于旋转轴的同一侧，且与旋转轴共面。当 NX1=ALL 时，对所有选定的实体进行旋转操作，NX1 也可以是组件的名称。PAX1, PAX2 为旋转轴上两个关键点的编号。ARC 为旋转角度，角度正向沿 PAX1-PAX2 轴按右手定则确定，默认值为 360°。NSEG 为旋转得到实体的数量，最大值为 8，默认按 90° 划分弧线。旋转操作的实例如图 3-14（c）所示。

5．面、线、关键点沿路径扫略创建实体

菜单：Main Menu→Preprocessor→Modeling→Operate→Extrude→Areas→Along Lines
　　　Main Menu→Preprocessor→Modeling→Operate→Extrude→Lines→Along Lines
　　　Main Menu→Preprocessor→Modeling→Operate→Extrude→Keypoints→Along Lines

命令：VDRAG, NA1, NA2, NA3, NA4, NA5, NA6, NLP1, NLP2, NLP3, NLP4, NLP5, NLP6
　　　ADRAG, NL1, NL2, NL3, NL4, NL5, NL6, NLP1, NLP2, NLP3, NLP4, NLP5, NLP6
　　　LDRAG, NK1, NK2, NK3, NK4, NK5, NK6, NL1, NL2, NL3, NL4, NL5, NL6

命令说明：NX1～NX6（X 代表 A、L、K）为进行扫略操作的实体编号，当 NX1=ALL 时，对所有选定的实体进行扫略操作，NX1 也可以是组件的名称。NLP1～NLP6、NL1～NL6 为路径线的编号，各条线必须是连续的，且相邻的线必须有公共关键点。

如果扫略路径包含多条线，则扫略方向由输入路径线的先后顺序决定；如果扫略路径是单一线，则扫略方向从路径线上最靠近给定实体第一个关键点的关键点开始、到路径线的另一端结束。当实体与扫略路径不垂直或不相交时，可能会得到异常结果。扫略操作的实例如图 3-14（d）所示。

3.1.3　有关实体建模的其他操作

1．关键点、线、面、体的比例缩放

菜单：Main Menu→Preprocessor→Modeling→Operate→Scale
命令：KPSCALE, NP1, NP2, NINC, RX, RY, RZ, KINC, NOELEM, IMOVE
　　　LSSCALE, NL1, NL2, NINC, RX, RY, RZ, KINC, NOELEM, IMOVE
　　　ARSCALE, NA1, NA2, NINC, RX, RY, RZ, KINC, NOELEM, IMOVE
　　　VLSCALE, NV1, NV2, NINC, RX, RY, RZ, KINC, NOELEM, IMOVE

命令说明：NX1, NX2, NINC（X 代表 P、L、A、V）为进行比例缩放操作实体的初始编号、终止编号、增量。NX2 默认为 NX1, NINC 默认为 1，当 NX1=ALL 时，对所有选定的实体进行比例操作，NX1 可以使用组件的名称。RX, RY, RZ 为在当前活跃坐标系下将要生成的关键点坐标在 X, Y, Z 方向上的缩放因子，其在圆柱坐标系下为 RR, Rθ, RZ，其在球坐标系下为 RR, Rθ, RΦ，其中 Rθ 和 RΦ 为角度增量。缩放因子为零、空白或负值时被假定为 1。KINC 为新生成关键点的编号增量，默认时关键点编号由软件自动指定。当 NOELEM=0 时，生成节点单元；当 NOELEM=1 时，不生成。当 IMOVE=0 时，保留源实体；当 IMOVE=1 时，不保留。

比例操作的实例如图 3-15 所示。该命令与当前活跃坐标系有关。

2．关键点、线、面、体的复制

菜单：Main Menu→Preprocessor→Modeling→Copy
　　　Main Menu→Preprocessor→Modeling→Move / Modify
命令：KGEN, ITIME, NP1, NP2, NINC, DX, DY, DZ, KINC, NOELEM, IMOVE
　　　LGEN, ITIME, NL1, NL2, NINC, DX, DY, DZ, KINC, NOELEM, IMOVE
　　　AGEN, ITIME, NA1, NA2, NINC, DX, DY, DZ, KINC, NOELEM, IMOVE
　　　VGEN, ITIME, NV1, NV2, NINC, DX, DY, DZ, KINC, NOELEM, IMOVE

命令说明：ITIME 为包括源实体在内的复制次数。NX1, NX2, NINC（X 代表 P、L、A、V）为进行复制操作实体的初始编号、终止编号、增量。NX2 默认为 NX1，NINC 默认为 1，当 NX1=ALL 时，对所有选定的实体进行复制操作，NX1 可以是组件的名称。DX, DY, DZ 为在当前活跃坐标系下的复制增量，其在柱坐标系下为 DR, Dθ, DZ，其在球坐标系下为 DR, Dθ, DΦ。

其中，除关键点外，在柱坐标系或球坐标系下复制其他实体时，DR, DΦ 不可用。KINC, NOELEM, IMOVE 等参数见比例缩放操作。

复制操作的实例如图 3-16 所示。该命令与当前活跃坐标系有关。

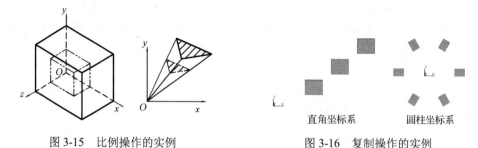

图 3-15 比例操作的实例   图 3-16 复制操作的实例

3. 关键点、线、面、体的镜像

菜单：Main Menu→Preprocessor→Modeling→Reflect

命令：KSYMM, Ncomp, NP1, NP2, NINC, KINC, NOELEM, IMOVE

　　　LSYMM, Ncomp, NL1, NL2, NINC, KINC, NOELEM, IMOVE

　　　ARSYM, Ncomp, NA1, NA2, NINC, KINC, NOELEM, IMOVE

　　　VSYMM, Ncomp, NV1, NV2, NINC, KINC, NOELEM, IMOVE

命令说明：Ncomp 为对称面的法线方向，默认为 x 轴，对称面必须是当前活跃坐标系的坐标平面，该坐标系必须是直角坐标系（KSYMM 命令除外）。NX1, NX2, NINC（X 代表 P、L、A、V）为进行镜像操作实体的初始编号、终止编号、增量。NX2 默认为 NX1, NINC 默认为 1，当 NX1=ALL 时，对所有选定的实体进行镜像操作，NX1 也可以是组件的名称。KINC, NOELEM, IMOVE 等参数见比例缩放操作。镜像操作的实例如图 3-17 所示。

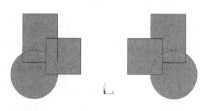

图 3-17 镜像操作

4. 关键点、硬点、线、面和体的删除

菜单：Main Menu→Preprocessor→Modeling→Delete

命令：KDELE, NP1, NP2, NINC

　　　HPTDELETE, NP1, NP2, NINC

　　　LDELE, NL1, NL2, NINC, KSWP

　　　ADELE, NA1, NA2, NINC, KSWP

　　　VDELE, NV1, NV2, NINC, KSWP

命令说明：NX1, NX2, NINC（X 代表 P、L、A、V）为进行删除的实体，按编号从 NX1 到 NX2 的增量为 NINC 定义实体的范围，NINC 默认为 1，当 NX1=ALL 时，对所有选定的实体进行镜像操作，NX1 也可以是组件的名称。KSWP=0（默认），只删除实体本身；KSWP=1，既删除实体本身，同时删除所属低级实体。

3.2　螺栓的视图

查螺纹标准，M16 的螺距 $P=2mm$，如图 3-18 所示为螺栓视图。

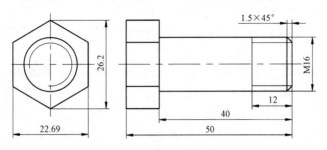

图 3-18　螺栓视图

3.3　创建步骤

（1）激活全局圆柱坐标系。选择菜单 Utility Menu→WorkPlane→Change Active CS to→Global Cylindrical。

（2）创建关键点。选择菜单 Main Menu→Preprocessor→Modeling→Create→Keypoints→In Active CS，弹出如图 3-19 所示的对话框，在"NPT"文本框中输入"1"，在"X, Y, Z"文本框中分别输入"0.008, 0, −0.002"，单击"Apply"按钮；再创建关键点 2(0.008, 90, −0.0015)、3(0.008, 180, −0.001)、4(0.008, 270, −0.0005)、5(0.008, 0, 0)，最后单击"OK"按钮。

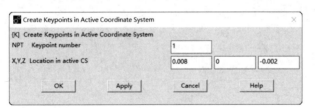

图 3-19　创建关键点对话框

（3）改变观察方向。单击图形窗口右侧显示控制工具条上的 ◈ 按钮，显示正等轴测图。

（4）创建螺旋线。选择菜单 Main Menu→Preprocessor→Modeling→Create→Lines→Lines→In Active Coord，弹出选择窗口，分别在关键点 1 和 2、2 和 3、3 和 4、4 和 5 之间创建螺旋线，单击"OK"按钮。

（5）复制螺旋线。选择菜单 Main Menu→Preprocessor→Modeling→Copy→Lines，弹出选择窗口，单击"Pick All"按钮，弹出如图 3-20 所示的对话框，在"ITIME"文本框中输入"7"，在"DZ"文本框中输入"0.002"，单击"OK"按钮。

（6）合并关键点，为对线做布尔加运算准备。选择菜单 Main Menu→Preprocessor→Numbering Ctrls→Merge Items，在弹出的对话框中，选择"Label"下拉列表框为"Keypoints"，

单击"OK"按钮。对线做布尔加运算时，相邻线必须有公共关键点。

（7）对线做布尔加运算。选择菜单 Main Menu→Preprocessor→Modeling→Operate→Booleans→Add→Lines，弹出选择窗口，单击"Pick All"按钮，单击"Add Lines"对话框中的"OK"按钮。对所有螺旋线求和，得到一条新的螺旋线。

（8）创建关键点。选择菜单 Main Menu→Preprocessor→Modeling→Create→Keypoints→In Active CS，关键点编号和坐标为 80(0.008+0.0015/4, 90, 0.012+0.002/4)、81(0.008+2×0.0015/4, 180, 0.012+2×0.002/4)、82(0.008+3×0.0015/4, 270, 0.012+3×0.002/4)、83(0.008+4×0.0015/4, 0, 0.012+4×0.002/4)。

（9）创建螺纹收尾曲线。选择菜单 Main Menu→Preprocessor→Modeling→Create→Lines→Lines→In Active Coord，弹出选择窗口，分别在关键点 35 和 80、80 和 81、81 和 82、82 和 83 之间创建螺纹收尾曲线，单击"OK"按钮。

（10）激活全局直角坐标系。选择菜单 Utility Menu→WorkPlane→Change Active CS to→Global Cartesian。

（11）创建关键点。选择菜单 Main Menu→Preprocessor→Modeling→Create→Keypoints→In Active CS，关键点编号和坐标为 90(0.008, 0, −0.00025)、91(0.006918, 0, −0.002)、92(0.006918, 0, 0)。

（12）显示关键点、线的编号。选择菜单 Utility Menu→PlotCtrls→Numbering，弹出如图 3-21 所示的对话框，将"Keypoint numbers"（关键点编号）和"Line numbers"（线编号）打开，单击"OK"按钮。

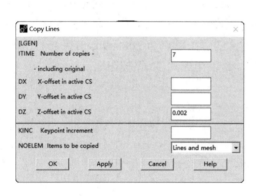

图 3-20　复制线对话框

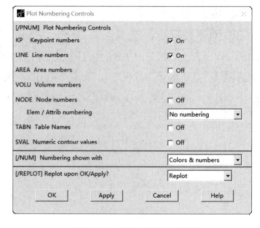

图 3-21　图号控制对话框

（13）在图形窗口中显示关键点和线。选择菜单 Utility Menu→Plot→Multi- Plots。

（14）创建直线。选择菜单 Main Menu→Preprocessor→Modeling→Create→Lines→Lines→Straight Line，弹出选择窗口，分别在关键点 1 和 90、关键点 91 和 92 之间创建直线，单击"OK"按钮。

（15）分别过关键点 90 和 1 创建与直线 7 夹角为 60°、120°的直线。选择菜单 Main Menu→Preprocessor→Modeling→Create→Lines→At angle to line，弹出选择窗口，选择直线 7，单击"OK"按钮；再次弹出选择窗口，选择关键点 90，单击"OK"按钮；弹出如图 3-22 所示的对话框，在"LANG"文本框中输入"60"，单击"Apply"按钮。重复以上操作，过关键点 1 作直线 7 的角度线，角度为 120°，单击"OK"按钮。

（16）由直线创建面。选择菜单 Main Menu→Preprocessor→Modeling→Create→Areas→Arbitrary→By Lines，弹出选择窗口，依次选择直线 6、9、10、11，单击"OK"按钮。

（17）由面沿路径扫略得到与螺纹沟槽相对应的体。选择菜单 Main Menu→Preprocessor→Modeling→Operate→Extrude→Areas→Along Lines，弹出选择窗口，选择等腰梯形面，单击"OK"按钮；再次弹出选择窗口，依次选择螺旋线、螺纹收尾曲线，单击"OK"按钮。

（18）关闭关键点、线的编号，显示面、体的编号。选择菜单 Utility Menu→PlotCtrls→Numbering，将"Keypoint numbers"（关键点编号）和"Line numbers"（线编号）关闭，将"Area numbers"（面编号）、"Volume numbers"（体编号）打开。

（19）创建圆柱体。选择菜单 Main Menu→Preprocessor→Modeling→Create→Volumes→Cylinder→By Dimension，弹出如图 3-23 所示的对话框，在"RAD1"文本框中输入".0079"，在"Z2"文本框中输入"0.04"，单击"OK"按钮。

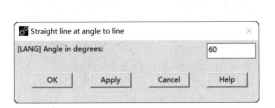

图 3-22　角度对话框

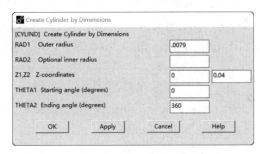

图 3-23　创建圆柱体对话框

（20）做布尔减运算，形成螺纹沟槽。选择菜单 Main Menu→Preprocessor→Modeling→Operate→Booleans→Subtract→Volumes，弹出选择窗口，选择圆柱体，单击"OK"按钮；再次弹出选择窗口，单击"Pick All"按钮。

（21）重画图形。选择菜单 Utility Menu→Plot→Replot。

（22）创建关键点。选择菜单 Main Menu→Preprocessor→Modeling→Create→Keypoints→In Active CS。关键点和坐标为 93(0.0065, 0, 0)、94(0.0095, 0, 0.003)、95(0, 0, 0)、96(0, 0, 0.03)。

（23）创建直线。选择菜单 Main Menu→Preprocessor→Modeling→Create→Lines→Lines→Straight Line，弹出选择窗口，在关键点 93 和 94 之间创建直线，单击"OK"按钮。

提示：在图形窗口中选择关键点 93 和 94 较困难时，可以在选择窗口的文本框中输入关键点编号后回车，下同。

（24）由线旋转创建圆锥面。选择菜单 Main Menu→Preprocessor→Modeling→Operate→Extrude→Lines→About Axis，弹出选择窗口，选择在关键点 93 和 94 之间创建的直线，单击"OK"按钮；再次弹出选择窗口，选择关键点 95 和 96，单击"OK"按钮；弹出"Sweep Lines About Axis"对话框，单击"OK"按钮。

（25）用圆锥面分割体，在螺纹端部形成倒角。选择菜单 Main Menu→Preprocessor→Modeling→Operate→Booleans→Divide→Volume by Area，弹出选择窗口，选择带螺纹的圆柱体，单击"OK"按钮；再次弹出选择窗口，选择由线旋转形成的 4 个面，单击"OK"按钮。

（26）删除体。选择菜单 Main Menu→Preprocessor→Modeling→Delete→Volumes and Below，弹出选择窗口，选择倒角被切去的体，单击"OK"按钮。

（27）创建棱柱体。选择菜单 Main Menu→Preprocessor→Modeling→Create→Volumes→

Prism→By Circumscr Rad，弹出如图 3-24 所示的对话框，在"Z1, Z2"文本框中分别输入"0.04, 0.05"，在"NSIDES"文本框中输入"6"，在"MAJRAD"文本框中输入"0.0131"，单击"OK"按钮。

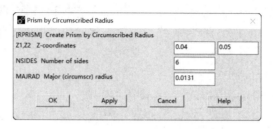

图 3-24　创建棱柱体对话框

（28）创建圆锥体。选择菜单 Main Menu→Preprocessor→Modeling→Create→Volumes→Cone→By Dimension，弹出如图 3-25 所示的对话框，在"RBOT"文本框中输入"0.03477"，在"RTOP"文本框中输入"0.00549"，在"Z1, Z2"文本框中分别输入"0.03, 0.055"，单击"OK"按钮。

（29）对棱柱体和圆锥体进行交运算，形成倒角。选择菜单 Main Menu→Preprocessor→Modeling→Operate→Booleans→Intersect→Common→Volumes，弹出选择窗口，选择棱柱体和圆锥体，单击"OK"按钮。

创建的螺栓模型如图 3-26 所示。

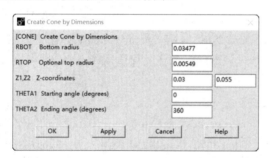

图 3-25　创建圆锥体对话框

图 3-26　创建的螺栓模型

（30）观察模型。选择图形窗口右侧显示控制工具条上的 按钮，通过改变视线方向、缩放和旋转视图来观察模型。

3.4　命令流

R=0.008 $ P=0.002	!定义参数，R 为半径、P 为螺距
/PREP7	!进入预处理器
CSYS, 1	!切换活跃坐标系为全局圆柱坐标系
*DO, I, 1, 5 $ K, I, R, (I-1)*90, -P*(5-I)/4 $ *ENDDO	!创建关键点
/VIEW, 1, 1, 1, 1	!改变视线方向，显示正等轴测图
L, 1, 2 $ L, 2, 3 $ L, 3, 4 $ L, 4, 5	!创建螺旋线

```
LGEN, 7, ALL, , , , , 0.002                                    !复制螺旋线
NUMMRG, KP, , , , LOW                                          !合并关键点
LCOMB, ALL                                                     !对螺旋线求和
*DO, I, 1, 4 $ K, 79+I, R+I*0.0015/4, I*90, 0.012+I*P/4 $ *ENDDO!创建关键点
L, 35, 80 $ L, 80, 81 $ L, 81, 82 $ L, 82, 83                  !创建螺纹收尾曲线
CSYS, 0                                                        !切换活跃坐标系为全局直角坐标系
K, 90, R, 0, -0.00025 $ K, 91, 0.006918, 0, -P $ K, 92, 0.006918, 0, 0    !创建关键点
/PNUM, KP, 1 $ /PNUM, LINE, 1                                  !显示关键点和线的编号
GPLOT                                                          !显示所有类型实体
LSTR, 1, 90 $ LSTR, 91, 92                                     !创建直线
LANG, 7, 90, 60, , 0 $ LANG, 7, 1, 120, , 0                    !创建角度线
AL, 6, 9, 10, 11                                              !由线创建面
VDRAG, 1, , , , , , 1, 2, 3, 4, 5                              !由面沿着路径扫略
/PNUM, KP, 0 $ /PNUM, LINE, 0                                  !关闭关键点和线的编号
/PNUM, AREA, 1 $ /PNUM, VOLU, 1                                !显示面和体的编号
CYLIND, 0.0079, , 0, 0.04, 0, 360                             !创建圆柱体
VSEL, U, , , 6                                                 !选择除体6（圆柱体）以外的体
CM, VVV2, VOLU                                                 !创建体组件VVV2
ALLS                                                          !选择所有
VSBV, 6, VVV2                                                  !用体6（圆柱体）减去体组件VVV2，形成螺纹
/REPLOT                                                       !重画图形
K, 93, 0.0065 $ K, 94, 0.0095, 0, 0.003 $ K, 95 $ K, 96, 0, 0, 0.03!创建关键点
LSTR, 93, 94                                                   !创建直线
AROTAT, 6, , , , , , 95, 96, 360                               !直线绕轴旋转，形成圆锥面
ASEL, S, , , 1, 4, 1                                           !选择圆锥面
VSBA, 7, ALL                                                   !用选择的圆锥面分割带螺纹的圆柱体
ASEL, ALL                                                      !选择所有面
VDELE, 1, , , 1                                                !删除被圆锥面切割掉的体
RPRISM, 0.04, 0.05, 6, , 0.0131                               !创建棱柱体
CONE, 0.03477, 0.00549, 0.03, 0.055, 0, 360                   !创建圆锥体
VINV, 1, 3                                                     !对棱柱体和圆锥体求交集，形成倒角
/REPLOT
VPLOT                                                         !显示体
FINISH                                                        !退出预处理器
```

3.5 高级应用

1. 斜齿圆柱齿轮的创建

已知：齿轮的模数 m_n=2mm，齿数 z=42，螺旋角 β=10°，齿宽 B=40mm。

```
MN=0.002 $ Z=42 $ BETA=10 $ B=0.04 $ T=3.1415926/180    !齿轮参数
MT=MN/ COS(BETA*T) $ R=MT*Z/2                            !端面模数 MT、分度圆半径 R
ALPHAT=ATAN(TAN(20*T)/ COS(BETA*T)) $ RB=R*COS(ALPHAT)
                                                        !端面压力角 ALPHAT、基圆半径 RB
RA=R+MN $ RF=R-1.25*MN $ N=10                           !齿顶圆半径 RA、齿根圆半径 RF、段数 N
/PREP7                                                  !进入预处理器
CSYS, 1                                                 !切换活跃坐标系为全局圆柱坐标系
I=1                                                     !关键点编号 I
*DO, RK, RF, RA+0.001, (RA+0.001-RF)/N                  !开始循环
  ALPHAK=ACOS(RB/RK) $ THETAK=TAN(ALPHAK)- ALPHAK       !计算压力角和展角
K, I, RK, THETAK/T                                      !创建关键点
I=I+1                                                   !关键点编号加 1
*ENDDO                                                  !结束循环
BSPLIN, ALL                                             !创建渐开线
LGEN, 2, 1, , , , 45*MT/R- (TAN(20*T) /T -20), , , , 1  !移动渐开线
CSYS, 0                                                 !切换活跃坐标系为全局直角坐标系
LSYMM, Y, 1, , , 100                                    !镜像渐开线
K, 10 $ LARC, 1, 101, 10 , RB $ LARC, 11, 111, 10 , RA  !创建基圆圆弧、齿顶圆圆弧，得到齿槽曲线
CSYS, 1
LGEN, 2, ALL, , , , B*TAN(BETA*T)/R/T, -B, 200          !复制得到另一端面上齿槽曲线
L, 1, 201 $ L, 11, 211 $ L, 101, 301 $ L, 111, 311      !创建螺旋线
CSYS, 0 $ V, 1, 11, 111, 101, 201, 211, 311, 301        !创建齿槽体
CSYS, 1 $ VGEN, Z, ALL, , , , 360/Z                     !复制齿槽体
CSYS, 0 $ CYLIND, RA, 0.01, 0, -B,                      !创建圆柱体
BLOCK, -0.003, 0.003, 0, 0.0128, 0, -B                  !创建键槽六面体
VSBV, Z+1, ALL                                          !减运算得到齿轮
FINISH                                                  !退出预处理器
```

2. 直齿锥齿轮齿廓曲面的创建

已知：齿轮的模数 m_e=3mm，齿数 z=18，分度圆锥角 δ=45°。在球坐标系下，球面渐开线的方程为 $\theta_k = \dfrac{\arccos(\cos\delta_k / \cos\delta_b)}{\sin\delta_b} - \arccos\dfrac{\tan\delta_b}{\tan\delta_k}$，式中，$\delta_b$ 为基锥角，δ_k、θ_k 分别为渐开线任一点的锥角和偏角。

```
ME=0.003 $ Z=18 $ DELTA=45 $ T=3.1415926/180  !齿轮参数
RE=ME*Z/2/SIN(DELTA*T) $ B=RE/3 $ DELTA1=DELTA*T    !锥距 RE、齿宽 B
DELTA_A=DELTA1+ATAN(ME/RE) $ DELTA_F=DELTA1- ATAN(1.2*ME/RE)
                                              !顶锥角 DELTA_A、根锥角 DELTA_F
DELTA_B=DELTA1- ATAN(ME*Z/2*(1-COS(20*T))/COS(DELTA1)/RE)
                                              !基锥角 DELTA_B
M=10                                          !段数 M
/PREP7                                         !进入预处理器
```

```
CSYS, 2                                          !切换活跃坐标系为全局球坐标系
I=1                                              !关键点编号 I
*DO, DELTA_K, DELTA_B, DELTA_A, (DELTA_A- DELTA_B)/M
                                                 !开始循环
THETA_K=ACOS(COS(DELTA_K)/COS(DELTA_B))/SIN(DELTA_B)-ACOS(TAN(DELTA_B)/TAN(DELTA_K))
                                                 !关键点 θ 坐标
K, I, RE, THETA_K/T, 90- DELTA_K/T               !创建关键点
I=I+1                                            !关键点编号加 1
*ENDDO                                           !结束循环
BSPLIN, ALL                                      !创建大端球面渐开线
LSSCALE, 1, , , (RE-B)/RE                         !通过比例操作得到小端球面渐开线
ASKIN, 1, 2                                       !蒙皮得到齿廓曲面
FINISH                                           !退出预处理器
```

3. 参数化设计语言（APDL）应用实例——展成法加工齿轮模拟

```
PI=3.1415926                                     !定义参量
M=2 $ Z=20                                       !模数、齿数
R=M*Z/2                                          !分度圆半径
/PREP7                                           !进入预处理器
CYL4, , , R+M                                     !创建齿顶圆面
LSEL, NONE                                       !不选择线
X0=SQRT((R+M)*(R+M)-(R-1.25*M)*(R-1.25*M))-2.5*M*TAN(PI/9)        !刀具到齿坯距离
K, 5, X0, -R-1.25*M                              !创建关键点
K, 6, X0+2.5*M*TAN(PI/9), -R+1.25*M
K, 7, X0+0.5*PI*M, -R+1.25*M
K, 8, X0+0.5*PI*M+2.5*M*TAN(PI/9), -R-1.25*M
K, 9, X0+PI*M, -R-1.25*M
L, 5, 6                                          !创建直线
*REPEAT, 4, 1, 1                                 !重复以上命令
LGEN, Z+5, 5, 8, 1, PI*M                          !复制线
K, 1000, X0, -R-2*M
K, 1001, X0+(Z+5)*PI*M, -R-2*M
L, 5, 1000
L, 1000, 1001
L, 1001, (Z+5)*5+4
NUMMRG, KP, , , , LOW                             !合并关键点
AL, ALL                                          !由线创建面，得到刀具
ALLS
N=100                                            !将 360°N 等分
/SEG, DELE                                       !删除当前内存段中所有数据
/SEG, MULTI, GEAR, 0.1                            !保存随后显示的每幅画面到内存段，文件名为 GEAR
```

*DO, I, 1, N+10	!循环开始，进行展成运动
KSEL, S, LOC, Y, 0, R+M	!选择齿坯圆上关键点
LSLK, S	!选择关键点所在线
ASLL, S	!选择齿坯圆面
CM, AAA1, AREA	!创建面集合 AAA1
ASEL, INVE	!选择其他面即刀具
CM, AAA2, AREA	!创建面集合 AAA2
ALLS	!选择所有
CSYS, 1	!切换活跃坐标系为全局圆柱坐标系
AGEN, , AAA1, , , , -360/N, , , , 1	!旋转齿坯圆面
CSYS, 0	!切换活跃坐标系为全局直角坐标系
AGEN, , AAA2, , , -2*PI*R/N, , , , , 1	!移动刀具
AGEN, 2, AAA2	!复制刀具
ASBA, AAA1, AAA2	!减运算，用刀具切割齿坯
APLOT	!显示面
/USER, 1	!关闭图形自动适合窗口模式
*ENDDO	!退出循环
/SEG, OFF, GEAR, 0.1	!关闭内存段的存入
ANIM, 1, 1	!动画显示
FINISH	!退出预处理器

第4例　几何模型的单元划分实例——面

4.1　有限元模型创建概述

有限元模型是有限元分析的直接对象，有限元模型的规模、好坏直接影响分析结果的精度、准确性和效率。有限元模型的创建方法包括实体建模法和直接生成法。

4.1.1　几何模型单元划分的步骤

（1）定义并指定单元属性。定义和指定要划分单元的几何体的单元类型、实常数集、材料模型、单元坐标系和截面号等属性。

（2）指定单元划分控制选项。指定单元尺寸控制、单元形状、划分方法等。

（3）划分单元。

（4）检查单元质量。

（5）修改或加密单元。

4.1.2　单元类型

ANSYS 提供了 100 多种单元类型，每种类型的单元都有单元名、节点、自由度、实常数集、载荷、基本选项、解数据、特殊应用等特征和相应的适用范围。

1．用户选择单元类型时，应该考虑的因素

（1）物理现象所属学科。结构分析要使用结构单元，热分析要用热单元，耦合场分析可使用耦合单元，等等。

（2）单元的维数。单元的维数分为 1D、2D 和 3D，维数越高计算量就越大。实际的物体都是 3D 的，只有满足一定条件才可以简化为 1D 或 2D 模型。1D 的线性单元一般用于梁、桁架、刚架结构，2D 实体单元一般用于平面应力问题、平面应变问题和轴对称问题，3D 壳单元可用于空间的薄板或薄壳结构。

（3）单元的阶次。在一般情况下，线性单元计算成本较低，而高阶单元有中间节点，位移函数的阶次较高、单元边有曲线形状，所以计算精度相应也较高，可以更好地逼近几何模型的曲线形状。

2．相关命令

1）定义单元类型

菜单：Main Menu→Preprocessor→Element Type→Add/Edit/Delete

命令：ET, ITYPE, Ename, KOP1, KOP2, KOP3, KOP4, KOP5, KOP6, INOPR

命令说明：ITYPE 为单元类型编号，默认值为当前最大值加 1。Ename 为 ANSYS 单元库中给定的单元名或编号，如 PLANE183，定义时可只使用编号。KOP1～KOP6 为单元选项，其值及意义参见 ANSYS 单元手册，也可由 KEYOPT 命令设置。当 INOPR=1 时，不输出该类单元的所有结果。

2）转换单元类型

菜单：Main Menu→Preprocessor→Element Type→Switch Elem Type

命令：ETCHG, Cnv

命令说明：当 Cnv=ETI 时，显式单元转为隐式单元；当 Cnv=ITE 时，隐式单元转为显式单元；当 Cnv=TTE 时，热单元转为显式单元；当 Cnv=TTS 时，热单元转为结构单元；当 Cnv=STT 时，结构单元转为热单元；当 Cnv=MTT 时，磁单元转为热单元；当 Cnv=FTS 时，流体单元转为结构单元；当 Cnv=ETS 时，静电单元转为结构单元；当 Cnv=ETT 时，静电单元转为热单元。

该命令用于耦合场分析时对单元进行类型转换。转换按 ANSYS 规定的单元对进行，如热单元 PLANE77 转换为结构单元 PLANE183，具体规定见 ANSYS Help 中对命令 ETCHG 的介绍。在一般情况下，转换单元后，单元选项、实常数都需要重新设置。

4.1.3　定义实常数

实常数用于附加设置单元尺寸、材料属性等，典型的实常数有面积、厚度等。是否需要实常数、需要定义哪些实常数，都由单元类型决定。定义实常数的命令如下。

菜单：Main Menu→Preprocessor→Real Constants→Add/Edit/Delete

命令：R, NSET, R1, R2, R3, R4, R5, R6

命令说明：NSET 为实常数集标识号。R1～R6 为实常数的值，顺序必须与单元类型的要求相一致，当实常数超过 6 个时，可用 RMORE 命令输入。

4.1.4　材料属性

材料属性是与有限元分析计算相关的材料特性参数，如结构分析一般需要指定弹性模量、泊松比、密度等。材料属性与单元类型无关，但多数单元需要根据材料属性计算单元刚度矩阵。如果材料属性导致单元刚度矩阵是非线性的，则为非线性材料属性，否则为线性材料属性。线性材料属性通常只需一个子步就能求解，而非线性材料属性需要多个子步。

1. 定义线性材料属性

菜单：Main Menu→Preprocessor→Material Props→Material Models

命令：MP, Lab, MAT, C0, C1, C2, C3, C4

命令说明：Lab 为材料属性标识。Lab=ALPD，质量阻尼系数；Lab=ALPX，线膨胀系数（也可用 ALPY, ALPZ）；Lab=BETD，刚度阻尼系数；Lab=C，比热容；Lab=DENS，质量密度；Lab=DMPR，均匀材料阻尼系数；Lab=ENTH，热焓；Lab=EX，弹性模量（也可用 EY, EZ）；Lab=GXY，剪切模量（也可用 GYZ, GXZ）；Lab=HF，对流或散热系数；Lab=KXX，热传导率（也可用 KYY, KZZ）；Lab=MU，摩擦系数；Lab=PRXY，主泊松比（也可用 PRYZ, PRXZ）；

Lab=NUXY，次泊松比（也可用 NUYZ, NUXZ）；Lab=REFT，参考温度，必须被定义为一常数；Lab=THSX，热应变（也可用 THSY, THSZ）。MAT 为材料模型号。C0 为材料属性的数值，如果该属性是温度 T 的多项式函数，则 C0 为其常数项，C0 也可以是表名。C1～C4 为多项式的系数，该多项式为

属性数值=C0 + C1T+ C2T^2 + C3T^3 + C4T^4

2．定义线性材料属性的温度表

菜单：Main Menu→Preprocessor→Material Props→Material Models

命令：MPTEMP, SLOC, T1, T2, T3, T4, T5, T6

命令说明：SLOC 用于设置 T1 在数据表中的位置，默认值为最后填充值+1。例如，当 LOC=7 时，T1 为数据表中第 7 个温度值。T1～T6 为数据表中从 SLOC 位置开始的 6 个温度值，应按非递减顺序输入。

该命令定义的温度值与 MPDATA 命令定义的材料属性数值相对应并配合使用，同时该温度表也可在属性多项式中使用。不带参数的 MPTEMP 命令用于删除温度表。默认时没有温度表。

3．定义与温度表关联的线性材料属性表

菜单：Main Menu→Preprocessor→Material Props→Material Models

命令：MPDATA, Lab, MAT, SLOC, C1, C2, C3, C4, C5, C6

命令说明：Lab 为材料属性标识，与 MP 命令中 Lab 参数意义相同。MAT 为材料模型号。SLOC 设置输入数据在数据表中的位置，与 MPTEMP 命令中 SLOC 参数意义相同。C1～C6 为数据表中从 SLOC 位置开始的 6 个材料属性值。

以下命令流定义了包括 8 个温度值和相应弹性模量的数据表。

```
MPTEMP                                    !删除温度表
MPTEMP, 1, 0, 300, 600, 1000, 1300, 1400  !定义温度表
MPTEMP, 7, 1700, 2000
MPDATA, EX, 1, 1, 2E11, 1.86E11, 1.35E11, 2E10, 2E7, 2E7   !定义材料属性表
MPDATA, EX, 1, 7, 2E7, 2E7
MPPLOT, EX, 1                             !绘制 EX-T 曲线
```

4．激活非线性材料属性数据表

菜单：Main Menu→Preprocessor→Material Props→Material Models

命令：TB, Lab, MATID, NTEMP, NPTS, TBOPT, --, FuncName

命令说明：Lab 为材料模型数据表类型。MATID 为材料模型号，默认值为 1。NTEMP 为数据表中的不同温度个数，温度值由 TBTEMP 命令定义。NPTS 为特定温度下的数据点个数，一般由 Lab 的值确定，由 TBDATA 或 TBPT 命令定义数据点的值。FuncName 为函数名。

5．定义非线性材料属性数据表中的一个温度

菜单：Main Menu→Preprocessor→Material Props→Material Models

命令：TBTEMP, TEMP, KMOD

命令说明：TEMP 为温度值，当 KMOD 为空时，其默认值为 0。KMOD 为空时，TEMP 定义一个新的温度；如果 KMOD 是整数 1～NTEMP（在 TB 命令中定义），修改先前定义的温度到 TEMP 值，除非 TEMP 是空白的，否则该预先确定的温度会被重新激活，等等。

6．定义非线性材料属性数据表中的数据

菜单：Main Menu→Preprocessor→Material Props→Material Models

命令：TBDATA, STLOC, C1, C2, C3, C4, C5, C6

命令说明：STLOC 设置输入数据在数据表中的位置，默认值为最后填充值+1。C1～C6 为数据表中从 SLOC 位置开始的 6 个材料属性值。

以下命令流用于定义双线性随动强化材料模型。

```
MPTEMP, 1, 0, 200, 500                          !定义温度表
MPDATA, EX, 1, 1, 2E11, 1.91E11, 1.73E11        !定义材料模型 1 的线性材料属性表
TB, BKIN, 1, 3, 2                               !激活材料模型 1 的双线性随动强化模型数据表
TBTEMP, 0 $ TBDATA, 1, 440E6, 1.2E10            !定义温度及数据，屈服极限和切向模量
TBTEMP, 200 $ TBDATA, 1, 323E6, 1E10
TBTEMP, 500 $ TBDATA, 1, 293E6, 0.8E10
TBPLOT, , 1                                     !绘制曲线
```

4.1.5　截面

截面为单元添加辅助信息，如梁单元和壳单元的横截面等。

1．定义截面

菜单：Main Menu→Preprocessor→Sections

命令：SECTYPE, SECID, Type, Subtype, Name, REFINEKEY

命令说明：

SECID 为截面 ID。

Type 为截面类型。Type=BEAM，定义梁截面；Type=TAPER，定义渐变梁截面，梁两端部截面拓扑关系必须相同；Type=SHELL，定义壳截面；Type=PRETENSION，定义预紧截面；Type=JOINT，定义运动副，等等。

Subtype 为截面子类型，随 Type 不同而不同。

当 Type=BEAM 时，Subtype 可取：RECT，矩形截面；QUAD，四边形截面；CSOLID，实心圆形截面；CTUBE，圆管截面；CHAN，槽形截面；I，I 形截面；Z，Z 形截面；L，L 形截面；T，T 形截面；HATS，帽形截面；HREC，空心矩形或箱形截面；ASEC，由用户输入横截面惯性特性而定义的任意截面；MESH，自定义网格。如图 4-1 所示为各梁截面子类型的形状。

当 Type=JOINT 时，Subtype 可取：UNIV，万向连接；REVO，转动副；SLOT，滑槽；PRIS，移动副；CYLI，柱面滑动；PLAN，平面连接；WELD，焊接；ORIE，相对转动自由度被约束，而相对位移自由度自由；SPHE，球铰；GENE，普通连接，相对自由度约束可选择；SCRE，螺旋副。如图 4-2 所示为各运动副的相对运动情况。

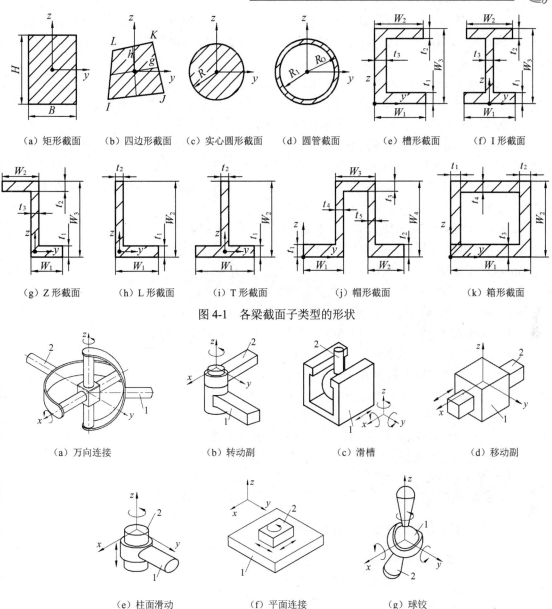

（a）矩形截面　　（b）四边形截面　　（c）实心圆形截面　　（d）圆管截面　　（e）槽形截面　　（f）I 形截面

（g）Z 形截面　　（h）L 形截面　　（i）T 形截面　　（j）帽形截面　　（k）箱形截面

图 4-1　各梁截面子类型的形状

（a）万向连接　　　　（b）转动副　　　　（c）滑槽　　　　（d）移动副

（e）柱面滑动　　　　（f）平面连接　　　　（g）球铰

图 4-2　各运动副的相对运动情况

Name 为截面名称，由 8 个字符或数字组成。

REFINEKEY 用于设置薄壁梁截面单元的细化程度，分为 0～5 级，默认为 0 级（最低级，没有细化），5 级则最精细。

2．定义梁截面的几何参数（Type=BEAM）

菜单：Main Menu→Preprocessor→Sections

命令：SECDATA, VAL1, VAL2, VAL3, VAL4, VAL5, VAL6, VAL7, VAL8, VAL9, VAL10, VAL11, VAL12

命令说明：VAL～VAL12 为梁截面的几何数据，具体情况与梁截面子类型有关，参见图 4-1。

Subtype=RECT，输入数据 B、H、Nb、Nh。其中，B 为宽度，H 为高度，Nb 为沿宽度方向的截面单元（Cell）数（默认值为 2），Nh 为沿高度方向的截面单元数（默认值为 2），如图 4-1（a）所示。

Subtype=QUAD，输入数据 yI、zI、yJ、zJ、yK、zK、yL、zL、Ng、Nh。其中，yI, zI, yJ, zJ, yK, zK, yL, zL 为各角点的坐标，Ng 为沿 g 方向的截面单元数（默认值为 2），Nh 为沿 h 方向的截面单元数（默认值为 2），如图 4-1（b）所示。

Subtype=CSOLID，输入数据 R、N、T。其中，R 为半径，N 为沿圆周方向划分的段数（默认值为 8），T 为沿半径方向划分的段数（默认值为 2），如图 4-1（c）所示。

Subtype=CTUBE，输入数据 RI、Ro、N。RI 为内半径，RO 为外半径，N 为沿圆周方向的截面单元数（默认值为 8），如图 4-1（d）所示。

Subtype=CHAN，输入数据 W1, W2, W3, t1, t2, t3，如图 4-1（e）所示。

Subtype=I，输入数据 W1, W2, W3, t1, t2, t3，如图 4-1（f）所示。

Subtype=Z，输入数据 W1, W2, W3, t1, t2, t3，如图 4-1（g）所示。

Subtype=L，输入数据 W1, W2, t1, t2，如图 4-1（h）所示。

Subtype=T，输入数据 W1, W2, t1, t2，如图 4-1（i）所示。

Subtype=HATS，输入数据 W1, W2, W3, W4, t1, t2, t3, t4, t5，如图 4-1（j）所示。

Subtype=HREC，输入数据 W1, W2, t1, t2, t3, t4，如图 4-1（k）所示。

Subtype=ASEC，输入数据 A、Iyy、Iyz、Izz、Iw、J、CGy、CGz、SHy、SHz、TKz、TKy。其中，A 为截面面积，Iyy 为绕 y 轴的转动惯量，Iyz 为惯性积，Izz 为绕 z 轴的转动惯量，Iw 为翘曲常数，J 为扭转常数，CGy、CGz 为质心的 y 坐标和 z 坐标，SHy、SHz 为剪切中心的 y 坐标和 z 坐标，TKz、TKy 为截面沿 z 轴和 y 轴的最大高度。

以下命令流用于定义矩形梁截面及其几何参数。

```
SECTYPE, 1, BEAM, RECT                    !定义矩形梁截面
SECDATA, 0.03, 0.05, 3, 5                 !定义矩形梁截面的尺寸
```

3．定义渐变梁截面的参数（Type=TAPER）

菜单：Main Menu→Preprocessor→Sections

命令：SECDATA, Sec_IDn, XLOC, YLOC, ZLOC

命令说明：Sec_IDn 为预先定义的梁截面 ID。XLOC, YLOC, ZLOC 为梁截面 Sec_IDn 在全局直角坐标系下的位置坐标。

定义一个渐变梁截面需要预先定义两个梁截面，二者作为渐变梁截面的两个端部，并要求它们有相同的 Subtype 子类型、截面单元数和材料模型等。命令流如下。

```
SECTYPE, 1, BEAM, RECT $ SECDATA, 0.02, 0.05          !定义矩形梁截面 1
SECTYPE, 2, BEAM, RECT $ SECDATA, 0.03, 0.07          !定义矩形梁截面 2
SECTYPE, 3, TAPER $ SECDATA, 1, 0, 0 $ SECDATA, 2, 0.5  !定义渐变梁截面 3
```

4．定义壳单元的参数（Type=SHELL）

菜单：Main Menu→Preprocessor→Sections

命令：SECDATA, TK, MAT, THETA, NUMPT, LayerName

命令说明：TK 为壳单元该层的厚度。MAT 为该层的材料模型。THETA 为该层坐标系与单

元坐标系所夹角度。NUMPT 为该层积分点个数。LayerName 为层名。

5．定义梁截面的偏移（Type=BEAM）

菜单：Main Menu→Preprocessor→Sections

命令：SECOFFSET, Location, OFFSETY, OFFSETZ, CG-Y, CG-Z, SH-Y, SH-Z

命令说明：Location 用于设置梁节点在梁截面上的位置，当 Location=CENT 时，为截面形心（默认）；当 Location=SHRC 时，为截面剪切中心；当 Location=ORIGIN 时，为截面原点（图 4-1 所示的 y 轴和 z 轴交点处）；当 Location=USER 时，由用户用 OFFSETY 和 OFFSETZ 参数指定。OFFSETY, OFFSETZ 为梁节点位置相对于原点的偏移量，仅在 Location=USER 时有效。CG-Y, CG-Z, SH-Y, SH-Z 用于覆盖软件自动计算的形心、剪切中心的位置坐标。

4.1.6　分配单元属性

1．为选定的未划分单元几何实体直接分配属性

菜单：Main Menu→Preprocessor→Meshing→Mesh Attributes→Picked KPs/Lines/Areas/Volumes

　　　Main Menu→Preprocessor→Meshing→Mesh Attributes→All Keypoints/Lines/Areas/Volumes

命令：KATT, MAT, REAL, TYPE, ESYS

　　　LATT, MAT, REAL, TYPE, --, KB, KE, SECNUM

　　　AATT, MAT, REAL, TYPE, ESYS, SECN

　　　VATT, MAT, REAL, TYPE, ESYS, SECNUM

命令说明：MAT, REAL, TYPE, ESYS 为材料模型号、实常数集号、单元类型编号、单元坐标系号。KB, KE 为线始端和末端方向的关键点，用于确定梁单元横截面的方向。如果梁单元横截面的方向沿线方向保持不变，可仅使用 KE 定位；麻花状的预扭转梁可能需要两个方向关键点 KB, KE。SECN、SECNUM 为截面 ID。

由于单元属性是分配到几何实体的，清除单元时几何实体上的属性不会发生变化。

2．为随后定义的单元指定默认属性

菜单：Main Menu→Preprocessor→Meshing→Mesh Attributes→Default Attribs

命令：TYPE, ITYPE

　　　MAT, MAT

　　　REAL, NSET

　　　ESYS, KCN

　　　SECNUM, SECID

命令说明：ITYPE, MAT, NSET, KCN, SECID 为单元类型编号、材料模型号、实常数集号、单元坐标系号和截面 ID。ITYPE, MAT, NSET, SECID 的默认值为 1；当 KCN=0（默认值）时，单元坐标系方向由单元本身确定；当 KCN=N 时，单元坐标系基于局部坐标系 N（大于 10），可以根据需要定义局部坐标系与全局坐标系平行。

如果没有对几何实体直接分配属性，则使用默认属性；如果分配了属性，则优先于默认属性。

4.1.7 单元形状及划分方法选择

面单元的形状有三角形和四边形，体单元的形状有四面体、六面体及退化的六面体，即楔形单元。有的单元类型只有一种形状，有的不止一种。

单元划分方法有自由网格、映射网格或扫掠网格，如图 4-3 所示。对于面单元，自由网格和映射网格对单元的形状没有限制；对于体单元，自由网格用四面体，映射网格用六面体；扫略网格的单元的形状是六面体或楔形单元。自由网格无固定的模式，适用于复杂形状的面和体；映射网格有规则的形式且单元明显成行，仅适用于形状简单的面和体，要求面必须包含 3 或 4 条线，体必须包含 4、5 或 6 个面，且对边的单元段数必须相同。

（a）自由网格   （b）映射网格   （c）扫略网格

图 4-3　单元划分方法

1）单元形状控制

菜单：Main Menu→Preprocessor→Meshing→Mesher Opts

命令：MSHAPE, KEY, Dimension

命令说明：当 KEY=0 时，Dimension=2D，四边形单元；Dimension=3D，六面体单元。当 KEY=1 时，Dimension=2D，三角形单元；Dimension=3D，四面体单元。

2）划分方法选择

菜单：Main Menu→Preprocessor→Meshing→Mesher Opts

命令：MSHKEY, KEY

命令说明：当 KEY=0 时，使用自由网格（默认）；当 KEY=1 时，使用映射网格；当 KEY=2 时，优先使用映射网格，不能划分时使用自由网格，此时 SmartSizing 将不起作用。

4.1.8 单元尺寸控制

单元尺寸控制在单元划分中至关重要，决定了分析的计算准确性和效率。用户可以用 DESIZE 命令设置默认的单元尺寸，用 SMRTSIZE 命令设置智能尺寸，用 AESIZE、LESIZE、KESIZE 命令在实体边界上设置局部尺寸控制，用 MOPT 命令进行内部尺寸控制。用户可以同时进行各种不同的尺寸控制，ANSYS 按优先级决定哪一种起作用。

当使用 DESIZE 命令设置默认的单元尺寸时，各尺寸控制命令的优先级由低到高的顺序为 DESIZE→ESIZE→AESIZE→KESIZE→LESIZE；当激活智能尺寸时，优先级由低到高的顺序为 SMRTSIZE→ESIZE→AESIZE→KESIZE→LESIZE。

1. 指定默认的单元尺寸控制

菜单：Main Menu→Preprocessor→Meshing→Size Cntrls→ManualSize→Global→Other

命令：DESIZE, MINL, MINH, MXEL, ANGL, ANGH, EDGMN, EDGMX, ADJF, ADJM

命令说明：MINL 设置使用低阶单元时线上的最少单元数，默认值为 3；当 MINL=DEFA 时，所有参数恢复为默认值；当 MINL=STAT 时，列表当前设置；当 MINL=OFF 时，关闭默认的尺寸设置；当 MINL=ON 时，重新激活默认的尺寸设置。

MINH 设置使用高阶单元时线上的最少单元数，默认值为 2。

MXEL 设置使用线上的最多单元数，无论高阶或低阶单元，默认值为 15。

ANGL 设置曲线上低阶单元的最大跨角，默认值为 15°。

ANGH 设置曲线上高阶单元的最大跨角，默认值为 28°。

EDGMN 设置最小的单元边长，默认为不限制。

EDGMN 设置最大的单元边长，默认为不限制。

ADJF 设置自由网格时相邻线的纵横比，默认值为 1。

ADJM 设置映射网格时相邻线的纵横比，默认值为 4。

DESIZE 命令可用于自由网格和映射网格时的尺寸控制，在自由网格时必须满足 SMRTSIZE=OFF（默认）。当 SMRTSIZE=ON 时，有的设置也会影响自由网格的控制。

2. 智能尺寸控制

在一般情况下，只需指定参数 SIZLVL，而其他参数值取与参数 SIZLVL 对应的默认值即可。

菜单：Main Menu→Preprocessor→Meshing→Size Cntrls→SmartSize→ Adv Opts/Basic/Status

命令：SMRTSIZE, SIZLVL, FAC, EXPND, TRANS, ANGL, ANGH, GRATIO, SMHLC, SMANC, MXITR, SPRX

命令说明：SIZLVL 为总体单元尺寸级别，当 SIZLVL=n 时，激活智能尺寸并设置尺寸级别为 n，n 取 1（细网格）～10（粗网格）的整数，h 单元每个级别对应的单元尺寸参数参见 ANSYS Help 中的 SMRTSIZE 命令。当 SIZLVL=STAT 时，列表输出当前 SMRTSIZE 设置；当 SIZLVL=DEFA 时，所有 SMRTSIZE 设置恢复为默认值，h 单元的 SIZLVL 默认值为 6 级；当 SIZLVL=OFF 时，关闭 SMARTSING。

FAC 为计算默认单元尺寸的缩放比例因子，对 h 单元默认值为 1（size level 6），取值范围为 0.2～5.0。

EXPND 为单元膨胀因子，由该因子可基于面边界单元尺寸确定内部单元尺寸。当 EXPND= 2 时，表示内部单元尺寸是边界单元尺寸的 2 倍，当 EXPND<1 时，内部单元尺寸小于边界单元尺寸。EXPND 的取值范围为 0.5～4，对于 h 单元默认值为 1（size level 6）。另外，内部单元尺寸还受 EXPND 参数、AESIZE 和 ESIZE 命令的影响。

TRANS 为网格过渡因子，也可由 MOPT 命令定义，即内部单元尺寸约为外部边界单元尺寸的 TRANS 倍。其取值范围为 1～4，对于 h 单元默认值为 2（size level 6）。另外，内部单元尺寸还受 TRANS 参数、AESIZE 和 ESIZE 命令的影响。

ANGL 设置曲线上低阶单元的最大跨角，默认值为 22.5°（size level 6）。当结构存在小孔、倒角等特征时，此极限可能被超过。

ANGH 设置曲线上高阶单元的最大跨角，默认值为 30°（size level 6）。当结构存在小孔、倒角等特征时，此极限可能被超过。

GRATIO 为相邻性检查的允许增长率，h 单元默认值为 1.5（size level 6），设置范围为 1.2～

5.0，推荐取值为 1.5～2.0。

SMHLC 为小孔粗糙化控制开关，当 SMHLC=ON（默认，size level 6）时，精细化小特征会产生很小的单元。

SMANC 为小角度粗糙化控制开关，当 SMANC=ON（默认，size level 任意）时，细化网格，但代价较大。

MXITR 为尺寸迭代的最大次数，默认值为 4。

SPRX 为相邻面细化控制开关，当 SPRX=0（默认）时，关闭；当 SPRX=1 时，相邻面细化并修改壳单元；当 SPRX=2 时，相邻面细化但不修改壳单元。

3．指定默认的线划分段数

菜单：Main Menu→Preprocessor→Meshing→Size Cntrls→ManualSize→Global→Size
　　　Main Menu→Preprocessor→Meshing→Size Cntrls→SmartSize→Adv Opts

命令：ESIZE, SIZE, NDIV

命令说明：SIZE 定义面边界线上单元边长度的默认值。NDIV 定义面边界线上划分单元段数的默认值。SIZE 和 NDIV 定义一个即可。

ESIZE 指定面边界线上单元尺寸的默认值，但由 LESIZE, KESIZE 等命令直接设置的尺寸控制仍保留。在自由网格时，如果同时设置 SMRTSIZE 和 ESIZE 尺寸控制，则 ESIZE 作为开始尺寸，但为了适应曲率和小的特性，可使用更小的单元尺寸。并且重划分单元时该设置仍有效。

4．指定被选定线的尺寸控制

菜单：Main Menu→Preprocessor→Meshing→Size Cntrls→ManualSize→Layers→Clr Layers/
　　　Picked Lines
　　　Main Menu→Preprocessor→Meshing→Size Cntrls→ManualSize→Lines→All Lines/
　　　Clr Size/ Copy Divs/Flip Bias/Picked Lines

命令：LESIZE, NL1, SIZE, ANGSIZ, NDIV, SPACE, KFORC, LAYER1, LAYER2, KYNDIV

命令说明：NL1 为线的编号，也可以是 ALL 或组件的名称。

SIZE 为单元边长度，若为零或空，则采用 ANGSIZ 或 NDIV 参数设置。

ANGSIZ 为分割曲线边时所跨的角度，仅在 SIZE 和 NDIV 为零或空时有效。当用于直线时，总是将直线划分为一段。

NDIV 大于零，则为每条线划分的段数；NDIV=-1 且 KFORC=1，则不划分网格。

SPACE 为间距比，当 SPACE 大于零时，为最后分段长度与第一个分段长度的比值。当 SPACE 小于零时，为中间分段长度与两端分段长度的比值，默认值为 1，即均匀间距。对于层网格，通常取 SPACE=1。当 SPACE=FREE 时，间距比由其他因素决定。

KFORC 用于修改线尺寸控制，参见 ANSYS Help。

LAYER1, LAYER2 为层网格控制参数，参见 ANSYS Help。

KYNDIV=0、NO 或 OFF，SMRTSIZE 设置无效，如果分段数不匹配，则映射网格失败。KYNDIV=1、YES 或 ON，SMRTSIZE 设置优先，分段数不匹配时也能映射网格。

5．指定被选定关键点最近单元的边长

菜单：Main Menu→Preprocessor→Meshing→Size Cntrls→ManualSize→Keypoints→All KPs/

Clr Size/Picked KPs

命令：KESIZE, NPT, SIZE, FACT1, FACT2

命令说明：NPT 是关键点编号，也可以是 ALL。SIZE 为沿线接近关键点 NPT 的单元尺寸，当 SIZE=0 或空时，使用参数 FACT1 和 FACT2。FACT1 为比例因子，作用在以前定义的 SIZE 上，仅在 SIZE=0 或空时有效。FACT2 为比例因子，作用于与关键点 NPT 相连的线上设置的最小分段数，该参数适用于自适应网格划分，仅在 SIZE=0 或为空、FACT1 为空时有效。

6. 指定被选定面上单元的尺寸

菜单：Main Menu→Preprocessor→Meshing→Size Cntrls→ManualSize→Areas→All Areas/ Clr Size/Picked Areas

命令：AESIZE, ANUM, SIZE

命令说明：ANUM 为面的编号，也可以为 ALL 或组件名称。SIZE 为单元尺寸。

4.1.9　划分单元命令

菜单：Main Menu→Preprocessor→Meshing→Mesh→Keypoints/ Lines/Areas/ Volumes

命令：KMESH, NP1, NP2, NINC

LMESH, NL1, NL2, NINC

AMESH, NA1, NA2, NINC

VMESH, NV1, NV2, NINC

命令说明：NX1, NX2, NINC（X 代表 P、L、A、V）指定实体，按编号从 NX1 到 NX2 的增量为 NINC 定义实体的范围，NX1 也可以是 ALL 或组件的名称。

4.1.10　MeshTool 对话框

由于集成了大多数与单元划分有关的命令，使用 MeshTool 对话框（见图 4-4）可以很方便地进行单元划分操作，打开该对话框的菜单路径为 Main Menu→Preprocessor→Meshing→MeshTool。

4.1.11　单元形状检查

单元形状对计算的准确性和精度的影响是至关重要的，严重时，坏的单元形状可能会导致计算非正常退出。ANSYS 提供了一些形状检查手段，用于评估单元质量的优劣。

在 ANSYS 中形状检查是默认的，对任何新创建的单元或在单元属性修改时都要进行形状检查，并可以发出警告或错误提示信息。单元形状检查控制命令用于控制单元形状参数、检查的级别等。

菜单：Main Menu→Preprocessor→Checking Ctrls→Shape Checking

Main Menu→Preprocessor→Checking Ctrls→Toggle Checks

命令：SHPP, Lab, VALUE1, VALUE2

命令说明：Lab 为形状检查选项。

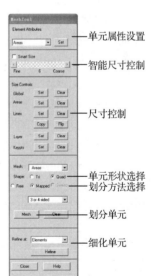

图 4-4　MeshTool 对话框

（1）当 Lab=ON 时，激活形状检查参数 VALUE1。当 VALUE1 的值超过警告限值时，会发出警告信息；当其值超过错误限值时，单元创建失败。形状检查参数的示意图如图 4-5 所示。

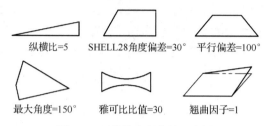

图 4-5　形状检查参数的示意图

当 VALUE1=ANGD 时，SHELL28 单元角度偏差检查。

当 VALUE1=ASPECT 时，纵横比检查。纵横比表示三角形、四边形单元的长宽比。纵横比理想值为 1，三角形、四边形单元的最佳形状分别是等边三角形和正方形。该项的警告值为 20，错误限值为 1E6。

当 VALUE1=PARAL 时，对边平行偏差检查。对所有二维四边形单元和三维有四边形表面或截面的单元都进行对边平行偏差检查。其理想值为 0°，有无中间节点时警告值分别为 100° 和 70°。

当 VALUE1=MAXANG 时，最大角度检查。最大角度是单元相邻两边夹角的最大值，当该值较大时，可能会影响单元性能。三角形单元的最佳值是 60°，警告值为 165°；四边形单元的最佳值是 90°，有无中间节点时警告值分别为 165° 和 155°。

当 VALUE1=JACRAT 时，雅可比比值检查。大的比值会导致从物理模型空间向有限元空间的映射无法实现。h 单元的警告值为 30。

当 VALUE1=WARP 时，翘曲因子检查。对一些四边形壳单元和六面体、楔形、金字塔单元的四边形面进行计算。其值越大，形状越翘曲，意味着单元生成得不好或有缺陷。

（2）当 Lab=WARN 时，激活形状检查。但当超过错误限值时，只发出警告信息，单元生成不致失败。

（3）当 Lab=OFF 时，关闭形状检查参数 VALUE1。

（4）当 Lab=STATUS 时，列表形状检查参数及检查结果。

（5）当 Lab=SUMMARY 时，列表所选择单元的形状检查结果。

（6）当 Lab=DEFAULT 时，恢复形状检查参数限值的默认值。

（7）当 Lab=BJECT 时，选择是否将形状检查结果保存于内存中。当 VALUE1=1、YES 或 ON 时，保存；当 VALUE1=0、NO 或 OFF 时，不保存。

（8）当 Lab=LSTET 时，选择雅可比比值检查在角点还是积分点上进行。当 VALUE1=1、YES 或 ON 时，在积分点；当 VALUE1=0、NO 或 OFF 时，在角点。

（9）当 Lab=MODIFY 时，修改形状检查参数限值。此时，VALUE1 为进行修改的参数，VALUE2 为新限值。

4.1.12　修改网格

单元划分后如果不满足要求，需要进行修改。

1. 清除实体上划分的网格

菜单：Main Menu→Preprocessor→Meshing→Clear→Keypoints/Lines/Areas/Volumes

命令：KCLEAR, NP1, NP2, NINC

LCLEAR, NL1, NL2, NINC

ACLEAR, NA1, NA2, NINC

VCLEAR, NV1, NV2, NINC

命令说明：NX1, NX2, NINC（X 代表 P、L、A、V）为进行清除网格操作实体的初始编号，终止编号，增量。NX1 也可以是 ALL 或组件的名称。

2. 细化网格

菜单：Main Menu→Preprocessor→Meshing→Modify Mesh>Refine At→Nodes/Elements/Keypoints/Lines/Areas/All

命令：NREFINE, NN1, NN2, NINC, LEVEL, DEPTH, POST, RETAIN

EREFINE, NE1, NE2, NINC, LEVEL, DEPTH, POST, RETAIN

KREFINE, NP1, NP2, NINC, LEVEL, DEPTH, POST, RETAIN

LREFINE, NL1, NL2, NINC, LEVEL, DEPTH, POST, RETAIN

AREFINE, NA1, NA2, NINC, LEVEL, DEPTH, POST, RETAIN

命令说明：NX1, NX2, NINC（X 代表 N、E、P、L、A）为进行细化网格操作实体的初始编号，终止编号，增量。NX1 也可以是 ALL 或组件的名称。LEVEL 为细化等级，取值范围为 1～5 的整数，值越大，越细化；当 LEVEL=1（默认值）时，取原单元边长的一半作为新单元的边长。DEPTH 为深度选项，打开时细化向深度扩展，默认值为 1。POST 为细化时单元质量控制选项，当 POST=OFF 时，不进行任何处理；当 POST=SMOOTH 时，平滑处理，节点的位置可能会改变；当 POST=CLEAN 时，平滑和清理，现有的单元可能会被删除，而节点位置可能会改变（默认）。

4.2 问题描述

如图 4-6 所示为一结构分析时建立的实体模型，现对其划分单元形成有限元模型。钢和铜的材料特性参数如表 4-1 所示。

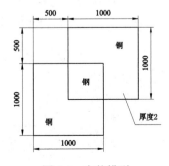

图 4-6 实体模型

表 4-1 材料的特性参数

材　　料	弹性模量/Pa	泊　松　比
钢	2×10^{11}	0.3
铜	1×10^{11}	0.3

4.3 创建步骤

（1）改变任务名。选择菜单 Utility Menu→File→Change Jobname，弹出如图 4-7 所示的对话框，在"[/FILNAM]"文本框中输入"E4"，单击"OK"按钮。

（2）选择单元类型，指定单元选项。选择菜单 Main Menu→Preprocessor→Element Type→Add/Edit/Delete，弹出如图 4-8 所示的对话框，单击"Add"按钮；弹出如图 4-9 所示的对话框，在左侧列表中选择"Solid"，在右侧列表中选择"Quad 8 node 183"，单击"OK"按钮，返回图 4-8 所示的对话框，单击"Options"按钮，弹出如图 4-10 所示的对话框，选择"K3"下拉列表框为"Plane strs w/thk"（平面应力，定义厚度），单击"OK"按钮，再单击如图 4-8 所示对话框中的"Close"按钮。

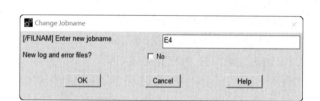

图 4-7 改变任务名对话框

图 4-8 单元类型对话框

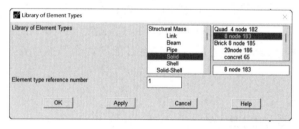

图 4-9 单元类型库对话框

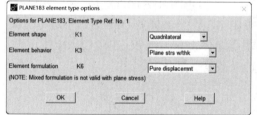

图 4-10 单元选项对话框

（3）定义实常数，指定单元厚度。选择菜单 Main Menu→Preprocessor→Real Constants→Add/Edit/Delete，在弹出的"Real Constants Set Nunber1, for PLANE183"对话框中单击"Add"按钮，再单击随后弹出的对话框中的"OK"按钮，弹出如图 4-11 所示的对话框，在"THK"文本框中输入"0.002"（厚度），单击"OK"按钮，关闭"Real Constants Set Nunber1, for PLANE183"对话框。

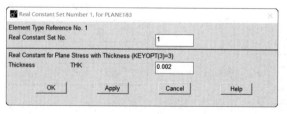

图 4-11 设置实常数对话框

（4）定义材料模型。选择菜单 Main Menu→Preprocessor→Material Props→Material Models，弹出如图 4-12 所示的对话框，在右侧列表中依次选择"Structural""Linear""Elastic""Isotropic"，弹出如图 4-13 所示的对话框，在"EX"文本框中输入"2e11"（弹性模量），在"PRXY"文本框中输入"0.3"（泊松比），单击"OK"按钮。

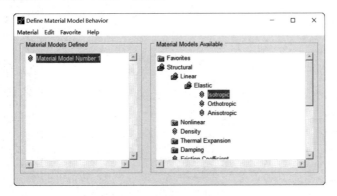

图 4-12　材料模型对话框

选择图 4-12 所示的对话框的菜单项 Material→New Model，单击弹出的"Define Material ID"对话框中的"OK"按钮，然后重复定义材料模型 1（钢）时的各步骤，定义材料模型 2（铜）的弹性模量为"1e11"，泊松比为"0.3"，然后关闭图 4-12 所示的对话框。

（5）创建矩形面。选择菜单 Main Menu→Preprocessor→Modeling→Create→Areas→Rectangle→By Dimension，弹出如图 4-14 所示的对话框，在"X1, X2"文本框中分别输入"0, 1"，在"Y1, Y2"文本框中分别输入"0, 1"，单击"Apply"按钮，再次弹出如图 4-14 所示的对话框，在"X1, X2"文本框中分别输入"0.5, 1.5"，在"Y1, Y2"文本框中分别输入"0.5, 1.5"，单击"OK"按钮。

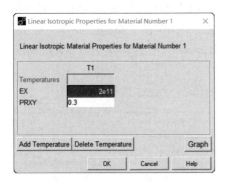

图 4-13　材料特性对话框

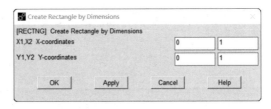

图 4-14　创建矩形面对话框

（6）显示关键点、线和面的编号。选择菜单 Utility Menu→PlotCtrls→Numbering，弹出如图 4-15 所示的对话框，将"Keypoint numbers"（关键点编号）、"Line numbers"（线编号）、"Area numbers"（面编号）打开，单击"OK"按钮。

（7）搭接面。选择菜单 Main Menu→Preprocessor→Modeling→Operate→Booleans→Overlap→Areas，弹出选择窗口，单击"Pick All"按钮。

（8）打开"MeshTool"对话框。选择菜单 Main Menu→Preprocessor→Meshing→MeshTool，弹出如图 4-16 所示的网格工具对话框，以下步骤的所有操作均在此对话框中进行。

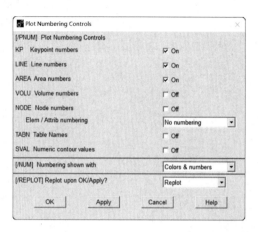

图 4-15　图号控制对话框　　　　　图 4-16　网格工具对话框

（9）为面指定属性。在"MeshTool"对话框中，选择"Element Attributes"下拉列表框为"Areas"，单击下拉列表框后面的"Set"按钮，弹出选择窗口，选择面 3，单击选择窗口中的"OK"按钮，弹出如图 4-17 所示的对话框，选择"MAT"下拉列表框为"1"，单击"Apply"按钮；再次弹出选择窗口，选择面 4 和 5，单击选择窗口中的"OK"按钮，在如图 4-17 所示的对话框中，选择"MAT"下拉列表框为"2"，单击"OK"按钮，即为面指定了不同的材料模型。

（10）对面 3 划分单元。单击"Size Controls"区域"Lines"后"Set"按钮，弹出选择窗口，选择线 9 和 10，单击选择窗口的中"OK"按钮，弹出如图 4-18 所示的对话框，在"NDIV"文本框中输入"5"，单击"OK"按钮；在"MeshTool"对话框的"Mesh"区域，选择单元形状为"Quad"（四边形），选择划分单元的方法为"Mapped"（映射）；单击"Mesh"按钮，弹出选择窗口，选择面 3，单击"OK"按钮。

（11）在图形窗口显示面。选择菜单 Utility Menu→Plot→Areas。

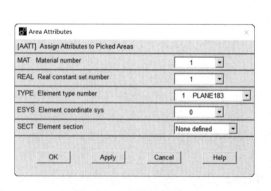

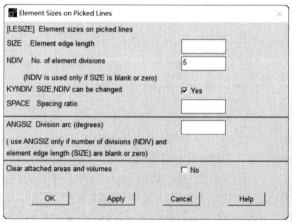

图 4-17　面属性对话框　　　　　　图 4-18　单元尺寸对话框

（12）对面 4 和 5 划分单元。选择 "MeshTool" 对话框的 "Smart Size"，选择其下方滚动条的值为 "4"；单击 "Size Controls" 区域中 "Global" 后的 "Set" 按钮，弹出类似图 4-18 所示的对话框，在 "SIZE" 文本框中输入 "0.3"，单击 "OK" 按钮；在 "MeshTool" 对话框的 "Mesh" 区域，选择划分单元的方法为 "Free"（自由）；单击 "Mesh" 按钮，弹出选择窗口，选择面 4 和 5，单击 "OK" 按钮。

（13）在图形窗口显示面。选择菜单 Utility Menu→Plot→Areas。

（14）重定义单元。选择 "MeshTool" 所示对话框 "Refine at" 下拉列表框为 "KeyPoints"，单击 "Refine" 按钮，弹出选择窗口，选择关键点 9，单击选择窗口中的 "OK" 按钮，弹出如图 4-19 所示的对话框，选择 "LEVEL" 下拉列表框为 "2"，将 "Advanced options"（高级选项）打开，单击 "OK" 按钮，单击随后弹出对话框中的 "OK" 按钮。

结构的有限元模型如图 4-20 所示。

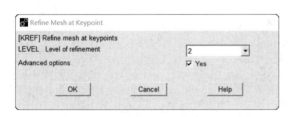

图 4-19 重定义单元对话框

图 4-20 有限元模型

4.4 命令流

/CLEAR	!清除数据库，新建分析
/FILNAME, E2-10	!定义任务名为 E2-10
/PREP7	!进入预处理器
ET, 1, PLANE183, , , 3	!定义单元类型、设置单元选项
R, 1, 0.002	!定义实常数
MP, EX, 1, 2E11 $ MP, PRXY, 1, 0.3	!定义材料模型 1，弹性模量 EX、泊松比 PRXY
MP, EX, 2, 1E11 $ MP, PRXY, 2, 0.3	!定义材料模型 2
RECTNG, 0, 1, 0, 1 $ RECTNG, 0.5, 1.5, 0.5, 1.5	!创建矩形面
AOVLAP, ALL	!搭接面
AATT, 1, 1, 1	!指定单元属性，材料模型 1、实常数集 1、单元类型 1
MSHAPE, 0 $ MSHKEY, 1	!指定单元形状，指定映射网格
LESIZE, 9, , , 5 $ LESIZE, 10, , , 5	!指定线划分单元段数
AMESH, 3	!对面 3 划分单元
AATT, 2, 1, 1	!指定单元属性，材料模型 2、实常数集 1、单元类型 1
MSHKEY, 0	!指定自由网格
ESIZE, 0.3	!指定全局单元边长度
SMRTSIZE, 4	!智能尺寸级别 4
AMESH, 4, 5, 1	!对面 4 和 5 划分单元

KREFINE, 9, , , 2, 1	!在关键点 9 附近重定义单元
/PNUM, MAT, 1	!显示材料模型编号
/REPLOT	!重画图形
FINISH	!退出预处理器

4.5 高级应用——常见形状几何实体的单元划分

1. 回转体——面单元旋转挤出形成体单元

/PREP7	!进入预处理器
ET, 1, PLANE182 $ ET, 2, SOLID185	!选择单元类型
MP, EX, 1, 2E11 $ MP, PRXY, 1, 0.3	!定义材料模型
K, 1, 0.075 $ K, 2, 0.13 $ K, 3, 0.13, 0.02$ K, 4, 0.1, 0.02	!创建关键点
K, 5, 0.1, 0.1 $ K, 6, 0.075, 0.1$ K, 10 $ K, 11, 0, 0.1	
LSTR, 1, 2 $ *REPEAT, 5, 1, 1 $ LSTR, 6, 1	!创建直线
LFILLT, 3, 4, 0.01	!创建圆角
AL, ALL	!用线创建面
ESIZE, 0.0075 $ MSHAPE, 0 $ MSHKEY, 0 $ AMESH, 1	!划分面单元
EXTOPT, ESIZE, 15 $ EXTOPT, ACLEAR, 1	!设置挤出选项：段数为 15、清除面单元
VROTAT, 1, , , , , , 10, 11, 360	!面绕轴挤出形成回转体，并产生体单元
FINISH	!退出预处理器

2. 底座——搭接

/PREP7	!进入预处理器
ET, 1, SOLID185 $ MP, EX, 1, 2E11 $ MP, PRXY, 1, 0.3	!定义单元属性
CYLIND, 0.02, 0.015, 0, 0.05 $ CYLIND, 0.035, 0.015, 0, 0.01	!创建圆柱体
CYL4, 0.027, 0, 0.0025, , , , 0.01	
VOVLAP, 1, 2	!搭接体
CSYS, 1 $ VSEL, S, , , 3 $ VGEN, 6, 3, , , , 60, 0 $ CM, VVV, VOLU $ ALLS	!形成螺钉孔
VSBV, 6, VVV	
ESIZE, 0.002 $ MSHAPE, 0 $ EXTOPT, ACLEAR, 1 $ VSWEEP, ALL	!扫略体单元
FINISH	!退出预处理器

3. 直齿圆柱齿轮轮齿——镜像和复制

M=0.002 $ Z=42 $ B=0.01 $ RR=0.035 $ T=3.1415926/180	!齿轮参数
R=M*Z/2 $ RB=R*COS(20*T)	!分度圆半径 R、基圆半径 RB
RA=R+M $ RF=R-1.25*M $ N=10	!齿顶圆半径 RA、齿根圆半径 RF、段数 N
/PREP7	!进入预处理器
ET, 1, MESH200, 6 $ ET, 2, SOLID185	!选择单元类型
MP, EX, 1, 2E11 $ MP, PRXY, 1, 0.3	!定义材料模型

CSYS, 1	!切换活跃坐标系为全局圆柱坐标系
I=1	!关键点编号 I
*DO, RK, RF, RA, (RA-RF)/N	!开始循环
ALPHAK=ACOS(RB/RK) $ THETAK=TAN(ALPHAK)- ALPHAK	!计算压力角和展角
K, I, RK, THETAK/T	!创建关键点
I=I+1	!关键点编号加 1
*ENDDO	!结束循环
BSPLIN, ALL	!创建渐开线
LGEN, 2, 1, , , , -45*M/R- (TAN(20*T) /T -20), , , , 1	!移动渐开线
K, 20, RR $ K, 21, RA $ K, 22, RR, -90*M/R $ K, 23, RF, -90*M/R $ K, 24, 0.001	
LARC, 11, 21, 24, RA $ LARC, 22, 20, 24, RR $ LARC, 23, 1, 24, RA	!创建圆弧
LSTR, 20, 21 $ LSTR, 22, 23 $ LFILLT, 4, 1, 0.0005 $ AL, ALL	!创建直线$创建面
ESIZE, 0.00075$ MSHAPE, 0 $ MSHKEY, 0 $ AMESH, 1	!划分面单元
CSYS, 0 $ ARSYM, Y, 1	!切换活跃坐标系为全局直角坐标系，镜像渐开线
CSYS, 1 $ AGEN, 3, ALL, , , , 360/Z	!复制面
EXTOPT, ESIZE, B/0.0005 $ EXTOPT, ACLEAR, 1	!设置挤出单元选项
VEXT, ALL, , , , , B	!挤出面
NUMMRG, NODE, , , , LOW	!合并节点
FINISH	!退出预处理器

4. 容器接管——扫略、连接

/PREP7	!进入预处理器
ET, 1, SOLID185	!选择单元类型
MP, EX, 1, 2E11 $ MP, PRXY, 1, 0.3	!定义材料模型
K, 1, 0.045 $ K, 2, 0.045, 0.1 $ K, 3, 0.052, 0.1 $ K, 4, 0.055, 0.097 $ K, 5, 0.055 $ K, 10 $ K, 11, 0, 0.1	
	!创建关键点
A, 1, 2, 3, 4, 5	!创建面
VROTAT, 1, , , , , , 10, 11, 360	!旋转形成体
WPOFF, 0, -0.8 $ CYLIND, 0.83, 0.81, -0.2, 0.2, 75, 105	!偏移工作平面$创建圆柱体
VOVLAP, ALL $ VDELE, 6, 9, 1, 1 $ VDELE, 12, , , 1	!搭接、删除，形成几何模型
VSBW, 19 $ WPROT, , , 90 $ VSBW, 1 $ VSBW, 2	!用工作平面切割体
ACCAT, 1, 17 $ ACCAT, 2, 23 $ ACCAT, 12, 29 $ ACCAT, 7, 11	
	!连接面，为扫略体做准备
VSWEEP, ALL	!扫略形成体单元，单元控制全部默认
FINISH	!退出预处理器

第二篇 结构静力学分析

第5例 杆系结构的静力学分析实例——平面桁架

5.1 结构静力学分析概述

结构静力学分析用于在恒定载荷作用下对结构的变形、应力、应变和支反力等的研究，也可用于分析惯性及阻尼效应对结构响应的影响并不显著的动力学问题。结构静力学分析在实际中应用广泛，而且是其他分析类型的基础，是最重要的一种分析类型。

结构静力学分析中，有限元方程为

$$K\delta=R$$

式中，K 为总体刚度矩阵，δ 为结构的节点位移列阵，R 为结构的节点载荷列阵。

如果总体刚度矩阵 K 是常量矩阵，则问题是线性的，否则问题是非线性的。非线性静力学问题包括材料非线性、大变形、蠕变、应力刚化、接触等问题，其处理时要比线性静力学问题复杂得多，本书将在后续内容中进行专门研究，本章只研究线性静力学问题。

ANSYS 结构线性静力学分析分为以下三个步骤：

（1）前处理，建立有限元模型。

（2）施加载荷和约束并求解。

（3）后处理，查看结果。

5.1.1 建立有限元模型

（1）用/CLEAR 命令清除数据库，新建分析。

（2）改变工作文件夹；用/FILNAME 命令指定任务名；用/TITLE 指定标题。

（3）进入前处理器。

（4）用 ET 命令定义单元类型，指定单元选项。

结构分析要使用结构单元，常用的结构单元有：杆单元（LINK180），梁单元（BEAM188、BEAM189），平面单元（PLANE182、PLANE183），空间单元（SOLID185、SOLID186），壳单元（SHELL181、SHELL281），等等。使用的其他单元还有接触单元（TARGE169、TARGE170、CONTA172、CONTA174、CONTA175、CONTA177、CONTA178），弹簧单元（COMBIN14、COMBIN39、COMBIN40），质量单元（MASS21），线性执行机构（LINK11），等等。

（5）定义单元实常数。

是否定义单元实常数及实常数的类型均由所使用的单元类型决定。

（6）定义材料模型。

结构分析必须定义材料的弹性模量 EX 及泊松比 PRXY。如果施加惯性载荷，则必须定义能求出质量的参数，一般情况是密度 DENS。如果施加温度体载荷，就需要定义线膨胀系数 ALPX。材料特性可以是线性的或非线性的、各向同性的或各向异性的、不随温度变化的或随温度变化的。其中，在线性静力学分析时，材料特性只能是线性的。

（7）创建横截面。

是否创建横截面及横截面的类型均由所使用的单元类型决定。

（8）建立几何模型。

几何模型的维数应该与所选单元类型相关。例如，使用 3D 实体单元时，需要建立 3D 实体模型；不同类型单元同时使用时，则几何模型的各部分应与使用单元相匹配。几何模型可以用在 ANSYS 中直接创建，也可以从其他 CAD 软件中导入。

（9）建立有限元模型。

5.1.2　加载并求解

（1）进入求解器。

（2）指定分析类型、分析选项，选择求解器等。

静态分析是默认的分析类型。线性静力学分析需要指定的分析选项有输出控制选项、参考温度、质量矩阵选项等。

（3）施加载荷。

结构静力学分析可用的载荷有：DOF 约束包括位移（UX、UY、UZ）和转角（ROTX、ROTY、ROTZ）及翘曲（WARP），集中载荷包括力（FX、FY、FZ）和力矩（MX、MY、MZ），表面载荷是压力（PRES），体载荷为温度（TEMP），惯性载荷包括加速度、角速度和角加速度等。

（4）用 SOLVE 命令求解。

5.1.3　查看结果

（1）进入通用后处理器。

（2）查看结果。

在结构静力学分析的后处理中，可以用云图和列表显示节点或单元结果，列表显示节点力、力矩及总和，列表显示支反力、力矩及总和；用矢量图显示矢量结果，用图形或列表显示单元表数据；可以作路径图，进行载荷工况操作，列出结构百分比能量误差等。

5.2 桁架结构

桁架结构是由杆件相互铰接而成的结构，各杆轴线都通过铰的中心，载荷和支座反力均作用在铰上。所有杆件均可近似为二力杆，只承受轴向的拉力或压力。如果所有杆件的轴线都在一个平面上，则为平面桁架，否则为空间桁架。桁架结构普遍应用于桥梁、房屋等建筑结构，在机械结构中也有很多的应用，如起重机的吊臂等。

由于杆件的长度远大于横截面尺寸，桁架结构可以用杆单元模拟。这类单元只有平动位移自由度，没有角位移自由度，因此只能承受轴向的拉压，不能承受弯矩。ANSYS 可采用的杆单元只有 LINK180，其属于 3D 单元。

平面桁架结构分析相对比较简单，具体操作参见本例。

5.3 问题描述及解析解

图 5-1 所示为一平面桁架，长度 $L=0.1$ m，各杆横截面面积均为 $A=1\times10^{-4}$ m^2，力 $P=2000$ N，计算各杆的轴向力 F_a、轴向应力 σ_a。

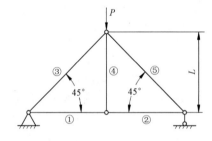

图 5-1　平面桁架

根据静力平衡条件，很容易计算出各杆的轴向力 F_a、轴向应力 σ_a，如表 5-1 所示。

表 5-1　各杆的轴向力和轴向应力

杆	轴向力 F_a/N	轴向应力 σ_a/MPa
①	1000	10
②	1000	10
③	-1414.2	-14.14
④	0	0
⑤	-1414.2	-14.14

5.4 分析步骤

（1）过滤界面。选择菜单 Main Menu→Preferences，弹出如图 5-2 所示的对话框，选中

"Structural"项，单击"OK"按钮。

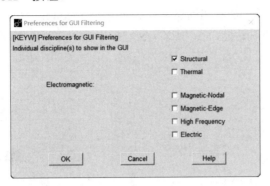

图5-2 过滤界面对话框

（2）选择单元类型。选择菜单 Main Menu→Preprocessor→Element Type→Add/Edit/Delete，弹出如图5-3所示的对话框，单击"Add"按钮，弹出如图5-4所示的对话框，在左侧列表中选择"Link"，在右侧列表中选择"3D finit str 180"，单击"OK"按钮，返回图5-3所示的对话框，单击"Close"按钮。

图5-3 单元类型对话框

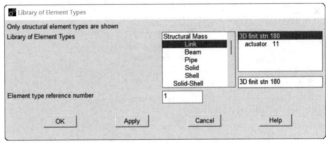

图5-4 单元类型库对话框

（3）定义杆的横截面。选择菜单 Main Menu→Preprocessor→Sections→Link→Add，在弹出的"Add Link Section"对话框中输入截面标识号"1"，单击"OK"按钮；随后弹出如图5-5所示的对话框，在"SECDATA"文本框中分别输入杆的横截面面积"1E-4"，单击"OK"按钮。

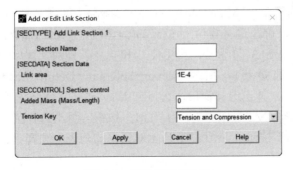

图5-5 设置截面对话框

（4）定义材料模型。选择菜单 Main Menu→Preprocessor→Material Props→Material Models，弹出如图 5-6 所示的对话框，在右侧列表中依次选择"Structural""Linear""Elastic""Isotropic"，接着弹出如图 5-7 所示的对话框，在"EX"文本框中输入"2e11"（弹性模量），在"PRXY"文本框中输入"0.3"（泊松比），单击"OK"按钮，最后关闭图 5-6 所示的对话框。

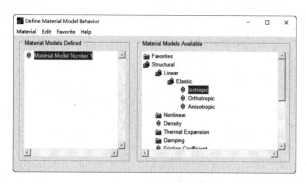 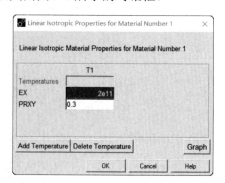

图 5-6　材料模型对话框　　　　　　　　图 5-7　材料特性对话框

（5）创建节点。选择菜单 Main Menu→Preprocessor→Modeling→Create→Nodes→In Active CS，弹出如图 5-8 所示的对话框，在"NODE"文本框中输入"1"，在"X, Y, Z"文本框中分别输入"0, 0, 0"，单击"Apply"按钮；在"NODE"文本框中输入"2"，在"X, Y, Z"文本框中分别输入"0.1, 0, 0"，单击"Apply"按钮；在"NODE"文本框中输入"3"，在"X, Y, Z"文本框中分别输入"0.2, 0, 0"，单击"Apply"按钮；在"NODE"文本框中输入"4"，在"X, Y, Z"文本框中分别输入"0.1, 0.1, 0"，单击"OK"按钮。

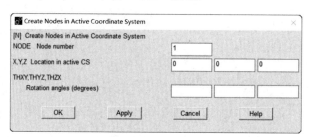

图 5-8　创建节点对话框

（6）显示节点编号、单元编号。选择菜单 Utility Menu→PlotCtrls→Numbering，弹出如图 5-9 所示的对话框，将"Node numbes"（节点编号）打开，选择"Elem/Attrib numbering"为"Element numbes"（显示单元编号），单击"OK"按钮。

（7）创建单元。选择菜单 Main Menu→Preprocessor→Modeling→Create→Elements→Auto Numbered→Thru Nodes，弹出选择窗口，选择节点 1 和 2，单击选择窗口中的"Apply"按钮。重复以上操作，在节点 2 和 3、1 和 4、2 和 4、3 和 4 之间分别创建单元，最后关闭选择窗口。

（8）施加约束。选择菜单 Main Menu→Solution→Define Loads→Apply→Structural→Displacement→On Nodes。弹出选择窗口，选择节点 1，单击"OK"按钮，弹出如图 5-10 所示的对话框，在列表中选择"All DOF"，单击"OK"按钮。再次选择菜单命令，弹出选择窗口，选择节点 3，单击"OK"按钮，在图 5-10 所示对话框的列表中选择"UY、UZ"，单击"OK"按钮。

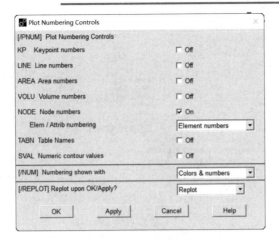

图5-9 图号控制对话框

（9）施加载荷。选择菜单 Main Menu→Solution→Define Loads→Apply→Structural→Force/Moment→On Nodes，弹出选择窗口，选择节点4，单击"OK"按钮，弹出图5-11所示的对话框，选择"Lab"下拉列表框为"FY"，在"VALUE"文本框中输入"-2000"，单击"OK"按钮。

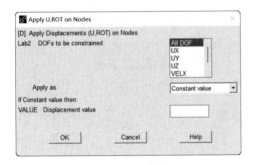

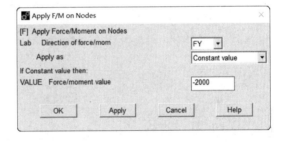

图5-10 施加约束对话框　　　　图5-11 在节点上施加力载荷对话框

（10）求解。选择菜单 Main Menu→Solution→Solve→Current LS，单击"Solve Current Load Step"对话框中的"OK"按钮，当出现"Solution is done！"提示时，求解结束，即可查看结果了。

（11）读结果。选择菜单 Main Menu→General Postproc→Read Results→Last Set。

（12）定义单元表。选择菜单 Main Menu→General Postproc→Element Table→Define Table，弹出"Element Table Data"对话框，单击"Add"按钮，弹出如图5-12所示的对话框，在"Lab"文本框中输入"FA"，在"Item, Comp"两个列表中分别选择"By sequence num""SMISC"，在右侧列表卜方文本框中输入"SMISC, 1"，单击"Apply"按钮，于是定义了单元表"FA"，用于保存单元轴向力；再在"Lab"文本框中输入"SA"，在"Item, Comp"两个列表中分别选择"By sequence num""LS"，在右侧列表下方文本框中输入"LS, 1"，单击"OK"按钮，于是又定义了单元表"SA"，用于保存单元轴向应力，最后关闭"Element Table Data"对话框。

（13）列表单元表数据。选择菜单 Main Menu→General Postproc→Element Table→List Elem Table，弹出图5-13所示的对话框，在列表中选择"FA""SA"，单击"OK"按钮。

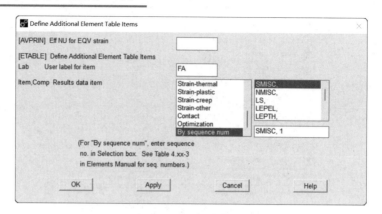

图 5-12　定义单元表对话框

结果列表如图 5-14 所示。与表 5-1 对照发现二者完全一致。

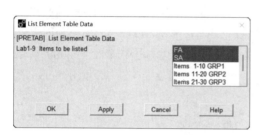

图 5-13　列表单元表数据对话框

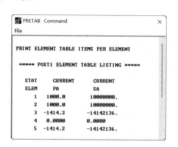

图 5-14　结果列表

5.5　命令流

/CLEAR	!清除数据库，新建分析
/FILNAME, E5	!定义任务名为 E5
L=0.1 $ A=1e-4	!定义参数 L 和 A
/PREP7	!进入预处理器
ET, 1, LINK180	!选择单元类型
SECTYPE, 1, LINK	!指定截面类型
SECDATA, 1E-4	!定义杆的横截面面积
MP, EX, 1, 2E11 $　MP, PRXY, 1, 0.3	!定义材料属性，弹性模量 EX=2E11、泊松比 PRXY=0.3
N, 1 $ N, 2, L $ N, 3, 2*L $ N, 4, L, L	!在桁架 4 个铰的位置定义节点
E, 1, 2 $ E, 2, 3 $ E, 1, 4 $ E, 2, 4 $ E, 3, 4	!由节点创建单元，模拟 4 个杆
FINISH	!退出预处理器
/SOLU	!进入求解器
D, 1, ALL $ D, 3, UY $ D, 3, UZ	!在节点上施加位移约束，模拟铰支座
F, 4, FY, -2000	!在节点上施加集中力载荷
SOLVE	!求解
FINISH	!退出求解器

/POST1	!进入通用后处理器
SET, LAST	!读结果
ETABLE, FA, SMISC, 1 $ ETABLE, SA, LS, 1	!定义单元表
PRETAB, FA, SA	!列表单元表数据
FINISH	!退出通用后处理器

5.6　高级应用

如图 5-15 所示为一静定的复杂桁架，现分析其各杆的内力情况。

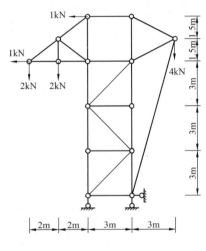

图 5-15　桁架

/CLEAR	!消除数据库，新建分析
/FILNAME, E5-2	!定义任务名为 E5-2
A=2 $ B=3	!定义参数 A 和 B
/PREP7	!进入预处理器
ET, 1, LINK180	!选择单元类型
MP, EX, 1, 2E11 $ MP, PRXY, 1, 0.3	!定义材料模型
R, 1, 0.03	!定义实常数
N, 1 $ N, 2, B $ NGEN, 5, 2, ALL, , , , B	!创建并复制节点
N, 20, -A, 3*B $ N, 21, -2*A, 3*B	!创建节点
N, 22, -A, 3.5*B $ N, 23, 2*B, 3.5*B	!创建节点
E, 1, 2 $ EGEN, 5, 2, ALL	!创建并复制单元
ESEL, NONE $ E, 1, 3 $ E, 2, 4 $ EGEN, 4, 2, ALL	!创建并复制单元
E, 7, 20 $ E, 20, 21 $ E, 21, 22 $ E, 20, 22 $ E, 22, 9 $ E, 8, 23	!创建单元
E, 10, 23 $ E, 2, 23 $ E, 1, 4 $ E, 4, 5 $ E, 5, 8 $ E, 7, 22	!创建单元
ALLS	!选择所有
FINISH	!退出预处理器
/SOLU	!进入求解器

D, 2, UX, 0, , , , UY, UZ	!施加约束，固定铰支座
D, 1, , 0, , , , UY, UZ	!施加约束，可移铰支座
F, 20, FY, -2000 $ F, 21, FY, -2000 $ F, 21, FX, -1000	!施加集中力载荷
F, 9, FX, -1000 $ F, 23, FY, -4000	!施加集中力载荷
SOLVE	!求解
FINISH	!退出求解器
/POST1	!进入通用后处理器
PLDISP, 0	!显示变形
SET, LAST	!读结果
ETABLE, FA, SMISC, 1	!定义单元表，存储杆轴向力
PRETAB, FA	!列表单元表数据
FINISH	!退出通用后处理器

第6例　杆系结构的静力学分析实例——悬臂梁

6.1　梁结构概述

梁是工程中一种常用结构，梁的长度远大于横截面尺寸，它主要承受弯矩作用。

如图 6-1 所示，ANSYS 支持的梁单元有两种：BEAM188 和 BEAM189。BEAM188 是 3D 2 节点梁单元；BEAM189 是 3D 3 节点梁单元，是一个高阶单元，精度高于 BEAM188。此外，两种单元的特点基本相同。两种单元适合于分析从细长到中等粗短的梁结构，都基于铁木辛科梁理论，考虑了剪切变形的影响。每个节点有 6 个或 7 个自由度，包括沿 x、y、z 方向的平动和绕 x、y、z 轴的转动，即挠曲和转角是相互独立的自由度，第 7 个自由度是横截面的翘曲（WARP）。可以承受轴向拉压、弯曲和扭转载荷。也可用梁单元模拟刚架。

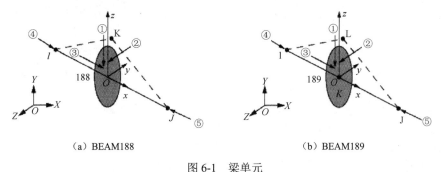

（a）BEAM188　　　　　　　　　　（b）BEAM189

图 6-1　梁单元

6.2　问题描述及解析解

如图 6-2 所示为一悬臂梁，图 6-3 为梁的横截面形状和尺寸，分析其在集中力 P 作用下的变形和应力。已知截面各尺寸 H=50mm、h=43mm、B=35mm、b=32mm，梁的长度 L=1m，集中力 P=1000N。钢的弹性模量 E=2×10^{11}N/m^2，泊松比 μ=0.3。

根据材料力学的知识，梁横截面对 x 轴的惯性矩为

$$I_{xx} = \frac{BH^3 - bh^3}{12} = \frac{35 \times 50^3 - 32 \times 43^3}{12} \times 10^{-12} = 1.526 \times 10^{-7}\,\text{m}^4$$

该梁自由端的挠度为

$$f = \frac{PL^3}{3EI_{xx}} = \frac{1000 \times 1^3}{3 \times 2 \times 10^{11} \times 1.526 \times 10^{-7}} = 10.922 \times 10^{-3}\,\text{m}$$

梁最大弯曲应力为

$$\sigma = \frac{MH}{2I_{xx}} = \frac{1000 \times 1 \times 0.05}{2 \times 1.526 \times 10^{-7}} = 163.8\text{MPa}$$

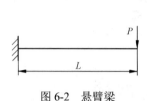

图 6-2 悬臂梁

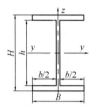

图 6-3 悬臂梁的横截面形状和尺寸

6.3 分析步骤

（1）过滤界面。选择菜单 Main Menu→Preferences，弹出如图 6-4 所示的对话框，选中"Structural"项，单击"OK"按钮。

（2）选择单元类型。选择菜单 Main Menu→Preprocessor→Element Type→Add/Edit/Delete，弹出如图 6-5 所示的对话框，单击"Add"按钮；弹出如图 6-6 所示的对话框，在左侧列表中选择"Beam"，在右侧列表中选择"2 node 188"，单击"OK"按钮；返回图 6-5 所示的对话框，单击"Close"按钮。

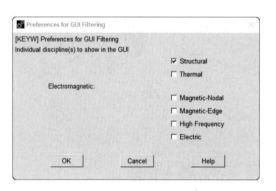

图 6-4 过滤对话框

图 6-5 单元类型对话框

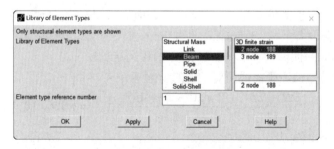

图 6-6 单元类型库对话框

（3）定义梁的横截面。选择菜单 Main Menu→Preprocessor→Sections→Beam→Common Sections，弹出如图 6-7 所示的对话框，选择"Sub-Type"为"I"（横截面形状），在"W1""W2""W3""t1""t2""t3"文本框中分别输入"0.035""0.035""0.05""0.0035""0.0035""0.003"，单击"OK"按钮。

（4）定义材料模型。选择菜单 Main Menu→Preprocessor→Material Props→Material Models，弹出如图 6-8 所示的对话框，在右侧列表中依次选择"Structural""Linear""Elastic""Isotropic"，弹出如图 6-9 所示的对话框，在"EX"文本框中输入"2e11"（弹性模量），在"PRXY"文本框中输入"0.3"（泊松比），单击"OK"按钮，然后关闭图 6-8 所示的对话框。

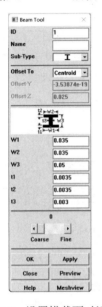

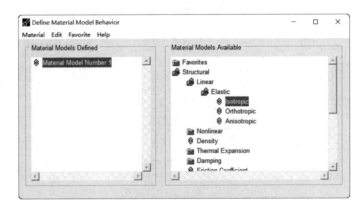

图 6-7　设置横截面对话框　　　　　　　图 6-8　材料模型对话框

（5）创建关键点。选择菜单 Main Menu→Preprocessor→Modeling→Create→Keypoints→In Active CS，弹出如图 6-10 所示的对话框，在"NPT"文本框中输入"1"，在"X, Y, Z"文本框中分别输入"0, 0, 0"，单击"Apply"按钮；在"NPT"文本框中输入"2"，在"X, Y, Z"文本框中分别输入"1, 0, 0"，单击"Apply"按钮；在"NPT"文本框中输入"3"，在"X, Y, Z"文本框中分别输入"0.5, 0.5, 0"，单击"OK"按钮。

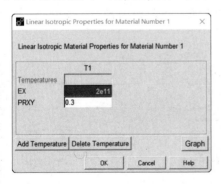

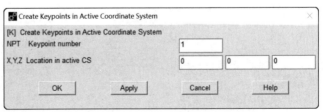

图 6-9　材料特性对话框　　　　　　　　图 6-10　创建关键点的对话框

（6）显示关键点编号。选择菜单 Utility Menu→PlotCtrls→Numbering，在弹出的对话框中，

将"Keypoint numbers"(关键点编号)打开,单击"OK"按钮。

(7)创建直线。选择菜单 Main Menu→Preprocessor→Modeling→Create→Lines→Lines→Straight Line,弹出选择窗口,选择关键点 1 和 2,单击"OK"按钮。

(8)划分单元。选择菜单 Main Menu→Preprocessor→Meshing→MeshTool,弹出"MeshTool"对话框。

选择"Element Attributes"的下拉列表框为"Lines",单击下拉列表框后面的"Set"按钮,弹出选择窗口,选择线,单击"OK"按钮,弹出如图 6-11 所示的对话框,选择"Pick Orientation Keypoint(s)"为"Yes",单击"OK"按钮;弹出选择窗口,选择关键点 3,单击"OK"按钮,则横截面垂直于关键点 1、2、3 所在平面,z 轴(见图 6-1)指向关键点 3。

单击"Size Controls"区域中"Lines"后的"Set"按钮,弹出选择窗口,选择直线,单击"OK"按钮,弹出如图 6-12 所示的对话框,在"NDIV"文本框中输入"50",单击"OK"按钮。单击"MeshTool"对话框中"Mesh"区域的"Mesh"按钮,弹出选择窗口,选择直线,单击"OK"按钮,最后关闭"MeshTool"对话框。

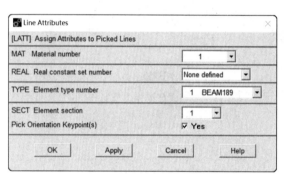

图 6-11　单元属性对话框

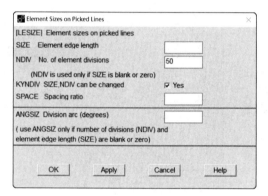

图 6-12　单元尺寸对话框

(9)施加约束。选择菜单 Main Menu→Solution→Define Loads→Apply→Structural→Displacement→On Keypoints,弹出选择窗口,选择关键点 1,单击"OK"按钮,弹出如图 6-13 所示的对话框,在列表中选"All DOF",单击"OK"按钮。

(10)施加载荷。选择菜单 Main Menu→Solution→Define Loads→Apply→Structural→Force/Moment→On Keypoints,弹出选择窗口,选择关键点 2,单击"OK"按钮,弹出如图 6-14 所示的对话框,选择"Lab"下拉列表为"FY",在"VALUE"文本框中输入"-1000",单击"OK"按钮。

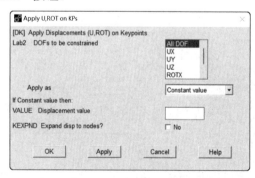

图 6-13　施加约束对话框

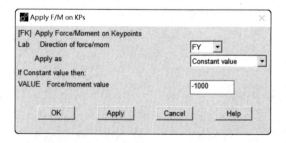

图 6-14　在关键点施加载荷对话框

（11）求解。选择菜单 Main Menu→Solution→Solve→Current LS，单击"Solve Current Load Step"对话框中的"OK"按钮。当出现"Solution is done！"提示时，求解结束，即可查看结果了。

（12）显示变形。选择菜单 Main Menu→General Postproc→Plot Results→Deformed Shape，在弹出的对话框中选中"Def shape only"，单击"OK"按钮，结果如图6-15所示，从图中看出，最大位移为0.011019m，与理论结果一致。

图 6-15　悬臂梁的变形

（13）读结果。选择菜单 Main Menu→General Postproc→Read Results→Last Set。

（14）定义单元表，存储弯曲应力。选择菜单 Main Menu→General Postproc→Element Table→Define Table，弹出如图6-16所示的对话框，单击"Add"按钮；弹出如图6-17所示的对话框，在"Lab"文本框中输入"SF"，在"Item, Comp"两个列表中分别选择"By sequence num""SMISC"，在右侧列表下方文本框中输入"SMISC, 34"（顺序号含义参见 ANSYS 单元手册），单击"OK"按钮，然后关闭图6-16所示的对话框。

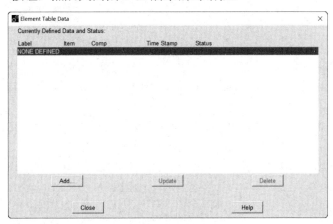

图 6-16　定义单元表对话框

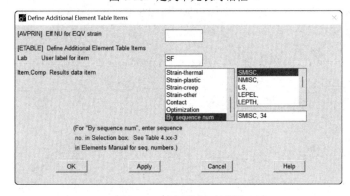

图 6-17　选择数据对话框

（15）列表单元表数据。选择菜单 Main Menu→General Postproc→Element Table→List Elem Table，弹出如图 6-18 所示的对话框，在列表中选择"SF"，单击"OK"按钮。

结果如图 6-19 所示。与理论解对照发现二者完全一致。

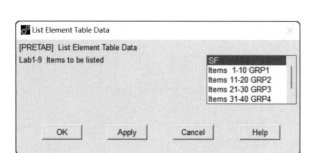

图 6-18　列表单元表对话框　　　　　　图 6-19　单元弯曲应力（部分）

6.4　命令流

/CLEAR	!清除数据库，新建分析
/FILNAME, E6	!定义任务名为 E6
/PREP7	!进入预处理器
ET, 1, BEAM189	!选择单元类型
SECTYPE, 1, BEAM, I $	!截面类型
SECOFFSET, CENT	!节点在截面质心
SECDATA, 0.035, 0.035, 0.05, 0.0035, 0.0035, 0.003	!截面参数
MP, EX, 1, 2E11 $ MP, NUXY, 1, 0.3	!定义材料模型
K, 1, 0, 0, 0 $ K, 2, 1, 0, 0 $ K, 3, 0.5, 0.5, 0	!创建关键点
LSTR, 1, 2	!创建直线
LESIZE, 1, , , 50	!指定直线划分单元段数为 50
LATT, , , , , , 3!	指定关键点 3 为截面方向点
LMESH, 1	!对直线划分单元
FINISH	!退出预处理器
/SOLU	!进入求解器
DK, 1, ALL	!在关键点上施加位移约束，模拟固定端
FK, 2, FY, -1000	!在关键点上施加集中力载荷
SOLVE	!求解
FINISH	!退出求解器
/POST1	!进入通用后处理器
PLDISP	!显示变形
SET, LAST	!读结果

ETABLE, SF, SMISC, 34	!定义单元表，存储杆轴向力
PRETAB, SF	!列表单元表数据
FINISH	!退出通用后处理器

6.5　高级应用

1. 空间桁架桥的静力学分析

分析图 6-20 所示的空间桁架桥的受力、变形和应力情况，各杆按刚性连接。

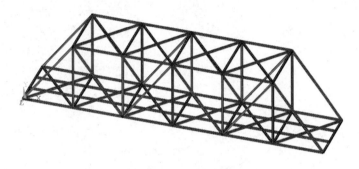

图 6-20　空间桁架桥

```
/CLEAR                                              !消除数据库，新建分析
/FILNAME, E6-2, 0                                   !定义任务名为 E6-2
LENGTH=12 $ HEIGHT=16 $ WIDTH=14 $ N=6              !桥的尺寸
/PREP7                                              !进入预处理器
ET, 1, BEAM188                                      !选择单元类型
MP, EX, 1, 2E11 $ MP, PRXY, 1, 0.3 $ MP, DENS, 1, 7850   !定义材料模型
SECTYPE, 1, BEAM, I $ SECDATA, 0.4, 0.4, 0.4, 0.016, 0.016, 0.016      !定义横截面 1
SECTYPE, 2, BEAM, I $ SECDATA, 0.3, 0.3, 0.4, 0.012, 0.012, 0.012      !定义横截面 2
N, 1 $ NGEN, N+1, 1, 1, , , LENGTH                  !创建并复制节点
NGEN, 4, 10, ALL, , , , , -WIDTH/3                  !复制节点
N, 102, LENGTH, HEIGHT, $ NGEN, N-1, 1, 102, , , LENGTH   !创建并复制节点
NGEN, 2, 30, 102, 106, , , , -WIDTH                 !复制节点
!创建横梁、纵梁
TYPE, 1 $ MAT, 1 $ SECNUM, 1                        !为随后定义的单元指定默认属性
E, 1, 11 $ *REPEAT, 3, 10, 10 $ EGEN, N+1, 1, ALL, , , , , , , , , LENGTH   !创建并复制单元
ESEL, NONE                                          !将单元选择集置为空集
E, 1, 2 $ *REPEAT, 4, 10, 10 $ EGEN, N, 1, ALL, , , , , , , , , LENGTH   !创建并复制单元
!创建主桁
ESEL, NONE                                          !将单元选择集置为空集
E, 1, 102 $ E, 3, 102 $ EGEN, N/2, 2, ALL, , , , , , , , 2*LENGTH   !创建并复制单元
EGEN, 2, 30, ALL, , , , , , , , -WIDTH              !复制单元
```

ESEL, NONE	!将单元选择集置为空集
E, 2, 102 $ EGEN, N-1, 1, ALL, , , , , , , , , LENGTH	!创建并复制单元
EGEN, 2, 30, ALL, , , , , , , , , -WIDTH	!复制单元
ESEL, NONE	!将单元选择集置为空集
E, 102, 103 $ EGEN, N-2, 1, ALL, , , , , , , , , LENGTH	!创建并复制单元
EGEN, 2, 30, ALL, , , , , , , , , -WIDTH	!复制单元
!创建主桁纵向联结系	
SECNUM, 2	!指定横截面 2
ESEL, NONE	!将单元选择集置为空集
E, 1, 32 $ E, 2, 31 $ EGEN, N, 1, ALL, , , , , , , , , LENGTH	!创建并复制单元
ESEL, NONE	!将单元选择集置为空集
E, 102, 133 $ E, 103, 132 $ EGEN, N-2, 1, ALL, , , , , , , , , LENGTH	!创建并复制单元
E, 102, 132 $ *REPEAT, N-1, 1, 1	!创建单元
ALLS	!选择所有
FINISH	!退出预处理器
/SOLU	!进入求解器
NSEL, S, LOC, X $ D, ALL, UX, 0, , , , UY, UZ	!施加约束，固定铰支座
NSEL, S, LOC, X, LENGTH*N $ D, ALL, , 0, , , , UY, UZ	!施加约束，可移铰支座
NSEL, S, , , 4, 34, 30 $ F, ALL, FY, -10000	!施加集中力载荷
ALLS $ ACEL, 0, 9.8, 0	!施加重力加速度
SOLVE	!求解
FINISH	!退出求解器
/POST1	!进入通用后处理器
/ESHAPE, 1	!在单元图形中显示梁的横截面
PLDISP, 0	!显示变形
SET, LAST	!读结果
ETABLE, FX, SMISC, 1 $ ETABLE, SDIR, SMISC, 31	!定义单元表，存储杆轴向力、轴向应力
PRETAB, FX, SDIR	!列表单元表数据
PLNSOL, S, EQV	!显示等效应力云图
FINI	!退出求解器

2. 连续梁的内力计算

连续梁的尺寸和载荷如图 6-21 所示，作此梁的剪力图和弯矩图。

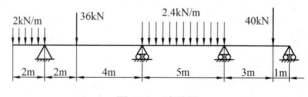

图 6-21 连续梁

/CLEAR	!清除数据库，新建分析
/FILNAME, E6-3	!定义任务名为 E6-3

```
/PREP7                                            !进入预处理器
ET, 1, BEAM189                                    !选择单元类型
MP, EX, 1, 2E11 $ MP, PRXY, 1, 0.3                !定义材料模型
SECTYPE, 1, BEAM, CSOLID $ SECDATA, 0.3           !定义横截面
K, 1 $ K, 2, 2 $ K, 3, 4 $ K, 4, 8 $ K, 5, 13 $ K, 6, 16 $ K, 7, 17   !创建关键点
L, 1, 2 $ *REPEAT, 6, 1, 1                         !创建直线
LESIZE, ALL, 0.05 $ LMESH, ALL                     !创建有限元模型
FINISH                                            !退出预处理器
/SOLU                                             !进入求解器
DK, 2, UX, , , , UY, UZ, ROTX, ROTY               !施加约束，固定铰支座
DK, 4, , , , , , UY, UZ, ROTX, ROTY               !施加约束，可移铰支座
DK, 5, , , , , , UY, UZ, ROTX, ROTY
DK, 7, , , , , , UY, UZ, ROTX, ROTY
FK, 3, FY, -36000 $ FK, 6, FY, -40000             !施加集中力载荷
NSEL, S, LOC, X, 0, 2 $ ESLN, S, 1 SFBEAM, ALL, 2, PRES, 2000       !在梁单元上施加压力
NSEL, S, LOC, X, 8, 13 $ ESLN, S, 1 SFBEAM, ALL, 2, PRES, 2400
ALLS                                             !选择所有
SOLVE                                            !求解
FINISH                                           !退出求解器
/POST1                                           !进入通用后处理器
SET, LAST                                        !读结果
ETABLE, MzI, SMISC, 3 $ ETABLE, MzJ, SMISC, 16   !定义单元表，存储单元节点 I 和 J 处的弯矩
PLLS, MzI, MzJ                                   !用云图显示弯矩
ETABLE, SFyI, SMISC, 6 $ ETABLE, SFyJ, SMISC, 19 !定义单元表，存储单元节点 I 和 J 处的剪力
PLLS, SFyI, SFyJ                                 !用云图显示剪力
FINISH                                           !退出求解器
```

3. 用自由度释放创建梁单元的铰接连接

多跨静定梁的尺寸和载荷如图 6-22 所示，梁的两跨在 A 点铰接在一起，作此梁的剪力图和弯矩图。

自由度释放简介：

梁单元之间的连接包括刚性连接和铰接。铰接的两个单元在铰妾点处具有相同的线位移，但角位移不同，即两单元在铰接点存在相对转动；铰接只能传递力，不能传递力矩。而刚性连接的两个单元在铰接点处有相同的线位移和角位移，既传递力又传递力矩。

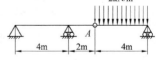

图 6-22　多跨静定梁的尺寸和载荷

在 ANSYS 中，创建刚性连接时，只需要各梁单元在铰接点处有公共节点即可。而创建铰妾就相对复杂得多，一种方法是在铰接点处分别创建属于不同单元的节点，然后对这些节点的戈位移进行自由度耦合；另外一种方法是针对 BEAM188/BEAM189 梁单元，先在铰接点处创建刚性连接，然后释放铰接点处节点的转动自由度。相比前者后一种方法较为简单。

释放自由度使用 ENDRELEASE, --, TOLERANCE, Dof1, Dof2, Dof3, Dof4 命令。参数 TOLERANCE 为相邻单元间的角度公差，默认为 20°；当相邻单元在一条直线上时，应取

TOLERANCE=-1。Dof1, Dof2, Dof3, Dof4 为释放的自由度。释放自由度操作步骤如下。

ESEL, S,	!选择需要释放自由度的梁单元
NSEL, S,	!选择需要释放自由度的铰接点处节点
ENDRELEASE, , , ROTZ	!释放自由度，以绕 Z 轴的转动自由度为例

本例命令流为：

/CLEAR	!清除数据库，新建分析
/FILNAME, E6-4	!定义任务名为 E6-4
/PREP7	!进入预处理器
ET, 1, BEAM189	!选择单元类型
MP, EX, 1, 2E11 $ MP, PRXY, 1, 0.3	!定义材料模型
SECTYPE, 1, BEAM, CSOLID $ SECDATA, 0.2	!定义横截面
K, 1 $ K, 2, 4 $ K, 3, 6 $ K, 4, 10	!创建节点
L, 1, 2 $ *REPEAT, 3, 1, 1	!创建直线
LESIZE, ALL, 0.05 $ LMESH, ALL	!创建有限元模型
NSEL, S, , , NODE(6, 0, 0) $ ESLN, S $ ENDRELEASE, , -1, ROTZ !释放自由度	
FINISH	!退出预处理器
/SOLU	!进入求解器
DK, 1, UX, , , , UY, UZ, ROTX, ROTY	!施加约束，固定铰支座
DK, 2, , , , , UY, UZ, ROTX, ROTY	!施加约束，可移铰支座
DK, 4, , , , , UY, UZ, ROTX, ROTY	
NSEL, S, LOC, X, 6, 10 $ ESLN, S, 1 $ SFBEAM, ALL, 2, PRES, 2000 !在梁单元上施加压力	
ALLS	!选择所有
SOLVE	!求解
FINISH	!退出求解器
/POST1	!进入通用后处理器
SET, LAST	!读结果
ETABLE, MzI, SMISC, 3 $ ETABLE, MzJ, SMISC, 16	!定义单元表，存储单元节点 I 和 J 处的弯矩
PLLS, MzI, MzJ	!用云图显示弯矩
ETABLE, SFyI, SMISC, 6 $ ETABLE, SFyJ, SMISC, 19	!定义单元表，存储单元节点 I 和 J 处的剪力
PLLS, SFyI, SFyJ	!用云图显示剪力
FINISH	!退出通用后处理器

第7例 平面问题的求解实例——
厚壁圆筒问题

7.1 平面问题

所谓平面问题指的是弹性力学的平面应力问题和平面应变问题。

如图 7-1 所示，当结构为均匀薄板，作用在板上的所有面力和体力的方向均平行于板面，而且不沿厚度方向发生变化时，可以近似认为只有平行于面的 3 个应力分量 σ_x、σ_y、τ_{xy} 不为零，这种问题就被称为平面应力问题。

如图 7-2 所示，设有无限长的柱状体（图 7-2a 为横截面），在柱状体上作用的面力和体力的方向与横截面平行，而且不沿长度发生变化。此时，可以近似认为只有平行于横截面的 3 个应变分量 ε_x、ε_y、γ_{xy} 不为零，这种问题就被称为平面应变问题。

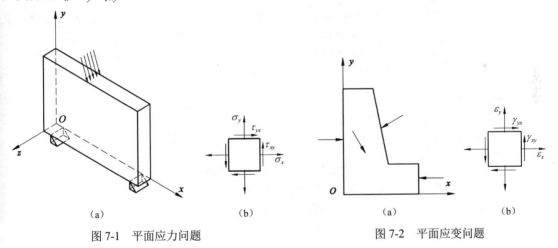

| (a) | (b) | (a) | (b) |

图 7-1 平面应力问题　　　　　　图 7-2 平面应变问题

7.2 对称性

当结构的形状和载荷具有性质相同的对称性时，则结构的变形、应力、应变等也具有同样的对称性。这时，只取结构的局部进行分析即可得出全部的结果，从而大大地减少了计算工作量。对称性包括对称于对称面、循环对称、轴对称等。

本例的厚壁圆筒具有水平和竖直两个对称面，因此可取结构的四分之一进行分析，并且分析要约束掉对称面法线方向的位移。

7.3　ANSYS 平面单元

ANSYS 提供的平面单元有两种：PLANE182 和 PLANE183。PLANE182 单元有 4 个节点，每个节点有两个自由度，即沿 x 和 y 方向的移动。PLANE183 单元是一种高阶的 2D 8 节点或 6 节点单元，具有二次位移函数，非常适合于模拟不规则网格。它有 8 个节点或 6 个节点，每个节点有两个自由度，即沿 x 和 y 方向的移动。两种单元都可以用于求解平面应力、平面应变、广义平面应变或轴对称问题，可以通过 KEYOPT（3）来设置。

两种单元必须创建于全球 xy 平面。在轴对称分析时，全球 y 轴必须是对称轴、模型应创建在 $+X$ 象限。用于模拟平面应力问题时，应取板面进行分析，节点力应输入单元单位厚度上力的大小。用于模拟平面应变问题时，应取横截面进行分析。用于模拟轴对称问题时，应取子午面进行分析。在施加节点力时，应输入该节点对应的圆周上所有载荷的总和。

关于平面应力问题和轴对称问题的实例参见 7.7 节，下面介绍关于平面应变问题的实例。

7.4　问题描述及解析解

如图 7-3 所示为一厚壁圆筒，其内半径 r_1=50mm，外半径 r_2=100mm，作用在内孔上的压力 p=10MPa，无轴向压力，轴向长度很大可视为无穷。计算厚壁圆筒的径向应力 σ_r 和切向应力 σ_t 沿半径 r 方向的分布。

根据材料力学的知识，σ_r、σ_t 沿 r 方向分布的解析解为

$$\begin{cases} \sigma_r = \dfrac{r_1^2 p}{r_2^2 - r_1^2}\left(1 - \dfrac{r_2^2}{r^2}\right) \\[4mm] \sigma_t = \dfrac{r_1^2 p}{r_2^2 - r_1^2}\left(1 + \dfrac{r_2^2}{r^2}\right) \end{cases}$$

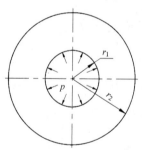

图 7-3　厚壁圆筒

该问题符合平面应变问题的条件，故可以简化为平面应变问题进行分析。另外，根据对称性，可取圆筒的四分之一并施加垂直于对称面的约束进行分析。

7.5　分析步骤

（1）过滤界面。选择菜单 Main Menu→Preferences，弹出如图 7-4 所示的对话框，选中"Structural"项，单击"OK"按钮。

（2）选择单元类型。选择菜单 Main Menu→Preprocessor→Element Type→Add/Edit/Delete，弹出如图 7-5 所示的对话框，单击"Add"按钮；弹出如图 7-6 所示的对话框，在左侧列表中选择"Solid"，在右侧列表中选择"Quad 8 node 183"，单击"OK"按钮；返回如图 7-5 所示的对话框，单击"Options"按钮，弹出如图 7-7 所示的对话框，选择"K3"下拉列表框为"Plane strain"

（平面应变），单击"OK"按钮，最后单击图 7-5 所示的对话框中的"Close"按钮。

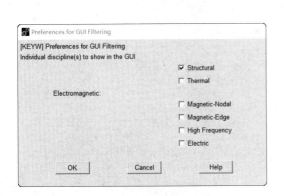

图 7-4　过滤界面对话框

图 7-5　单元类型对话框

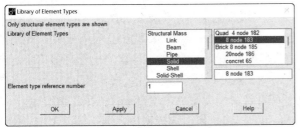

图 7-6　单元类型库对话框

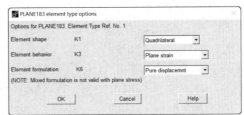

图 7-7　单元选项对话框

（3）定义材料模型。选择菜单 Main Menu→Preprocessor→Material Props→Material Models，弹出如图 7-8 所示的对话框，在右侧列表中依次选择"Structural""Linear""Elastic""Isotropic"，弹出如图 7-9 所示的对话框，在"EX"文本框中输入"2e11"（弹性模量），在"PRXY"文本框中输入"0.3"（泊松比），单击"OK"按钮，然后关闭如图 7-8 所示的对话框。

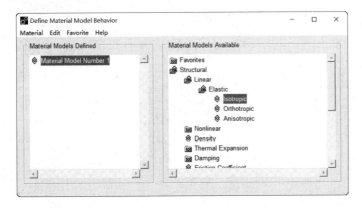

图 7-8　材料模型对话框

需要注意的是，从解析公式中可以看出，径向应力 σ_r 和切向应力 σ_t 与弹性模量无关，但是，弹性模量在有限元分析中却是必须的。

ANSYS 机械工程实战应用 30 例

（4）创建几何实体模型。选择菜单 Main Menu→Preprocessor→Modeling→Create→Areas→Circle→By Dimensions，弹出如图 7-10 所示的对话框，在 "RAD1" "RAD2" "THETA2" 文本框中分别输入 "0.1" "0.05" 和 "90"，单击 "OK" 按钮。

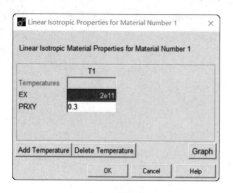

图 7-9　材料特性对话框

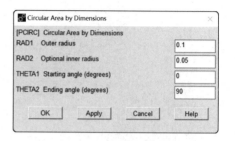

图 7-10　创建面对话框

（5）划分单元。选择菜单 Main Menu→Preprocessor→Meshing→MeshTool，弹出如图 7-11 所示的对话框，本步骤所有操作全部在此对话框下进行。单击 "Size Controls" 区域中 "Lines" 后的 "Set" 按钮，弹出选择窗口，选择面的任一直线边，单击 "OK" 按钮；弹出如图 7-12 所示的对话框，在 "NDIV" 文本框中输入 "6"，单击 "Apply" 按钮；再次弹出选择窗口，选择面的任一圆弧边，单击 "OK" 按钮；再次弹出如图 7-12 所示的对话框，在 "NDIV" 文本框中输入 "8"，单击 "OK" 按钮；在 "Mesh" 区域，选择单元形状为 "Quad"（四边形），选择划分单元的方法为 "Mapped"（映射）。单击 "Mesh" 按钮，弹出选择窗口，选择面，单击 "OK" 按钮，最后单击如图 7-11 所示的对话框中的 "Close" 按钮。

图 7-11　划分单元工具对话框

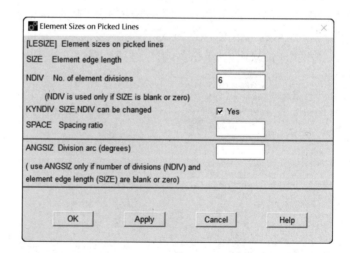

图 7-12　单元尺寸对话框

（6）施加约束。选择菜单 Main Menu→Solution→Define Loads→Apply→Structural→Displacement→On Lines，弹出选择窗口，选择面的水平直线边，单击 "OK" 按钮，弹出如图 7-13 所示的对话框，在列表中选择 "UY"，单击 "Apply" 按钮；再次弹出选择窗口，选择面的垂直直线边，单击"OK"按钮，在图7-13所示对话框的列表中选择"UX"，单击"OK"按钮，沿两个对称面垂直方向施加约束等效于施加对称约束。

（7）施加压力载荷。选择菜单 Main Menu→Solution→Define Loads→Apply→Structural→Pressure→On Lines，弹出选择窗口，选择面的内侧圆弧边（较短的一条圆弧），单击"OK"按钮，弹出如图7-14所示的对话框，在"VALUE"文本框中输入"10e6"，单击"OK"按钮。

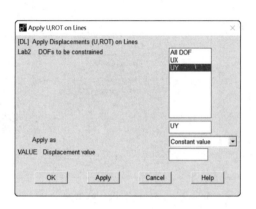

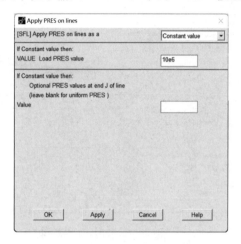

图7-13 施加约束对话框　　　　　　图7-14 施加压力载荷对话框

（8）求解。选择菜单 Main Menu→Solution→Solve→Current LS，单击"Solve Current Load Step"对话框中的"OK"按钮，当出现"Solution is done！"提示时，求解结束，即可查看结果了。

（9）在图形窗口显示节点。选择菜单 Utility Menu→Plot→Nodes。

（10）读结果。选择菜单 Main Menu→General Postproc→Read Results→Last Set。

（11）定义路径。选择菜单 Main Menu→General Postproc→Path Operations→Define Path→By Location，弹出如图7-15所示的对话框，在"Name"文本框中输入"p1"，在"nPts"文本框中输入"2"，单击"OK"按钮；接着弹出如图7-16所示的对话框，在"NPT"文本框中输入"1"，在"X"文本框中输入"0.05"，单击"OK"按钮，再次弹出如图7-16所示的对话框，在"NPT"文本框中输入"2"，在"X"文本框中输入"0.1"，单击"OK"按钮，然后单击如图7-16所示对话框中的"Cancel"按钮，关闭对话框。

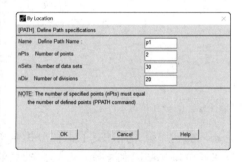

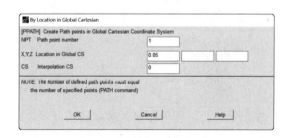

图7-15 定义路径对话框　　　　　　图7-16 定义路径点对话框

（12）将数据映射到路径上。选择菜单 Main Menu→General Postproc→Path Operations→Map onto Path，弹出如图7-17所示的对话框，在"Lab"文本框中输入"SR"，在"Item, Comp"两个下拉列表中分别选"Stress""X-direction SX"，单击"Apply"按钮；再次弹出如图7-17所示

的对话框，在"Lab"文本框中输入"ST"，在"Item, Comp"两个列表中分别选"Stress""Y-direction SY"，单击"OK"按钮。

需要注意的是，该路径上各节点在 x、y 方向上的应力即径向应力 σ_r 和切向应力 σ_t。

（13）作路径图。选择菜单 Main Menu→General Postproc→Path Operations→Plot Path Item→On Graph，弹出如图 7-18 所示的对话框，在列表中选择"SR""ST"，单击"OK"按钮。

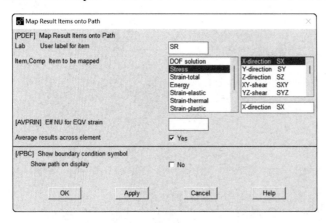

图 7-17　映射数据对话框

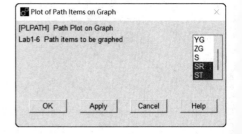

图 7-18　路径图对话框

如图 7-19 所示的路径图是径向应力 σ_r 和切向应力 σ_t 关于半径的分布曲线。图中横轴为径向尺寸（单位：m），纵轴为应力（单位：Pa），横轴的零点对应厚壁圆筒的内径，横坐标为 5×10^{-2} m 的点对应厚壁圆筒的外径。另外，读者可以用计算问题的解析解来检验有限元分析结果的精确程度。

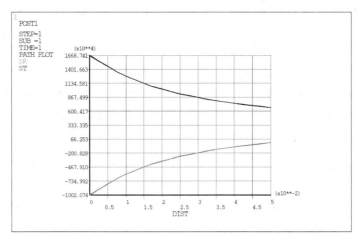

图 7-19　径向应力 σ_r 和切向应力 σ_t 随半径变化的分布情况

在以上分析过程中，输入数据的长度单位采用的是 m，力的单位采用的是 N；在分析结果中，应力的单位是 Pa（N/m^2）。也就是说，如果输入数据的单位是国际制单位，则输出数据的单位也是国际制单位；同样，如果输入数据的单位是英制单位，则输出数据的单位也是英制单位。这就是 ANSYS 对单位问题的处理方法，即对输入数据的单位不作要求，输出单位是输入单位的导出单位。

（14）改变结果坐标系为全局圆柱坐标系。选择菜单 Main Menu→General Postproc→Option

for Outp，弹出如图 7-20 所示的对话框，选择"RSYS"为"Global cylindric"（全局圆柱坐标系），单击"OK"按钮。

（15）查看结果，显示径向应力云图。选择菜单 Main Menu→General Postproc→Plot Results→Contour Plot→Nodal Solu，弹出如图 7-21 所示的对话框，在列表中依次选择"Nodal Solution→Stress→X-Component of Stress"，单击"OK"按钮，结果如图 7-22 所示。

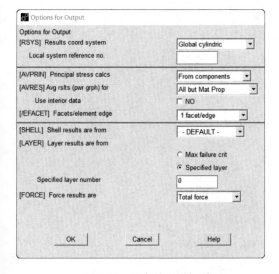

图 7-20 改变结果坐标系

图 7-21 查看结果

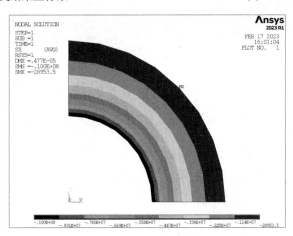

图 7-22 径向应力云图

7.6 命令流

/CLEAR	!清除数据库，新建分析
/FILNAME, E7	!定义任务名为 E7
/PREP7	!进入预处理器
ET, 1, PLANE183, , , 2	!选择单元类型、设置单元选项

MP, EX, 1, 2E11 $ MP, PRXY, 1, 0.3	!定义材料模型
PCIRC, 0.1, 0.05, 0, 90	!创建圆形面
LESIZE, 4, , , 6 $ LESIZE, 3, , , 8	!指定线划分单元段数
MSHAPE, 0	!指定单元形状为四边形
MSHKEY, 1	!指定映射网格
AMESH, 1	!对面划分单元
FINISH	!退出预处理器
/SOLU	!进入求解器
DL, 4, , UY $ DL, 2, , UX	!在线上施加位移约束
SFL, 3, PRES, 10E6	!在线上施加压力载荷
SOLVE	!求解
SAVE	!保存数据库
FINISH	!退出求解器
/POST1	!进入通用后处理器
SET, LAST	!读结果
PATH, P1, 2	!定义路径
PPATH, 1, , 0.05 $ PPATH, 2, , 0.1	!指定路径点
PDEF, SR, S, X $ PDEF, ST, S, Y	!向路径映射数据
PLPATH, SR, ST	!显示路径图
RSYS, 1	!改变结果坐标系为全球圆柱坐标系
PLNSOL, S, X	!显示径向应力云图
FINISH	!退出通用后处理器

7.7 高级应用

1. 平面应力问题

问题描述：如图 7-23 所示的钢制均匀薄板承受的载荷 P 为 3000N。求薄板在 aa 截面上的拉应力。

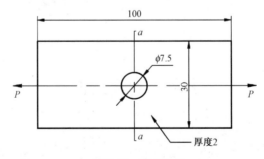

图 7-23 带孔薄板

L=0.1 $ B=0.03 $ RR=0.0075/2 $ T=0.002 $ P=3000	!板长度 L、宽度 B、厚度 T，孔半径 RR，载荷 P
/PREP7	!进入预处理器

ET, 1, PLANE182	!定义单元类型
MP, EX, 1, 2E11 $ MP, PRXY, 1, 0.3	!定义材料模型
RECTNG, 0, L/2, 0, B/2 $ PCIRC, RR $ ASBA, 1, 2	!创建整个面的四分之一
ESIZE, 0.005 $ AMESH, 3 $ KREFINE, 6, , , 2	!创建有限元模型
FINISH	!退出预处理器
/SOLU	!进入求解器
DL, 9, , UY $ DL, 10, , UX	!施加约束
FK, 2, FX, P/2/T	!施加集中力载荷
SOLVE	!求解
FINISH	!退出求解器
/POST1	!进入通用后处理器
SET, LAST	!读结果
PATH, P1, 2, 30, 20	!定义路径及属性
PPATH, 1, , 0, RR $ PPATH, 2, , 0, B/2	!指定路径点
PDEF, SX, S, X	!向路径映射数据
PLPATH, SX $ PLPAGM, SX	!显示路径图
PASAVE, S, P1, txt	!保存路径数据到文件
FINISH	!退出通用后处理器

2. 轴对称问题

问题描述：厚壁圆筒内、外半径分别为 r_1=50mm、r_2=100mm，长度为 300mm，两端用堵头密闭，内孔作用压力 P=10MPa。求厚壁圆筒的径向、切向、轴向应力。本例解析解请参照实例 7。

R1=0.05 $ R2=0.1 $ L=0.3 $ P=10E6	!参数
/PREP7	!进入预处理器
ET, 1, PLANE183, , , 1	!定义单元类型，选择轴对称分析
MP, EX, 1, 2E11 $ MP, PRXY, 1, 0.3	!定义材料模型
RECTNG, R1, R2, 0, L	!创建圆筒的子午面
ESIZE, 0.005 $ AMESH, 1	!创建有限元模型
FINISH	!退出预处理器
/SOLU	!打开求解器
DL, 1, , UY	!施加约束
SFL, 4, PRES, P	!在内孔施加压力载荷
NSEL, S, LOC, Y, L $ *GET, NNN, NODE, , COUN	!选择上端面上节点，查询其数目并保存于变量 NNN
F, ALL, FY, -3.14159*R1*R1*P/NNN $ ALLS	!在端面上节点施加集中力载荷，总和等于 $\pi r_1^2 P$
SOLVE	!求解
FINISH	!退出求解器
/POST1	!进入通用后处理器
SET, LAST	!读结果
NSEL, S, LOC, Y, L-0.1, L $ ESLN, U	!选择非集中力作用单元
PLNSOL, S, X $ PLNSOL, S, Y $ PLNSOL, S, Z	!显示径向、轴向、周向应力云图
FINISH	!退出通用后处理器

第8例　空间结构问题的求解实例——扳手的受力分析

8.1　空间结构

　　空间结构如果不能简化为杆、梁、壳或者平面结构，则需要创建完整的 3D 实体几何模型，使用 3D 实体单元创建有限元模型，这要花费相当多的计算成本。ANSYS 常用的 3D 实体单元有 SOLID185 和 SOLID186。SOLID185 单元有 8 个节点，每个节点有 3 个自由度，即沿 x、y 和 z 方向的移动。SOLID186 单元是一个拥有 20 个节点的 3D 实体单元，是具有二次位移函数的高阶单元，每个节点也有 3 个自由度。

8.2　问题描述

　　如图 8-1（a）所示为一内六角螺栓扳手，其轴线形状和尺寸如图 8-1（b）所示，横截面为一外接圆半径为 10mm 的正六边形，拧紧力 F 为 600N，计算扳手拧紧时的应力分布。

8.3　分析步骤

　　（1）改变任务名。选择菜单 Utility Menu→File→Change Jobname，弹出如图 8-2 所示的对话框，在"[/FILNAM]"文本框中输入"E8"，单击"OK"按钮。

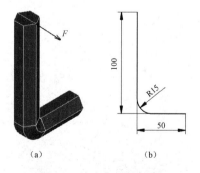

图 8-1　内六角螺栓扳手

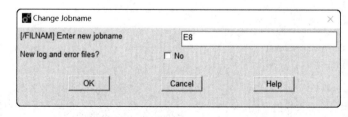

图 8-2　改变任务名称对话框

（2）过滤界面。选择菜单 Main Menu→Preferences，弹出如图 8-3 所示的对话框，选择"Structural"项，单击"OK"按钮。

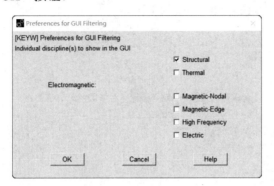

图 8-3　过滤界面对话框

（3）选择单元类型。选择菜单 Main Menu→Preprocessor→Element Type→Add/Edit/Delete，弹出如图 8-4 所示的对话框，单击"Add"按钮，弹出如图 8-5 所示的对话框，在左侧列表中选择"Solid"，在右侧列表中选择"Quad 4 node 182"，单击"Apply"按钮；再在右侧列专中选择"Brick 8 node 185"，单击"OK"按钮，单击图 8-4 所示对话框中的"Close"按钮。

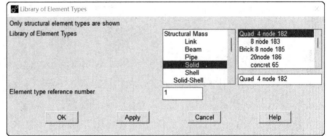

图 8-4　单元类型对话框　　　　　　　　图 8-5　单元类型库对话框

（4）定义材料模型。选择菜单 Main Menu→Preprocessor→Material Props→Material Models，弹出如图 8-6 所示的对话框，在右侧列表中依次选择"Structural""Linear""Elastic""Isotropic"，弹出如图 8-7 所示的对话框，在"EX"文本框中输入"2e11"（弹性模量），在"PRXY"文本框中输入"0.3"（泊松比），单击"OK"按钮，然后关闭图 8-6 所示的对话框。

（5）创建正六边形面。选择菜单 Main Menu→Preprocessor→Modeling→Create→Areas→Polygon→Hexagon，弹出如图 8-8 所示的选择窗口，在"WP X""WP Y""Radius"文本框中分别输入"0""0""0.01"，单击"OK"按钮。

（6）改变观察方向。选择菜单 Utility Menu→PlotCtrls→Pan Zoom Rotate，在弹出的对话框中，依次单击"Iso""Fit"按钮，或者单击图形窗口右侧显示控制工具条上的 按钮。

（7）显示关键点、线的编号。选择菜单 Utility Menu→PlotCtrls→Numbering，在弹出的对话框中，将"Keypoint numbers"（关键点编号）和"Line numbers"（线编号）打开，单击"OK"按钮。

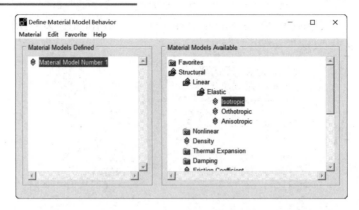

图 8-6　材料模型对话框

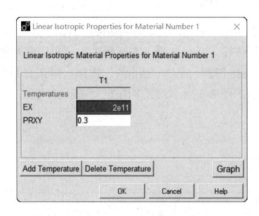

图 8-7　材料特性对话框

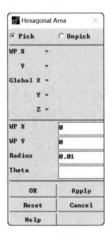

图 8-8　选择窗口

（8）创建关键点。选择菜单 Main Menu→Preprocessor→Modeling→Create→Keypoints→In Active CS，弹出如图 8-9 所示的对话框，在"NPT"文本框中输入"7"，在"X, Y, Z"文本框中分别输入"0, 0, 0"，单击"Apply"按钮；在"NPT"文本框中输入"8"，在"X, Y, Z"文本框中分别输入"0, 0, 0.05"，单击"Apply"按钮；在"NPT"文本框中输入"9"，在"X, Y, Z"文本框中分别输入"0, 0.1, 0.05"，单击"OK"按钮。

（9）创建直线。选择菜单 Main Menu→Preprocessor→Modeling→Create→Lines→Lines→Straight Line。弹出选择窗口，分别选择关键点 7 和 8、8 和 9，创建两条直线，单击"OK"按钮。

（10）创建圆角。选择菜单 Main Menu→Preprocessor→Modeling→Create→Lines→Line Fillet，弹出选择窗口，分别选择直线 7、8，单击"OK"按钮，弹出如图 8-10 所示的对话框，在"RAD"文本框中输入"0.015"，单击"OK"按钮。

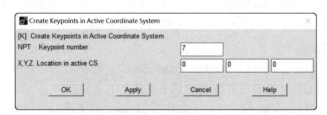

图 8-9　创建关键点的对话框

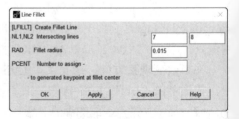

图 8-10　圆角对话框

（11）创建直线。选择菜单 Main Menu→Preprocessor→Modeling→Create→Lines→Lines→Straight Line，弹出选择窗口，分别选择关键点 1 和 4，单击"OK"按钮。

（12）将六边形面分割成两部分。选择菜单 Main Menu→Preprocessor→Modeling→Operate→Booleans→Divide→Area by Line，弹出选择窗口，选择六边形面，单击"OK"按钮；再次弹出选择窗口，选择上一步在关键点 1 和 4 间创建的直线，单击"OK"按钮。

六边形面被分割为两个四边形面，它们可以映射网格。

（13）划分单元。选择菜单 Main Menu→Preprocessor→Meshing→MeshTool，弹出如图 8-11 所示的对话框，单击"Size Controls"区域中"Lines"后的"Set"按钮，弹出选择窗口，选择直线 2、3、4，单击"OK"按钮；弹出如图 8-12 所示的对话框，在"NDIV"文本框中输入"3"，单击"Apply"按钮；再次弹出选择窗口，选择直线 7、9、8，单击"OK"按钮，删除"NDIV"文本框中的"3"，在"SIZE"文本框中输入"0.01"，单击"OK"按钮。

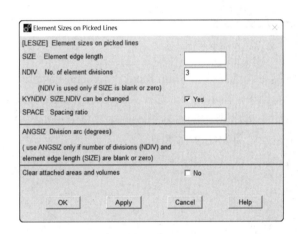

图 8-11　划分单元工具对话框　　　　　　图 8-12　单元尺寸对话框

在"Mesh"区域，选择单元形状为"Quad"（四边形），选择划分单元的方法为"Mapped"（映射）。单击"Mesh"按钮，弹出选择窗口，选择六边形面的两部分，单击"OK"按钮。

（14）在图形窗口显示直线。选择菜单 Utility Menu→Plot→Lines。

（15）由面沿直线挤出体，平面单元挤出形成空间单元。选择菜单 Main Menu→Preprocessor→Modeling→Operate→Extrude→Areas→Along Lines，弹出选择窗口，选择六边形面的两部分，单击"OK"按钮，再次弹出选择窗口，依次选择直线 7、9、8，单击"OK"按钮。

（16）清除面单元。选择菜单 Main Menu→Preprocessor→Meshing→Clear→Areas，弹出选择窗口，选择 z=0 的两个平面即扳手短臂端面，单击"OK"按钮。

面单元模拟一个平面结构，如果不清除的话，分析模型实际有两个结构，会增加运算成本。

（17）在图形窗口显示单元。选择菜单 Utility Menu→Plot→Elements。

（18）施加约束。选择菜单 Main Menu→Solution→Define Loads→Apply→Structural→Displacement→On Areas，弹出选择窗口，选择 z=0 的两个平面即扳手短臂端面，单击"OK"按钮，弹出如图 8-13 所示的对话框，在列表中选择"All DOF"，单击"OK"按钮。

（19）施加载荷。选择菜单 Main Menu→Solution→Define Loads→Apply→Structural→Force/Moment→On Keypoints，弹出选择窗口，选择扳手长臂端面的 6 个顶点，单击"OK"按钮，弹出如图 8-14 所示的对话框，选择"Lab"下拉列表框为"FX"，在"VALUE"文本框中输入"100"，单击"OK"按钮。

（20）求解。选择菜单 Main Menu→Solution→Solve→Current LS，单击"Solve Current Load Step"对话框中的"OK"按钮。当出现"Solution is done!"提示时，求解结束，即可查看结果了。

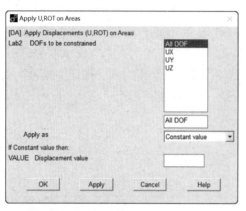

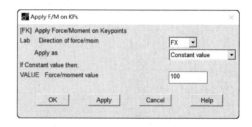

图 8-13　在面上施加约束对话框　　　　　图 8-14　在关键点施加力载荷对话框

（21）读结果。选择菜单 Main Menu→General Postproc→Read Results→Last Set。

（22）查看结果，显示变形。选择菜单 Main Menu→General Postproc→Plot Results→Deformed Shape，弹出如图 8-15 所示的对话框，选中"Def+undef edge"（变形+未变形的模型边界），单击"OK"按钮，结果如图 8-16 所示。

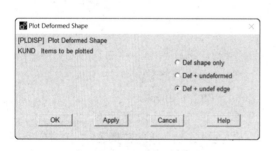

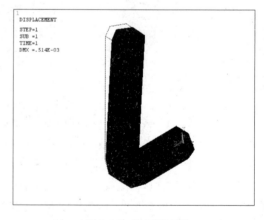

图 8-15　显示变形对话框　　　　　　　图 8-16　扳手的变形

（23）查看结果，显示 Von Mises 等效应力云图。选择菜单 Main Menu→General Postproc→Plot Results→Contour Plot→Nodal Solu，弹出如图 8-17 所示的对话框，在列表中依次选择"Nodal Solution→Stress→Von Mises SEQV"（Von Mises 应力即第 4 强度理论的当量应力，$\sigma_e = \sqrt{[(\sigma_1-\sigma_2)^2 + (\sigma_2-\sigma_3)^2 + (\sigma_3-\sigma_1)^2]/2}$，其中 σ_1、σ_2 和 σ_3 为主应力），单击"OK"按钮，结果如图 8-18 所示，可以看出，Von Mises 应力的最大值为 0.146×10^9Pa，即 146MPa。

（24）偏移工作平面到节点。选择菜单 Utility Menu→WorkPlane→Offset WP to→Nodes，弹

出选择窗口，在选择窗口的文本框中输入"159"，单击"OK"按钮。

（25）选择结果图形类型，作切片图。选择菜单 Utility Menu→PlotCtrls→Style→Hidden Line Options，弹出如图 8-19 所示的对话框，选择"/TYPE Type of Plot"为"Section"，选择"/CPLANE"为"Working plane"，单击"OK"按钮。

图 8-20 为工作平面所在位置模型的切片图。图 8-18 显示的结果图形是模型外表面各点的 Von Mises 应力结果，利用切片图可以显示模型内部各点的结果。

图 8-17　用云图显示节点结果对话框

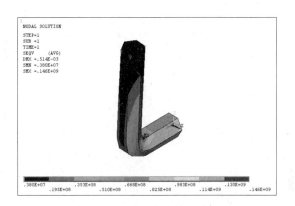

图 8-18　扳手的 Von Mises 应力

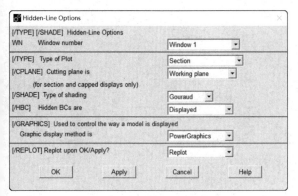

图 8-19　结果图形类型对话框

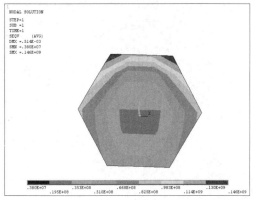

图 8-20　切片图

（26）保存结果。选择菜单 Utility Menu→File→Save as Jobname.db，ANSYS 没有 UNDO（撤销）功能，在可能出现错误操作前，最好先保存一下数据库文件，以备需要时可以恢复原来的数据。为了保证叙述的连贯性，这里仅仅在分析过程的最后进行了保存操作，读者可不局限于此。

8.4　命令流

/CLEAR	!清除数据库，新建分析
/FILNAME, E8	!定义任务名为 E8
/PREP7	!进入预处理器

ET, 1, PLANE182 $ ET, 2, SOLID185	!选择单元类型
MP, EX, 1, 2E11 $ MP, PRXY, 1, 0.3	!定义材料模型
RPR4, 6, 0, 0, 0.01	!创建正六边形面
K, 7, 0, 0, 0 $ K, 8, 0, 0, 0.05 $ K, 9, 0, 0.1, 0.05	!创建关键点
LSTR, 7, 8 $ LSTR, 8, 9	!创建直线
LFILLT, 7, 8, 0.015	!创建圆角
LSTR, 1, 4	!创建直线
ASBL, 1, 10	!用线切割正六边形面
LESIZE, 2, , , 3 $ LESIZE, 3, , , 3 $ LESIZE, 4, , , 3	!指定直线划分单元段数为 3
LESIZE, 7, 0.01 $ LESIZE, 8, 0.01 $ LESIZE, 9, 0.01	!指定线上单元边长度
MSHAPE, 0	!指定单元形状为四边形
MSHKEY, 1	!指定映射网格
AMESH, ALL	!对面划分单元
VDRAG, ALL, , , , , , 7, 9, 8	!面沿着线挤出形成扳手体和体单元
ACLEAR, 2, 3, 1	!清除面单元
FINISH	!退出预处理器
/SOLU	!进入求解器
DA, 2, ALL $ DA, 3, ALL	!在面上施加位移约束
KSEL, S, , , 24, 29, 1	!选择扳手长臂端面上所有关键点
FK, ALL, FX, 100	!在选择的关键点上施加集中力载荷
KSEL, ALL	!选择所有关键点
SOLVE	!求解
SAVE	!保存数据库
FINISH	!退出求解器
/POST1	!进入通用后处理器
/VIEW, 1, 1, 1, 1	!改变视点
SET, LAST	!读结果
PLDISP, 2	!显示变形云图
PLNSOL, S, EQV, 0, 1	!显示 Von Mises 应力云图
NWPAVE, 159	!偏移工作平面原点到节点 159
/TYPE, 1, SECT	!设置图形类型
/CPLANE, 1	!设置工作平面为剪切面
/REPLOT	!重画图形，作切片图
FINISH	!退出通用后处理器

8.5　高级应用

1. 用实体单元计算转轴的应力

　　轴的结构、尺寸和轴上零件的安装方式如图 8-21 所示，传递转矩为 T=260N·m，齿轮上径向力和切向力的合力为 F=30000N，带轮上压轴力为 5000N，计算其应力分布情况。

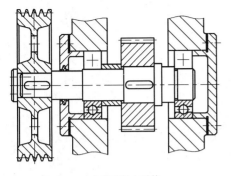

（a）轴和轴上零件

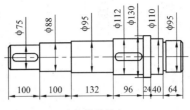

（b）轴的尺寸

图 8-21　轴的结构

该轴既承受弯矩又传递转矩，由于用有限元方法分析轴在弯矩和转矩作用下的应力、变形时施加的约束是不同的，所以需要用 2 个载荷步分别对弯矩和转矩的作用进行分析，然后用载荷工况进行叠加。

转矩在 2 个键槽间的轴段间传递，但为简化分析，在安装带轮轴段圆柱面上施加切向力以模拟转矩 T，在轴的另一侧即右侧端面施加全约束，以模拟扭转。这样，在轴的危险截面处作用的转矩仍然是 T，且危险截面远离端部，所以对计算的影响很小。

因为轴承允许轴的轴线发生偏转，其作用相当于铰支座，受弯矩作用的轴可以简化为简支梁。如果忽略剪力的影响，则弯曲时轴的横截面绕中性轴作刚性转动。根据此特性，可以在轴的实体单元模型上施加铰支座约束。施加铰支座约束的步骤如下。

（1）创建一个类型为圆柱坐标系的局部坐标系，其旋转轴与铰支座的轴线一致。

（2）选择铰支座所在截面上的节点，将其节点坐标系旋转到局部坐标系。

（3）在选择的节点上施加径向约束。

命令流如下：

/CLEAR	!清除数据库，新建分析
/PREP7	!进入预处理器
ET, 1, SOLID186	!选择单元类型
MP, EX, 1, 2E11 $ MP, PRXY, 1, 0.3	!定义材料模型属性
K, 1 $ K, 2, 0, 0.0375 $ K, 3, 0.1, 0.0375 $ K, 4, 0.1, 0.044 $ K, 5, 0.2, 0.044	!创建关键点
K, 6, 0.2, 0.0475 $ K, 7, 0.332, 0.0475 $ K, 8, 0.332, 0.056	
K, 9, 0.428, 0.056 $ K, 10, 0.428, 0.065 $ K, 11, 0.452, 0.065	
K, 12, 0.452, 0.055 $ K, 13, 0.492, 0.055 $ K, 14, 0.492, 0.0475	
K, 15, 0.556, 0.0475 $ K, 16, 0.556	
A, 1, 2, 3, 4, 5, 6, 7, 8, 9, 10, 11, 12, 13, 14, 15, 16	!由关键点创建面
VROTAT, 1, , , , , , 1, 16 $ CM, VVV1, VOLU	!面旋转挤出形成回转体，创建体的组件
WPOFF, , , 0.0375	!偏移工作平面
CYL4, 0.015, 0, 0.01, , , , -0.0075	!创建圆柱体
BLOCK, 0.015, 0.085, -0.01, 0.01, -0.0075, 0	!创建六面体
CYL4, 0.085, 0, 0.01, , , , -0.0075	!创建圆柱体
VSBV, VVV1, ALL $ CM, VVV1, VOLU	!对体作减运算，形成键槽
WPOFF, 0.332, , 0.0185	

```
CYL4, 0.019, 0, 0.016, , , , -0.011
BLOCK, 0.019, 0.077, -0.016, 0.016, -0.011, 0
CYL4, 0.077, 0, 0.016, , , , -0.011
VSBV, VVV1, ALL                                    !形成另一键槽
ESIZE, 0.01 $ SMRTSIZE, 2 $ MSHKEY, 0 $ MSHAPE, 1  !尺寸控制，自由网格，四面体形状
VMESH, ALL                                         !对体划分单元
WPCSYS, -1, 0                                       !工作平面对齐到全局直角坐标系
WPROT, , , 90 $ CSWPLA, 11, 1, 1, 1                 !旋转工作平面，创建并激活局部坐标系
NSEL, S, LOC, X, 0.0375 $ NSEL, R, LOC, Z, 0, 0.1   !选择安装带轮轴段圆柱面上的节点
*GET, NNN, NODE, 0, COUNT                           !查询节点数量，赋给变量 NNN
NROTAT, ALL                                         !旋转所选节点的节点坐标系到活跃坐标系
F, ALL, FY, -260/0.0375/NNN $ D, ALL, UX            !施加切向力模拟转矩，施加径向约束
WPCSYS, -1, 0 $ WPOFF, 0.232 $ WPROT, , -90 $ CSWPLA, 12, 1, 1, 1
                                                   !选择左侧支点截面上的节点，并旋转节点坐标系
NSEL, S, LOC, Y, 90 $ NSEL, A, LOC, Y, 270 $ CM, NNN1, NODE
NROTAT, ALL
WPCSYS, -1, 0 $ WPOFF, 0.524 $ WPROT, , -90 $ CSWPLA, 13, 1, 1, 1
                                                   !选择右侧支点截面上节点，并旋转节点坐标系
NSEL, S, LOC, Y, 90 $ NSEL, A, LOC, Y, 270 $ CM, NNN2, NODE
NROTAT, ALL
FINISH                                              !退出预处理器
/SOLU                                               !进入求解器
CSYS, 0 $ ASEL, S, LOC, X, 0.556 $ DA, ALL, ALL $ ALLS   !在轴的右端面施加全约束
SOLVE                                               !求解扭转载荷步
LSCLEAR, ALL                                        !清除第一个载荷步施加的所有载荷和约束
CMSEL, S, NNN1 $ CMSEL, A, NNN2 $ D, ALL, UX $ D, ALL, UZ   !在两支点施加径向约束
ALLS                                               !选择所有
SFA, 41, , PRES, 30000/0.112/0.096 $ SFA, 57, , PRES, 30000/0.112/0.096   !施加齿轮力
SFA, 35, , PRES, 5000/0.1/0.075 $ SFA, 51, , PRES, 5000/0.1/0.075   !施加带轮上压轴力
SOLVE                                               !求解弯曲载荷步
FINISH                                              !退出求解器
/POST1                                              !进入通用后处理器
LCDEF, 1, 1 $ LCDEF, 2, 2                           !用载荷步 1、2 创建载荷工况 1、2
LCASE, 1                                            !读载荷工况 1 到内存
LCOPER, ADD, 2                                      !将载荷工况 2 与内存数据（载荷工况 1）求和
PLDISP                                              !显示变形
FINISH                                              !退出通用后处理器
```

2. 在连杆上施加轴承载荷

当两零件用销轴及孔形成铰接时，零件孔要承受轴承载荷。轴承载荷属于表面分布载荷，施加在孔的圆柱表面压缩侧上，方向沿表面法线方向，大小与压力作用处在轴承载荷合力垂直

平面上的投影面积成正比。

操作步骤如下：

（1）定义局部坐标系。选择菜单 Utility Menu→WorkPlane→Local Coordinate Systems→Create Local CS→At WP Origin，弹出如图 8-22 所示的对话框，在 "KCN" 文本框中输入 "11"，选择 "KCS" 为 "Cylindrical 1"，单击 "OK" 按钮，即创建一个代号为 11、类型为圆柱坐标系的局部坐标系，并激活使之成为当前坐标系。

图 8-22　创建局部坐标系对话框

（2）用函数编辑器定义表面载荷的分布函数。选择菜单 Utility Menu→Parameters→Functions→Define/Edit，按图 8-23（a）所示步骤设置和定义函数，按图 8-23（b）所示步骤将函数用文件名 "BearingLoad.func" 保存于工作目录下。

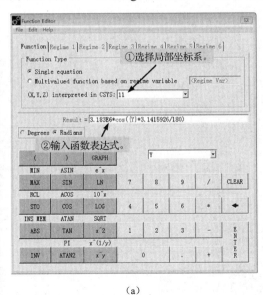

(a)

(b)

图 8-23　定义函数

其中，分布函数计算式为：

$$p(\varphi) = \frac{2F}{\pi rL}\cos\varphi$$

式中，p 为压力，F 为轴承载荷合力，r 为内孔半径，L 为孔的长度，φ 为位置角。在本例中

$$p(\varphi) = \frac{2 \times 1000}{3.1415926 \times 0.02 \times 0.01}\cos\varphi = 3.183 \times 10^6 \cos\varphi$$

（3）将函数读入表格型数组。选择菜单 Utility Menu→Parameters→Functions→Read From File，在如图 8-24（a）所示对话框中选择函数文件"BearingLoad.func"，在如图 8-24（b）所示对话框中输入表格型数组名称为"P"。

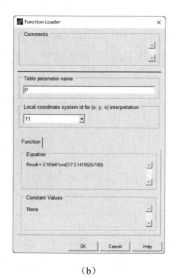

（a）   （b）

图 8-24　读入函数

（4）在分析过程中进行函数加载——命令流。

A=0.2 $ R=0.02 $ T=0.01 $ F=1000	!尺寸和载荷
/PREP7	!进入预处理器
ET, 1, PLANE183 $ ET, 2, SOLID186	!选择单元类型
MP, EX, 1, 2E11 $ MP, PRXY, 1, 0.3	!定义材料模型
K, 1 $ K, 2, A	!创建关键点
CIRCLE, 1, R, , , 180 $ CIRCLE, 1, R*2, , , 180	!创建圆弧线
CIRCLE, 2, R, , , 180 $ CIRCLE, 2, R*2.5, , , 180	
L2ANG, 4, 8	!作圆弧的公切线
L, 8, 5 $ L, 3, 11 $L, 9, 12	!创建直线
LDELE, 3, 4 $ LDELE, 10	!删除多余的线
AL, ALL	!由线创建面
ESIZE, 0.005 $ AMESH, 1	!对面划分单元
EXTOPT, ESIZE, 2	!设置挤出段数
EXTOPT, ACLEAR, 1	!设置挤出后清除面单元
VEXT, 1, , , , , T	!挤出形成体，根据对称性创建二分之一模型
CSWPLA, 11, 1, 1, 1	!创建并激活局部坐标系
NSEL, S, LOC, X, R	!选择左侧内孔表面节点
NROTAT, ALL	!旋转节点坐标系到活跃坐标系
D, ALL, UX, , , , , UZ	!施加径向和轴向约束
KWPAVE, 2	!偏移工作平面原点到关键点 2
CSWPLA, 11, 1, 1, 1	!创建并激活局部坐标系
NSEL, S, LOC, X, R $ NSEL, R, LOC, Y, 0, 90	!选择右侧内孔压缩侧表面节点

NROTAT, ALL	!旋转节点坐标系到活跃坐标系
FINISH	!退出预处理器
/SOLU	!进入求解器
ASEL, S, LOC, Y $ ASEL, A, LOC, Y, 180	!选择对称面上各面
DA, ALL, UY	!施加面垂直方向约束
SFA, 11, , PRES, %P%	!施加压力载荷
ALLS	!选择所有实体
SFTRAN	!转换实体模型载荷为有限元模型载荷
/PSF, PRES, NORM, 2 $ EPLOT	!用箭头显示压力，显示单元
SOLVE	!求解
FINISH	!退出求解器
/POST1	!进入通用后处理器
PLNSOL, U, SUM	!显示位移云图
/EXPAND, 2, RECT, HALF, , 0.00001 $ /REPLOT	!扩展显示模型及结果
FINISH	!退出通用后处理器

3. 板壳结构

由平板或曲壳组成的厚度比面内特征尺寸小得多的结构称为板壳结构。

在 ANSYS 中，SHELL 单元采用面内的平面应力单元和板壳弯曲单元的叠加，常用的有 SHELL181 和 SHELL281 单元。SHELL181 单元适合分析从薄到中等厚度的壳结构，考虑了横向剪切变形的影响。该单元有 4 个节点，每个节点有 6 个自由度，即沿 x、y 和 z 方向的平移，以及绕 x、y 和 z 轴的转动。如果采用薄膜选项，则只有平移自由度。SHELL281 单元有 8 个节点，是 SHELL181 单元的高阶单元。

四边简支的方形薄板受横向均布压力作用。已知板边长 a=1m，厚度 t=0.01m，板面压力 p=10000Pa，弹性模量 E=2×10^{11}Pa，泊松比 μ=0.3。

根据薄板理论，参数 D 为

$$D = \frac{Et^3}{12(1-\mu^2)} = \frac{2 \times 10^{11} \times 0.01^3}{12(1-0.3^2)} = 18315 \text{N} \cdot \text{m}$$

在板面中心有最大挠度，其大小为

$$w_{\max} = 0.00406 \frac{pa^4}{D} = \frac{0.00406 \times 10000 \times 1^4}{18315} = 2.2168 \times 10^{-3} \text{m}$$

在板面中心有最大应力，其大小为

$$\sigma_{\max} = 0.2874 \frac{pa^2}{t^2} = \frac{0.2874 \times 10000 \times 1^2}{0.01^2} = 28.74 \text{MPa}$$

命令流如下：

/CLEAR	!清除数据库，新建分析
/FILNAME, E8-2	!定义任务名为 E8-2
A=1 $ T=0.01 $ P=10000	!薄板尺寸及载荷大小
/PREP7	!进入预处理器
ET, 1, SHELL281	!选择单元类型
MP, EX, 1, 2E11 $ MP, PRXY, 1, 0.3	!定义材料模型

```
SECT, 1, SHELL $ SECDATA, 0.01                        !定义壳单元横截面
RECT, 0, A/2, 0, A/2                                  !根据对称性，取板的四分之一进行分析
ESIZE, , 20 $ AMESH, 1                                !创建有限元模型
FINISH                                               !退出预处理器
/SOLU                                                !进入求解器
DL, 1, , SYMM $ DL, 4, , SYMM                         !施加对称约束
LSEL, S, , , 2 $ NSLL, S, 1 $ D, ALL, UX, , , , , UY, UZ   !施加简支约束
LSEL, S, , , 3 $ NSLL, S, 1 $ D, ALL, UX, , , , , UY, UZ   !施加简支约束
SFA, 1, , PRES, P                                     !施加压力载荷
ALLS                                                 !选择所有
SOLVE                                                !求解
FINISH                                               !退出求解器
/POST1                                               !进入通用后处理器
SET, LAST                                            !读结果
PLNSOL, U, Z                                          !显示 Z 方向位移云图
PLNSOL, S, X                                          !显示 X 方向应力云图
FINISH                                               !退出通用后处理器
```

第 9 例　各种坐标系的应用实例
——圆轴扭转

9.1　实体选择、组件和部件

实体选择是用同样特性的实体构造选择集，以便对它们进行统一的处理，这对模型的一部分进行加载、加快显示速度、有选择性地观察结果方面都有帮助。将选择集命名，即定义一个组件，组件的集合又可以构造成部件。

9.1.1　实体选择

1．在 GUI 模式下选择实体

执行实体选择命令 Utility Menu→Select→Entitys 后，会弹出如图 9-1 所示的对话框，其组成和使用方法如下。

1）选择实体类型

要选择的实体类型包括关键点、线、面、体、节点、单元等。可以为每一种实体单独构造选择集。

2）选择方法

By Num/Pick：通过输入实体编号或在图形窗口直接进行选择。

Attached to：通过与其他类型的实体选择集相关联进行选择。

By Location：通过在活跃坐标系上的坐标范围进行选择。

By Attribute：通过单元类型、实常数集编号、材料模型编号等属性进行选择。

Exterior：选择实体的边界。

By Results：通过结果数据的范围进行选择。

Live Elem's：选择活的单元。

Adjacent：选择相邻的单元。

By Hard Points：选择与硬点关联的实体。

Concatenated：选择用 ACCAT 或 LCCAT 命令形成的面连接或线连接。

By Length/Radius：通过用线的长度或半径选择线。

3）定位设置

用于构造选择范围。该区域显示的内容与选择方法有关。

图 9-1　选择实体对话框

4）选择功能设置

设置选择范围及形成选择集的方法如下。

From Full：从全部模型中构造一个新的实体选择集。

Reselect：从当前实体选择集中再次选择。

Also Select：把新选择的实体添加到当前实体选择集中。

Unselect：把新选择的实体从当前实体选择集中去掉。

5）动作按钮

Sele All：全部选择该类型（在"选择实体类型"下拉列表框中选择的）的实体。

Invert：反向选择。全部模型中除当前实体选择集以外的实体被选择。

Sele Belo：选择已选择实体所属的低级实体。例如，若当前选择了某个面，则单击该按钮后，所有属于该面的线和关键点都被选中。

Sele None：撤销对该类型（在"选择实体类型"下拉列表框中选择的）所有实体的选择。

主要实体选择示例如图 9-2 所示。

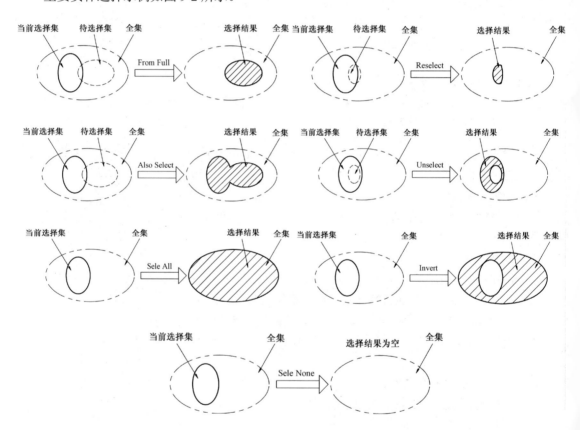

图 9-2　实体选择示例

9.1.2　实体选择命令

1. 构造节点选择集

菜单：Utility Menu→Select→Entities

命令：NSEL, Type, Item, Comp, VMIN, VMAX, VINC, KABS

命令说明：Type 为设置选择范围及形成选择集的方法。当 Type=S（默认）时，从全集中构造一个新的实体选择集；当 Type=R 时，从当前实体选择集中再次选择；当 Type=A 时，把新选择的实体添加到当前实体选择集中；当 Type=U 时，把新选择的实体从当前实体选择集中去掉；当 Type=ALL 时，选择全集；当 Type=NONE 时，选择空集；当 Type=INVE 时，反向选择；当 Type=STAT 时，显示当前选择状态。

参数 Item, Comp, VMIN, VMAX, VINC, KABS 只在 Type=S, R, A, U 时有效。

Item, Comp 为选择的项目和分量，可行项如表 9-1 所示，Item 默认为 NODE。当 Item=Pick 或 P 时，在窗口选择。

表 9-1　NSEL 命令的 Item, Comp

Item	Comp	说　明	Item	Comp	说　明
1. 输入值			3. 单元结果		
NODE		节点编号	S	X, Y, Z, XY, YZ, XZ	应力分量
EXT		所选单元的外部节点		1, 2, 3	主应力
LOC	X, Y, Z	在活跃坐标系下的 X, Y, Z 坐标		INT , EQV	应力强度、等效应力
ANG	XY, YZ, XZ	角度 THXY、THYZ 或 THZX	EPXX[2]	X, Y, Z, XY, YZ, XZ	应变分量
M		主节点编号		1, 2, 3	主应变
CP		耦合集编号		INT , EQV	应变强度、等效应变
D[1]	U	所有的方向位移约束	EPSW		膨胀应变
	UX, UY, UZ	X, Y, Z 方向位移约束	NL	SEPL	等效应力（从曲线）
	ROT	所有的转角约束		SRAT	应力状态比
	ROTX, ROTY, ROTZ	绕 X, Y, Z 轴转角约束		HPRES	静水压力
F[1]	F	施加的所有的结构力		EPEQ	累计等效塑性应变
	FX, FY, FZ	施加的 X, Y, Z 方向结构力		PSV	塑性状态变量
	M	施加的所有的结构力矩		PLWK	塑性功/体积
	MX, MY, MZ	施加的绕 X, Y, Z 轴结构力矩	CONT	STAT	接触状态
2. 节点结果				PENE	穿透
U	X, Y, Z, SUM	X, Y, Z 方向位移或矢量和		PRES	接触压力
ROT	X, Y, Z, SUM	绕 X, Y, Z 轴转角或矢量和		SFRIC	接触摩擦应力
TEMP		温度		STOT	接触总应力
PRES		压力		SLIDE	接触滑动距离

注：[1] 如果是复数，则只有幅值可用。

　　[2] XX=EL，弹性应变；XX=TH，热应变；XX=PL，塑性应变；XX=CR，蠕变应变；XX=TO，总机械应变（EPEL+ EPPL+ EPCR）。

VMIN 为项目范围的最小值，在 item 为节点编号、数据集编号、坐标值、载荷值或结果值时有效，也可以是组件名。

VMAX 为项目范围的最大值，默认值为 VMIN。对于结果值，当 VMIN>0 时，VMAX 默认为无穷大；当 VMIN<0 时，VMAX 默认为 0

VINC 为项目范围的增量，仅用于项目值为整数时，默认为 1。

KABS=0，值带符号；KABS=1，绝对值。

例如，以下命令流根据坐标选择节点：

CSYS, 1	!切换全局圆柱坐标系
NSEL, S, LOC, X, 0, 0.01	!选择 0<R<0.01 的节点
NSEL, R, LOC, Y, 0	!选择 0<R<0.01 且 θ=0 的节点

2. 构造单元选择集

菜单：Utility Menu→Select→Entities

命令：ESEL, Type, Item, Comp, VMIN, VMAX, VINC, KABS

命令说明：各参数意义与 NSEL 命令相同。Item, Comp 的可行项如表 9-2 所示，参数 Item 的默认值为 ELEM。VMIN 在 Item 为单元编号、属性编号、载荷值或结果值时有效。

表 9-2　ESEL 命令的 Item, Comp

Item	Comp	说　明	Item	Comp	说　明
ELEM		单元编号	LIVE		活着的单元
ADJ		与单元 VMIN 相邻的单元	LAYER		层数
CENT	X, Y, Z	活跃坐标系下单元质心坐标	SEC		横截面编号
TYPE		单元类型编号	SFE	PRES	单元压力
ENAME		单元名称或识别号	BFE	TEMP	单元温度
MAT		材料模型编号	PATH	Lab	所有被路径穿过的单元
REAL		实常数集编号	ETAB	Lab	单元表
ESYS		单元坐标系编号			

例如，以下命令流根据属性选择单元：

ESEL, S, TYPE, , 4	!选择单元类型 4 的单元
ESEL, U, REAL, , 1	!从当前单元选择集中去掉实常数集为 1 的单元

3. 构造体选择集

菜单：Utility Menu→Select→Entities

命令：VSEL, Type, Item, Comp, VMIN, VMAX, VINC, KSWP

命令说明：参数 Type, Item, Comp, VMIN, VMAX, VINC 意义与 NSEL 命令相同。Item, Comp 的可行项如表 9-3 所示，参数 Item 的默认值为 VOLU。VMIN 在 Item 为体编号、属性编号、坐标值时有效。

表 9-3　VSEL 命令的 Item, Comp

Item	Comp	说　明	Item	Comp	说　明
VOLU		体编号	MAT		与体关联的材料模型编号
LOC	X, Y, Z	活跃坐标系下体质心坐标	REAL		与体关联的实常数集编号
TYPE		与体关联的单元类型编号	ESYS		与体关联的单元坐标系编号

当 KSWP=0 时，只选择体；当 KSWP=1（只在 Type=S 时有效）时，选择体，同时选择体所属的面、线和关键点，以及体上的单元和节点。

例如，以下命令流根据属性选择体：

```
VSEL, S, LOC, Z, 0, 0.1                      !选择质心坐标 0<Z<0.1 的体
```

4．构造面选择集

菜单：Utility Menu→Select→Entities

命令：ASEL, Type, Item, Comp, VMIN, VMAX, VINC, KSWP

命令说明：各参意义与 VSEL 命令相同。Item, Comp 的可行项如表 9-4 所示，参数 Item 的默认值为 AREA。VMIN 在 Item 为面编号、属性编号、坐标值时有效。

表 9-4　ASEL 命令的 Item, Comp

Item	Comp	说　明	Item	Comp	说　明
AREA		面的编号	MAT		与面关联的材料模型编号
EXT		所选体的外部面	REAL		与面关联的实常数集编号
LOC	X, Y, Z	活跃坐标系下面质心坐标	ESYS		与面关联的单元坐标系编号
HPT		与硬点关联的面	SECN		与面关联的横截面编号
TYPE		与面关联的单元类型编号	ACCA		用 ACCAT 命令连接的面

例如，以下命令流选择面的全集：

```
ASEL, ALL
```

5．构造线选择集

菜单：Utility Menu→Select→Entities

命令：LSEL, Type, Item, Comp, VMIN, VMAX, VINC, KSWP

命令说明：各参意义与 VSEL 命令相同。Item, Comp 的可行项如表 9-5 所示，参数 Item 的默认值为 LINE。VMIN 在 Item 为线编号、属性编号、坐标值时有效。

表 9-5　LSEL 命令的 Item, Comp

Item	Comp	说　明	Item	Comp	说　明
LINE		线的编号	TYPE		与线关联的单元类型编号
EXT		所选面的外部线	REAL		与线关联的实常数集编号
LOC	X, Y, Z	活跃坐标系下线质心坐标	ESYS		与线关联的单元坐标系编号
TAN1	X, Y, Z	线起点外单位切矢量的分量	SEC		与线关联的横截面编号
TAN2	X, Y, Z	线终点外单位切矢量的分量	LENGTH		线的长度
NDIV		线被分割的段数	RADIUS		线的半径
SPACE		线各段的间距比例	HPT		与硬点关联的线
MAT		与线关联的材料模型编号	LCCA		用 LCCAT 命令连接的线

6．构造关键点选择集

菜单：Utility Menu→Select→Entities

命令：KSEL, Type, Item, Comp, VMIN, VMAX, VINC, KABS

命令说明：各参意义与 VSEL 命令相同。Item, Comp 的可行项如表 9-6 所示，参数 Item 的默认值为 KP。VMIN 在 item 为关键点编号、属性编号、坐标值时有效。

表 9-6　KSEL 命令的 Item, Comp

Item	Comp	说　　明	Item	Comp	说　　明
KP		关键点的编号	MAT		与关键点关联的材料模型编号
EXT		所选线的外部关键点	TYPE		与关键点关联的单元类型编号
HPT		硬点	REAL		与关键点关联的实常数集编号
LOC	X, Y, Z	活跃坐标系下的坐标	ESYS		与关键点关联的单元坐标系编号

7. 通过与其他实体选择集关联创建选择集

（1）创建节点选择集命令。

NSLA, Type, NKEY：节点与当前面选择集相关联。

NSLE, Type, NodeType, Num：节点与当前单元选择集相关联。

NSLK, Type：节点与当前关键点选择集相关联。

NSLL, Type, NKEY：节点与当前线选择集相关联。

NSLV, Type, NKEY：节点与当前体选择集相关联。

（2）创建单元选择集命令。

ESLA, Type：单元与当前面选择集相关联。

ESLL, Type：单元与当前线选择集相关联。

ESLN, Type, EKEY, NodeType：单元与当前节点选择集相关联。

ESLV, Type：单元与当前体选择集相关联。

（3）创建体选择集命令。

VSLA, Type, VLKEY：体与当前面选择集相关联。

（4）创建面选择集命令。

ASLL, Type, ARKEY：面与当前线选择集相关联。

ASLV, Type：面与当前体选择集相关联。

（5）创建线选择集命令。

LSLA, Type：线与当前面选择集相关联。

LSLK, Type, LSKEY：线与当前关键点选择集相关联。

（6）创建关键点选择集命令。

KSLL, Type：关键点与当前线选择集相关联。

KSLN, Type：关键点与当前节点选择集相关联。

例如，以下命令流选择面 2 及面 2 上的节点：

```
ASEL, S, , , 2                          !选择面 2
NSLA, S, 1                              !选择面 2 所有节点
```

例如，以下命令流选择线 2、4、6、8 及与这些线相连的面：

```
LSEL, S, , , 2, 8, 2                    !选择线 2、4、6、8
ASLL, S                                 !选择与线 2、4、6、8 相连的面
```

8．选择所有实体

菜单：Utility Menu→Select→Everything

　　　　Utility Menu→Select→Everything Below

命令：ALLSEL, LabT, Entity

命令说明：LabT 为选择的类型，LabT=ALL（默认），选择 Entity 实体类型及比 Entity 低级实体类型的所有实体；LabT=BELOW，选择 Entity 实体类型的当前选择集中实体所属的所有低级实体。

Entity 为实体类型，可取 ALL（默认）、VOLU、AREA、LINE、KP、ELEM、NODE。

例如，以下命令流选择面 2 及所属低级实体：

ASEL, S, , , 2	!选择面 2
ALLSEL, BELOW, AREA	!选择面 2 所属线和关键点

9.1.3　组件和部件

组件就是命名了的实体选择集，由组件或其他部件形成部件。

1．创建组件

菜单：Utility Menu→Select→Comp/Assembly→Create Component

命令：CM, Cname, Entity, --, KOPT

命令说明：Cname 指定组件名称。Entity 为形成组件的实体类型，可取 VOLU、AREA、LINE、KP、ELEM、NODE。KOPT 为非线性网格自适应分析选项。

由 Entity 实体类型的当前选择集形成组件。

例如，以下命令流创建节点组件 NNN1：

ASEL, S, , , 1, 4, 1	!选择面 1、2、3、4
LSEL, S, EXT	!选择面集合外部的线
NSLL, S, 1	!选择线选择集上的节点
CM, NNN, NODE	!创建节点组件

2．选择组件和部件

菜单：Utility Menu→Select→Comp/Assembly→Select Comp/Assembly

命令：CMSEL, Type, Name, Entity

命令说明：Type 为设置选择范围和选择组件的方法，Type 可取 S（默认）、R、U、A、ALL 和 NONE，意义与 NSEL 命令相同。Name 为组件和部件的名称。Entity 为实体类型，可取 VOLU、AREA、LINE、KP、ELEM、NODE。

3．部件

菜单：Utility Menu→Select→Comp/Assembly→Create Assembly

命令：CMGRP, Aname, Cnam1, Cnam2, Cnam3, Cnam4, Cnam5, Cnam6, Cnam7, Cnam8

命令说明：Aname 为部件名称。Cnam1，Cnam2，Cnam3，Cnam4，Cnam5，Cnam6，Cnam7，Cnam8 为形成部件的组件或其他部件名称。

9.2 坐标系

9.2.1 坐标系和工作平面概述

ANSYS 的各种操作如建模、划分网格、加载以及结果显示都是基于坐标系和工作平面的，所以，对坐标系进行深入的了解是十分必要的。

ANSYS 用坐标系编号标识不同的坐标系。定义和引用不同的坐标系编号，就是定义和引用不同的坐标系。

根据用途，ANSYS 的坐标系分为以下 6 类：

（1）全局坐标系（Global Coordinate System）和局部坐标系（Local Coordinate System）：用于定位几何实体的位置。全局坐标系由 ANSYS 软件定义，局部坐标系由用户定义。

（2）工作平面坐标系（Working Plane CS）：也是用于定位几何实体的位置。

（3）节点坐标系（Nodal Coordinate System）：用于定义每个节点的自由度和节点载荷的方向。

（4）单元坐标系（Element Coordinate System）：用于确定材料特性主轴和单元内力与位移的方向。

（5）显示坐标系（Display Coordinate System）：用于几何实体形状参数的列表和显示。

（6）结果坐标系（Result Coordinate System）：可以在普通后处理操作中将节点或单元结果转换到另外一个坐标系中，以便显示、列表和后处理操作。

1. 全局坐标系

全局坐标系用于定位几何实体的位置，是一个绝对的参考系。ANSYS 提供了 3 种全局坐标系，即直角坐标系、圆柱坐标系、球坐标系，3 种坐标系都是右手系，它们有共同的原点——全局原点。在默认情况下，ANSYS 使用直角坐标系。这 3 种坐标系的示意图如图 9-3 所示。

全局直角坐标系（Global Cartesian）的编号为 0，坐标为(x, y, z)。

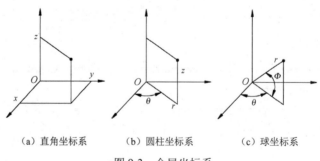

（a）直角坐标系　　（b）圆柱坐标系　　（c）球坐标系

图 9-3　全局坐标系

圆柱坐标系（Cylindrical CS）有两种：一种标识为 Global Cylindrical，坐标系编号为 1，$r\theta$平面与全局直角坐标系的 xy 平面重合，$\theta=0°$为全局$+x$ 方向，$\theta=90°$为全局$+y$ 方向，旋转轴与全局 z 轴重合；另一种标识为 Global Cylindrical Y，坐标系编号为 5，$r\theta$平面与全局直角坐标系的 xz 平面重合，$\theta=0°$为全局$+x$ 方向，$\theta=90°$为全局$-z$ 方向，旋转轴与全局直角坐标系 y 轴重合。两种圆柱坐标系的坐标均为(r, θ, z)。

球坐标系（Global Spherical）：坐标系编号为 2，坐标(r, θ, Φ)。

2．局部坐标系

用户可以根据需要，建立自己的坐标系，称为局部坐标系。局部坐标系的坐标系编号大于10，一旦某个局部坐标系被定义，它立即成为活跃坐标系。局部坐标系的种类有直角坐标系、圆柱坐标系、球坐标系和环坐标系，前 3 种比较常用，环坐标系十分复杂，一般不用。

全局坐标系和局部坐标系都可用于几何定位，但在任一时刻只能有一个是活跃并起作用的。把某一个坐标系激活为活跃坐标系，可使用 Utility Menu→WorkPlane→Change Active CS to 命令。某一个坐标系成为活跃坐标系后，如果未做改变，则一直处于活跃状态。需要注意的是，不论活跃坐标系的种类如何，ANSYS 总是以 x、y、z 来标识 3 个坐标的。

3．显示坐标系（DSYS）

在默认情况下，当 ANSYS 对节点和关键点列表时，显示的总是全局直角坐标系下的坐标。如果要显示节点和关键点在其他坐标系下的坐标，需要改变显示坐标系。当显示坐标系分别是全局直角坐标系和全局圆柱坐标系时，一些关键点的列表情况如图 9-4 所示。改变显示坐标系使用命令 Utility Menu→WorkPlane→Change Display CS to。

```
LIST ALL SELECTED KEYPOINTS.    DSYS=    0

NO.                    X,Y,Z LOCATION
  1  1.000000         0.000000      0.000000
  2  0.000000         1.000000      0.000000
  3  0.2588190        0.9659258     0.000000
  4  0.5000000        0.8660254     0.000000
  5  0.7071068        0.7071068     0.000000
  6  0.8660254        0.5000000     0.000000
  7  0.9659258        0.2588190     0.000000
```
(a) DSYS=0

```
LIST ALL SELECTED KEYPOINTS.    DSYS=    1

NO.                    X,Y,Z LOCATION
  1  1.000000         0.000000      0.000000
  2  1.000000         90.00000      0.000000
  3  1.000000         75.00000      0.000000
  4  1.000000         60.00000      0.000000
  5  1.000000         45.00000      0.000000
  6  1.000000         30.00000      0.000000
  7  1.000000         15.00000      0.000000
```
(b) DSYS=1

图 9-4　显示坐标系下关键点的列表情况

改变显示坐标系也会对实体显示产生影响，如果没有特殊需要，在使用实体创建、绘图命令之前，应将显示坐标系改变为全局直角坐标系。

4．节点坐标系（NSYS）

节点坐标系主要用于定义每个节点的自由度和节点载荷的方向。以下输入数据是在节点坐标系下定义的：自由度约束、集中力、主自由度、从自由度、约束方程；在 POST26 后处理器中，以下输出数据是在节点坐标系下定义的：自由度解、节点力、支反力；在 POST1 后处理器中，所有数据都是在结果坐标系定义。

每个节点都有自己的节点坐标系，在默认情况下，它总是平行于全局直角坐标系，而与创建节点时的活跃坐标系无关。当在节点上施加与全局直角坐标系方向不同的约束和载荷时，需要将节点坐标系旋转到所需方向。

5．单元坐标系（ESYS）

单元坐标系用于定义各向异性材料特性的方向、表面载荷的方向、单元结果的输出方向等。

每个单元都有自己的单元坐标系，它们都是右手直角坐标系。多数单元坐标系的默认方向按如下规则定义。

（1）线单元的 x 方向是从该单元的节点 I 指向节点 J，单元 y 轴和单元 z 轴由节点 K 或 θ 定义。当节点 K 省略或 $\theta=0$ 时，单元 y 轴总是平行于全局坐标系的 xy 平面；当单元 x 轴平行于全局坐标系的 z 轴时，单元 y 轴与全局坐标系的 y 轴重合。

（2）壳单元的 x 方向是从节点 I 指向节点 J；z 轴过节点 I 垂直于壳表面，正向由 I、J 和 K 节点按右手定则确定，y 轴垂直于 x 轴和 z 轴。

（3）2D 和 3D 实体单元的单元坐标系通常平行于全局直角坐标系。

有些单元不符合这些规则，具体情况参见 ANSYS help。在定义单元类型时，可以通过其选项选择采用的单元坐标系。

在大变形分析时，单元坐标系会随着单元的刚性旋转而旋转。

6．结果坐标系（RSYS）

计算结果中的基本解和节点解都定义在节点坐标系上，导出解或单元解定义在单元坐标系上。但是无论如何，结果数据总是旋转到结果坐标系上显示，默认的结果坐标系为全局直角坐标系。可以使用 Main Menu→General Postproc→Options for Outp 命令将结果坐标系改变为其他坐标系。

需要注意的是，有的单元结果数据总是在单元坐标系上定义并显示。

在结果显示时，各应力、应变和其他导出的单元数据也将包含刚性旋转效果。

7．工作平面

工作平面是一个 2D 绘图平面，它主要用于创建实体时的定位和定向。在一个时刻只能有一个工作平面，工作平面的位置和方向可以改变。在默认的情况下，工作平面为全局直角坐标系的 xy 平面，工作平面的 x 轴、y 轴和原点与全局直角坐标系的 x 轴、y 轴和原点重合。与工作平面相对应，有一个工作平面坐标系，坐标系编号为 4。

9.2.2 有关坐标系的操作

1．切换活跃坐标系

菜单：Utility Menu→WorkPlane→Change Active CS to→Global Cartesian

Utility Menu→WorkPlane→Change Active CS to→Global Cylindrical

Utility Menu→WorkPlane→Change Active CS to→Global Spherical

Utility Menu→WorkPlane→Change Active CS to→Global Cylindrical Y

Utility Menu→WorkPlane→Change Active CS to→Specified Coord Sys

Utility Menu→WorkPlane→Change Active CS to→Working Plane

命令：CSYS, KCN

命令说明：KCN 为指定的活跃坐标系的编号。当 KCN=0（默认）时，为全局直角坐标系；当 KCN=1 时，为全局圆柱坐标系，全局 z 轴为旋转轴；当 KCN=2 时，为全局球坐标系；当 KCN=4 或 WP 时，为工作平面坐标系；当 KCN=5 时，为全局圆柱坐标系，全局 y 轴为旋转轴当 KCN>10 时，为已定义的局部坐标系。

工作平面坐标系会随工作平面位置和方向的变化进行更新。

2．切换显示坐标系

菜单：Utility Menu→WorkPlane→Change Display CS to→Global Cartesian

　　　Utility Menu→WorkPlane→Change Display CS to→Global Cylindrical

　　　Utility Menu→WorkPlane→Change Display CS to→Global Spherical

　　　Utility Menu→WorkPlane→Change Display CS to→Specified Coord Sys

命令：DSYS, KCN

命令说明：KCN 为坐标系的编号，可取 0、1、2 或先前定义的局部坐标系编号。

3．定义局部坐标系

1）在工作平面原点定义局部坐标系

菜单：Utility Menu→WorkPlane→Local Coordinate System→Create Local CS→At WP Origin

命令：CSWPLA, KCN, KCS, PAR1, PAR2

命令说明：KCN 为局部坐标系编号，必须大于 10。如果与以前定义的局部坐标系编号相同，则重定义。

KCS 为坐标系类型。当 KCS=0 或 CART 时，为直角坐标系；当 KCS=1 或 CYLIN 时，为圆柱或椭圆坐标系；当 KCS=2 或 SPHE 时，为球或椭圆球坐标系；当 KCS=3 或 TORO 时，为环坐标系。

PAR1 用于椭圆、椭圆球或环坐标系。当 KCS=1 或 2 时，PAR1 是椭圆 y 方向半轴与 x 方向半轴的比（默认值为 1）；当 KCS=3 时，PAR1 是圆环体的主半径。

PAR2 用于椭圆球坐标系。当 KCS=2 时，PAR2 是椭圆 z 方向半轴与 x 方向半轴的比（默认值为 1）。

例如，以下命令流创建椭圆球坐标系：

```
/PREP7                                    !进入预处理器
CSWPLA, 11, 2, 2, 3                        !创建椭圆球坐标系
K, 1, 1, 0, 0 $ K, 2, 1, 90, 0 $ K, 3, 1, 0, 90    !创建关键点
KLIST, ALL, , , COORD        !列表关键点，显示坐标系为全局直角坐标系。列表显示如图 9-5 所示
FINISH                                    !退出预处理器
```

```
LIST ALL SELECTED KEYPOINTS.   DSYS =        0

NO.                  X,Y,Z LOCATION                    THXY,THYZ,THZX ANGLES
  1  1.000000       0.000000       0.000000        0.0000    0.0000    0.0000
  2  0.000000       2.000000       0.000000        0.0000    0.0000    0.0000
  3  0.000000       0.000000       3.000000        0.0000    0.0000    0.0000
```

图 9-5　列表关键点

2）通过 3 个关键点定义局部坐标系

菜单：Utility Menu→WorkPlane→Local Coordinate System→Create Local CS→By 3 Keypoints

命令：CSKP, KCN, KCS, PORIG, PXAXS, PXYPL, PAR1, PAR2

命令说明：关键点 PORIG 定义坐标系的原点。关键点 PXAXS 定义坐标系的+x 轴方向。关键点 PXYPL 与关键点 PORIG、PXAXS 共同定义坐标系的 xy 平面，PXYPL 在坐标系的第一或第二象限。其余参数与 CSWPLA 命令相同。

3）通过 3 个节点定义局部坐标系

菜单：Utility Menu→WorkPlane→Local Coordinate System→Create Local CS→By 3 Nodes

命令：CS, KCN, KCS, NORIG, NXAX, NXYPL, PAR1, PAR2

命令说明：该命令与 CSKP 命令基本相同。

4）通过位置和方向定义局部坐标系

菜单：Utility Menu→WorkPlane→Local Coordinate System→Create Local CS→At Specified Loc

命令：LOCAL, KCN, KCS, XC, YC, ZC, THXY, THYZ, THZX, PAR1, PAR2

命令说明：XC, YC, ZC 为局部坐标系原点在全局直角坐标系下的坐标。THXY, THYZ, THZX 为关于局部 z, x, y 轴的转角，其余参数与 CSWPLA 命令相同。

4. 旋转节点坐标系

1）将节点坐标系旋转到当前活跃坐标系的方向

菜单：Main Menu→Preprocessor→Modeling→Move/Modify→Rotate Node CS→To Active CS

命令：NROTAT, NODE1, NODE2, NINC

命令说明：NODE1, NODE2, NINC 为节点编号范围，从 NODE1 开始到 NODE2 结束，NINC 为增量。NODE1 也可以是 ALL 或组件名称。

例如，以下命令流将节点坐标系旋转到当前活跃坐标系：

```
/PREP7                        !进入预处理器
CSYS, 1                       !激活全局圆柱坐标系
NSEL, S, , , 1, 100, 1        !选择节点
NROTAT, ALL                   !将所节点的节点坐标系旋转到全局圆柱坐标系
D, ALL, UY                    !施加径向约束
FINISH                        !退出预处理器
```

2）按给定的旋转角度旋转节点坐标系

菜单：Main Menu→Preprocessor→Modeling→Move/Modify→Rotate Node CS→By Angles

命令：NMODIF, NODE, X, Y, Z, THXY, THYZ, THZX

命令说明：NODE 为节点编号，也可以是 ALL 或组件名称。X, Y, Z 为节点在新坐标系上的坐标。THXY, THYZ, THZX 参数意义与 LOCAL 命令相同。

3）直接设置节点坐标系的 3 个坐标轴方向

菜单：Main Menu→Preprocessor→Modeling→Move/Modify→Rotate Node CS→By Vectors

命令：NANG, NODE, X1, X2, X3, Y1, Y2, Y3, Z1, Z2, Z3

命令说明：NODE 为节点编号。X1, X2, X3 为新节点坐标系 x 轴方向单位矢量在全局直角坐标系 x, y, z 方向的投影。Y1, Y2, Y3 为新节点坐标系 y 轴方向单位矢量在全局直角坐标系 x, y, z 方向的投影。Z1, Z2, Z3 为新节点坐标系 z 轴方向单位矢量在全局直角坐标系 x, y, z 方向的投影。

4）将节点坐标系旋转到面的法线方向

菜单：Main Menu→Preprocessor→Modeling→Move/Modify→Rotate Node CS→To Surf Norm→On Area

命令：NORA, AREA, NDIR

命令说明：AREA 为面的编号。当 NDIR=-1 时，节点坐标系旋转到面法线的反方向，默认值为与面法线方向相同。

5. 改变结果坐标系

参见第 7 例 平面问题的求解实例——厚壁圆筒问题。

9.3　问题描述

设等直圆轴的圆截面直径 D=50mm，长度 L=120mm，作用在圆轴两端上的转矩 M_n=1.5×10^3N·m，现分析圆轴的变形和剪应力。由材料力学知识可得：

圆截面对圆心的极惯性矩为

$$I_P = \frac{\pi D^4}{32} = \frac{\pi \times 0.05^4}{32} = 6.136 \times 10^{-7}\,\text{m}^4$$

圆截面的抗扭截面模量为

$$W_n = \frac{\pi D^3}{16} = \frac{\pi \times 0.05^3}{16} = 2.454 \times 10^{-5}\,\text{m}^{-3}$$

圆截面上任意一点的剪应力与该点半径成正比，在圆截面的边缘上的最大值为

$$\tau_{max} = \frac{M_n}{W_n} = \frac{1.5 \times 10^3}{2.454 \times 10^{-5}} = 61.1\text{MPa}$$

等直圆轴距离为 0.045m 的两截面间的相对转角为

$$\varphi = \frac{M_n L}{G I_p} = \frac{1.5 \times 10^3 \times 0.045}{80 \times 10^9 \times 6.136 \times 10^{-7}} = 1.375 \times 10^{-3}\,\text{rad}$$

9.4　分析步骤

（1）改变任务名。选择菜单 Utility Menu→File→Change Jobname，弹出如图 9-6 所示的对话框，在"[/FILNAM]"文本框中输入"E9"，单击"OK"按钮。

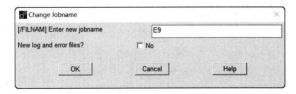

图 9-6　改变任务名对话框

（2）选择单元类型。选择菜单 Main Menu→Preprocessor→Element Type→Add/Edit/Delete，弹出如图 9-7 所示的对话框，单击"Add"按钮；弹出如图 9-8 所示的对话框，在左侧列表中选择"Solid"，在右侧列表中选择"Quad 8 node 183"，单击"Apply"按钮；再在右侧列表中选择"Brick 20node 186"，单击"OK"按钮，单击如图 9-7 所示对话框中的"Close"按钮。

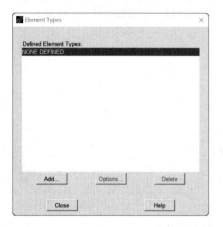

图 9-7 单元类型对话框

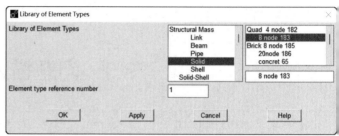

图 9-8 单元类型库对话框

（3）定义材料模型。选择菜单 Main Menu→Preprocessor→Material Props→Material Models，弹出如图 9-9 所示对话框，在右侧列表中依次选择"Structural""Linear""Elastic""Isotropic"，弹出如图 9-10 所示对话框，在"EX"文本框中输入"2.08e11"（弹性模量），在"PRXY"文本框中输入"0.3"（泊松比），单击"OK"按钮，然后关闭如图 9-9 所示对话框。

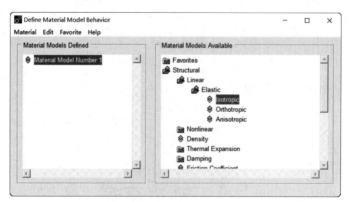

图 9-9 材料模型对话框

（4）创建矩形面。选择菜单 Main Menu→Preprocessor→Modeling→Create→Areas→Rectangle→By Dimensions，弹出如图 9-11 所示的对话框，在"X1, X2"文本框中分别输入"0, 0.025"，在"Y1, Y2"文本框中分别输入"0, 0.12"，单击"OK"按钮。

（5）划分单元。选择菜单 Main Menu→Preprocessor→Meshing→MeshTool，弹出如图 9-12 所示的对话框，单击"Size Controls"区域中"Lines"后的"Set"按钮，弹出选择窗口，选择矩形面的任一短边，单击"OK"按钮；弹出如图 9-13 所示的对话框，在"NDIV"文本框中输入"5"，单击"Apply"按钮；再次弹出选择窗口，选择矩形面的任一长边，单击"OK"按钮；再次弹出如图 9-13 所示的对话框，在"NDIV"文本框中输入"8"，单击"OK"按钮；在"Mesh"

区域,选择单元形状为"Quad"(四边形),选择划分单元的方法为"Mapped"(映射)。单击"Mesh"按钮,弹出选择窗口,选择面,单击"OK"按钮;最后单击如图 9-12 所示对话框中的"Close"按钮。

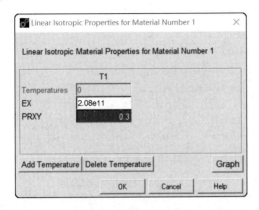

图 9-10　材料特性对话框

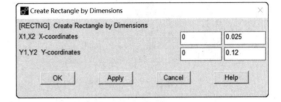

图 9-11　创建矩形面对话框

(6)设定挤出选项。选择菜单 Main Menu→Preprocessor→Modeling→Operate→Extrude→Elem Ext Opts,弹出如图 9-14 所示的对话框,在"VAL1"文本框中输入"5"(挤出段数),选择 ACLEAR 为"Yes"(清除矩形面上单元),单击"OK"按钮。

图 9-12　划分单元工具对话框

图 9-13　单元尺寸对话框

(7)由面旋转挤出体。选择菜单 Main Menu→Preprocessor→Modeling→Operate→Extrude→Areas→About Axis,弹出选择窗口,选择矩形面,单击"OK"按钮;再次弹出选择窗口,选择矩形面在 y 轴上的两个关键点,单击"OK"按钮;随后弹出如图 9-15 所示的对话框,在"ARC"文本框中输入"360",单击"OK"按钮。

(8)在图形窗口显示单元。选择菜单 Utility Menu→Plot→Elements。

(9)改变观察方向。单击图形窗口右侧显示控制工具条上的 按钮。

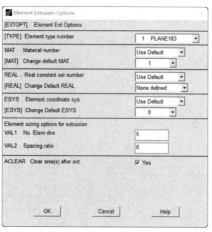

图 9-14　单元挤出选项对话框

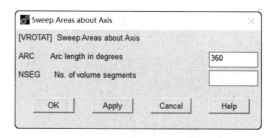

图 9-15　由面旋转挤出体对话框

（10）旋转工作平面。选择菜单 Utility Menu→WorkPlane→Offset WP by Increment，弹出如图 9-16 所示的对话框，在 "XY, YZ, ZX Angles" 文本框中输入 "0, -90"，单击 "OK" 按钮。

（11）创建局部坐标系。选择菜单 Utility Menu→WorkPlane→Local Coordinate System→Create Local CS→At WP Origin，弹出如图 9-17 所示的对话框，在 "KCN" 文本框中输入 "11"，选择 "KCS" 为 "Cylindrical 1"，单击 "OK" 按钮，即创建一个代号为 11、类型为圆柱坐标系的局部坐标系，并激活使之成为当前坐标系。

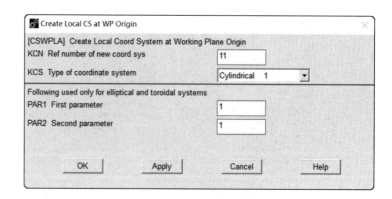

图 9-16　平移工作平面对话框

图 9-17　创建局部坐标系对话框

（12）选择圆柱面上的所有节点。选择菜单 Utility Menu→Select→Entities，弹出如图 9-18 所示的对话框，在各下拉列表框、文本框、单选按钮中依次选择或输入 "Nodes" "By Location" "X coordinates" "0.025" "From Full"，单击 "Apply" 按钮。

（13）旋转节点坐标系到当前坐标系。选择菜单 Main Menu→Preprocessor→Modeling→Move/Modify→Rotate Node CS→To Active CS，弹出选择窗口，单击 "Pick All" 按钮。

（14）施加径向约束。选择菜单 Main Menu→Solution→Define Loads→Apply→Structural→

Displacement→On Nodes，弹出选择窗口，单击 "Pick All" 按钮，弹出如图 9-19 所示的对话框，在 "Lab2" 列表中选择 "UX"，单击 "OK" 按钮。

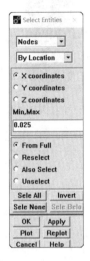

图 9-18　选择实体对话框

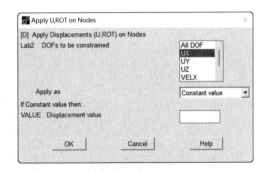

图 9-19　在节点上施加约束对话框

（15）选择圆柱面最上端的所有节点。激活如图 9-18 所示 "选择实体对话框"，在各下拉列表框、文本框、单选按钮中依次选择或输入 "Nodes" "By Location" "Z coordinates" "0.12" "Reselect"，单击 "Apply" 按钮。

（16）施加切向集中载荷。选择菜单 Main Menu→Solution→Define Loads→Apply→Structural→Force/Moment→On Nodes，弹出选择窗口，单击 "Pick All" 按钮，弹出如图 9-20 所示的对话框，在 "Lab" 下拉列表框中选择 "FY"，在 "VALUE" 文本框中输入 1500，单击 "OK" 按钮。这样，在结构上一共施加了 40 个大小为 1500N 的集中力，它们对圆心力矩的和为 1500N·m。

（17）选择所有。选择菜单 Utility Menu→Select→Everything。

（18）在图形窗口中显示体。选择菜单 Utility Menu→Plot→Volumes。

（19）施加约束。选择菜单 Main Menu→Solution→Define Loads→Apply→Structural→Displacement→On Areas，弹出选择窗口，选择圆柱体下侧底面（由 4 部分组成），单击 "OK" 按钮，弹出一个与图 9-19 所示对话框相似的对话框，在 "Lab2" 列表中选择 "All DOF"，单击 "OK" 按钮。

（20）求解。选择菜单 Main Menu→Solution→Solve→Current LS，单击 "Solve Current Load Step" 对话框中的 "OK" 按钮。再单击随后弹出对话框中的 "Yes" 按钮。当出现 "Solution is done！" 提示时，求解结束，即可查看结果了。

（21）读结果。选择菜单 Main Menu→General Postproc→Read Results→Last Set。

（22）显示变形。选择菜单 Main Menu→General Postproc→Plot Results→Deformed Shape，在弹出的对话框中，选择 "Def+undeformed"（变形+未变形的单元边界），单击 "OK" 按钮，结果如图 9-21 所示。

（23）切换结果坐标系为局部坐标系。选择菜单 Main Menu→General Postproc→Options for Outp，弹出如图 9-22 所示的对话框，在 "RSYS" 下拉列表框中选择 "Local system"，在 "Local System reference no" 文本框中输入 "11"，单击 "OK" 按钮。

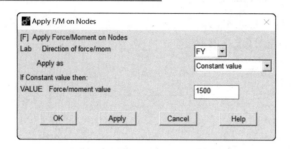

图 9-20　在节点上施加载荷对话框

图 9-21　圆轴的变形

图 9-22　输出选项对话框

（24）选择 z=0.045m、θ=0°的所有节点。在如图 9-18 所示的"选择实体对话框"中，在各下拉列表框、文本框、单选按钮中依次选择或输入"Nodes""By Location""Z coordinates""0.045""From Full"，然后单击"Apply"按钮；再在各下拉列表框、文本框、单选按钮中依次选择或输入"Nodes""By Location""Y coordinates""0""Reselect"，然后单击"Apply"按钮。

（25）列表显示节点位移。选择菜单 Main Menu→General Postproc→List Results→Nodal Solution，弹出如图 9-23 所示的对话框，在列表中依次选择"Nodal Solution→DOF Solution→Y-Component of displacement"，单击"OK"按钮，节点位移结果如图 9-24 所示。

结果表明在 18 号节点上有最大的切向位移，其值为 3.4383×10^{-5}m，对应的转角 $\varphi = 3.4383\times 10^{-5} / 0.025 = 1.375\times10^{-3}$ rad，与理论结果完全一致。

（26）选择单元。在如图 9-18 所示的"选择实体对话框"中，在各下拉列表框、文本框、单选按钮中依次选择或输入"Nodes""By Location""Z coordinates""0, 0.045""From Full"，然后单击"Apply"按钮；再在各下拉列表框、单选按钮中依次选择"Elements""Attached to""Nodes all""Reselect"，然后单击"Apply"按钮。这样做的目的是在下一步显示应力时，去除集中力作用点附近的单元，以得到更好的计算结果。

（27）查看结果，用显示剪应力云图。选择菜单 Main Menu→General Postproc→Plot Results→Contour Plot→Elements Solu，弹出类似如图 9-23 所示的对话框，在列表中依次选择"Elements Solution→Stress→YZ shear Stress"，单击"OK"按钮，结果如图 9-25 所示，可以看出，剪应力的最大值为 61.7MPa，与理论结果比较相符。

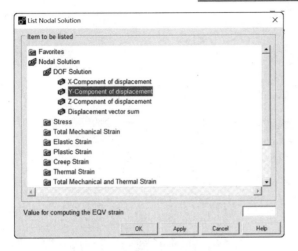

NODE	UY
18	0.34383E-004
47	-0.32720E-015
55	0.34389E-005
65	0.68778E-005
77	0.10313E-004
87	0.13749E-004
99	0.17190E-004
109	0.20632E-004
121	0.24065E-004
131	0.27498E-004
143	0.30942E-004

```
MAXIMUM ABSOLUTE VALUES
NODE          18
VALUE    0.34383E-004
```

图 9-23　列表节点结果对话框　　　　　　　　图 9-24　节点位移结果

图 9-25　剪应力的计算结果

9.5　命令流

R=0.025 $ L=0.12	!圆轴尺寸
/PREP7	!进入预处理器
ET, 1, PLANE183 $ ET, 2, SOLID186	!选择单元类型
MP, EX, 1, 2.08E11 $ MP, PRXY, 1, 0.3	!定义材料模型
RECTNG, 0, R, 0, L	!创建矩形面
LESIZE, 1, , , 5 $ LESIZE, 2, , , 8 $ MSHKEY, 1$ AMESH, 1	
	!创建有限元模型
EXTOPT, ESIZE, 5 $ EXTOPT, ACLEAR, 1 $ VROTAT, 1, , , , , , 1, 4, 360	
	!设置挤出选项，面旋转挤出
/VIEW, 1, 1, 1, 1	!改变观察方向

129

WPROT, 0, -90 $ CSWPLA, 11, 1, 1, 1	!旋转工作平面，创建并激活局部坐标系 11
NSEL, S, LOC, X, 0.025 $ NROTAT, ALL !选择 X=0.025 的节点，将节点坐标系旋转到局部坐标系 11	
FINISH	!退出预处理器
/SOLU	!进入求解器
D, ALL, UX	!在选择的节点上施加径向位移约束
NSEL, R, LOC, Z, 0.12 $ F, ALL, FY, 1500	!选择 R=0.025 且 Z=0.12 的节点，施加切向集中力
ALLSEL, ALL	!选择所有
DA, 2, ALL $ DA, 6, ALL $ DA, 10, ALL $ DA, 14, ALL	
	!在圆柱体的底面施加全约束
SOLVE	!求解
FINISH	!退出求解器
/POST1	!进入通用后处理器
SET, LAST	!读结果
PLDISP, 1	!显示变形
RSYS, 11	!指定结果坐标系为局部坐标系 11
NSEL, S, LOC, Z, 0.045 $ NSEL, R, LOC, Y, 0	!选择 Z=0.045 且 θ=0 的节点
PRNSOL, U, Y	!列表所选择节点的切向位移
NSEL, S, LOC, Z, 0, 0.045 $ ESLN, R, 1	!选择 0≤Z≤0.045 的节点及单元
PLESOL, S, YZ	!显示剪应力
ALLS	!选择所有
FINISH	!退出通用后处理器

第三篇　结构动力学分析

第10例　模态分析实例——
均匀直杆的固有频率分析

10.1　结构动力学概述

结构动力学用于计算结构振动问题及动态响应问题，即在动载荷下结构的应力、应变、变形分析。求解结构动力学问题需要求解结构的动力学方程

$$M\ddot{\delta} + C\dot{\delta} + K\delta = R(t) \tag{10-1}$$

式中，M、C、K 分别为结构的总体质量矩阵、总体阻尼矩阵和总体刚度矩阵，δ 为结构节点位移列阵，R 为结构节点载荷列阵。

当外力为零且不考虑阻尼时，可以得到无阻尼自由振动方程

$$M\ddot{\delta} + K\delta = 0 \tag{10-2}$$

由式（10-1）可知，在不同类型载荷作用下的结构响应是不同的，相应的 ANSYS 结构动力学分析类型有模态分析、谐响应分析、瞬态动力学分析和谱分析。模态分析用于计算线性结构的固有频率和振型等自由振动特性，也是其他分析类型的基础。谐响应分析用于确定线性结构在承受随时间按正弦规律变化的载荷时的稳态响应。瞬态动力学分析用于确定结构在承受随时间按任意规律变化的载荷时的动力响应。而谱分析是将模态分析的结果和已知谱结合，以确定结构的动力响应，如地震、风载等不确定载荷或随时间变化的载荷的响应分析。

10.2　模态分析

10.2.1　模态分析的求解方法

当结构自由振动时，各节点作简谐运动，设结构节点位移列阵为

$$\delta = \varphi \sin\omega t \tag{10-3}$$

式中，ω 为自由振动的圆频率，φ 为节点振幅向量，即振型。将式（10-3）代入自由振动方

程（10-2），得齐次方程

$$(K-\omega^2 M)\varphi=0 \quad \text{或} \quad K\varphi=\lambda M\varphi \tag{10-4}$$

显然自由振动节点振幅不能全为零，即方程存在非零解，因此有行列式

$$|K-\omega^2 M|=0 \tag{10-5}$$

欲求满足方程（10-4）的 ω^2 和 φ，这是典型的广义特征值问题。式中，令 $\lambda=\omega^2$，又称之为矩阵 K 的特征值；节点振幅向量 φ 也称为特征向量。

显然，结构的自由度个数越多，方程（10-5）的阶次就越高，求解的运算量也就越大。但实际中有研究价值的往往是低阶频率和振型。

模态分析的过程又称为模态提取。ANSYS 模态提取方法有块兰索斯法（Block Lanczos）、预条件兰索斯法（PCG Lanczos）、子空间法（Subspace）、超节点法（Supernode）、非对称矩阵法（Unsymmetric）、阻尼法（Damped）、QR 阻尼法（Damped System）。其中，非对称矩阵法用于求解非对称矩阵问题，如流固耦合问题。阻尼法和 QR 阻尼法用于阻尼不能忽视的场合，如轴承的问题，QR 阻尼法更快、效率更高。超节点法适用于一次性求解高达 10000 阶的模态，也可用于模态叠加法或功率谱密度（PSD）分析的模态提取，以获得结构的高频响应。当阶次超过 200 时，超节点法比块兰索斯法快得多。块兰索斯法是默认的提取方法，用于大型对称特征值问题的求解，使用稀疏矩阵直接求解器。预条件兰索斯法适用于自由度超过 500000 的大型对称特征值问题，用于处理共轭梯度（PCG）求解器迭代求解问题。子空间法也是用于大型对称特征值问题的求解，使用稀疏矩阵直接求解器。

以上用得比较多的方法是块兰索斯法、预条件兰索斯法和子空间法，这 3 种方法都是将大型矩阵的广义特征值问题转化为中小型矩阵的标准特征值问题，计算量较小。

10.2.2 模态分析步骤

模态分析包括建模、施加载荷和求解、扩展模态和查看结果 4 个步骤。

1. 建模

模态分析的建模过程与其他分析相似，包括定义单元类型、定义单元实常数、定义材料模型、建立几何模型和划分网格等。模态分析中必须指定弹性模量 EX（或某种形式的刚度）和密度 DENS（或某种形式的质量）。

但需注意的是，模态分析是线性分析，非线性特性将被忽略。如果指定非线性单元，它们将被当作线性的。例如，若分析中包含接触单元，则系统取其初始状态的刚度值并且不再改变。材料性质可以是线性的、各向同性的或正交各向异性的、恒定的或与温度相关的。

2. 施加载荷和求解

该步骤包括指定分析类型、指定分析选项、施加约束、设置载荷选项，并进行固有频率的求解等。

在一般的模态分析（预应力效应除外）中，唯一有效的载荷是零位移约束。即使施加了非零位移约束，软件也会用零位移约束代替。在未施加位移约束的方向上，软件则会计算出零频率的刚体位移模态或非零频率的自由体模态。即使施加了外力，对模态分析也不会产生影响。

需要指定的选项有模态提取方法选项 MODOPT、扩展模态选项 MXPAND、集中质量矩阵

选项 LUMPM、预应力选项 PSTRES。

3. 扩展模态

如果要在 POST1 中观察结果，必须先扩展模态，即将振型写入结果文件。过程包括重新进入求解器、激活扩展处理及其选项、指定载荷步选项、扩展处理等。

扩展模态可以在独立步骤中单独进行，也可以在施加载荷和求解阶段同时进行。

4. 查看结果

将包括频率、振型、应力分布等在内的模态分析结果写入结果文件 Jobname.RST，可用 SET, LIST 列表固有频率。而查看某个频率下的结果时，必须用 SET 命令将结果读入内存。查看结果的方法与静力学分析基本相同。振型、应力、应变等结果是相对值，而非绝对值。

10.2.3　模态分析选项

1. 指定分析类型

菜单：Main Menu→Solution→Analysis Type→New Analysis

命令：ANTYPE, Antype, Status, LDSTEP, SUBSTEP, Action, --, PRELP

命令说明：Antype 指定分析类型，默认为先前指定；若没有指定，则为静态分析。当 Antype=STATIC 或 0 时，为静态分析，适用于所有自由度。当 Antype=BUCKLE 或 1 时，为屈曲分析，使用预先进行的静态分析施加预应力效果，屈曲分析只适用于结构自由度。当 Antype=MODAL 或 2 时，为模态分析，适用于结构和流体自由度。当 Antype=HARMIC 或 3 时，为谐波分析，适用于结构、流体、磁、电自由度。当 Antype=TRANS 或 4 时，为瞬态分析，适用于所有自由度。当 Antype=SUBSTR 或 7 时，为子结构分析，适用于所有自由度。当 Antype=SPECTR 或 8 时，为谱分析，需预先进行模态分析，谱分析只适用于结构自由度。

Status 指定分析状态。当 Status=NEW（默认）时，为新分析。当 Status=RESTART 时，为重启动先前的分析，适用于静态、模态和瞬态（全积分或模式叠加法）分析。

LDSTEP, SUBSTEP, Action 等参数只在 Status=RESTART 时使用。

PRELP 为指示是否将执行后续线性扰动的标志。

2. 模态提取方法选项

菜单：Main Menu→Solution→Analysis Type→Analysis Options

命令：MODOPT, Method, NMODE, FREQB, FREQE, Cpxmod, Nrmkey, ModType, BlockSize, --, --, --, FREQMOD

命令说明：Method 指定模态提取方法。当 Method=LANB 时，为块兰索斯法。当 Method=LANPCG 时，为预条件兰索斯法。当 Method=SNODE 时，为超节点法。当 Method=SUBSP 时，为子空间法。当 Method=UNSYM 时，为非对称矩阵法。当 Method=DAMP 时，为阻尼法。当 Method=QRDAMP 时，为 QR 阻尼法。当 Method=VT 时，为可变技术。

NMODE 为要提取的模态数。NMODE 的大小与 Method 有关，其没有默认值，必须指定。当 Method=LANB、LANPCG 或 SNODE 时，能提取的模态数等于结构施加所有约束后的自由度数。需要注意的是，当 Method=LANPCG 时，NMODE 应小于 100；当 Method=SNODE 时，对于 2-D PLANE 或 3-D SHELL/BEAM 单元，NMODE 应大于 100，对于 3-D SOLID 单元，NMODE 应大于 250。

FREQB 指定感兴趣频率范围的开始频率（或低端频率）。当 Method=LANB、SUBSP、UNSYM、DAMP 或 QRDAMP 时，FREQB 也代表特征值迭代过程中的第一个频移点。若 Method=UNSYM 或 DAMP、FREQB 为零或空时，则 FREQB 的默认值为-1；采用其他方法时，FREQB 的默认值由软件内部计算。提取接近频移点的特征值是最准确的，LANB、SUBSP、UNSYM 和 QRDAMP 方法在内部使用多个频移点。对于 LANB、LANPCG、SUBSP、UNSYM、DAMP 和 QRDAMP 方法，若 FREQB 指定一个正值，则从该点开始计算和输出特征值。对于 UNSYM 和 DAMP 方法，若 FREQB 指定一个负值，则从零开始计算和输出特征值。

FREQE 为结束频率或高端频率。除 SNODE 外的其他提取方法，都默认计算所有频率，而不管其最大值。在 SNODE 方法中，FREQE 的默认值为 100Hz，为了提高计算效率，不能将 FREQE 设置得过高。

参数 Cpxmod 只在 QRDAMP 方法时有效。当 Cpxmod=ON 时，计算复合特征形状。当 Cpxmod=OFF（默认）时，不计算复合特征形状，如果模态分析后进行模态叠加，那么这是必需的。

当 Nrmkey=OFF（默认）时，将振型对质量矩阵作归一化处理，如果模态分析后进行谱分析或模态叠加，应选择 Nrmkey=OFF。当 Nrmkey=ON 时，对单位矩阵作归一化处理。

ModType 命令用于指定模态类型，只用于非对称特征值求解。

BlockSize 命令用于指定块兰索斯或子空间法使用的块向量的大小。

Scalekey 为声-结构耦合分析时的矩阵缩放键。

FREQMOD 为当求解的特征值不再是频率时的指定频率。

3. 扩展模态选项

菜单：Main Menu→Solution→Analysis Type→Analysis Options

命令：MXPAND, NMODE, FREQB, FREQE, Elcalc, SIGNIF, MSUPkey, ModeSelMethod, EngCalc

命令说明：NMODE 为扩展和写入结果文件的模态数目或数组名。如果 NMODE 为空或 ALL，那么指定频率范围内所有模态被扩展；当 NMODE=-1 时，不扩展且不写模态到结果文件。

FREQB 和 FREQE 命令用于指定扩展模态的频率范围。如果 FREQB 和 FREQE 都是空，那么默认为提取模态的整个频率范围。

当 Elcalc=NO（默认）时，不计算单元结果、支反力和能量；当 Elcalc=YES 时，需要计算。

SIGNIF 为阈值，只扩展重要性水平超过 SIGNIF 的模态，仅当 ModeSelMethod 为默认时适用。

当 MSUPkey=NO 时，不将单元结果写入模态文件 Jobname.MODE；当 MSUPkey=YES 时，将单元结果写入模态文件，为后续 PSD、瞬态或谐波分析使用。

ModeSelMethod 指定模态选择方法。

EngCalc 为附加单元能量计算开关。

4. 集中质量矩阵选项

菜单：Main Menu→Solution→Analysis Type→Analysis Options

命令：LUMPM, Key , --, KeyElt

命令说明：当 Key=OFF（默认）时，使用一致质量矩阵；当 Key=ON 时，使用集中质量矩阵。

KeyElt 为具有旋转自由度单元的公式键，仅当集中质量打开时有效。

5. 预应力选项 PSTRES

菜单：Main Menu→Solution→Analysis Type→Analysis Options

命令：PSTRES, Key

命令说明：当 Key=OFF（默认）时，不计算（或包括）预应力效应；当 Key=ON 时，计算（或包括）预应力效应。

10.3　问题描述及解析解

如图 10-1 所示为一根长度为 L 的等截面均匀直杆，一端固定，另一端自由。已知杆材料的弹性模量 $E=2×10^{11}N/m^2$，密度 $\rho=7850kg/m^3$，杆长 $L=0.1m$，要求计算直杆纵向振动的固有频率。

根据振动学理论，假设直杆均匀伸缩，则均匀直杆纵向振动的第 i 阶固有角频率为

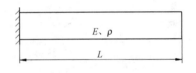

图 10-1　均匀直杆

$$\omega_i = \frac{(2i-1)\pi}{2L}\sqrt{\frac{E}{\rho}} \quad (\text{rad/s})（i=1, 2, \cdots） \tag{10-6}$$

将角频率 ω_i 转化为频率 f_i，并将已知参数代入式（10-6），可得

$$f_i = \frac{\omega_i}{2\pi} = \frac{2i-1}{4L}\sqrt{\frac{E}{\rho}} = \frac{2i-1}{4×0.1}\sqrt{\frac{2×10^{11}}{7850}} = 12619(2i-1) \text{ Hz} \tag{10-7}$$

由此计算出均匀直杆的前 5 阶固有频率，如表 10-1 所示。

表 10-1　均匀直杆的固有频率

阶　　次	1	2	3	4	5
频率（Hz）	12619	37857	63094	88332	113570

10.4　分析步骤

（1）改变任务名。选择菜单 Utility Menu→File→Change Jobname，弹出如图 10-2 所示的对话框，在"[/FILNAM]"文本框中输入"E10"，单击"OK"按钮。

（2）选择单元类型。选择菜单 Main Menu→Preprocessor→Element Type→Add/Edit/Delete，弹出如图 10-3 所示的对话框，单击"Add"按钮；弹出如图 10-4 所示的对话框，在左侧列表中选择"Solid"，在右侧列表中选择"Brick 20 node 186"，单击"OK"按钮，再单击图 10-3 所示对话框中的"Close"按钮。

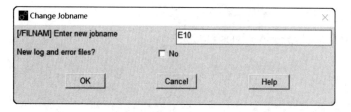

图 10-2　改变任务名对话框

图 10-3　单元类型对话框

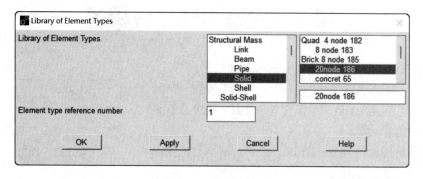

图 10-4　单元类型库对话框

（3）定义材料模型。选择菜单 Main Menu→Preprocessor→Material Props→Material Models，弹出如图 10-5 所示的对话框，在右侧列表中依次选择"Structural""Linear""Elastic""Isotropic"，弹出如图 10-6 所示的对话框，在"EX"文本框中输入"2e11"（弹性模量），在"PRXY"文本框中输入"0.3"（泊松比），单击"OK"按钮；再选择右侧列表中"Structural"下的"Density"，弹出如图 10-7 所示的对话框，在"DENS"文本框中输入"7850"（密度），单击"OK"按钮，然后关闭如图 10-5 所示的对话框。

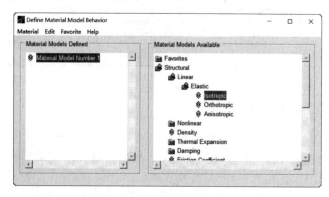

图 10-5　材料模型对话框

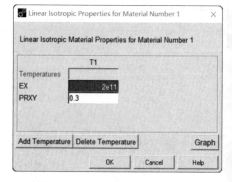

图 10-6　材料特性对话框

（4）创建六面体。选择菜单 Main Menu→Preprocessor→Modeling→Create→Volumes→Block→By Dimension，弹出如图 10-8 所示的对话框，在"X1, X2"文本框中分别输入"0, 0.01"，

在"Y1, Y2"文本框中分别输入"0, 0.01"，在"Z1, Z2"文本框中分别输入"0, 0.1"，单击"OK"按钮。

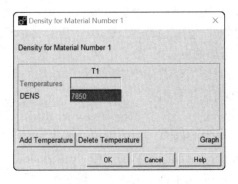

图 10-7　定义密度对话框

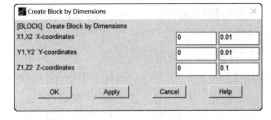

图 10-8　创建六面体对话框

（5）改变观察方向。选择菜单 Utility Menu→PlotCtrls→Pan Zoom Rotate，在弹出的对话框中依次单击"Iso""Fit"按钮，或者单击图形窗口右侧显示控制工具条上的 按钮。

（6）划分单元。选择菜单 Main Menu→Preprocessor→Meshing→MeshTool，弹出如图 10-9 所示的对话框，单击"Size Controls"区域中"Lines"后的"Set"按钮，弹出选择窗口，任意选择块 x 轴和 y 轴方向的边各一条（短边），单击"OK"按钮；弹出如图 10-10 所示的对话框，在"NDIV"文本框中输入"3"，单击"Apply"按钮；再次弹出选择窗口，选择块 z 轴方向的边（长边），单击"OK"按钮，在"NDIV"文本框中输入"15"，单击"OK"按钮。

图 10-9　划分单元工具对话框

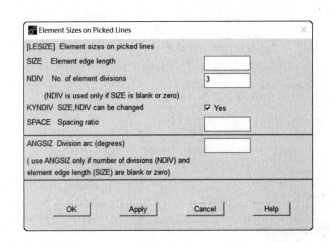

图 10-10　单元尺寸对话框

在如图 10-9 所示对话框的"Mesh"区域中，选择单元形状为"Hex"（六面体），选择划分单元的方法为"Mapped"（映射），单击"Mesh"按钮，弹出选择窗口，选择块，单击"OK"按钮。

（7）施加约束。选择菜单 Main Menu→Solution→Define Loads→Apply→Structural→

Displacement→On Areas，弹出选择窗口，选择 z=0 的平面，单击"OK"按钮；弹出如图 10-11 所示的对话框，在列表中选择"UZ"，单击"Apply"按钮；再次弹出选择窗口，选择 y=0 的平面，单击"OK"按钮；弹出如图 10-11 所示的对话框，在"Lab2"列表中选择"UY"，单击"Apply"按钮；再次弹出选择窗口，选择 x=0 的平面，单击"OK"按钮；弹出如图 10-11 所示的对话框，在"Lab2"列表中选择"UX"，单击"OK"按钮。所加约束与图 10-1 不同，主要是为了与解析解所做的轴向振动假设一致。约束施加正确与否，对结构模态分析的影响十分显著，因此对于该问题应十分注意，保证对模型施加的约束与实际情况尽量相符。

（8）指定分析类型。选择菜单 Main Menu→Solution→Analysis Type→New Analysis，弹出如图 10-12 所示的对话框，选择"Type of Analysis"为"Modal"，单击"OK"按钮。

（9）指定分析选项。选择菜单 Main Menu→Solution→Analysis Type→Analysis Options，弹出如图 10-13 所示的对话框，在"No. of modes to extract"文本框中输入提取频率数"5"，单击"OK"按钮；弹出"Block Lanczos Method"对话框，单击"OK"按钮。

（10）指定要扩展的模态数。选择菜单 Main Menu→Solution→Load Step Opts→Expansionpass→Single Expand→Expand modes，弹出如图 10-14 所示的对话框，在"NMODE"文本框中输入"5"，单击"OK"按钮。

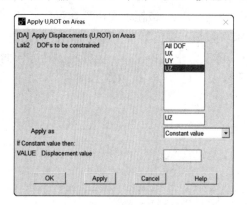

图 10-11 在面上施加约束对话框

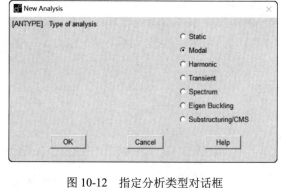

图 10-12 指定分析类型对话框

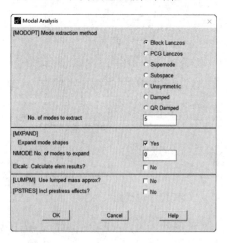

图 10-13 模态分析选项对话框

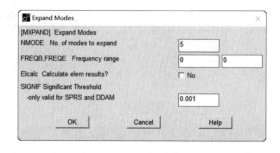

图 10-14 扩展模态对话框

（11）求解。选择菜单 Main Menu→Solution→Solve→Current LS，单击"Solve Current Load

Step"对话框中的"OK"按钮，当出现"Solution is done！"提示时，求解结束，即可查看结果。

（12）列表固有频率。选择菜单 Main Menu→General Postproc→Results Summary，弹出如图 10-15 所示的窗口，列表中显示了模型的前 5 阶频率，与表 10-1 相对照，可以看出结果虽然存在一定的误差，但与解析解基本是相符的。查看完毕后，关闭该窗口。

（13）从结果文件读结果。选择菜单 Main Menu→General Postproc→Read Results→First Set。

（14）改变观察方向，以利于更好地观察模型的模态。选择菜单 Utility Menu→PlotCtrls→Pan Zoom Rotate，在弹出的对话框中，单击"Left"按钮，或单击图形窗口右侧显示控制工具条上的按钮。

（15）用动画观察模型的一阶模态。选择菜单 Utility Menu→PlotCtrls→Animate→Mode Shape，弹出如图 10-16 所示的对话框，单击"OK"按钮，观察完毕，单击"Animation Controller"对话框中的"Close"按钮。

（16）观察其余各阶模态。选择菜单 Main Menu→General Postproc→Read Results→Next Set，依次将其余各阶模态的结果读入，然后重复步骤（15）。

观察完模型的各阶模态后，读者可分析频率结果产生误差的原因，并改进以上分析过程。

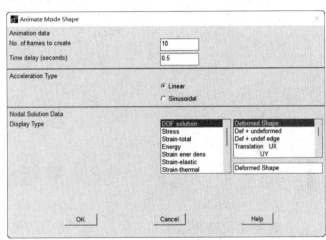

图 10-15　结果摘要　　　　　图 10-16　模态动画对话框

10.5　命令流

```
/CLEAR                                        !清除数据库，新建分析
/FILNAME, E10                                 !定义任务名为 E10
/PREP7                                        !进入预处理器
ET, 1, SOLID186                               !选择单元类型
MP, EX, 1, 2E11 $ MP, PRXY, 1, 0.3 $ MP, DENS, 1, 7850   !定义材料模型
BLOCK, 0, 0.01, 0, 0.01, 0, 0.1               !创建六面体
LESIZE, 1, , , 3 $ LESIZE, 2, , , 3 $ LESIZE, 9, , , 15  !指定直线划分单元段数
MSHAPE, 0                                     !指定单元形状为六面体
```

```
MSHKEY, 1                              !指定映射网格
VMESH, 1                               !对六面体划分单元
FINISH                                 !退出预处理器
/SOLU                                  !进入求解器
ANTYPE, MODAL                          !指定分析类型为模态分析
MODOPT, LANB, 5                        !指定分析选项，提取模态数为 5
MXPAND, 5                              !扩展模态数为 5
DA, 1, UZ $ DA, 3, UY $ DA, 5, UX      !在面上施加位移约束
SOLVE                                  !求解
SAVE                                   !保存数据库
FINISH                                 !退出求解器
/POST1                                 !进入通用后处理器
SET, LIST                              !列表固有频率
SET, FIRST                             !读第一阶模态的结果
/VIEW, 1, -1                           !改变观察方向
/REPLOT                                !重画图形
PLDI                                   !显示位移
ANMODE, 10, 0.5, , 0                   !动画振型
SET, NEXT                              !读下一阶模态的结果
PLDI
ANMODE, 10, 0.5, , 0
FINISH                                 !退出通用后处理器
```

10.6　高级应用

1. 循环对称结构模态分析实例——转子的固有频率分析

对于直齿轮、涡轮、叶轮等具有循环对称性的结构，可以通过仅分析结构的一个扇区来计算整个结构的固有频率和振型，这样可以极大地节省计算容量，提高计算效率。

要掌握 ANSYS 循环对称结构模态分析，必须先了解以下基本概念。

基本扇区：基本扇区是整个结构沿圆周的任意一个重复部分，整个结构可看作由基本扇区沿圆周重复若干次得到。

节径：指的是在结构的振型中贯穿整个结构的零位移线，如图 10-17 所示。

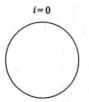 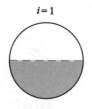 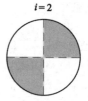

图 10-17　节径

谐波指数：谐波指数等于振型中的节径数目，循环对称结构模态分析按谐波指数确定载荷步。

循环对称结构模态分析的步骤如下。

（1）建立基本扇区的几何模型。

（2）指定对称循环分析。

用 CYCLIC 命令初始化对称循环分析并生成相应数据，该命令可以自动检测到对称循环的各种信息，如边缘组成、对称循环次数、扇区角度等。

（3）划分单元。

（4）施加约束，求解。

在该步骤中，需要先对分析类型、模态分析选项、扩展模态选项、对称循环选项进行设置，再施加位移约束，进行求解。

（5）查看结果。为了查看整个结构的结果，需要先执行/CYCEXPAND 命令，将基本扇区扩展成一个 360° 的模型。

在用 SET, LIST 命令列表结果摘要时，默认是按照谐波指数的增加排列的，而相对应的固有频率却不是按大小顺序排列的。若要按频率大小排列，则需指定 SET 命令的 ORDER 参数为 ORDER。

具有循环对称结构的刚性转子尺寸如图 10-18 所示，已知其内孔全约束，现对其进行模态分析。

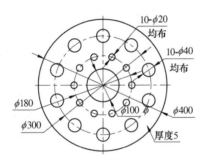

图 10-18　刚性转子尺寸

命令流如下：

/CLEAR	!清除数据库，新建分析
/FILNAME, E10-2	!定义任务名为 E10-2
/PREP7	!进入预处理器
ET, 1, SHELL181	!选择单元类型
SECTYPE, 1, SHELL $ SECDATA, 0.005	!定义截面，壳厚度
MP, EX, 1, 2E11 $ MP, PRXY, 1, 0.3 $ MP, DENS, 1, 7800	!定义材料模型
CYL4, 0, 0, 0.2, -18, 0.05, 18 $ CYL4, 0.09, 0, 0.01	!创建圆形面
CYL4, 0.14266, 0.04635, 0.02 $ CYL4, 0.14266, -0.04635, 0.02	
ASBA, 1, ALL	!布尔减运算，形成基本扇区
CYCLIC	!指定对称循环分析
SMRTSIZE, 4	!智能尺寸级别
ESIZE, 0.005	!指定全局单元边长度
MSHAPE, 0	!指定单元形状为四边形

```
MSHKEY, 0                        !指定自由网格
AMESH, ALL                       !对面划分单元
/CYCEXPAND, , ON                 !打开循环对称分析扩展选项
FINISH                           !退出预处理器
/SOLU                            !进入求解器
ANTYPE, MODAL                    !指定分析类型为模态分析
MODOPT, LANB, 5                  !指定分析选项，提取模态数为 5
MXPAND, 5                        !扩展模态数为 5
DL, 3, , ALL                     !在线上施加位移约束
SOLVE                            !求解
FINISH                           !退出求解器
/POST1                           !进入通用后处理器
SET, LIST, , , , , , ORDE        !列表固有频率
SET, , , , , , , 6               !从结果文件读结果
PLNSOL, U, SUM                   !显示变形
FINISH                           !退出通用后处理器
```

第11例 模态分析实例——斜齿圆柱齿轮的固有频率分析

11.1 问题描述及解析解

图 11-1 为标准渐开线斜齿圆柱齿轮。已知：齿轮的模数 $m_n=2mm$，齿数 $z=24$，螺旋角 $\beta=10°$，建立其几何模型并分析其固有频率。

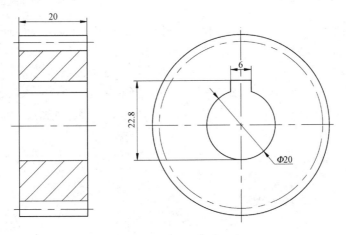

图 11-1 斜齿圆柱齿轮

11.2 分析步骤

（1）改变任务名。选择菜单 Utility Menu→File→Change Jobname。弹出如图 11-2 所示的对话框，在 "[/FILNAM]" 文本框中输入 "E11"，单击 "OK" 按钮。

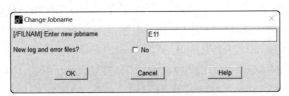

图 11-2 改变任务名对话框

（2）选择单元类型。选择菜单 Main Menu→Preprocessor→Element Type→Add/Edit/Delete，

弹出如图 11-3 所示的对话框，单击"Add"按钮；弹出如图 11-4 所示的对话框，在左侧列表中选择"Solid"，在右侧列表中选择"Brick 8 node 185"，单击"OK"按钮；单击如图 11-3 所示对话框的"Close"按钮。

图 11-3　单元类型对话框

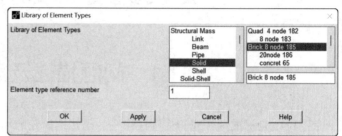

图 11-4　单元类型库对话框

（3）定义材料模型。选择菜单 Main Menu→Preprocessor→Material Props→Material Models，弹出如图 11-5 所示的对话框，在右侧列表中依次选择"Structural""Linear""Elastic""Isotropic"，弹出如图 11-6 所示的对话框，在"EX"文本框中输入"2e11"（弹性模量），在"PRXY"文本框中输入"0.3"（泊松比），单击"OK"按钮；再选择右侧列表中"Structural"下"Density"，弹出如图 11-7 所示的对话框，在"DENS"文本框中输入"7850"（密度），单击"OK"按钮。然后关闭如图 11-5 所示的对话框。

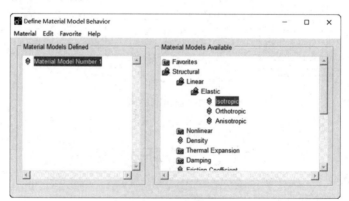

图 11-5　材料模型对话框

（4）创建齿轮端面齿廓曲线上关键点。选择菜单 Main Menu→Preprocessor→Modeling→Create→Keypoints→In Active CS，弹出如图 11-8 所示对话框，在"NPT"文本框中输入 1，在"X, Y, Z"文本框中分别输入"21.87E-3, 0, 0"，单击"Apply"按钮；在"NPT"文本框中输入"2"，在"X, Y, Z"文本框中分别输入"22.82E-3, 1.13E-3, 0"，单击"Apply"按钮；在"NPT"文本框中输入"3"，在"X, Y, Z"文本框中分别输入"24.02E-3, 1.47E-3, 0"，单击"Apply"按钮；在"NPT"文本框中输入"4"，在"X, Y, Z"文本框中分别输入"24.62E-3, 1.73E-3, 0"，单击"Apply"按钮；在"NPT"文本框中输入"5"，在"X, Y, Z"文本框中分别输入"25.22E-3,

2.08E-3, 0"，单击"Apply"按钮；在"NPT"文本框中输入"6"，在"X, Y, Z"文本框中分别输入"25.82E-3, 2.4E-3, 0"，单击"Apply"按钮；在"NPT"文本框中输入"7"，在"X, Y, Z"文本框中分别输入"26.92E-3, 3.23E-3, 0"，单击"Apply"按钮；在"NPT"文本框中输入"8"，在"X, Y, Z"文本框中分别输入"27.11E-3, 0, 0"，单击"OK"按钮。

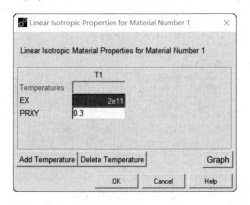

图 11-6　材料特性对话框

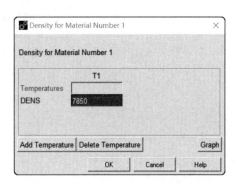

图 11-7　定义密度对话框

齿廓上各点坐标通过计算得到。

图 11-8　创建关键点对话框

（5）创建样条曲线。选择菜单 Main Menu→Preprocessor→Modeling→Create→Lines→Splines→Spline thru KPs。弹出选择窗口，依次选择关键点 2、3、4、5、6、7，单击"OK"按钮。

（6）镜像样条曲线。选择菜单 Main Menu→Preprocessor→Modeling→Reflect→Lines。弹出选择窗口，选择样条曲线，单击选择窗口的"OK"按钮；弹出"Reflect Lines"对话框，选择对称平面为"X-Z plane Y"，单击"OK"按钮。

（7）显示关键点、线编号。选择菜单 Utility Menu→PlotCtrls→Numbering。在弹出的对话框中，将"Keypoint numbers"（关键点编号）和"Line numbers"（线编号）打开，单击"OK"按钮。

（8）显示关键点和线。选择菜单 Utility Menu→Plot→Multi- Plots。

（9）创建圆弧。选择菜单 Main Menu→Preprocessor→Modeling→Create→Lines→Arcs→Through 3 KPs。弹出选择窗口，依次选择关键点 2、9、1，单击"Apply"按钮；再依次选择关键点 7、10、8，单击"OK"按钮。

（10）创建端面齿槽面。选择菜单 Main Menu→Preprocessor→Modeling→Create→Areas→Arbitrary→By Lines。弹出选择窗口，依次选择线 1、4、2、3，单击"OK"按钮。

（11）激活全局圆柱坐标系。选择菜单 Utility Menu→WorkPlane→Change Active CS to→Global Cylindrical。

（12）改变视点。选择菜单 Utility Menu→PlotCtrls→Pan Zoom Rotate。在弹出的对话框中，单击"Iso"按钮，或者单击图形窗口右侧显示控制工具条上的 按钮。

（13）由齿槽面挤出齿槽体。选择菜单 Main Menu→Preprocessor→Modeling→Operate→Extrude→Areas→By XYZ Offset。弹出选择窗口，选择齿槽面，单击"OK"按钮，弹出如图 11-9 所示的对话框，在"DX, DY, DZ"文本框中分别输入"0, 8.412, 0.02"，单击"OK"按钮。

（14）复制齿槽体。选择菜单 Main Menu→Preprocessor→Modeling→Copy→Volumes。弹出选择窗口，选择齿槽体，单击"OK"按钮；随后弹出如图 11-10 所示的对话框，在"ITIME"文本框中输入"24"，在"DY"文本框中输入"360/24"，单击"OK"按钮。

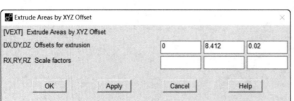

图 11-9　通过偏移挤出面对话框　　　　　　　图 11-10　复制体对话框

（15）关闭关键点、线编号，打开体编号。选择菜单 Utility Menu→PlotCtrls→Numbering。在弹出的对话框中，将"Keypoint numbers"（关键点编号）和"Line numbers"（线编号）关闭、"Volume numbers"（体编号）打开，单击"OK"按钮。

（16）显示体。选择菜单 Utility Menu→Plot→Volumes。

（17）激活全局直角坐标系。选择菜单 Utility Menu→WorkPlane→Change Active CS to→Global Cartesian。

（18）创建齿顶圆柱体。选择菜单 Main Menu→Preprocessor→Modeling→Create→Volumes→Cylinder→By Dimension。弹出如图 11-11 所示的对话框，在"RAD1"文本框中输入"0.02637"，在"RAD2"文本框中输入"0.01"，在"Z2"文本框中输入"0.02"，单击"OK"按钮。

（19）创建键槽块。选择菜单 Main Menu→Preprocessor→Modeling→Create→Volumes→Block→By Dimension。弹出如图 11-12 所示的对话框，在"X1, X2"文本框中分别输入"-0.003, 0.003"，在"Y1, Y2"文本框中分别输入"0, 0.0128"，在"Z1, Z2"文本框中分别输入"0, 0.02"，单击"OK"按钮。

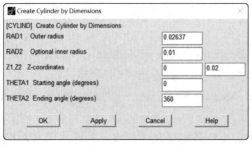　　　　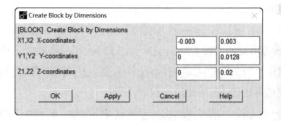

图 11-11　创建圆柱体对话框　　　　　　　　　图 11-12　创建块对话框

（20）作布尔减运算。选择菜单 Main Menu→Preprocessor→Modeling→Operate→Booleans→Subtract→Volumes。弹出选择窗口，选择圆柱体，单击"OK"按钮；再次弹出选择窗口，单击"Pick All"按钮。

（21）划分单元。选择菜单 Main Menu→Preprocessor→Meshing→MeshTool。弹出如图 11-13 所示的对话框，选择"Smart Size"，将其下方滚动条的值（智能尺寸的级别）选择为 9；单击"Size Controls"区域中"Global"后"Set"按钮，弹出如图 11-14 所示的对话框，在"SIZE"文本框中输入"0.002"，单击"OK"按钮。

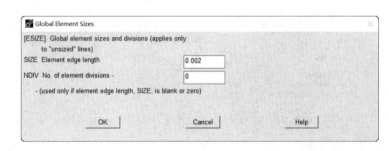

图 11-13　划分单元工具对话框　　　　　　　图 11-14　单元尺寸对话框

在图 11-13 所示的对话框的"Mesh"区域，选择单元形状为"Tet"（四面体），选择划分单元的方法为"Free"（自由划分）。单击"Mesh"按钮，弹出选择窗口，选择体，单击"OK"按钮。

（22）激活全局圆柱坐标系。选择菜单 Utility Menu→WorkPlane→Change Active CS to→Global Cylindrical。

（23）选择内孔表面上的所有节点。选择菜单 Utility Menu→Select→Entities。弹出如图 11-15 所示的对话框，在各下拉列表框、文本框、单选按钮中依次选择或输入"Nodcs""By Location""X coordinates""0.01""From Full"，单击"OK"按钮。

（24）旋转所选择节点的节点坐标系到当前坐标系。选择菜单 Main Menu→Preprocessor→Modeling→Move/Modify→Rotate Node CS→To Active CS。弹出选择窗口，单击"Pick All"按钮。

图 11-15　选择实体对话框

（25）施加约束。选择菜单 Main Menu→Solution→Define Loads→Apply→Structural→Displacement→On Nodes。弹出选择窗口，单击"Pick All"按钮。弹出如图 11-16 所示的对话框，在"Lab2"列表中选择"UX"，单击"OK"按钮。

（26）选择所有。选择菜单 Utility Menu→Select→Everything。

（27）施加约束。选择菜单 Main Menu→Solution→Define Loads→Apply→Structural→Displacement→On Areas。弹出选择窗口，选择面 208（键槽侧面），单击"OK"按钮，弹出与图 11-16 类似的对话框，在"Lab2"列表中选择"UX"，单击"OK"按钮。

（28）选择齿轮端面上节点。选择菜单 Utility Menu→Select→Entities。弹出如图 11-15 所示的对话框，在各下拉列表框、文本框、单选按钮中依次选择或输入"Nodes""By Location""Z coordinates""0""From Full"，单击"Apply"按钮；再次在各下拉列表框、文本框、单选按钮中依次选择或输入"Nodes""By Location""Z coordinates""0.02""Also Select"，单击"Apply"按钮；再次在各下拉列表框、文本框、单选按钮中依次选择或输入"Nodes""By Location""X coordinates""0, 0.015""Reselect"，单击"OK"按钮。

（29）施加约束。选择菜单 Main Menu→Solution→Define Loads→Apply→Structural→Displacement→On Nodes。弹出选择窗口，单击"Pick All"按钮。弹出如图 11-16 所示的对话框，在"Lab2"列表中选择"UZ"，单击"OK"按钮。

（30）选择所有。选择菜单 Utility Menu→Select→Everything。

（31）指定分析类型。选择菜单 Main Menu→Solution→Analysis Type→New Analysis。弹出如图 11-17 所示的对话框，选择"Type of Analysis"为"Modal"，单击"OK"按钮。

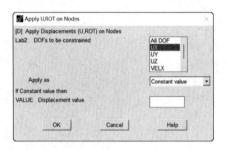

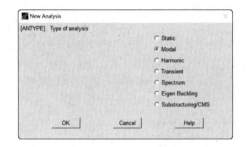

图 11-16 在节点上施加约束对话框 　　　　图 11-17 指定分析类型对话框

（32）指定分析选项。选择菜单 Main Menu→Solution→Analysis Type→Analysis Options。弹出如图 11-18 所示的对话框，在"No. of modes to extract"文本框中输入"5"，单击"OK"按钮；弹出"Block Lanczos Method"对话框，单击"OK"按钮。

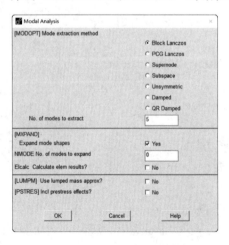

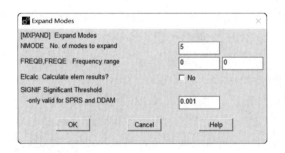

图 11-18 模态分析选项对话框 　　　　　　图 11-19 扩展模态对话框

（33）指定要扩展的模态数。选择菜单 Main　Menu→Solution→Load　Step　Opts→Expansionpass→Single Expand→Expand modes，弹出如图 11-19 所示的对话框，在"NMODE"文本框中输入"5"，单击"OK"按钮。

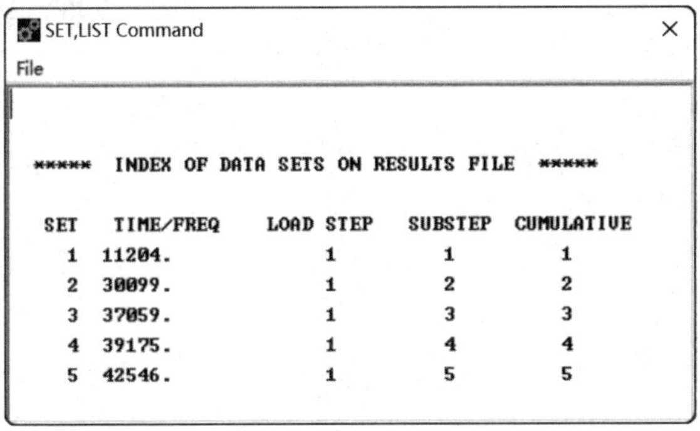

```
SET,LIST Command                                          ×
File

***** INDEX OF DATA SETS ON RESULTS FILE *****

SET    TIME/FREQ    LOAD STEP    SUBSTEP    CUMULATIVE
  1    11204.           1            1            1
  2    30099.           1            2            2
  3    37059.           1            3            3
  4    39175.           1            4            4
  5    42546.           1            5            5
```

图 11-20　结果摘要

（34）求解。选择菜单 Main Menu→Solution→Solve→Current LS。单击"Solve Current Load Step"对话框的"OK"按钮。当出现"Solution is done!"提示时，求解结束，即可查看结果了。

（35）列表固有频率。选择菜单 Main Menu→General Postproc→Results Summary。弹出如图 11-20 所示的窗口，列表中显示了模型的前 5 阶频率。

读者可参照第 10 例的方法，观察齿轮的振型。

11.3　命令流

/CLEAR	!清除数据库，新建分析
/FILNAME, E10-2	!定义任务名为 E10-2
/PREP7	!进入预处理器
ET, 1, SOLID185	!选择单元类型
MP, EX, 1, 2E11	!定义材料模型
MP, PRXY, 1, 0.3	
MP, DENS, 1, 7850	
K, 1, 21.87E-3	!创建关键点
K, 2, 22.82E-3, 1.13E-3	
K, 3, 24.02E-3, 1.47E-3	
K, 4, 24.62E-3, 1.73E-3	
K, 5, 25.22E-3, 2.08E-3	
K, 6, 25.82E-3, 2.4E-3	
K, 7, 26.92E-3, 3.23E-3	
K, 8, 27.11E-3	
BSPLIN, 2, 3, 4, 5, 6, 7	!用样条曲线创建齿廓曲线
LSYMM, Y, 1	!镜像齿廓曲线
LARC, 2, 9, 1	!创建圆弧

LARC, 7, 10, 8	
AL, ALL	!由线创建面
CSYS, 1	!切换活跃坐标系为全局圆柱坐标系
VEXT, 1, , , 0, 8.412, 0.02	!面挤出形成体（齿槽）
VGEN, 24, 1, , , 0, 360/24	!复制体
CSYS, 0	!切换活跃坐标系为全局直角坐标系
CYL4, 0, 0, 0.01, 0, 0.02637, 360, 0.02	!创建圆柱体
BLOCK, -0.003, 0.003, 0, 0.0128, 0, 0.02	!创建块
VSBV, 25, ALL	!布尔减运算
SMRTSIZE, 9	!设置智能单元尺寸级别
ESIZE, 0.002	!设置总体单元尺寸
MSHAPE, 1	!指定单元形状为四面体
MSHKEY, 0	!指定自由网格
VMESH, ALL	!对体划分单元
CSYS, 1	!切换活跃坐标系为全局圆柱坐标系
NSEL, S, LOC, X, 0.01	!选择 R=0.01（内孔表面）的节点
NROTAT, ALL	!将所选择节点的节点坐标系旋转到全球圆柱坐标系
D, ALL, UX	!在选择的节点上施加径向约束
ALLSEL, ALL	!选择所有
FINISH	!退出预处理器
/SOLU	!进入求解器
ANTYPE, MODAL	!指定分析类型为模态分析
MODOPT, LANB, 5	!指定分析选项，挤出频率数为5
MXPAND, 5	!扩展频率数为5
DA, 208, UX	!在键槽侧面上施加垂直方向位移约束
NSEL, S, LOC, Z, 0	!选择 Z=0 的节点
NSEL, A, LOC, Z, 0.02	!选择 Z=0.02 的节点，并添加到节点选择集中
NSEL, R, LOC, X, 0, 0.015	!选择 Z=0 或 Z=0.02、0≤R≤0.015 的节点
D, ALL, UZ	!在选择的节点上施加位移约束
ALLSEL, ALL	!选择所有
SOLVE	!求解
FINISH	!退出求解器
/POST1	!进入通用后处理器
SET, LIST	!列表固有频率
FINISH	!退出通用后处理器

第12例　有预应力模态分析实例—— 弦的横向振动

12.1　概述

有预应力模态分析用于计算有预应力结构的固有频率和振型，如对高速旋转的锯片（见图 12-1）的分析。除了首先要进行静力学分析并把预应力施加到结构上外，有预应力模态分析的过程与普通的模态分析基本一致。

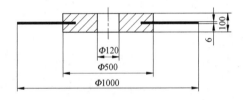

图 12-1　高速旋转的锯片

有预应力模态分析步骤如下。

（1）建模并进行静力学分析。进行静力学分析时，预应力效果选项必须打开（PSTRES, ON），集中质量的设置（LUMPM）必须与随后进行的有预应力模态分析保持一致。静力学分析过程与普通的静力学分析完全一致。

（2）重新进入 Solution，进行模态分析。同样，预应力效果选项也必须打开（PSTRES, ON）。另外，静力学分析中生成的文件 Jobname.EMAT 和 Jobname.ESAV 都必须存在。

（3）扩展模态后在后处理器中查看结果。

12.2　问题描述及解析解

图 12-2 所示为一被张紧的琴弦示意图，已知琴弦的横截面面积 $A=10^{-6}\text{m}^2$，长度 $L=1\text{m}$，琴弦材料密度 $\rho=7800\text{kg/m}^3$，张紧力 $T=2000\text{N}$，计算其固有频率。

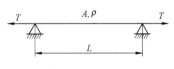

图 12-2　张紧的琴弦示意图

根据振动学理论，琴弦的固有频率计算过程如下。

琴弦单位长度的质量：

$$\gamma=\rho A=7800\times10^{-6}=7.8\times10^{-3}\text{kg/m}$$

波速：
$$a = \sqrt{\frac{T}{\gamma}} = \sqrt{\frac{2000}{7.8 \times 10^{-3}}} = 506.4 \text{m/s}$$

琴弦的第 i 阶固有频率：

$$f_i = \frac{ia}{2L} = \frac{i \times 506.4}{2 \times 1} = 253.2i \text{ Hz} \quad (i=1, 2, \ldots) \tag{12-1}$$

按式（12-1）计算出琴弦的前 10 阶固有频率，列表如下。

表 12-1　琴弦的前 10 阶固有频率

阶　　次	1	2	3	4	5	6	7	8	9	10
固有频率（Hz）	253.2	506.4	759.6	1012.8	1266.0	1519.2	1772.4	2025.6	2278.8	2532.0

12.3　分析步骤

（1）改变任务名。选择菜单 Utility Menu→File→Change Jobname。弹出如图 12-3 所示的对话框，在"[/FILNAM]"文本框中输入"E12"，单击"OK"按钮。

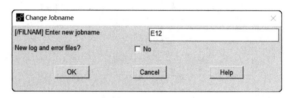

图 12-3　改变任务名对话框

（2）选择单元类型。选择菜单 Main Menu→Preprocessor→Element Type→Add/Edit/Delete。弹出如图 12-4 所示的对话框，单击"Add"按钮；弹出如图 12-5 所示的对话框，在左侧列表中选择"Link"，在右侧列表中选择"3D finit stn 180"，单击"OK"按钮；单击图 12-4 所示对话框中的"Close"按钮。

 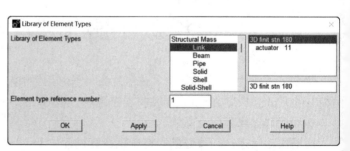

图 12-4　单元类型对话框　　　　　图 12-5　单元类型库对话框

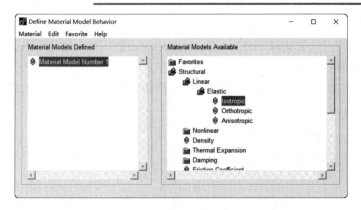

图 12-6　材料模型对话框

（3）定义材料模型。选择菜单 Main Menu→Preprocessor→Material Props→Material Models，弹出如图 12-6 所示的对话框，在右侧列表中依次选择"Structural""Linear""Elastic""Isotropic"，弹出如图 12-7 所示的对话框，在"EX"文本框中输入"2e11"（弹性模量），在"PRXY"文本框中输入"0.3"（泊松比），单击"OK"按钮；再选择右侧列表中"Structural"下"Density"，弹出如图 12-8 所示的对话框，在"DENS"文本框中输入"7800"（密度），单击"OK"按钮。然后关闭图 12-6 所示的对话框。

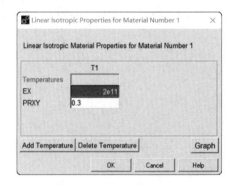

图 12-7　材料特性对话框

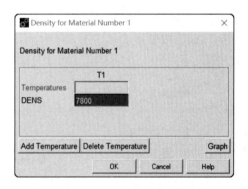

图 12-8　定义密度对话框

（4）定义杆的横截面。选择菜单 Main Menu→Preprocessor→Sections→Link→Add，在弹出的"Add Link Section"对话框中输入截面标识号"1"，如图 12-9 所示，单击"OK"按钮；随后弹出如图 12-10 所示的对话框，在"SECDATA"文本框中分别输入杆的横截面面积"1E-6"，单击"OK"按钮。

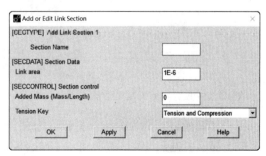

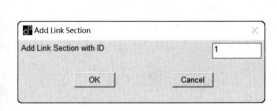

图 12-9　定义横截面对话框

图 12-10　定义横截面面积对话框

当单元特性对实体特性表达不充分时，需要用截面进行补充说明。

（5）创建关键点。选择菜单 Main Menu→Preprocessor→Modeling→Create→Keypoints→In Active CS。弹出如图 12-11 所示的对话框，在"NPT"文本框中输入"1"，在"X, Y, Z"文本框中分别输入"0, 0, 0"，单击"Apply"按钮；在"NPT"文本框中输入"2"，在"X, Y, Z"文本框中分别输入"1, 0, 0"，单击"OK"按钮。

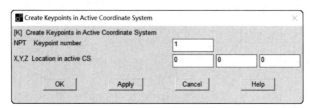

图 12-11　创建关键点对话框

（6）创建直线。选择菜单 Main Menu→Preprocessor→Modeling→Create→Lines→Lines→Straight Line。弹出选择窗口，选择上一步创建的关键点 1 和 2，单击"OK"按钮。

（7）划分单元。选择菜单 Main Menu→Preprocessor→Meshing→MeshTool。弹出如图 12-12 所示的对话框，单击"Size Controls"区域中"Lines"后"Set"按钮，弹出选择窗口，选择上一步创建的直线 1，单击"OK"按钮；弹出如图 12-13 所示的对话框，在"NDIV"文本框中输入"50"，单击"OK"按钮；单击"Mesh"区域的"Mesh"按钮，弹出选择窗口，选择直线 1，单击"OK"按钮。

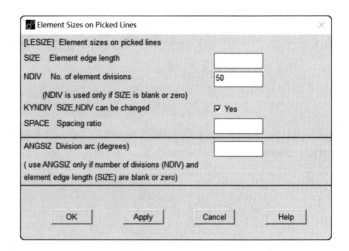

图 12-12　划分单元工具对话框　　　　　　图 12-13　单元尺寸对话框

下一步开始进行静力分析，把预应力加到结构上去，用预应力模拟张紧力。

（8）显示关键点编号。选择菜单 Utility Menu→PlotCtrls→Numbering。弹出如图 12-14 所示的对话框，将"Keypoint numbers"（关键点编号）打开，单击"OK"按钮。

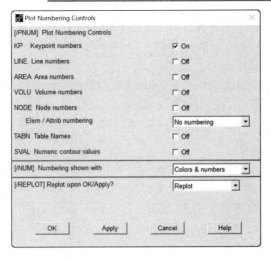

图 12-14　图号控制对话框

（9）显示直线。选择菜单 Utility Menu→Plot→Lines。

（10）施加约束。选择菜单 Main Menu→Solution→Define Loads→Apply→Structural→Displacement→On Keypoints。弹出选择窗口，选择关键点 1，单击"OK"按钮；弹出如图 12-15 所示的对话框，在"Lab2"列表中选择"All DOF"，单击"Apply"按钮；再次弹出选择窗口，选择关键点 2，单击"OK"按钮，再次弹出如图 12-15 所示的对话框，在"Lab2"列表中选择"UY""UZ"，单击"OK"按钮。

（11）施加载荷。选择菜单 Main Menu→Solution→Define Loads→Apply→Structural→Force/Moment→On Keypoints。弹出选择窗口，选择关键点 2，单击"OK"按钮，弹出如图 12-16 所示的对话框，选择"Lab"下拉列表框为"FX"，在"VALUE"文本框中输入"2000"，单击"OK"按钮。

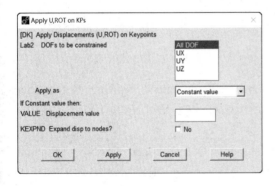

图 12-15　施加约束对话框

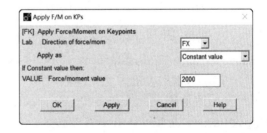

图 12-16　施加载荷对话框

（12）打开预应力效果。在如图 12-17 所示的 ANSYS 命令行中输入"pstres, on"，然后回车。

图 12-17　ANSYS 命令行

该命令的菜单路径为 Main Menu→Solution→Analysis Type→Analysis Options，如果该菜单项未显示在界面上，可以选择菜单 Main Menu→Solution→Unabridged Menu，以显示 Main Menu→Solution 下所有菜单项。

（13）求解。选择菜单 Main Menu→Solution→Solve→Current LS。单击 "Solve Current Load Step" 对话框的 "OK" 按钮。当出现 "Solution is done!" 提示时，静应力分析结束。

（14）退出求解器。选择菜单 Main Menu→Finish。

下一步开始进行模态分析。

（15）指定分析类型。选择菜单 Main Menu→Solution→Analysis Type→New Analysis。弹出如图 12-18 所示的对话框，选择 "Type of Analysis" 为 "Modal"，单击 "OK" 按钮。

（16）指定分析选项。选择菜单 Main Menu→Solution→Analysis Type→Analysis Options。弹出如图 12-19 所示的对话框，在 "No. of modes to extract" 文本框中输入 "20"，选择 "PSTRES" 为 "Yes"，单击 "OK" 按钮；弹出 "Block Lanczos Method" 对话框，单击 "OK" 按钮。

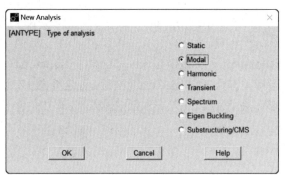

图 12-18　指定分析类型对话框　　　　图 12-19　模态分析选项对话框

（17）指定要扩展的模态数。选择菜单 Main Menu→Solution→Load Step Opts→Expansionpass→Single Expand→Expand modes。弹出如图 12-20 所示的对话框，在 "NMODE" 文本框中输入 "20"，单击 "OK" 按钮。

（18）施加约束。选择菜单 Main Menu→Solution→Define Loads→Apply→Structural→Displacement→On Keypoints。弹出选择窗口，选择关键点 2，单击 "OK" 按钮，弹出如图 12-15 所示的对话框，在 "Lab2" 列表中选择 "All DOF"，单击 "OK" 按钮。

（19）求解。选择菜单 Main Menu→Solution→Solve→Current LS。单击 "Solve Current Load Step" 对话框的 "OK" 按钮。当出现 "Solution is done!" 提示时，求解结束，即可查看结果了。

（20）列表固有频率。选择菜单 Main Menu→General Postproc→Results Summary。弹出如图 12-21 所示的窗口，列表中显示了模型的前 20 阶频率，与表 12-1 对照发现结果虽然存在一定的误差，但与解析解是基本相符的。查看完毕后，关闭窗口。

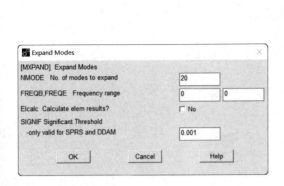

图 12-20　扩展模态对话框

SET	TIME/FREQ	LOAD STEP	SUBSTEP	CUMULATIVE
1	253.23	1	1	1
2	253.23	1	2	2
3	506.70	1	3	3
4	506.70	1	4	4
5	760.68	1	5	5
6	760.68	1	6	6
7	1015.4	1	7	7
8	1015.4	1	8	8
9	1271.1	1	9	9
10	1271.1	1	10	10
11	1528.1	1	11	11
12	1528.1	1	12	12
13	1786.6	1	13	13

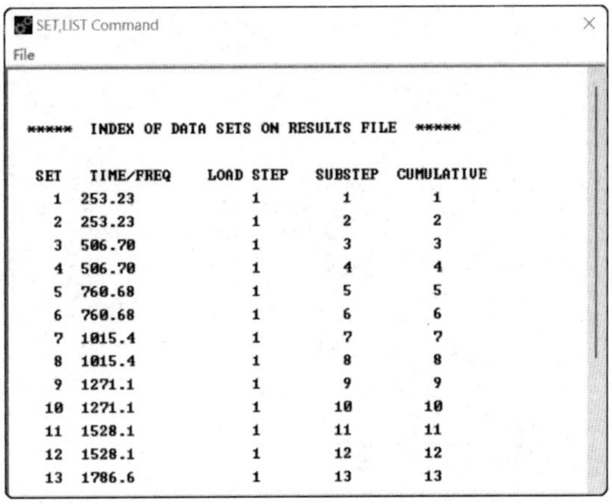

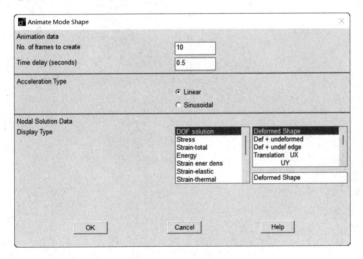

图 12-21　结果摘要

以下过程为用动画观察模型的各阶振型。

（21）从结果文件读结果。选择菜单 Main Menu→General Postproc→Read Results→First Set。

（22）用动画观察模型的一阶模态。选择菜单 Utility Menu→PlotCtrls→Animate→Mode Shape。弹出如图 12-22 所示的对话框，单击“OK”按钮。观察完毕，单击“Animation Controller”对话框的“Close”按钮。

图 12-22　模态动画对话框

（23）观察其余各阶模态。选择菜单 Main Menu→General Postproc→Read Results→Next Set。依次将其余各阶模态的结果读入，然后重复步骤 21。

12.4　命令流

```
/CLEAR                  !清除数据库，新建分析
/FILNAME, E12           !定义任务名为 E12
/PREP7                  !进入预处理器
```

ET, 1, LINK180	!选择单元类型
MP, EX, 1, 2E11	!定义材料模型
MP, PRXY, 1, 0.3	
MP, DENS, 1, 7800	
SECTYPE, 1, LINK	!指定截面类型
SECDATA, 1e-6	!指定横截面面积
K, 1, 0, 0, 0	!创建关键点
K, 2, 1, 0, 0	
LSTR, 1, 2	!创建直线
LESIZE, 1, , , 50	!指定直线划分单元段数为 50
LMESH, 1	!对直线划分单元
FINISH	!退出预处理器
/SOLU	!进入求解器，进行静力分析
DK, 1, ALL	!在关键点上施加位移约束
DK, 2, UY	
DK, 2, UZ	
FK, 2, FX, 2000	!在关键点上施加集中力载荷
PSTRES, ON	!打开预应力效果
SOLVE	!求解
SAVE	!保存数据库
FINISH	!退出求解器
/SOLU	!进入求解器，进行模态分析
ANTYPE, MODAL	!指定分析类型为模态分析
MODOPT, LANB, 20	!指定分析选项，挤出频率数为 20
MXPAND, 20	!扩展频率数为 20
DK, 2, UX	!在关键点上施加位移约束
PSTRES, ON	!打开预应力效果
SOLVE	!求解
FINISH	!退出求解器
/POST1	!进入通用后处理器
SET, LIST	!列表固有频率
SET, FIRST	!读第一阶频率的结果
PLDI	!显示位移
ANMODE, 10, 0.5, , 0	!动画振型
SET, NEXT	!读下一阶频率的结果
SET, NEXT	
PLDI	
ANMODE, 10, 0.5, , 0	
FINISH	!退出通用后处理器

第 13 例　谐响应分析实例——单自由度系统的受迫振动

13.1　谐响应分析

13.1.1　概述

谐响应分析主要用于确定线性结构承受随时间按正弦规律变化载荷时的稳态响应。通过谐响应分析，可以得到结构的响应频率曲线及峰值响应，对结构的动力特性作出评估，以克服共振、疲劳及其他受迫振动引起的不良影响。

谐响应分析是线性分析，会忽略包括接触、塑性等所有非线性特性。不考虑瞬态效应，可以包括预应力效应。另外还要求所有载荷必须具有相同的频率。

谐响应分析求解方法有完全法（Full）、模态叠加法（Mode Superposition）等。

1. 完全法

完全法是最简单有效的方法，但计算成本也较高，其优点如下。

（1）不必关心如何选取振型。

（2）它采用完整的系数矩阵计算谐响应，不涉及质量矩阵的近似。

（3）系数矩阵可以是对称的，也可以是非对称的。非对称系数矩阵的典型应用是声学和轴承问题。

（4）用单一的过程计算出所有的位移和应力。

（5）可施加所有类型的载荷，包括节点力、强迫（非零）位移和单元载荷（压力和温度）等。

（6）能有效地使用实体模型载荷。

其缺点是用稀疏矩阵直接求解器求解时计算成本较高，但用 JCG 求解器、ICCG 求解器求解某些 3D 问题时效率很高。

2. 模态叠加法

模态叠加法通过用模态分析得到的振型乘以因子，并求和来计算结构的响应，其优点如下。

（1）对于许多问题，其比完全法更快、计算成本更低。

（2）在预先进行的模态分析中施加的单元载荷，可通过 LVSCALE 命令引入到谐响应分析中。

（3）可以使解按固有频率聚集，以得到更光滑、更精确的响应曲线。

（4）可以考虑预应力效果。

（5）允许考虑模态阻尼。

其缺点是不能施加非零位移。

13.1.2　谐响应分析的步骤

1. 完全法

完全法谐响应分析包括建模、施加载荷和求解、查看结果 3 个步骤。

1）建模

完全法谐响应分析的建模过程与其他分析相似，包括定义单元类型、定义单元实常数、定义材料模型、建立几何模型和划分网格等。但需要注意的是，谐响应分析是线性分析，非线性特性将被忽略掉。必须定义材料的弹性模量和密度，或某种形式的刚度或质量。材料性质可以是线性的、各向同性的或正交各向异性的、恒定的或与温度相关的。

2）施加载荷和求解

在该步骤中，需要指定分析类型和选项、施加载荷、指定载荷步选项，并进行求解。

分析选项包括：分析类型选项、求解方法选项、解格式选项、质量矩阵选项、求解器选项。

根据谐响应分析的定义，施加的所有载荷都随时间按正弦规律变化。指定一个完整的正弦载荷需要确定 3 个参数：幅值（Amplitude）、相位角（Phase Angle）、载荷频率范围（Forcing Frequency Range）；或者实部、虚部和载荷频率范围。

幅值是载荷的最大值。

相位角是载荷领先或滞后参考时间的量度，在如图 13-1 所示的复平面上，相位角是以实轴为起始的角度。当存在多个有相位差的载荷时，必须指定相位角。相位角不能被直接定义，而是由加载命令的 VALUE 和 VALUE2 参数指定载荷的实部和虚部。载荷的实部、虚部与幅值、相位角的关系如图 13-1 所示。

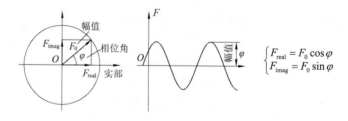

图 13-1　简谐载荷

为得到响应曲线，需要指定载荷的频率范围。所有载荷的频率必须相同。

载荷类型包括位移约束、集中载荷、压力、温度体载荷和惯性载荷。可以在关键点、线、面、体等实体模型上施加载荷，也可以在节点、单元等有限元模型上施加载荷。

载荷步选项包括：普通选项有谐响应解的数目、是斜坡载荷还是阶跃载荷，动力学选项有强迫振动频率范围、阻尼，输出选项有打印输出选项、数据库和结果文件输出选项、结果外推选项。

3）查看结果

分析计算得到的所有结果也都是按正弦规律变化的。可以用 POST1 或 POST26 查看结果，POST1 用于查看在特定频率下整个模型的结果，POST26 用于查看模型特定点在整个频率范围内的结果。通常的处理顺序是首先用 POST26 找到临界频率，然后用 POST1 在临界频率处查看整个模型。

POST26 用结果-频率对应关系表即变量来查看结果，1 号变量被软件内定为频率。首先要定义变量，然后可以作变量-频率曲线或列表变量-频率曲线，得到列表变量的极限值。

在 POST1 中，首先要用 SET 命令读取某一频率的结果到内存中，然后进行结果的查看。

2. 模态叠加法

模态叠加法谐响应分析包括建模、获得模态解、用模态叠加法进行谐响应分析、扩展解、查看结果 5 个步骤，其中建模和查看结果过程与完全法相同，下面主要介绍其他步骤。

1）获得模态解

分析过程与普通的模态分析基本相同，需要注意的是可以使用的模态提取方法有块兰索斯法、预条件兰索斯法、子空间法、超节点法、非对称矩阵法、QR 阻尼法。确保提取出对谐响应有贡献的所有模态。使用 QR 阻尼法时，必须在模态分析中指定阻尼，在谐响应分析中定义附加阻尼。如果需要施加简谐单元载荷（如压力、温度或加速度等），则必须在模态分析中施加。这些载荷在模态分析时会被忽略，但该过程会计算相应的载荷向量并保存到振型文件中，以便在模态叠加时使用。在模态分析和谐响应分析中不能改变模型。

2）用模态叠加法进行谐响应分析

进行模态叠加需要满足以下条件。

模态文件 Jobname.MODE 必须可用；如果加速度载荷（ACEL）存在于模态叠加分析中，则 Jobname.FULL 文件必须是可用的；数据库中必须包括与模态分析相同的模型；如果在模态分析中创建了载荷向量并把单元结果写入了 Jobname.MODE 文件，则单元模态载荷文件 Jobname.MLV 必须是可用的。

具体分析步骤如下。

（1）再次进入求解器。

（2）定义分析类型和分析选项。与完全法的不同点：要选择模态提取方法为模态叠加法。指定叠加的模态数，为提高解的精度，模态数应超过强迫载荷频率范围的 50%。添加在模态分析计算出的残差矢量，可以包含更高频率模态的贡献。将解按结构的固有频率进行聚集，以得到更光滑、更精确的响应曲线。

（3）施加载荷。与完全法的不同点：只有集中力、加速度及在模态分析中产生的载荷向量是有效的。

（4）指定载荷步选项。需要指定频率范围和解的数量。必须指定某种形式的阻尼，否则共振频率的响应将是无穷大。

（5）求解。

（6）退出求解器。

3）扩展解

扩展解是根据谐响应分析计算位移、应力和力的解，该计算只在指定的频率和相位角上进行，所以扩展前应查看谐响应分析的结果，以确定临界频率和相位角。

因为谐响应分析的位移解可用于后处理，所以只需要位移解时不需要扩展解，而需要应力、力的解时扩展是必须的。

在扩展解时谐响应分析的 RFRQ、DB 文件及模态分析的 MODE、EMAT、LMODE、ESAV、

MLV 文件必须可用。数据库中必须包含与谐响应分析相同的模型。

扩展模态的过程如下。

（1）重新进入求解器。

（2）激活扩展过程及选项，包括扩展过程开关选项、扩展解数量选项等。

（3）指定载荷步选项，可用的是输出控制选项。

（4）求解扩展过程。

（5）重复步骤（2）～（4），对其他解进行扩展。每个扩展过程在结果文件中都单独保存为一个载荷步。

（6）退出求解器。

13.1.3　谐响应分析操作

用 ANTYPE 命令指定分析类型，参见模态分析。

1．选择求解方法

菜单：Main Menu→Solution→Analysis Type→Analysis Options

命令：HROPT, Method, Value1, Value2, Value3, Value4, Value5

命令说明：Method 指定求解方法。当 Method=AUTO（默认）时，由软件自动选择最有效的方法。当 Method=FULL 时，为完全法。当 Method=MSUP 时，为模态叠加法。当 Method=VT 时，为基于完全法的变技术方法。

当 Method=AUTO 或 FULL 时，Value1、Value2、Value3、Value4、Value5 未使用。

当 Method=MSUP 时，Value1=MAXMODE、Value2=MINMODE，分别指定模态叠加法计算响应的最大模态和最小模态。其中，MAXMODE 的默认值为模态分析计算出的最高模态，MINMODE 的默认值为 1。Value3=MCFwrite，指定在 Jobname.mcf 文件中是否输出模态坐标。Value4 未使用。Value5=Mckey，指定在.rfrq 文件中是否输出模态坐标。

Damp 为模态阻尼，只在 Method=VT 时有效。

2．指定频率范围

菜单：Main Menu→Solution→Load Step Opts→Time/Frequenc→Freq and Substeps

命令：HARFRQ, FREQB, FREQE, --, LogOpt , FREQARR, Toler

命令说明：FREQB, FREQE 分别指定频率范围的下限和上限。如果 FREQE 为空，则只计算频率 FREQB。

LogOpt 指定对数频率范围。

3．指定解的数量

菜单：Main Menu→Solution→Load Step Opts→Time/Frequenc→Freq and Substeps

命令：NSUBST, NSBSTP, NSBMX, NSBMN, Carry

命令说明：NSBSTP 指定解的数量。

解平均分布在 HARFRQ 命令指定频率范围内。例如，HARFRQ 命令定义的频率范围是 30～40Hz，由 NSBSTP 参数指定解的数量为 10，则计算频率为 31，32，33，…，40Hz 结构的响应，而不计算频率范围下限的结果。

4. 阻尼

必须指定某种形式的阻尼，否则对共振频率的响应将是无穷大。

质量阻尼系数用 ALPHAD 命令输入，刚度阻尼系数用 BETAD 命令输入，常数结构阻尼系数用 DMPSTR 命令输入，材料的质量阻尼系数用 MP, ALPD 命令输入，材料的刚度阻尼系数用 MP, BETD 命令输入，材料的常数结构阻尼系数用 MP, DMPR 命令输入，材料的结构阻尼系数用 TB, SDAMP 命令输入，黏弹性阻尼用 TB, PRONY 命令输入。

5. 输出控制选项

用命令 OUTRES 控制写入数据库和结果文件的结果数据，用 OUTPR 命令控制写入输出文件的结果数据。

6. 施加载荷

可施加的载荷类型有位移约束、集中力、压力、温度体载荷，可以在实体模型上施加，也可以在有限元模型上施加。施加载荷命令参见静力学分析各实例，一般用命令的 VALUE 参数输入实部，用 VALUE2 参数输入虚部。

13.2 问题描述及解析解

单自由度系统如图 13-2 所示，质量 $m=1\text{kg}$，弹簧刚度 $k=10000\text{N/m}$，阻尼系数 $c=63\text{N·s/m}$，作用在系统上的激振力 $f(t)=F_0\sin\omega t$，$F_0=2000\text{N}$，ω 为激振频率。

根据振动学理论，系统的固有频率为

$$f_n = \frac{1}{2\pi}\sqrt{\frac{k}{m}} = \frac{1}{2\pi}\sqrt{\frac{10000}{1}} = 15.9\,\text{Hz}$$

受迫振动规律为

$$x(t) = \frac{F_0}{k\sqrt{(1-\lambda^2)^2 + (2\zeta\lambda)^2}}\sin(\omega t - \varphi)$$

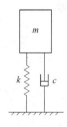

图 13-2 单自由
度系统

式中，λ 为频率比，$\lambda = \dfrac{\omega}{\omega_n}$；

ω_n 为系统的固有角频率，$\omega_n = \sqrt{\dfrac{k}{m}} = \sqrt{\dfrac{10000}{1}} = 100\,\text{rad/s}$；

ζ 为阻尼比，$\zeta = \dfrac{c}{2\sqrt{mk}} = \dfrac{63}{2\sqrt{1\times 10000}} = 0.315$；

φ 为振动响应与激振力的相位差，$\varphi = \arctan^{-1}\dfrac{2\zeta\lambda}{1-\lambda^2}$。

共振频率：

$$f_r = f_n\sqrt{1-2\zeta^2} = 15.9\sqrt{1-2\times 0.315^2} = 14.2\,\text{Hz}$$

共振幅值：

$$B_r = \frac{F_0}{c\omega_n} = \frac{2000}{63 \times 100} = 0.317 \, \text{m}$$

13.3 分析步骤

（1）改变任务名。选择菜单 Utility Menu→File→Change Jobname，弹出如图 13-3 所示的对话框，在"[/FILNAM]"文本框中输入"E13"，单击"OK"按钮。

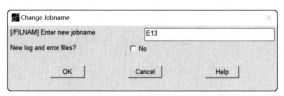

图 13-3 改变任务名对话框

（2）选择单元类型。选择菜单 Main Menu→Preprocessor→Element Type→Add/Edit/Delete，弹出如图 13-4 所示的对话框，单击"Add"按钮；弹出如图 13-5 所示的对话框，在左侧列表中选择"Structural Mass"，在右侧列表中选择"3D mass 21"，单击"Apply"按钮；再次弹出如图 13-5 所示的对话框，在左侧列表中选择"Combination"，在右侧列表中选择"Spring-damper 14"，单击"OK"按钮；单击如图 13-4 所示对话框中的"Close"按钮。

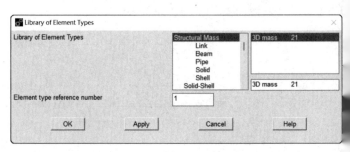

图 13-4 单元类型对话框　　　　　　　　　　图 13-5 单元类型库对话框

（3）定义实常数。选择菜单 Main Menu→Preprocessor→Real Constants→Add/Edit/Delete，弹出如图 13-6 所示的对话框，单击"Add"按钮，弹出如图 13-7 所示的对话框，在列表中选择"Type 1 MASS21"，单击"OK"按钮；弹出如图 13-8 所示的对话框，在"MASSX"文本框中输入"1"，单击"OK"按钮；返回如图 13-6 所示的对话框，单击"Add"按钮，再次弹出如图 13-7 所示的对话框，在列表中选择"Type 2 COMBIN14"，单击"OK"按钮，弹出如图 13-9 所示的对话框，在"K"文本框中输入"10000"，在"CV1"文本框中输入"63"，单击"OK"按钮；返回如图 13-6 所示的对话框，单击"Close"按钮。于是，定义了 MASS21 单元的质量为 1kg，COMBIN14 单元的刚度和阻尼系数分别为 10000N/m 和 63N·s/m。

图 13-6　实常数对话框

图 13-7　选择单元类型对话框

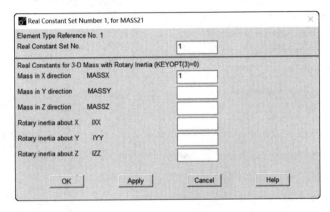

图 13-8　设置实常数对话框 1

（4）创建节点。选择菜单 Main Menu→Preprocessor→Modeling→Create→Nodes→In Active CS，弹出如图 13-10 所示的对话框，在"NODE"文本框中输入"1"，在"X, Y, Z"文本框中分别输入"0, 0, 0"，单击"Apply"按钮；在"NODE"文本框中输入"2"，在"X, Y, Z"文本框中分别输入"1, 0, 0"，单击"OK"按钮。

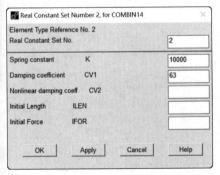

图 13-9　设置实常数对话框 2

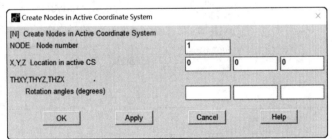

图 13-10　创建节点的对话框

（5）设置要创建单元的属性。选择菜单 Main Menu→Preprocessor→Modeling→Create→Elements→Elem Attributes，弹出如图 13-11 所示的对话框，选择"TYPE"下拉列表框为"2 COMBIN14"，选择"REAL"下拉列表框为"2"，单击"OK"按钮。

（6）创建弹簧阻尼单元。选择菜单 Main Menu→Preprocessor→Modeling→Create→

Elements→Auto Numbered→Thru Nodes，弹出选择窗口，选择节点 1 和 2，单击"OK"按钮。

（7）设置要创建单元的属性。选择菜单 Main Menu→Preprocessor→Modeling→Create→Elements→Elem Attributes，弹出如图 13-11 所示的对话框，选择"TYPE"下拉列表框为"1 MASS21"，选择"REAL"下拉列表框为"1"，单击"OK"按钮。

（8）创建质量单元。选择菜单 Main Menu→Preprocessor→Modeling→Create→Elements→Auto Numbered→Thru Nodes，弹出选择窗口，选择节点 2，单击"OK"按钮。

（9）显示节点和单元编号。选择菜单 Utility Menu→PlotCtrls→Numbering，弹出如图 13-12 所示的对话框，将"Node numbes"（节点编号）打开，选择"Elem/Attrib numbering"为"Element numbes"（显示单元编号），单击"OK"按钮。

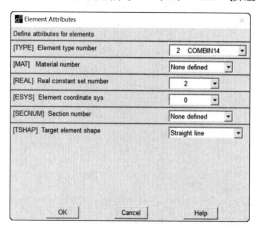

图 13-11　单元属性对话框

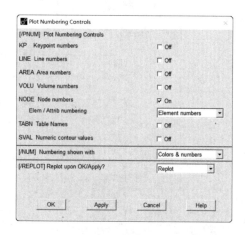

图 13-12　图号控制对话框

（10）施加约束。选择菜单 Main Menu→Solution→Define Loads→Apply→Structural→Displacement→On Nodes，弹出选择窗口，选择节点 1，单击"OK"按钮；弹出如图 13-13 所示的对话框，在"Lab2"列表中选择"All DOF"，单击"OK"按钮；再次执行命令，弹出选择窗口，选择节点 2，单击"OK"按钮，再次弹出如图 13-13 所示的对话框，在"Lab2"列表中依次选择"UY""UZ""ROTX""ROTY""ROTZ"，单击"OK"按钮。

（11）指定分析类型。选择菜单 Main Menu→Solution→Analysis Type→New Analysis，弹出如图 13-14 所示的对话框，选择"Type of Analysis"为"Harmonic"，单击"OK"按钮。

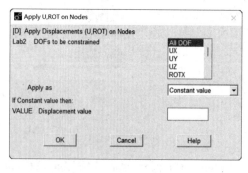

图 13-13　在节点上施加约束对话框

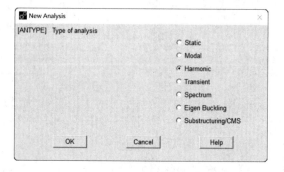

图 13-14　指定分析类型对话框

（12）指定激振频率范围和解的数目。选择菜单 Main Menu→Solution→Load Step Opts→Time/Frequenc→Freq and Substeps，弹出如图 13-15 所示的对话框，在"HARFRQ"文本框中输

入 "0" 和 "50"（在 ANSYS 中，频率单位为 Hz），在 "NSUBST" 文本框中输入 "25"，选择 "KBC" 为 "Stepped"，单击 "OK" 按钮。

（13）施加载荷。选择菜单 Main Menu→Solution→Define Loads→Apply→Structural→Force/Moment→On Nodes，弹出选择窗口，选择节点 2，单击 "OK" 按钮；弹出如图 13-16 所示的对话框，选择 "Lab" 下拉列表框为 "FX"，在 "VALUE" 文本框中输入 "2000"，单击 "OK" 按钮。

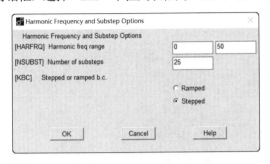

图 13-15　指定频率范围对话框

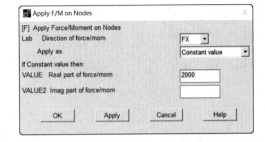

图 13-16　施加载荷对话框

（14）求解。选择菜单 Main Menu→Solution→Solve→Current LS，单击 "Solve Current Load Step" 对话框中的 "OK" 按钮。当出现 "Solution is done!" 提示时，求解结束，从下一步开始，进行结果的查看。

（15）定义变量。选择菜单 Main Menu→TimeHist Postpro→Define Variables，弹出如图 13-17 所示的对话框，单击 "Add" 按钮，弹出如图 13-18 所示的对话框，选择 "Type of Variable" 为 "Nodal DOF result"，单击 "OK" 按钮；弹出选择窗口，选择节点 2，单击 "OK" 按钮；弹出如图 13-19 所示的对话框，在 "Name" 文本框中输入 "Dispx"，单击 "OK" 按钮，返回如图 13-17 所示的对话框，单击 "Close" 按钮。

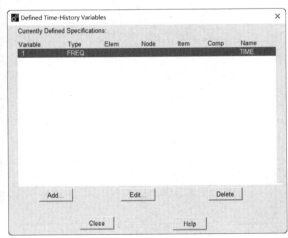

图 13-17　定义变量对话框

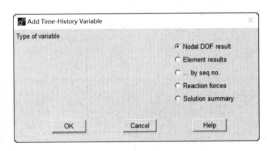

图 13-18　变量类型对话框

（16）用曲线图显示变量的幅值。选择菜单 Main Menu→TimeHist Postpro→Graph Variables，弹出如图 13-20 所示的对话框，在 "NVAR1" 文本框中输入 "2"，单击 "OK" 按钮。于是得到系统振动幅值与频率的关系曲线即幅频响应曲线，如图 13-21 所示。与解析解对比，可见分析结果是相当准确的。

（17）选择曲线图显示相位角。选择菜单 Main Menu→TimeHist Postpro→Settings→Graph。

弹出如图 13-22 所示的对话框，选择 "PLCPLX" 为 "Phase angle"，单击 "OK" 按钮。

（18）用曲线图显示变量的相位角。重复步骤（16），于是得到振动响应与激振力的相位差与频率的关系曲线即相频响应曲线，如图 13-23 所示。

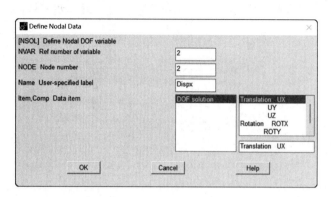

图 13-19　定义数据类型对话框

图 13-20　选择显示变量对话框

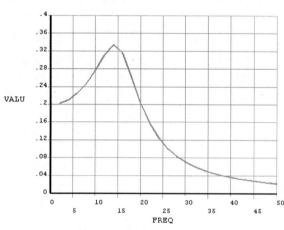

图 13-21　幅频响应曲线

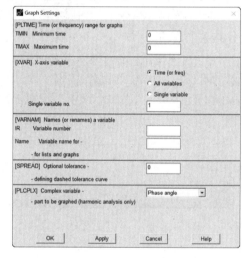

图 13-22　设置曲线图对话框

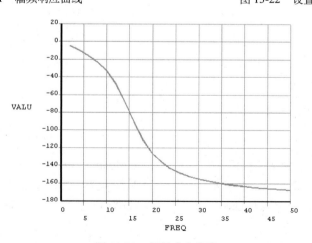

图 13-23　相频响应曲线

13.4　命令流

```
/CLEAR                                              !清除数据库，新建分析
/FILNAME, E13                                       !定义任务名为 E13
/PREP7                                              !进入预处理器
ET, 1, MASS21 $ ET, 2, COMBIN14                     !选择单元类型
R, 1, 1 $ R, 2, 10000, 63                           !定义实常数
N, 1, 0, 0, 0 $ N, 2, 1, 0, 0                       !创建节点
TYPE, 2 $ REAL, 2                                   !指定单元属性
E, 1, 2                                             !创建单元
TYPE, 1 $ REAL, 1
E, 2
FINISH                                              !退出预处理器
/SOLU                                               !进入求解器
ANTYPE, HARMIC                                      !指定分析类型为谐响应分析
D, 1, ALL $ D, 2, UY, , , , , UZ , ROTX, ROTY , ROTZ        !在节点上施加位移约束
HARFRQ, 0, 50                                       !指定频率范围
NSUBST, 25                                          !指定解的数目
KBC, 1                                              !指定阶跃载荷
F, 2, FX, 2000                                      !在节点上施加集中力载荷
SOLVE                                               !求解
SAVE                                                !保存数据库
FINISH                                              !退出求解器
/POST26                                             !进入时间历程后处理器
NSOL, 2, 2, U, X, DispX                             !定义变量
PLVAR, 2                                            !用曲线图显示变量 2
PLCPLX, 1                                           !设置用曲线图显示变量的相位角
PLVAR, 2
FINISH                                              !退出时间历程后处理器
```

13.5　高级应用

1．模态叠加法分析实例——悬臂梁的受迫振动

```
/CLEAR                                              !清除数据库，新建分析
/FILNAME, E13-2                                     !定义任务名为 E13-2
!创建模型
/PREP7                                              !进入预处理器
```

ET, 1, SOLID186	!选择单元类型
MP, EX, 1, 2E11 $ MP, PRXY, 1, 0.3 $ MP, DENS, 1, 7800	!定义材料模型
DMPRAT, 0.01	!设置常量模态阻尼比
/VIEW, 1, 1, 1, 1	!改变观察方向
BLOCK, 0, 0.005, 0, 0.005, 0, 0.06	!创建六面体
ESIZE, 0.002 $ VMESH, 1	!划分单元
FINISH	!退出预处理器
!模态分析	
/SOLU	!进入求解器
ANTYPE, MODAL	!指定分析类型为模态分析
MODOPT, LANB, 2	!提取模态方法为 BLOCK LANCZOS 法，提取二阶模态
MXPAND, 2, , , YES	!扩展二阶模态，计算单元结果
DA, 1, ALL	!施加约束
SAVE	!保存数据库
SOLVE	!求解模态分析
FINISH	!退出求解器
!模态叠加法谐响应分析	
/SOLU	!重新进入求解器
ANTYPE, HARMIC	!谐响应分析
HROPT, MSUP	!模态叠加法
HROUT, OFF	!指定输出幅值和相位角
LSEL, S, , , 7 $ NSLL, S, 1	!选择悬臂端处线 7 上所有节点
F, ALL, FY, 10	!施加集中力载荷
ALLS	!选择所有
HARFRQ, 1000, 1200	!频率范围
NSUBST, 50	!解的数目
KBC, 1	!阶跃载荷
SAVE	!保存数据库
SOLVE	!求解谐响应分析
FINISH	!退出求解器
!查看结果，确定临界频率	
/POST26	!进入时间历程后处理器
FILE, , RFRQ	!读入文件
NSOL, 2, 41, U, Y, DISPY	!定义变量，存储悬臂端位移
PLVAR, 2	!用曲线图显示变量 2
FINISH	!退出时间历程后处理器
!扩展模态	
/SOLU	!再次进入求解器
EXPASS, ON	!扩展模态
EXPSOL, , , 1136 $ HREXP, -94	!扩展计算的频率和相位角
SOLVE	!求解扩展模态

FINISH	!退出求解器
!查看结果	
/POST1	!进入通用后处理器
SET, , , , , 1136	!读结果到数据库
PLDISP, 2	!显示变形
PLNSOL, S, X	!显示应力云图
FINISH	!退出通用后处理器

第14例 瞬态动力学分析实例——凸轮从动件运动分析

14.1 瞬态动力学分析

瞬态动力学分析又称为时间历程分析，主要用于确定结构承受随时间按任意规律变化的载荷时的响应。它可以确定结构在静载荷、瞬态载荷和正弦载荷的任意组合作用下随时间变化的位移、应力和应变。载荷与时间的相关性使质量和阻尼效应对分析十分重要。

14.1.1 概述

瞬态动力学分析也采用完全法（Full）和模态叠加法（Mode Superposition）两种方法。

1. 完全法

完全法采用完整的系统矩阵计算瞬态响应，是更普遍的方法，它允许包括塑性、大变形、大应变、接触等所有类型的非线性。完全法计算成本较高，如果分析中不包含任何非线性，应该优先考虑使用模态叠加法。

完全法的优点如下。

（1）容易使用，而不必考虑选择模态。

（2）允许所有类型的非线性。

（3）采用完整矩阵，不用考虑质量矩阵的近似。

（4）一次计算得到所有的位移和应力。

（5）允许施加所有类型的载荷，包括节点力、非零位移、压力和温度。允许用 TABLE 数组施加位移边界条件。

（6）可以使用实体模型载荷。

完全法的缺点是计算成本较高。

2. 模态叠加法

模态叠加法是将模态分析得到的振型乘以参与因子并求和来计算结构的响应。

模态叠加法的优点如下。

（1）在很多问题上，其比完全法更快、计算成本更低。

（2）在预先进行的模态分析中施加的单元载荷可以通过 LVSCALE 命令应用到瞬态动力学分析。

（3）可以使用模态阻尼。

模态叠加法的缺点如下。

（1）在整个瞬态分析过程中，时间步长必须保持恒定，自动时间步是不被允许的。

（2）唯一允许的非线性是简单的点—点接触。

（3）不允许非零位移。

14.1.2　完全法瞬态动力学分析的步骤

与其他分析类型一样，完全法瞬态动力学分析也包括建模、施加载荷和求解、查看结果等几个步骤。

1．建模

建模过程与其他分析相似，需要注意以下几点。

（1）可以使用线性和非线性单元。

（2）必须指定材料的弹性模量和密度。材料特性可以是线性的或非线性的、各向同性的或各向异性的、恒定的或随温度变化的。

（3）可以使用单元阻尼、材料阻尼和比例阻尼系数。

确定单元密度时应该注意以下几点。

（1）网格应精细到能够求解感兴趣的最高阶振型。

（2）要观察应力、应变区域的网格应该比只观察位移区域精细一些。

（3）如果要包括非线性，网格应足够能捕获到非线性效果。

（4）如果考虑应力波的传播，网格要精细到可以计算出波效应。一般遵循的原则是沿波的传播方向，在每个波长上有 20 个单元。

2．施加载荷和求解

该步骤包括指定分析类型、设置求解控制选项、设置初始条件、设置其他选项、施加载荷、保存载荷步、求解等。

（1）用/SOLU 命令进入求解器。

（2）用 ANTYPE 命令指定分析类型为 TRANS（瞬态分析）。

（3）用 TRNOPT 命令指定分析方法为 FULL（完全法）。

（4）施加初始条件。

瞬态动力学可以施加随时间按任意规律变化的载荷。要指定这些载荷，需要把载荷对时间的关系曲线划分成适当的载荷步。在载荷-时间曲线上，每一个拐角都应作为一个载荷步，如图 14-1（a）所示。

施加瞬态载荷的第一个载荷步通常是建立初始条件，即零时刻的初始位移和初始速度。如果没有设置，两者都将被设为 0。

施加初始条件的方法有使用 IC 命令和从静载荷步开始两种。

接下来需要指定后续的载荷步和载荷步选项，即指定每一个载荷步的时间值、载荷值、是阶跃载荷还是坡度载荷，以及其他载荷步选项。最后将每一个载荷步写入文件并一次性求解所有载荷步。

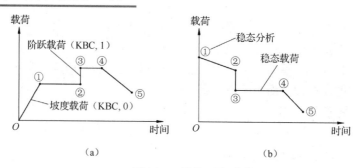

图 14-1　载荷-时间曲线

（5）设置求解选项。

求解选项包括基本选项、瞬态选项、其余选项。基本选项包括大变形效应选项、自动时间步长选项、积分时间步长选项、数据库输出控制选项。瞬态选项包括时间积分效应选项、载荷变化选项、质量阻尼选项、刚度阻尼选项、时间积分方法选项、积分参数选项。其余选项包括求解运算选项、非线性选项、高级非线性选项等类型。

（6）施加载荷。

载荷类型和施加载荷命令参见第 13 例。

（7）保存当前载荷步设置到载荷步文件。

（8）重复步骤（5）～（7），为每一个载荷步设置求解选项、施加载荷、保存载荷步文件等。

（9）从载荷步文件求解。

也可以按 13.9 节介绍的其他方法进行求解。

3．查看结果

与谐响应分析类似。具体命令参见 14.3 节。

14.1.3　模态叠加法瞬态动力学分析的步骤

模态叠加法瞬态动力学分析包括建模、获得模态解、获取模态叠加瞬态解、扩展模态叠加解、查看结果等几个步骤。其中建模、查看结果与完全法瞬态动力学分析相同，获得模态解与模态叠加法谐响应分析相同。下面简单介绍其余步骤。

1．获取模态叠加瞬态解

进行模态叠加需要满足以下条件：

（1）模态文件 Jobname.MODE 必须可用。

（2）如果加速度载荷（ACEL）存在于模式叠加分析中，则 Jobname.FULL 文件必须是可用的。

（3）数据库中必须包括与模态分析相同的模型。

（4）如果在模态分析中创建了载荷向量并把单元结果写到了 Jobname.MODE 文件，则单元模态载荷文件 Jobname.MLV 必须是可用的。

具体分析步骤如下所述。

（1）再次进入求解器。

（2）定义分析类型和分析选项。与完全法的不同点在于：

① 模态叠加法瞬态动力学分析不能使用完整的求解控制对话框，但必须使用求解命令的标准设置。

② 可以重启动。

③ 用 TRNOPT 命令指定求解方法为模态叠加法。用 TRNOPT 命令指定叠加的模态数，为提高解的精度，应至少包括对动态响应有影响的所有模态。如果希望得到较高阶频率的响应，则应指定较高阶模态。在默认情况下，采用模态分析时计算出的所有模态。

④ 非线性选项不可用。

（3）限定间隙条件。

（4）施加载荷。

限定的条件如下。

① 只有用 F 命令施加的集中力、用 ACEL 命令施加的加速度载荷是可用的。

② 可用 LVSCALE 命令施加在模态分析中创建的载荷向量，以便在模型上施加压力、温度等单元载荷。

通常需要指定多个荷载步施加瞬态分析载荷，其中第一个载荷步用于建立初始条件。

（5）建立初始条件。

在模态叠加法瞬态分析中，第一次求解结束时时间为 0。建立的初始条件和时间步长针对整个瞬态分析。一般来说，适用于第一个载荷步唯一的载荷是初始节点力。

（6）指定载荷和载荷步选项。

通用选项包括时间选项（TIME）、阶跃载荷还是斜坡载荷选项（KBC），输出控制选项包括打印输出选项（OUTPR）、数据库和结果文件输出选项（OUTRES）。

（7）用 LSWRITE 命令写每个载荷步到载荷步文件。

（8）用 LSSOLVE 命令求解。

（9）退出求解器。

2. 扩展模态叠加解

扩展解是根据瞬态分析计算位移、应力和力的解，该计算只在指定时间点上进行，所以扩展前应查看瞬态分析的结果，以确定扩展的时间点。

因为瞬态分析的位移解可用于后处理，所以只需要位移解时不需要扩展解。而需要应力、力的解时，扩展是必须的。

扩展解时，瞬态分析的 RDSP、DB 文件及模态分析的 MODE、EMAT、ESAV、MLV 文件必须可用。该数据库必须包含与模态分析相同的模型。

扩展模态的过程如下。

（1）重新进入求解器。

（2）激活扩展过程及选项。包括扩展过程开关选项、扩展解数量选项等。

（3）指定载荷步选项。可用的是输出控制选项。

（4）求解扩展过程。

（5）重复步骤（2）～（4），对其他解进行扩展。每个扩展过程在结果文件中都单独保存为一个载荷步。

（6）退出求解器。

14.1.4 瞬态动力学分析操作

1. 施加初始条件

1）用 IC 命令施加非零初始位移、速度

菜单：Main Menu→Solution→Define Loads→Apply→Initial Condit'n→Define

命令：IC, NODE, Lab, VALUE, VALUE2, NEND, NINC

命令说明：NODE 指定施加初始条件的节点，可以为 ALL 或组件名称。

Lab 为自由度标签。结构分析可用的有 UX, UY, UZ（位移或线速度）、ROTX, ROTY, ROTZ（转角或角速度）、HDSP（静水压力）。当 Lab=ALL 时，使用所有可用标签。

VALUE 为一阶自由度的初始值，结构分析为位移和转角，结构分析时默认值为 0。该值位于节点坐标系下，转角单位为弧度（rad）。

VALUE2 为二阶自由度的初始值，用于指定结构的初始速度或角速度，结构分析时默认值为 0。该值位于节点坐标系下，角速度单位为弧度每秒（rad/s）。

NEND, NINC 与 NODE 参数一起定义施加初始条件的节点编号范围。NEND 默认为 NODE，NINC 默认为 1。

IC 命令用于静态分析和完全法瞬态分析。在瞬态分析中，初始值指定为第一个载荷步开始时即 t=0 时的值。初始条件总是阶跃载荷（KBC, 1），求解后，该初始条件将被求解结果覆盖而不可用。

2）用静载荷步施加零初始位移和非零初始速度

!载荷步 1—静态分析	
TIMINT, OFF	!关闭时间积分效应
D, ALL, UY, 0.001	!施加小的位移
TIME, 0.004	!设置小的时间间隔，Y 方向初始速度=0.001/0.004=0.25
LSWRITE, 1	!写载荷步文件 1
!载荷步 2—瞬态分析	
DDEL, ALL, UY	!删除载荷步 1 施加的位移载荷
TIMINT, ON	!打开时间积分效应
...	

3）用静载荷步施加非零初始位移和非零初始速度

!载荷步 1—静态分析	
TIMINT, OFF	!关闭时间积分效应
D, ALL, UY, 1	!施加初始位移 UY=1
TIME, 0.4	!设置时间间隔，Y 方向初始速度=1/0.4=2.5
LSWRITE, 1	!写载荷步文件 1
!载荷步 2—瞬态分析	
DDEL, ALL, UY	!删除载荷步 1 施加的位移载荷
TIMINT, ON	!打开时间积分效应
...	

4）用静载荷步施加非零初始位移和零初始速度

```
!载荷步1—静态分析
TIMINT, OFF                          !关闭时间积分效应
D, ALL, UY, 1                        !施加初始位移 UY=1
TIME, 0.001                          !设置小的时间间隔
NSUBST, 2                            !两个子步
KBC, 1                               !阶跃载荷。若用1个子步或斜坡载荷，则初始速度非零
LSWRITE, 1                           !写载荷步文件1
!载荷步2—瞬态分析
TIMINT, ON                           !打开时间积分效应
TIME,                                !设置瞬态分析的时间间隔
DDEL, ALL, UY                        !删除载荷步1施加的位移载荷
KBC, 0                               !斜坡载荷
...
```

5）施加非零初始加速度

```
!载荷步1
ACEL, , 9.8                          !施加初始加速度
TIME, 0.001                          !设置小的时间间隔
NSUBST, 2                            !两个子步
KBC, 1                               !阶跃载荷
LSWRITE, 1                           !写载荷步文件1
!载荷步2—瞬态分析
TIME,                                !设置瞬态分析的时间间隔
DDEL,                                !删除载荷步1施加的位移载荷
KBC, 0                               !斜坡载荷
...
```

2. 设置选项

1）大变形效应选项

菜单：Main Menu→Solution→Analysis Type→Analysis Options

　　　 Main Menu→Solution→Analysis Type→Sol'n Controls→Basic

命令：NLGEOM, Key

命令说明：Key=OFF（默认），忽略大变形效应，即小变形分析。Key=ON，包括大变形效应。大变形效应包括大挠度、大转动、大应变等效应，与单元类型有关。当包括大变形效应（NLGEOM, ON）时，应力刚化效应也自动包括在内。在求解器中使用时，该命令必须在第一个载荷步。

2）自动时间步长选项

菜单：Main Menu→Solution→Analysis Type→Sol'n Controls→Basic

　　　 Main Menu→Solution→Load Step Opts→Time/Frequenc→Time-Time Step

　　　 Main Menu→Solution→Load Step Opts→Time/Frequenc→Time and Substeps

命令：AUTOTS, Key

命令说明：Key=OFF，不使用自动时间步长。Key=ON，使用自动时间步长。Key=AUTO，由软件指定，建议采用此选项。

当 Key=ON 时，如果 DTIME（由 DELTIM 命令指定）小于时间跨度或 NSBSTP（由 NSUBST 命令指定）大于 1，则时间步长预测和对分技术被采用。对于大多数问题，建议用户打开自动时间步长，并用 DELTIM 和 NSUBST 命令指定积分时间步长的上限和下限。

3）积分时间步长选项

DELTIM 命令可以直接指定积分时间步长，NSUBST 命令为子步数间接指定积分时间步长。积分时间步长的确定原则参见第 14.4.5 节。

菜单：Main Menu→Solution→Analysis Type→Sol'n Controls→Basic

Main Menu→Solution→Load Step Opts→Time/Frequenc→Time-Time Step

命令：DELTIM, DTIME, DTMIN, DTMAX, Carry

命令说明：DTIME 为当前载荷步的时间步长，如果自动时间步长正在使用，DTIME 是开始的时间步长。DTMIN, DTMAX 为自动时间步长使用时的最小和最大时间步长。当 Carry=OFF 时，用 DTIME 作为每个载荷步的开始时间步长；当 Carry=ON 时，如果自动时间步长正在使用，则用上一载荷步的最后时间步长作为开始时间步长。

菜单：Main Menu→Solution→Analysis Type→Sol'n Controls→Basic

Main Menu→Solution→Load Step Opts→Time/Frequenc→Freq and Substeps

命令：NSUBST, NSBSTP, NSBMX, NSBMN, Carry

命令说明：NSBSTP 为当前载荷步的子步数，如果自动时间步长正在使用，则用 NSBSTP 限定第一个子步的大小。NSBMX, NSBMN 为自动时间步长使用时的最大和最小子步数。Carry 参数与 DELTIM 命令相同。

4）数据库输出控制选项

参见 OUTRES 命令。

5）时间积分效应选项

菜单：Main Menu→Solution→Analysis Type→Sol'n Controls→Transient

Main Menu→Solution→Load Step Opts→Time/Frequenc→Time Integration

命令：TIMINT, Key, Lab

命令说明：当 Key=OFF 时，不包括瞬态效应，为静态或稳态分析。当 Key=ON 时，包括瞬态效应。Lab 为自由度标签，当 Lab=ALL（默认）时，应用所有可用自由度；当 Lab=STRUC 时，为结构自由度。

6）阶跃载荷或斜坡载荷选项的确定

参见第 13.1.3 节的 KBC 命令。

7）阻尼选项

ALPHAD 命令指定质量阻尼，BETAD 命令指定刚度阻尼。

菜单：Main Menu→Solution→Analysis Type→Sol'n Controls→Transient

Main Menu→Solution→Load Step Opts→Time/Frequenc→Damping

命令：ALPHAD, VALUE

BETAD, VALUE

命令说明：VALUE 为阻尼的大小。

3．从载荷步文件求解瞬态分析

用 LSWRITE 命令写载荷步文件，用 LSSOLVE 命令求解多载荷步。

14.1.5　积分时间步长的确定

积分时间步长的大小对计算效率、计算精度和收敛性都有显著的影响。积分时间步长越小，计算精度越高，收敛性越好，但计算效率越低。太大的积分时间步长会使高阶频率的响应产生较大的误差。选择积分时间步长时应遵循以下原则。

1．考虑结构的响应频率

结构的响应可以看作各阶模态响应的叠加，积分时间步长 Δt 应小到能够解出对结构响应有显著贡献的最高阶模态。设 f 是需要考虑的结构最高阶模态的频率（Hz），积分时间步长 Δt 应小于 $1/(20f)$。如果要计算加速度结果，可能需要更小的积分时间步长。

2．考虑载荷的变化

积分时间步长应足够小以跟随载荷的变化。对于阶跃载荷，积分时间步长 Δt 应取 $1/(180f)$ 左右。

3．考虑接触的影响

在结构中存在接触或发生碰撞时，积分时间步长应小到足以捕获在两个接触表面之间的动量传递，否则将出现明显的能量损失，进而导致碰撞不是完全弹性的。积分时间步长可按式（14-1）确定：

$$\Delta t = \frac{1}{Nf_c} \tag{14-1}$$

式中，f_c 为接触频率，$f_c = \dfrac{1}{2\pi}\sqrt{\dfrac{k}{m}}$，$k$ 为间隙刚度，m 为在间隙上的有效质量。

N 为每个周期的点数。为了尽量减少能量损耗，N 至少取 30。如果要计算加速度结果，N 可能需要更大的值。对于模态叠加法，N 必须至少为 7。

4．考虑波的影响

求解波的传播效应，积分时间步长应该是足够小到能够捕捉到波。

14.2　问题描述及解析解

如图 14-2 所示为对心直动尖顶从动件盘形凸轮机构，凸轮机构从动件位移随时间的变化情况如图 14-3 所示。

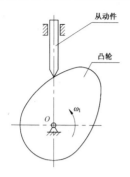

图 14-2　对心直动尖顶从动件盘形凸轮机构

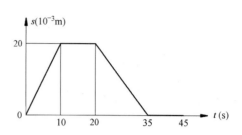

图 14-3　凸轮机构从动件的运动规律

14.3　分析步骤

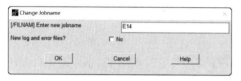

图 14-4　改变任务名对话框

（1）改变任务名。选择菜单 Utility Menu→File→Change Jobname，弹出如图 14-4 所示的对话框，在"[/FILNAM]"文本框中输入"E14"，单击"OK"按钮。

（2）选择单元类型。选择菜单 Main Menu→Preprocessor→Element Type→Add/Edit/Delete，弹出如图 14-5 所示的对话框，单击"Add"按钮；弹出如图 14-6 所示的对话框，在左侧列表中选择"Solid"，在右侧列表中选择"Quad 4 node 182"，单击"Apply"按钮；再在右侧列表中选择"Brick 8 node 185"，单击"OK"按钮，单击如图 14-5 所示对话框中的"Close"按钮。

图 14-5　单元类型对话框

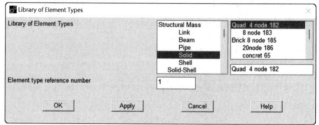

图 14-6　单元类型库对话框

（3）定义材料模型。选择菜单 Main Menu→Preprocessor→Material Props→Material Models，弹出如图 14-7 所示的对话框，在右侧列表中依次选择"Structural""Linear""Elastic""Isotropic"，弹出如图 14-8 所示的对话框，在"EX"文本框中输入"2e11"（弹性模量），在"PRXY"文本框中输入"0.3"（泊松比），单击"OK"按钮；再选择右侧列表中"Structural"下的"Density"，弹出如图 14-9 所示的对话框，在"DENS"文本框中输入"7800"（密度），单击"OK"按钮，然后关闭如图 14-7 所示的对话框。

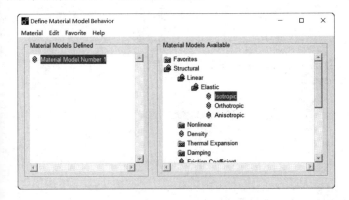

图 14-7　材料模型对话框

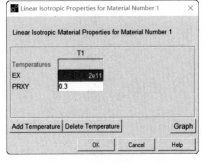

图 14-8　材料特性对话框

（4）显示关键点、线的编号。选择菜单 Utility Menu→PlotCtrls→Numbering，在弹出的对话框中，将"Keypoint numbers"（关键点编号）和"Line numbers"（线编号）打开，单击"OK"按钮。

（5）创建关键点。选择菜单 Main Menu→Preprocessor→Modeling→Create→Keypoints→In Active CS。弹出如图 14-10 所示的对话框，在"NPT"文本框中输入"1"，在"X, Y, Z"文本框中分别输入"0, 0, 0"，单击"Apply"按钮；在"NPT"文本框中输入"2"，在"X, Y, Z"文本框中分别输入"0.015, 0.015, 0"，单击"Apply"按钮；在"NPT"文本框中输入"3"，在"X, Y, Z"文本框中分别输入"0.015, 0.1, 0"，单击"Apply"按钮；在"NPT"文本框中输入"4"，在"X, Y, Z"文本框中分别输入"0, 0.1, 0"，单击"OK"按钮。

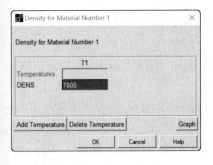

图 14-9　定义密度对话框

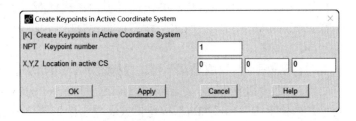

图 14-10　创建关键点的对话框

（6）创建直线。选择菜单 Main Menu→Preprocessor→Modeling→Create→Lines→Lines→Straight Line，弹出选择窗口，分别选择关键点 1 和 2、2 和 3、3 和 4、4 和 1，创建 4 条直线，单击"OK"按钮。

（7）由线创建面。选择菜单 Main Menu→Preprocessor→Modeling→Create→Areas→Arbitrary→By Lines，弹出选择窗口，依次选择直线 1、2、3、4，单击"OK"按钮。

（8）划分单元。选择菜单 Main Menu→Preprocessor→Meshing→MeshTool，弹出如图 14-11 所示的对话框，单击"Size Controls"区域中"Lines"后的"Set"按钮，弹出选择窗口，选择直线 1 和 3，单击"OK"按钮，弹出如图 14-12 所示的对话框，在"NDIV"文本框中输入"2"，单击"Apply"按钮；再次弹出选择窗口，选择直线 2，单击"OK"按钮，在"NDIV"文本框中输入"10"，单击"OK"按钮。

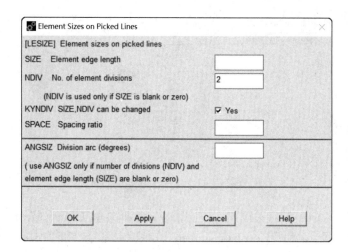

图 14-11　划分单元工具对话框　　　　　　　　图 14-12　单元尺寸对话框

在"Mesh"区域，选择单元形状为"Quad"（四边形），选择划分单元的方法为"Mapped"（映射），单击"Mesh"按钮，弹出选择窗口，选择面，单击"OK"按钮。

（9）设定单元挤出选项。为下一步由面挤出体时形成单元做准备。选择菜单 Main Menu→Preprocessor→Modeling→Operate→Extrude→Elem Ext Opts，弹出如图 14-13 所示的对话框，选择下拉列表框"TYPE"为"2 SOLID185"，在"VAL1"文本框中输入"4"，将"ACLEAR"选择为"Yes"，单击"OK"按钮。

（10）由面绕轴挤出回转体。选择菜单 Main Menu→Preprocessor→Modeling→Operate→Extrude→Areas→About Axis，弹出选择窗口，选择面，单击"OK"按钮；再次弹出选择窗口，选择关键点 1 和 4，单击"OK"按钮；再单击随后弹出的"Sweep Areas About Axis"对话框中的"OK"按钮。

（11）在图形窗口中显示单元。选择菜单 Utility Menu→Plot→Elements。

（12）改变观察方向。选择菜单 Utility Menu→PlotCtrls→Pan Zoom Rotate，在弹出的对话框中，依次单击"Iso""Fit"按钮，或者单击图形窗口右侧显示控制工具条上的■按钮。

（13）旋转工作平面。选择菜单 Utility Menu→WorkPlane→Offset WP by Increment，弹出如图 14-14 所示的对话框，在"XY, YZ, ZX Angles"文本框中输入"0, -90"，单击"OK"按钮。

（14）创建局部坐标系。选择菜单 Utility Menu→WorkPlane→Local Coordinate System→Create Local CS→At WP Origin，弹出如图 14-15 所示的对话框，选择下拉列表框"KCS"为"Cylindrical 1"，单击"OK"按钮。于是创建了一个代号为 11 的局部坐标系，类型为圆柱坐标系，原点与全局原点重合，$r\theta$ 平面与工作平面重合，同时也与全局直角坐标系的 xz 平面重合。在状态行中显示"csys=11"，表示新建的局部坐标系已被激活。

（15）显示面的编号。选择菜单 Utility Menu→PlotCtrls→Numbering，在弹出的对话框中，将"Keypoint numbers"（关键点编号）和"Line numbers"（线编号）关闭，将"Area numbers"（面编号）打开，单击"OK"按钮。

（16）在图形窗口显示面。选择菜单 Utility Menu→Plot→Areas。

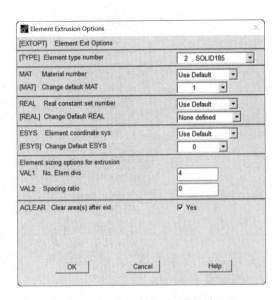

图 14-13　单元挤出选项对话框　　　　图 14-14　平移、旋转工作平面对话框

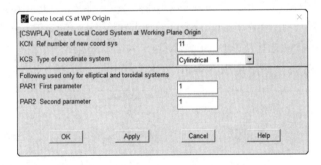

图 14-15　创建局部坐标系对话框

（17）创建选择集，选择圆柱面上节点。选择菜单 Utility Menu→Select→Entities，弹出如图 14-16 所示的对话框，选择实体类型为"Areas"，选择创建选择集的方法为"By Num/ Pick"，选中"From Full"，单击"Apply"按钮，弹出选择窗口，选择面 3、7、11 和 15（柱面），单击"OK"按钮；再在如图 14-16 所示的对话框中选择实体类型为"Nodes"，在如图 14-17 所示的对话框中选择创建选择集的方法为"Attached to"，选中"Areas，all"，选中"From Full"，单击"OK"按钮。

（18）在图形窗口中显示节点。选择菜单 Utility Menu→Plot→Nodes。

（19）旋转节点坐标系。选择菜单 Main Menu→Preprocessor→Modeling→Move/Modify→Rotate Node CS→To Active CS。弹出选择窗口，单击"Pick All"按钮。

（20）施加约束。选择菜单 Main Menu→Solution→Define Loads→Apply→Structural→Displacement→On Nodes，弹出选择窗口，单击"Pick All"按钮，弹出如图 14-18 所示的对话框，在列表中选择"UX"和"UY"，单击"OK"按钮。

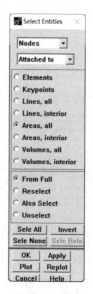

图 14-16　选择实体对话框（1）　　　　　　　　图 14-17　选择实体对话框（2）

由于选中的节点（从动件圆柱表面上的节点）的坐标系在上一步被旋转到与 11 号局部坐标系对齐，所以此时施加的 x、y 方向约束就分别是径向约束和切向约束。

（21）选择所有实体。选择菜单 Utility Menu→Select→Everything。

（22）在图形窗口中显示单元。选择菜单 Utility Menu→Plot→Elements。

（23）指定分析类型。选择菜单 Main Menu→Solution→Analysis Type→New Analysis，弹出如图 14-19 所示的对话框，选择"Type of analysis"为"Transient"，单击"OK"按钮，在随后弹出的"Transient Analysis"对话框中，单击"OK"按钮。

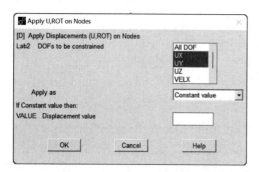

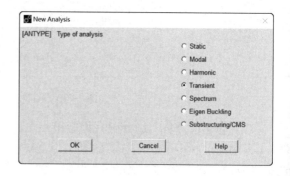

图 14-18　施加约束对话框　　　　　　　　　图 14-19　指定分析类型对话框

（24）确定数据库和结果文件中包含的内容。选择菜单 Main Menu→Solution→Load Step Opts→Output Ctrls→DB/Results File，弹出如图 14-20 所示的对话框，选择"Item"下拉列表框为"All items"，选中"Every substep"，单击"OK"按钮。

提示：如果该菜单项未显示在界面上，可以选择菜单 Main Menu→Solution→Unabridged Menu，以显示 Main Menu→Solution 下所有菜单项。

（25）施加载荷。选择菜单 Main Menu→Solution→Define Loads→Apply→Structural→Force/ Moment→On Keypoints，弹出选择窗口，选择关键点 4（即模型顶面的中心），单击"OK"按钮，弹出如图 14-21 所示的对话框，选择"Lab"下拉列表框为"FY"，在"VALUE"文本框中

输入"-1000"，单击"OK"按钮。

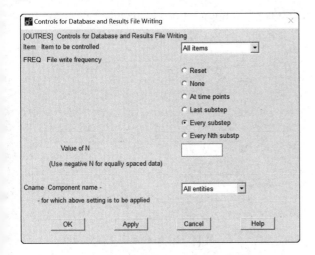

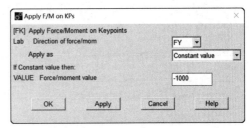

图 14-20　数据库和结果文件控制对话框　　　图 14-21　在关键点施加力载荷对话框

（26）指定第一个载荷步时间和时间步长。选择菜单 Main Menu→Solution→Load Step Opts→Time/Frequenc→Time-Time Step，弹出如图 14-22 所示的对话框，在"TIME"文本框中输入"10"，在"DELTIM Time step size"文本框中输入"0.5"，选择"KBC"为"Ramped"，选择"AUTOTS"为"ON"，在"DELTIM Minimum time step size"文本框中输入"0.2"，在"DELTIM Maximum time step size"文本框中输入"1"，单击"OK"按钮。

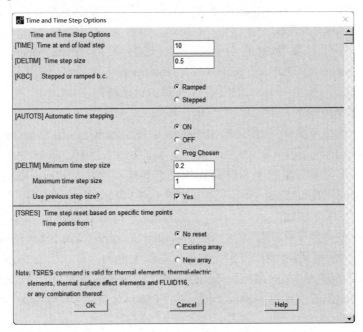

图 14-22　确定载荷步时间和时间步长对话框

（27）施加第一个载荷步的位移载荷。选择菜单 Main Menu→Solution→Define Loads→Apply→Structural→Displacement→On Keypoints，弹出选择窗口，选择关键点 1（即模型的尖点），单击"OK"按钮，弹出如图 14-23 所示的对话框，在"Lab2"列表中选择"UY"，在"VALUE"

文本框中输入"0.02"，单击"OK"按钮。

（28）写第一个载荷步文件。选择菜单 Main Menu→Solution→Load Step Opts→Write LS File，弹出如图 14-24 所示的对话框，在"LSNUM"文本框中输入"1"，单击"OK"按钮。

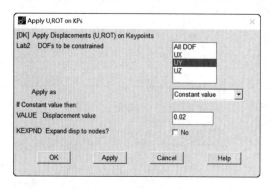

图 14-23　施加位移载荷对话框

图 14-24　写载荷步文件对话框

（29）指定第二个载荷步时间和时间步长。选择菜单 Main Menu→Solution→Load Step Opts→Time/Frequenc→Time-Time Step，弹出如图 14-22 所示的对话框，在"TIME"文本框中输入"20"，单击"OK"按钮。

（30）写第二个载荷步文件。选择菜单 Main Menu→Solution→Load Step Opts→Write LS File，弹出如图 14-24 所示的对话框，在"LSNUM"文本框中输入"2"，单击"OK"按钮。

（31）指定第三个载荷步时间和时间步长。选择菜单 Main Menu→Solution→Load Step Opts→Time/Frequenc→Time-Time Step，弹出如图 14-22 所示的对话框，在"TIME"文本框中输入"35"，单击"OK"按钮。

（32）施加第三个载荷步的位移载荷。选择菜单 Main Menu→Solution→Define Loads→Apply→Structural→Displacement→On Keypoints 弹出选择窗口，选择关键点 1（即模型的尖点），单击"OK"按钮，弹出如图 14-23 所示的对话框，在"Lab2"列表中选择"UY"，在"VALUE"文本框中输入"0"，单击"OK"按钮。

（33）写第三个载荷步文件。选择菜单 Main Menu→Solution→Load Step Opts→Write LS File，弹出如图 14-24 所示的对话框，在"LSNUM"文本框中输入"3"，单击"OK"按钮。

（34）指定第四个载荷步时间和时间步长。选择菜单 Main Menu→Solution→Load Step Opts→Time/Frequenc→Time-Time Step，弹出如图 14-22 所示的对话框，在"TIME"文本框中输入"45"，单击"OK"按钮。

（35）写第四个载荷步文件。选择菜单 Main Menu→Solution→Load Step Opts→Write LS File，弹出如图 14-24 所示的对话框，在"LSNUM"文本框中输入"4"，单击"OK"按钮。

（36）求解。选择菜单 Main Menu→Solution→Solve→From LS Files，弹出如图 14-25 所示的对话框，在"LSMIN"文本框中输入"1"，在"LSMAX"文本框中输入"4"，单击"OK"按钮。

求解结束，从下一步开始，进行结果查看。

（37）定义变量。选择菜单 Main Menu→TimeHist Postpro→Define Variables，弹出如图 14-26 所示的对话框，单击"Add"按钮，弹出如图 14-27 所示的对话框，选择"Type of Variable"为"Nodal DOF result"，单击"OK"按钮；弹出选择窗口，选择位于模型尖点处的节点，单击"OK"

按钮，弹出如图 14-28 所示的对话框，在"Name"文本框中输入"UY"，在右侧列表中选择"UY"，单击"OK"按钮，返回如图 14-26 所示的对话框，单击"Close"按钮。于是定义了一个变量 2，它表示从动件的位移 *s*。

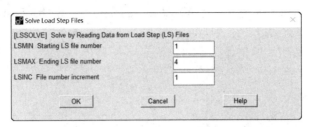

图 14-25　从载荷步文件求解对话框

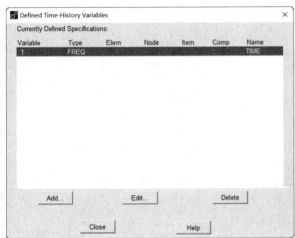

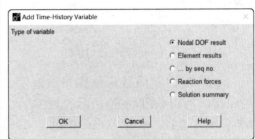

图 14-26　定义变量对话框　　　　　　　　图 14-27　变量类型对话框

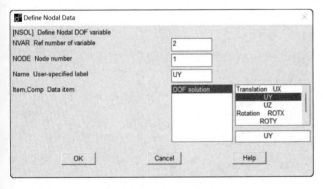

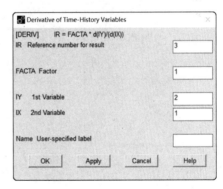

图 14-28　定义数据类型对话框　　　　　　图 14-29　对变量微分对话框

（38）对变量进行求微分操作。把变量 2 对时间 *t* 求微分，得到从动件的速度 *v*；把速度 *v* 对时间 *t* 求微分，得到从动件的加速度 *a*。选择菜单 Main Menu→TimeHist Postpro→Math Operations→Derivative，弹出如图 14-29 所示的对话框，在"IR"文本框中输入"3"，在"IY"文本框中输入"2"，在"IX"文本框中输入"1"，单击"Apply"按钮；再次弹出如图 14-29 所示的对话框，在"IR"文本框中输入"4"，在"IY"文本框中输入"3"，在"IX"文本框中输入"1"，单击"OK"按钮。

经过以上操作，得到两个新的变量 3 和 4。其中，变量 3 是变量 2 对变量 1 的微分，而变量 2 是位移 s，变量 1 是时间 t（系统设定），所以，变量 3 就是速度 v；同理可知，变量 4 就是加速度 a。

（39）用曲线图显示位移和速度。选择菜单 Main Menu→TimeHist Postpro→Graph Variables，弹出如图 14-30 所示的对话框，在"NVAR 1"文本框中输入"2"，在"NVAR2"文本框中输入"3"，单击"OK"按钮，结果如图 14-31 所示。

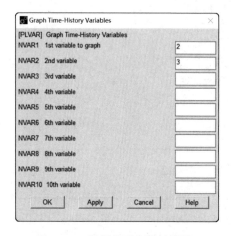

图 14-30　选择显示变量对话框

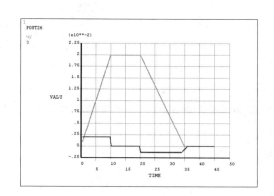

图 14-31　位移和速度曲线

（40）用曲线图显示位移和加速度。选择菜单 Main Menu→TimeHist Postpro→Graph Variables，弹出如图 14-30 所示的对话框，在"NVAR1"文本框中输入"2"，在"NVAR2"文本框中输入"4"，单击"OK"按钮，结果如图 14-32 所示。

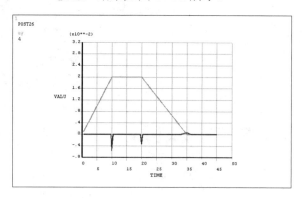

图 14-32　位移和加速度曲线

由结果可见，除加速度不能为无穷大外，其余结果与理论值相同。

14.4　命令流

/CLEAR	!清除数据库，新建分析
/FILNAME, E14	!定义任务名为 E14

```
/PREP7                                        !进入预处理器
ET, 1, PLANE182 $ ET, 2, SOLID185             !选择单元类型
MP, EX, 1, 2E11 $ MP, PRXY, 1, 0.3 $ MP, DENS, 1, 7800   !定义材料模型
K, 1 $ K, 2, 0.015, 0.015 $ K, 3, 0.015, 0.1 $ K, 4, 0, 0.1   !创建关键点
LSTR, 1, 2 $ LSTR, 2, 3 $ LSTR, 3, 4 $ LSTR, 4, 1   !创建直线
AL, ALL                                       !由线创建面
LESIZE, 1, , , 2 $ LESIZE, 3, , , 2 $ LESIZE, 2, , , 10   !指定直线划分单元段数
AATT, 1, 1, 1                                 !指定单元属性
MSHAPE, 0                                     !指定单元形状为四边形
MSHKEY, 1                                     !指定映射网格
AMESH, ALL                                    !对面划分单元
TYPE, 2 $ EXTOPT, ESIZE, 4 $ EXTOPT, ACLEAR, 1   !指定单元挤出选项
VROTAT, 1, , , , , , 1, 4, 360                !面绕轴挤出形成回转体，并产生体单元
WPROT, 0, -90                                 !旋转工作平面
CSWPLA, 11, CYLIN                             !在工作平面原点处创建局部坐标系11并激活
ASEL, S, , , 3, 15, 4 $ NSLA, S, 1           !选择圆柱面上的所有节点
NROTAT, ALL                                   !将所选择节点的节点坐标系旋转到局部坐标系11
D, ALL, UX $ D, ALL, UY                       !在选择的节点上施加约束
ALLSEL, ALL                                   !选择所有
FINISH                                        !退出预处理器
/SOLU                                         !进入求解器
ANTYPE, TRANS                                 !指定分析类型为瞬态动力学分析
OUTRES, ALL, ALL                              !确定数据库和结果文件中包含的内容
FK, 4, FY, -1000                              !在关键点上施加集中力载荷
AUTOTS, ON                                    !打开自动载荷步
DELTIM, 0.5, 0.2, 1                           !指定积分时间步长
KBC, 0                                        !斜坡载荷
TIME, 10                                      !第1个载荷步，指定载荷步时间
DK, 1, UY, 0.02                               !在关键点上施加位移载荷
LSWRITE, 1                                    !写载荷步文件
TIME, 20 $ LSWRITE, 2                         !第2个载荷步
TIME, 35 $ DK, 1, UY, 0 $ LSWRITE, 3         !第3个载荷步
TIME, 45 $ LSWRITE, 4                         !第4个载荷步
LSSOLVE, 1, 4, 1                             !求解
SAVE                                          !保存数据库
FINISH                                        !退出求解器
/POST26                                       !进入时间历程后处理器
NSOL, 2, 1, U, Y, uy                          !定义变量2
DERIV, 3, 2, 1 $ DERIV, 4, 3, 1              !将变量对时间T求微分
PLVAR, 2, 3 $ PLVAR, 2, 4                     !用曲线图显示变量
FINISH                                        !退出时间历程后处理器
```

14.5　高级应用

1. 施加初始条件实例——将单自由度系统的质点从平衡位置拨开

```
/CLEAR                                          !清除数据库，新建分析
/FILNAME, E14-2                                 !定义任务名为 E14-2
/PREP7                                          !进入预处理器
ET, 1, MASS21 $ ET, 2, COMBIN14                 !选择单元类型
R, 1, 1 $ R, 2, 10000, 8                        !定义实常数
N, 1, 0, 0, 0 $ N, 2, 1, 0, 0                   !创建节点
TYPE, 2 $ REAL, 2                               !指定单元属性
E, 1, 2                                         !创建单元
TYPE, 1 $ REAL, 1
E, 2
FINISH                                          !退出预处理器
/SOLU                                           !进入求解器
ANTYPE, TRANS                                   !瞬态动力学分析
D, 1, ALL $ D, 2, UY, , , , , UZ , ROTX , ROTY , ROTZ
                                                !在节点上施加位移约束

!载荷步 1—静态分析
TIMINT, OFF                                     !关闭时间积分效应
D, 2, UX, 0.2                                   !施加初始位移 UX=0.2
TIME, 0.001                                     !设置小的时间间隔
NSUBST, 2                                       !两个子步
KBC, 1                                          !阶跃载荷
LSWRITE, 1                                      !写载荷步文件 1
!载荷步 2—瞬态分析
TIMINT, ON                                      !打开时间积分效应
TIME, 0.5                                       !设置瞬态分析的时间间隔
DELTIM, 0.0005, 0.0001, 0.001                  !设置积分时间步长
AUTOTS, ON                                      !打开自动时间步长
DDEL, 2, UX                                     !删除载荷步 1 施加的位移载荷
KBC, 0                                          !斜坡载荷
OUTRES, ALL, ALL                                !输出控制
LSWRITE, 2                                      !写载荷步文件 2
LSSOLVE, 1, 2, 1                                !求解
FINISH                                          !退出求解器
/POST26                                         !进入时间历程后处理器
NSOL, 2, 2, U, X, ux                            !定义变量 2
DERIV, 3, 2, 1                                  !将变量 2 对时间 T 求微分，速度
DERIV, 4, 3, 1                                  !将变量 3 对时间 T 求微分，加速度
```

| PLVAR, 2 $ PLVAR, 3 $ PLVAR, 4 | !用曲线图显示变量 |
| FINISH | !退出时间历程后处理器 |

2. 施加初始条件实例——抛物运动

/CLEAR	!清除数据库，新建分析
/FILNAME, E14-3	!定义任务名为 E14-13
/PREP7	!进入预处理器
ET, 1, SOLID185	!选择单元类型
MP, EX, 1, 2E11$ MP, PRXY, 1, 0.3 $ MP, DENS, 1, 7800	!创建材料模型
BLOCK, 0, 0.05, 0, 0.05, 0, 0.05	!创建实体模型
ESIZE, 0.01 $ VMESH, 1	!划分单元
FINISH	!退出预处理器
/SOLU	!进入求解器
ANTYPE, TRANS	!瞬态动力学分析
D, ALL, UX, , , , , UZ	!施加约束
!载荷步 1—施加初始速度	
TIMINT, OFF	!关闭时间积分效应
D, ALL, UY, 0.005	!施加小的位移
TIME, 0.001	!设置小的时间间隔，初始速度=0.005/0.001=5
LSWRITE, 1	!写载荷步文件 1
!载荷步 2—施加初始加速度	
DDEL, ALL, UY	!删除载荷步 1 施加的位移载荷
TIMINT, ON	!打开时间积分效应
ACEL, , 9.8	!施加初始加速度
TIME, 0.002	!设置小的时间间隔
NSUBST, 2	!两个子步
KBC, 1	!阶跃载荷
LSWRITE, 2	!写载荷步文件 2
!载荷步 3—瞬态分析	
TIME, 1	!设置瞬态分析的时间间隔
DELTIM, 0.005, 0.001, 0.01	!设置积分时间步长
AUTOTS, ON	!打开自动时间步长
KBC, 0	!斜坡载荷
OUTRES, ALL, ALL	!输出控制
LSWRITE, 3	!写载荷步文件 3
LSSOLVE, 1, 3, 1	!求解
FINISH	!退出求解器
/POST26	!进入时间历程后处理器
NSOL, 2, 1, U, Y	!定义变量 2
DERIV, 3, 2, 1	!将变量 2 对时间 T 求微分，速度
DERIV, 4, 3, 1	!将变量 3 对时间 T 求微分，加速度
PLVAR, 2 $ PLVAR, 3 $ PLVAR, 4	!用曲线图显示变量
FINISH	

3. 瞬态动力学分析实例——车辆通过桥梁

一辆质量为 10t 的载重车以 40km/h 的速度通过桥梁，桥梁的跨度为 20m，试分析载重车通过时桥梁时的变形情况。

```
/CLEAR                                    !清除数据库，新建分析
/FILNAME, E14-4                           !定义任务名为 E14-4
N=100 $ LEN=20 $ V=40                      !等分数，桥梁长度，车辆速度
/PREP7                                     !进入预处理器
ET, 1, BEAM188                             !选择单元类型
SECTYPE, 1, BEAM, CSOLID $ SECDATA, 0.5    !定义横截面
MP, EX, 1, 2E11 $ MP, PRXY, 1, 0.3 $ MP, DENS, 1, 3000  !定义材料模型
K, 1, 0, 0, 0 $ K, 2, LEN, 0, 0           !创建关键点
LSTR, 1, 2                                 !创建直线
LESIZE, 1, , , N $ LMESH, 1               !对线划分单元
FINISH                                     !退出预处理器
/SOLU                                      !进入求解器
ANTYPE, TRANS                              !瞬态分析
KBC, 1                                     !阶跃载荷
OUTRES, BASIC, ALL                         !输出控制
DK, 1, UX, , , , UY, UZ, ROTX , ROTY       !在关键点上施加位移约束
DK, 2, UY, , , , UZ, ROTX , ROTY
T_TOL=3600*LEN*1E-3/V                      !载重车通过桥梁需要的时间
*DO, I, 1, N                               !循环开始
   NSEL, S, LOC, X, I*LEN/N                !选择第 I 个节点
   F, ALL, FY, -10000*9.8                  !在选择的关键点上施加集中力载荷
   NSEL, INVE                              !选择除第 I 个节点以外的节点
   F, ALL, FY, 0                           !在选择的关键点上施加零载荷
   ALLS                                    !选择所有
   TIME, I*T_TOL/N                         !载荷步时间
   SOLVE                                   !求解
*ENDDO                                     !退出循环
FINISH                                     !退出求解器
/POST26                                    !进入时间历程后处理器
N1=NODE(LEN/2, 0, 0)                       !坐标为(LEN/2, 0, 0)的节点编号
NSOL, 2, N1, U, Y                          !定义变量
PLVAR, 2                                   !显示变量，变形最大值发生在 T_TOL/2 时刻
FINI                                       !退出时间历程后处理器
/POST1                                     !进入通用后处理器
SET, , , , , T_TOL/2                       !读 T_TOL/2 时刻的结果到内存
PLDISP, 0                                  !显示变形
FINISH                                     !退出通用后处理器
```

第15例 连杆机构运动分析实例
——曲柄滑块机构

15.1 概述

本例用 ANSYS 的瞬态动力学分析方法对连杆机构进行运动学分析，分析过程与普通的瞬态动力学分析基本相同，其关键在于 MPC184 单元的创建。

MPC184 为多点约束单元，可以用于结构动力学分析，用于模拟刚性杆、刚性梁等约束和滑移、销轴、万向接头等运动副，由 KEYOPT（1）决定。当 KEYOPT（1）=6 时，为绕 x 轴或 z 轴旋转销轴单元（MPC184-Revolute）。MPC184-Revolute 单元有两个节点 I 和 J，每个节点有 6 个自由度 UX、UY、UZ、ROTX、ROTY、ROTZ，支持大变形。创建 MPC184-Revolute 单元时，要为单元指定 REVOLUTE JOINT 类型的截面，在截面属性中指定各节点的局部坐标系。销轴将在局部坐标系的原点处创建，转轴由单元选项 KEYOPT（4）确定，节点 I 和 J 应该在被连接的单元上。

提示：本分析必须将大变形选项打开。

15.2 问题描述及解析解

图 15-1 所示为曲柄滑块机构，曲柄长度 R=250mm、连杆长度 L=620mm、偏距 e=200mm，曲柄为原动件，转速为 n_1=30r/min，求滑块 3 的位移 s_3、速度 v_3、加速度 a_3 随时间的变化情况。

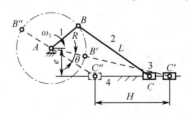

图 15-1 曲柄滑块机构

根据机械原理的知识，该问题的解析解十分复杂，使用不太方便。本例采用图解法解决问题，若只是为了验证有限元解的正确性，则没必要给出关于滑块 3 的位移 s_3、速度 v_3、加速度 v_3 随时间 t 的变化情况的图形。在这里只求解了以下数据：

滑块的行程 H=535.41mm。

机构的极位夹角为$\theta=19.43°$，于是机构的行程速比系数：

$$K = \frac{180° + \theta}{180° - \theta} = 1.242$$

由于机构一个工作循环周期为$T = \frac{60}{n_1} = 2s$，所以机构工作行程经历的时间：

$$T_1 = \frac{K}{K+1}T = 1.108s$$

空回行程经历的时间：

$$T_2 = T - T_1 = 0.892s$$

15.3 分析步骤

（1）改变任务名。选择菜单 Utility Menu→File→Change Jobname，弹出如图 15-2 所示的对话框，在"[/FILNAM]"文本框中输入"E15"，单击"OK"按钮。

（2）定义参量。选择菜单 Utility Menu→Parameters→Scalar Parameters，弹出如图 15-3 所示的对话框，在"Selection"文本框中输入"PI=3.1415926"，单击"Accept"按钮；再在"Selection"文本框中依次输入"R=0.25"（曲柄长度）、"L=0.62"（连杆长度）、"E=0.2"（偏距）、"OMGA1=30"（曲柄转速）、"T=60/OMGA1"（曲柄转动一周所需时间，单位为 s）、"FI0=ASIN(E/(R+L))"、"AX=0、AY=0"（铰链 A 坐标）、"BX=R*COS(FI0)、BY=-R*SIN(FI0)"（铰链 B 坐标）、"CX=(R+L)*COS(FI0)、CY=-E"（铰链 C 坐标），同时单击"Accept"按钮；最后，单击如图 15-3 所示对话框的"Close"按钮。

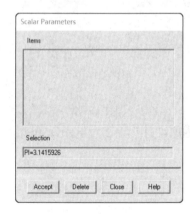

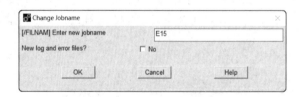

图 15-2　改变任务名对话框　　　　　　　　　　图 15-3　参量对话框

（3）选择单元类型。选择菜单 Main Menu→Preprocessor→Element Type→Add/Edit/Delete，弹出如图 15-4 所示的对话框，单击"Add"按钮；弹出如图 15-5 所示的对话框，在左侧列表中选择"Constraint"，在右侧列表中选择"Nonlinear MPC 184"，单击"Apply"按钮；再在左侧列表中选择"Structural Beam"，在右侧列表中选"2 node 188"，单击"OK"按钮；返回到图 15-4 所示的对话框，在列表中选择"Type 1 MPC184"，单击"Options"按钮；弹出如图 15-6 所示的对话框，在"K1"右侧列表中选择"Revolute"（销轴单元），单击"Ok"按钮；弹出如图 15-7 所示的对话框，在"K4"右侧下拉列表框中选择为"Z-axis revolute"（转轴方向），单击"OK"按钮；单击如图 15-4 所示对话框的"Close"按钮。

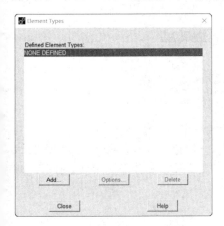

图 15-4　单元类型对话框

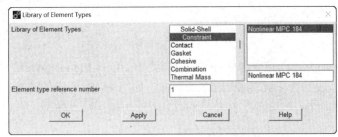

图 15-5　单元类型库对话框

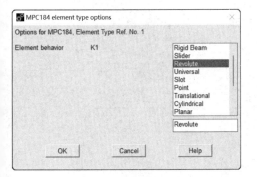

图 15-6　单元选项对话框

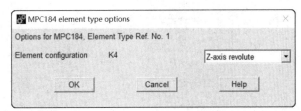

图 15-7　单元选项对话框

（4）定义材料模型。选择菜单 Main Menu→Preprocessor→Material Props→Material Models，弹出如图 15-8 所示的对话框，在右侧列表中依次选择"Structural""Linear""Elastic""Isotropic"，弹出如图 15-9 所示的对话框，在"EX"文本框中输入"2e11"（弹性模量），在"PRXY"文本框中输入"0.3"（泊松比），单击"OK"按钮；再选择右侧列表中"Structural"下"Density"，弹出如图 15-10 所示的对话框，在"DENS"文本框中输入"1e-14"（密度，近似为 0，即不考虑各杆的惯性力和重力），单击"OK"按钮。然后关闭如图 15-8 所示的对话框。

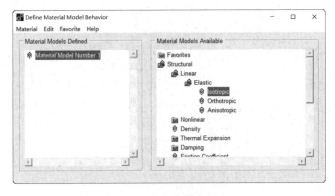

图 15-8　材料模型对话框

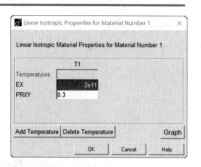

图 15-9　材料特性对话框

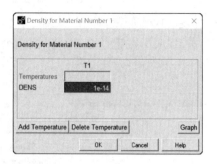

图 15-10　定义密度对话框

（5）创建局部坐标系。选择菜单 Utility Menu→WorkPlane→Local Coordinate System→Create Local CS→At Specified Loc，弹出如图 15-11 所示的选择窗口，在文本框中输入"BX, BY"，单击"OK"按钮；单击图 15-12 所示的对话框"OK"按钮。

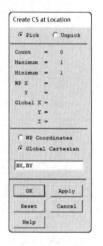

图 15-11　选择窗口

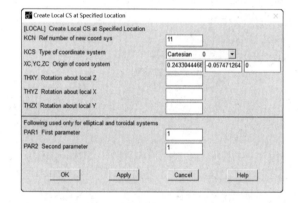

图 15-12　创建局部坐标系对话框

于是创建一个编号为 11、类型为直角坐标系、原点在（BX, BY, 0）的局部坐标系，并激活该坐标系为当前坐标系。

（6）定义销轴单元的截面。选择菜单 Main Menu→Preprocessor→Sections→Joints→Add/Edit，弹出如图 15-13 所示的对话框，选择"Define Sub Type for Joint Section Type"下拉列表框为"Revolute"（销轴截面），选择局部坐标系"At Node I""At Node J"下拉列表框均为"11"，单击"OK"按钮。

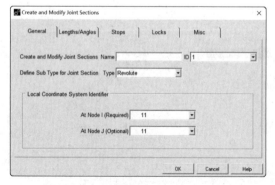

图 15-13　定义销轴单元截面对话框

（7）定义梁单元的截面。选择菜单 Main Menu→Preprocessor→Sections→Beam→Common Sections，弹出如图 15-14 所示的对话框，在"ID"文本框中输入"2"，选择"Sub-Type"下拉列表框为"●"（横截面形状），在"R"文本框中输入"0.01"，单击"OK"按钮。

（8）激活全局直角坐标系。选择菜单 Utility Menu→WorkPlane→Change Active CS to→Global Cartesian。

（9）创建节点。选择菜单 Main Menu→Preprocessor→Modeling→Create→Nodes→In Active CS，弹出如图 15-15 所示对话框，在"NODE"文本框中输入"1"，在"X, Y, Z"文本框中分别输入"AX, AY, 0"，单击"Apply"按钮；在"NODE"文本框中输入"2"，在"X, Y, Z"文本框中分别输入"BX, BY, 0"，单击"Apply"按钮；在"NODE"文本框中输入"3"，在"X, Y, Z"文本框中分别输入"BX, BY, 0"，单击"Apply"按钮；在"NODE"文本框中输入"4"，在"X, Y, Z"文本框中分别输入"CX, CY, 0"，单击"OK"按钮。

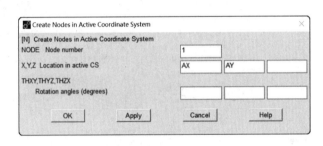

图 15-14 定义梁单元截面对话框　　　　　图 15-15 创建节点对话框

（10）指定单元属性。选择菜单 Main Menu→Preprocessor→Modeling→Create→Elements→Elem Attributes，弹出如图 15-16 所示的对话框，选择"TYPE"下拉列表框为"1 MPC184"，选择"MAT"下拉列表框为"1"，选择"SECNUM"下拉列表框为"1"，单击"OK"按钮。

（11）创建销轴单元。选择菜单 Main Menu→Preprocessor→Modeling→Create→Elements→Auto Numbered→Thru Nodes，弹出选择窗口，在选择窗口的文本框中输入"2, 3"，单击"OK"按钮，于是在节点 2 和 3 处（即 B 点）创建了一个 MPC184-Revolute 销轴单元。

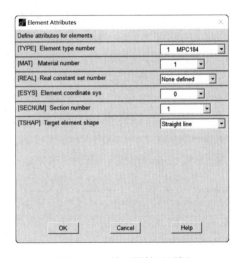

图 15-16 单元属性对话框

（12）指定单元属性。选择菜单 Main Menu→Preprocessor→Modeling→Create→Elements→Elem Attributes，弹出如图 15-16 所示的对话框，选择"TYPE"下拉列表框为"2 BEAM188"，选择"MAT"下拉列表框为"1"，选择"SECNUM"下拉列表框为"2"，单击"OK"按钮。

（13）创建梁单元，用来模拟各个杆。选择菜单 Main Menu→Preprocessor→Modeling→Create→Elements→Auto Numbered→Thru Nodes，弹出选择窗口，在选择窗口的文本框中输入"1, 2"，单击"Apply"按钮；再在选择窗口的文本框中输入"3, 4"，单击"OK"按钮。于是创建了 2 个梁单元，2 个梁单元由 B 点处的销轴单元连接。

（14）指定分析类型。选择菜单 Main Menu→Solution→Analysis Type→New Analysis。在弹出的"New analysis"对话框中，选择"Type of Analysis"为"Transient"，单击"OK"按钮，在随后弹出的"Transient Analysis"对话框中，单击"OK"按钮。

（15）打开大变形选项。选择菜单 Main Menu→Solution→Analysis Type→Sol'n Controls→Basic，弹出如图 15-17 所示的对话框，选择"Analysis Options"下拉列表框为"Large Displacement Transient"，单击"OK"按钮。

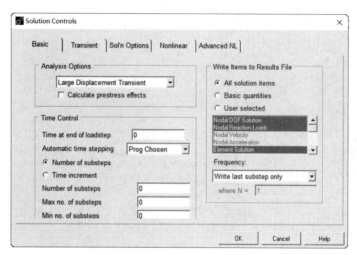

图 15-17　求解控制对话框

（16）确定载荷步时间和时间步长。选择菜单 Main Menu→Solution→Load Step Opts→Time/Frequenc→Time - Time Step，弹出如图 15-18 所示的对话框，在"TIME"文本框中输入"T"，在"DELTIM Time Step size"文本框中输入"T/25"，选择"KBC"为"Ramped"，单击"OK"按钮。

提示：如果该菜单项未显示在界面上，可以选择菜单 Main Menu→Solution→Unabridged Menu，以显示 Main Menu→Solution 下的所有菜单项。

（17）确定数据库和结果文件中包含的内容。选择菜单 Main Menu→Solution→Load Step Opts→Output Ctrls→DB/Results File，弹出如图 15-19 所示的对话框，选择"Item"下拉列表框为"Basic quantities"，选择"FREQ"为"Every substep"，单击"OK"按钮。

（18）设定非线性分析的收敛值。选择菜单 Main Menu→Solution→Load Step Opts→Nonlinear→Convergence Crit，弹出如图 15-20 所示的对话框，单击"Replace"按钮，弹出如图 15-21 所示的对话框，在"Lab"右侧两个列表中分别选择"Structural"和"Force F"，在"VALUE"文本框中输入"1"，在"TOLER"文本框中输入"0.1"，单击"OK"按钮。返回到如图 15-20 所示的对话框，单击"Add"按钮，再次弹出如图 15-21 所示的对话框，在"Lab"右侧两个列表中分别选择"Structural"和"Moment M"，在"VALUE"文本框中输入"1"，在"TOLER"文本框中输入"0.1"，单击"OK"按钮。最后单击如图 15-20 所示的对话框的"Close"按钮。

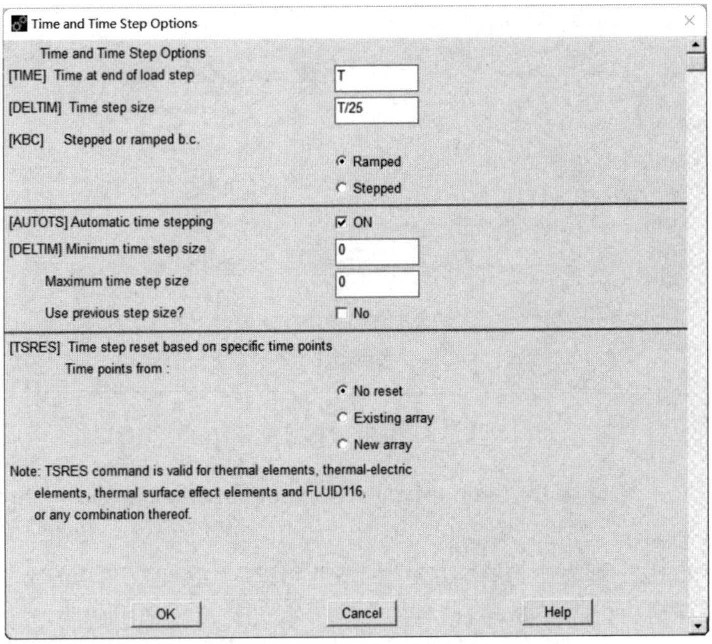

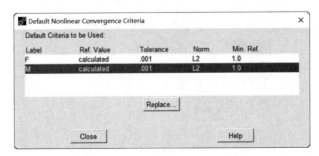

图 15-18 确定载荷步时间和时间步长对话框

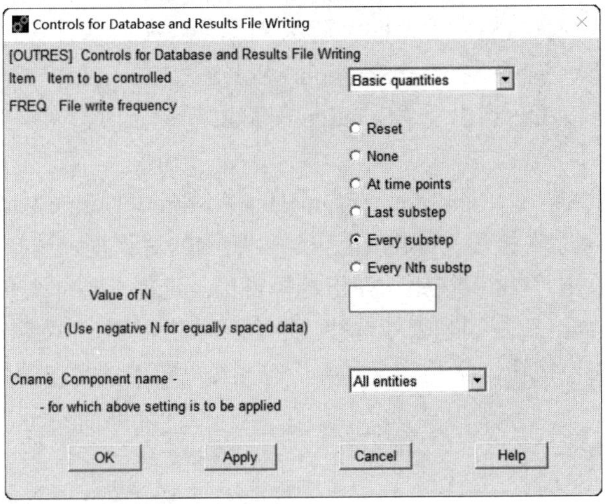

图 15-19 数据库和结果文件控制对话框

图 15-20 非线性收敛标准对话框

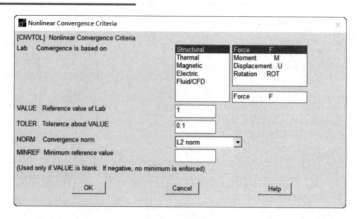

图 15-21　非线性收敛标准定义对话框

（19）施加约束。选择菜单 Main Menu→Solution→Define Loads→Apply→Structural→Displacement→On Nodes，弹出选择窗口，选择节点 1，单击"OK"按钮，弹出如图 15-22 所示的对话框，在"Lab2"列表中选择"UX""UY""UZ""ROTX""ROTY"，单击"Apply"按钮；再次弹出选择窗口，选择节点 1，单击"OK"按钮，再次弹出如图 15-22 所示的对话框，在"Lab2"列表中选择"ROTZ"，在"VALUE"文本框中输入"2*PI"，单击"Apply"按钮；再次弹出选择窗口，选择节点 4，单击"OK"按钮，再次弹出如图 15-22 所示的对话框，在"Lab2"列表中选择"UY"，在"VALUE"文本框中输入"0"，单击"OK"按钮。

（20）求解。选择菜单 Main Menu→Solution→Solve→Current LS。单击"Solve Current Load Step"对话框的"OK"按钮。当出现"Solution is done!"提示时，求解结束，从下一步开始，进行结果的查看。

（21）定义变量。选择菜单 Main Menu→TimeHist Postpro→Define Variables，弹出如图 15-23 所示的对话框，单击"Add"按钮，弹出如图 15-24 所示的对话框，选择"Type of Variable"为"Nodal DOF result"，单击"OK"按钮；弹出选择窗口，选择节点 4，单击"OK"按钮，弹出如图 15-25 所示的对话框，在右侧列表中选择"UX"，单击"OK"按钮；返回到图 15-23 所示的对话框，单击"Close"按钮。于是定义了一个变量 2，它表示滑块的位移 s_3。

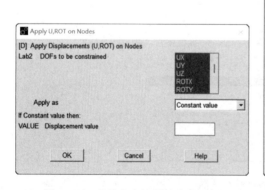

图 15-22　在节点上施加约束对话框

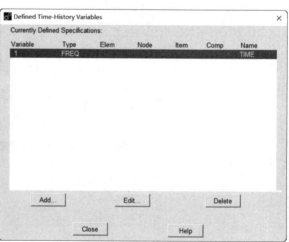

图 15-23　定义变量对话框

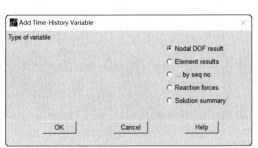

图 15-24　变量类型对话框

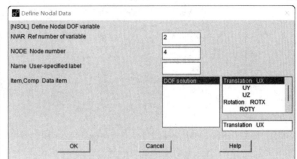

图 15-25　定义数据类型对话框

（22）对变量进行数学操作。把变量 2 对时间求 t 微分，得到滑块的速度 v_3；把速度 v_3 对时间 t 求微分，得到滑块的加速度 a_3。选择菜单 Main Menu→TimeHist Postpro→Math Operations →Derivative。弹出如图 15-26 所示的对话框，在"IR"文本框中输入"3"，在"IY"文本框中输入"2"，在"IX"文本框中输入"1"，单击"Apply"按钮；再次弹出如图 15-26 所示的对话框，在"IR"文本框中输入"4"，在"IY"文本框中输入"3"，在"IX"文本框中输入"1"，单击"OK"按钮。

经过以上操作，得到两个新的变量 3 和 4。其中，变量 3 是变量 2 对变量 1 的微分，而变量 2 是位移 s_3，变量 1 是时间 t（系统设定），所以，变量 3 就是角速度 v_3；同理可知，变量 4 就是角加速度 a_3。

（23）用曲线图显示位移、速度和加速度。选择菜单 Main Menu→TimeHist Postpro→Graph Variables，弹出如图 15-27 所示的对话框，在"NVAR1"文本框中输入"2"，单击"OK"按钮，结果如图 15-28 所示。再重复执行两次以上命令，在弹出对话框的"NVAR1"文本框中分别输入"3"和"4"，单击"OK"按钮，结果如图 15-29、图 15-30 所示。

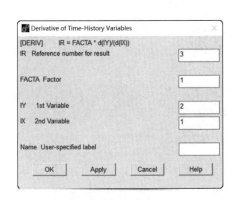

图 15-26　对变量微分对话框

图 15-27　选择显示变量对话框

（24）列表显示角位移、角速度。选择菜单 Main Menu→TimeHist Postpro→List Variables。在弹出对话框的"NVAR1"和"NVAR2"文本框中分别输入"2"和"3"，单击"OK"按钮。在得到的列表中可以看到变量 2 即位移 s_3 绝对值的最大值为 0.535283，即为滑块的行程 H，该值对应的时间为 0.88000s，此值即为空回行程经历的时间。对比由机械原理图解法得到的结果，可以看出有限元解是正确的，而且具有相当高的精度。

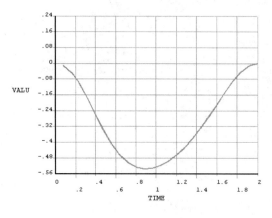

图 15-28　位移曲线

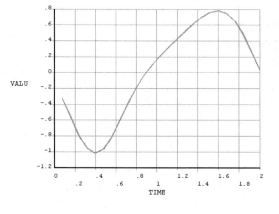

图 15-29　速度曲线

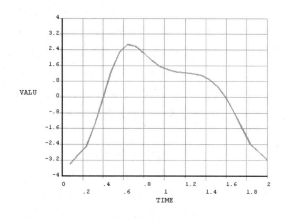

图 15-30　加速度曲线

15.4　命令流

```
/CLEAR                    !清除数据库，新建分析
/FILNAME, E15             !定义任务名为 E15
/PREP7                    !进入预处理器
PI=3.1415926             !定义参量
R=0.25
L=0.62
E=0.2
OMGA1=30
T=60/OMGA1
FI0=ASIN(E/(R+L))
AX=0
AY=0
BX=R*COS(FI0)
```

```
BY=-R*SIN(FI0)
CX=(R+L)*COS(FI0)
CY=-E
ET, 1, MPC184, 6, , , 1          !选择 MPC184 单元、销轴单元、绕 Z 轴旋转
ET, 2, BEAM188                   !选择梁单元
MP, EX, 1, 2E11                  !定义弹性模量为 2E11、泊松比为 0.3、密度为 1E-14
MP, PRXY, 1, 0.3
MP, DENS, 1, 1E-14
LOCAL, 11, 0, BX, BY             !创建局部坐标系
SECTYPE, 1, JOINT, REVO          !销轴截面
SECJOIN, , 11, 11                !指定销轴单元节点局部坐标系
SECTYPE, 2, BEAM, CSOLID         !梁截面，圆形截面
SECOFFSET, CENT
SECDATA, 0.01                    !圆形截面半径 0.01
CSYS, 0                          !切换全局直角坐标系
N, 1, AX, AY                     !创建节点
N, 2, BX, BY
N, 3, BX, BY
N, 4, CX, CY
TYPE, 1                          !指定单元属性
SECN, 1
E, 2, 3                          !创建销轴单元
TYPE, 2                          !指定单元属性
SECN, 2
E, 1, 2                          !创建梁单元模拟杆
E, 3, 4
FINISH                           !退出预处理器
/SOLU                            !进入求解器
ANTYPE, TRANS                    !指定分析类型为瞬态动力学分析
NLGEOM, ON                       !打开大变形选项
DELTIM, T/25                     !指定载荷步步长
KBC, 0                           !斜坡载荷
TIME, T                          !指定载荷步时间
OUTRES, BASIC, ALL               !确定数据库和结果文件中包含的内容
CNVTOL, F, 2, 0.1                !设定非线性分析的收敛值
CNVTOL, M, 2, 0.1
D, 1, UX                         !在节点上施加位移载荷
D, 1, UY
D, 1, UZ
D, 1, ROTX
D, 1, ROTY
```

```
D, 1, ROTZ, 2*PI
D, 4, UY
SOLVE                          !求解
SAVE                           !保存数据库
FINISH                         !退出求解器
/POST26                        !进入时间历程后处理器
NSOL, 2, 4, U, X               !定义变量
DERIV, 3, 2, 1                 !将变量对时间求微分
DERIV, 4, 3, 1
PLVAR, 2                       !用曲线图显示变量
PLVAR, 3
PLVAR, 4
FINISH                         !退出时间历程后处理器
```

第四篇 非线性分析

第16例 结构非线性分析——盘形弹簧载荷和变形关系分析

16.1 非线性分析的基本概念

16.1.1 概述

有限元问题归纳为求解有限元方程组 $Ku=f$。如果结构的总体刚度矩阵 K 是不变的，则该方程组是线性的，载荷 f 和位移 u 也呈线性关系，该类分析称为线性分析。但许多问题是非线性的，结构的总体刚度矩阵是变化的，由载荷产生的位移按非线性变化，求解这类问题用线性理论是不准确的，必须用非线性理论求解。

通常按产生非线性的原因不同，将结构非线性问题分为3类：几何非线性问题、材料非线性问题和状态非线性问题。一个实际问题中可能存在某种非线性，也可能存在多种非线性。

1. 几何非线性

几何非线性指的是因为大应变、大位移、应力刚化及旋转软化等现象引起的结构非线性响应。如图16-1所示为钓鱼竿的几何非线性，在初始状态时钓鱼竿很柔软，承受很小载荷就会发生很大的挠曲变形。但是随着变形的增大，力臂明显减小，这时钓鱼竿的刚度明显变大，这就是大变形引起的非线性响应。

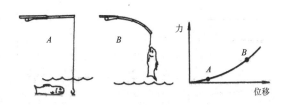

图 16-1　钓鱼竿的几何非线性

2. 材料非线性

材料非线性指的是材料的应力应变关系呈非线性（见图16-2），主要体现为塑性、超弹性、蠕变等，这些特性往往受加载历史、环境温度、加载时间总量等因素影响。

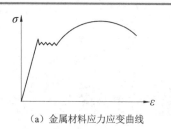
（a）金属材料应力应变曲线

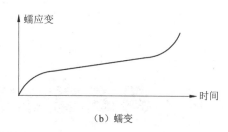
（b）蠕变

图 16-2　材料非线性

3．状态非线性

状态非线性指的是结构的状态发生突然的变化，如接触、单元生死、结构失稳等。由于接触在机械结构中普遍存在，所以接触是状态非线性中一个特殊和重要的类型。

16.1.2　非线性有限元方程的求解方法

1．Newton-Raphson 方法

非线性问题有限元方程组 $Ku=f$ 是非线性的，求解非线性方程一般用 Newton-Raphson 方法（以下简称 NR 法）。

NR 法将一个载荷步划分为若干个子步，经过平衡迭代迫使在每个子步的末端达到平衡收敛（见图 16-3），这实际是用线性方程近似非线性方程的过程。设非线性方程为 $K(u)u = f$，已知子步初始位移为 u_0、载荷增量为 Δf，现欲求子步末端位移 u_1，则用 NR 法求解的迭代公式为

$$\begin{cases} K(u^{(n)})\Delta u^{(n+1)} = \Delta F^{(n+1)} \\ u^{(n+1)} = u^{(n)} + \Delta u^{(n+1)} \end{cases} \tag{16-1}$$

式中，$\Delta F^{(n+1)} = \Delta f - K(u^{(n)})u^{(n)}$，并称作不平衡力；$n$ 为迭代次数，$u^{(0)}=u_0$。迭代过程如图 16-3a 所示，该方法称为完全 NR 法。

完全 NR 法每次迭代都要修改一次总体刚度矩阵，导致计算量巨大，因此可以采用改进 NR 法。改进 NR 法只在每个子步开始时修改总体刚度矩阵，在子步中每次平衡迭代时保持不变（见图 16-3b）。此时，只需在第一次迭代时计算并存储系数矩阵 K 的逆矩阵 K^{-1}，以后每次迭代时代入公式 $\Delta u^{(n+1)}=K^{-1}\Delta F^{(n+1)}$ 计算即可。改进 NR 法每次迭代所用的计算时间较少，但迭代次数变多，收敛速度降低。

NR 法的基本思路是对一个非线性分析过程，根据指定的载荷增量 Δf（称为载荷控制）或指定的位移增量 Δu（称为位移控制），将一个载荷步划分为多个子步，在每个子步内，经过一系列平衡迭代达到收敛，来追踪真实的加载路径，以实现问题的求解。但在接近如图 16-4 所示的极限点时，往往会因为载荷或位移增量无法准确指定而导致计算失败或结果跳跃。这时，单纯载荷（位移）控制无法越过极值点以追踪完整的加载路径。

2．弧长法

弧长法属于双重目标控制方法，即在求解过程中同时控制荷载和位移增量。如图 16-5 所示，弧长法的迭代路径是一个以圆心为$(u_0, F(u_0))$、半径为 l 的圆弧，即有：

$$(u^{(i)} - u_0)^2 + (\lambda^{(i)}\Delta f - F(u_0))^2 = l^2 \tag{16-2}$$

式中，λ 为载荷因子，$\lambda^{(i)}$、$u^{(i)}$ 为第 i 次迭代时的载荷因子和位移，Δf 为载荷增量。

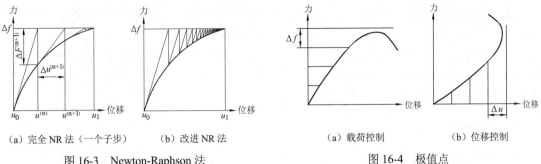

（a）完全 NR 法（一个子步）　（b）改进 NR 法　　　　　（a）载荷控制　　　　（b）位移控制

图 16-3　Newton-Raphson 法　　　　　　　　图 16-4　极值点

16.1.3　非线性分析的特性

1．非线性求解的组织级别

非线性求解过程分为 3 个操作级别：载荷步、子步和平衡迭代。

如图 16-6 所示，按载荷随时间变化情况定义载荷步，并假定载荷在载荷步内按线性规律变化。载荷步是顶层，求解选项、载荷和位移边界条件都在载荷步范围内定义。

每个载荷步被划分为多个子步，通过逐步加载以得到较高的计算精度。

在每个子步内，软件通过一系列的平衡迭代在子步的末端达到收敛（见图 16-3、图 16-5）。

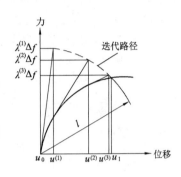

图 16-5　弧长法原理

2．收敛检查

NR 法在每次迭代前，都需检查不平衡量的大小。当不平衡量小到许可范围内时，认为迭代收敛，得到平衡解。

ANSYS 软件在缺省时，以力/力矩、位移/转角等不平衡量为收敛判据。力收敛检查是对不平衡力进行绝对度量，而位移收敛检查是相对度量。如图 16-7 所示，只进行位移收敛检查有可能产生错误的结果，所以总是以力收敛检查为主，而位移收敛检查只作为辅助手段使用。

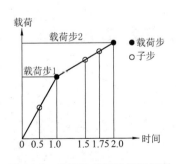

图 16-6　非线性求解的组织级别

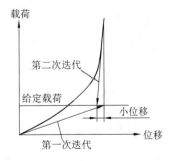

图 16-7　位移判据

在缺省时，ANSYS 软件检查不平衡力和力矩的 L_2 范数是否小于等于许可值，双重检查时还检查位移和转角的 L_2 范数。L_2 范数等于矢量各分量平方和的平方根。

3. 过程依赖性

如果系统的能量在外载荷卸掉后能复原到外载荷作用以前，则称系统为保守的。如果因为塑性变形、滑动摩擦等原因能量被系统所消耗，则称系统为非保守的。

保守系统是与过程无关的，即系统的结果只与施加载荷的总和有关，而与施加载荷的顺序和增量无关。非保守系统是与过程相关的，系统的结果与加载历史是有关的。与过程相关时，要求缓慢加载到最终载荷值，以获得精确的结果。

4. 自动时间步长

时间步长越短，子步数越多，计算时间也就越长。用户可以直接指定时间步长；也可以激活自动时间步长，由软件根据结构特性和系统特性相应地自动调整时间步长，以保持精度和成本间的均衡。

使用自动时间步长，可以激活软件的二分法。二分法是一种对迭代收敛失败自动矫正的方法。当平衡迭代不收敛时，二分法将时间步长二等分，然后从最后收敛的子步自动重启动。如果需要的话，软件可在载荷步内反复使用二分法，直到收敛为止。但当时间步长小于设定的最小时间步长时，软件会自动停止求解。

5. 载荷方向

如图 16-8 所示，在 ANSYS 软件中，集中力和加速度载荷的方向不随单元的变形而变化，始终保持最初的方向；而表面分布载荷总是沿着变形单元的法向，属于跟随力。

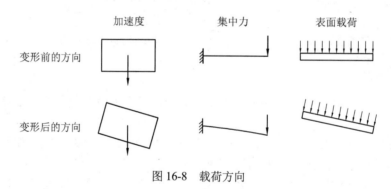

图 16-8　载荷方向

16.2　非线性分析的基本过程

16.2.1　非线性分析的步骤

非线性分析步骤仍然包括 3 个步骤：建模、施加载荷并求解、查看结果。但需要在分析过程中增加非线性特性。

1. 建模

非线性分析建模中可能包含特殊的单元或非线性特性。除此以外，建模过程与线性分析相类似。

2．施加载荷并求解

（1）进入求解器。

（2）用 ANTYPE 命令指定分析类型。

（3）设置求解控制参数以及分析选项。

（4）加载。

（5）用 SOLVE 命令求解，或多载荷步求解。

（6）退出求解器。

3．查看结果

可用 POST1 查看某个时间点选定模型的结果或生成动画，可用 POST26 查看模型上某点的结果随时间变化情况。对于非线性结果，叠加原理不能成立，不能使用载荷工况。除此以外，其他查看结果的方法都能使用。

查看结果前，可通过查看输出文件（可观察输出窗口）、错误警告文件，查看收敛情况。

1）用 POST1 查看结果

（1）进入 POST1。

（2）用 SET 命令读入需要的载荷步和子步结果。

载荷步和子步可依据编号或时间来识别，但不能用时间识别弧长法的结果。迭代不收敛的子步编号为 999999。如果用时间识别，TIME 最好精确地对应于子步的结束时间，因为其他时间点计算结果是不收敛的，存在较大的计算误差。

（3）用 PLDISP、PLNSOL、PLESOL、PLETAB、PLLS 等命令查看结果。

2）用 POST26 查看结果

（1）如果计算是收敛的，进入 POST26。

（2）定义变量。

（3）查看变量。

16.2.2 非线性分析的操作

1．激活大应变选项

菜单：Main Menu→Solution→Analysis Type→Analysis Options

　　　Main Menu→Solution→Analysis Type→Sol'n Controls→Basic

命令：NLGEOM, Key

命令说明：当 Key=OFF（缺省）时，忽略大应变效应，即小变形分析；当 Key=ON 时，根据单元类型情况，包括大挠度或大应变效应。

2．Newton-Raphson 选项

菜单：Main Menu→Solution→Analysis Type→Analysis Options

命令：NROPT, Option1, Option2, Optval

命令说明：Option1 指定非线性方程的求解方法。当 Option1=AUTO（缺省）时，由软件自动选择；当 Option1=FULL 时，完全 NR 法；当 Option1=MODI 时，改进 NR 法；当 Option1=INIT 时，在每一次平衡迭代时都使用初始刚度矩阵；当 Option1=UNSYM 时，完全 NR 法，用于非对称单元矩阵。

当 Option2=CRPL 时，用于静态蠕变分析时激活改进 NR 法和蠕变率极限。仅当 Option1=AUTO 时有效。

Optval 为自适应下降开关。当 Optval=ON 时，使用自适应下降。存在摩擦接触时，ON 为默认值。当 Optval=OFF 时，不使用自适应下降。

自适应下降技术可以改善迭代的收敛性。如果自适应下降关闭，每次迭代均使用切线刚度矩阵；如果自适应下降打开，则迭代保持稳定时使用切线刚度矩阵，一旦程序在迭代中检测到发散倾向，将使用切线刚度矩阵和割线刚度矩阵的加权组合。

自适应下降只能用于完全 NR 法，其他求解方法时自适应下降不可用。

3．非线性选项

1）线性搜索

菜单：Main Menu→Solution→Analysis Type→Sol'n Controls→Nonlinear

Main Menu→Solution→Load Step Opts→Nonlinear→Line Search

命令：LNSRCH, Key, LSTOL, LStrun

命令说明：当 Key=OFF 时，不使用线性搜索；当 Key=ON 时，使用线性搜索；当 Key=AUTO 时，由软件自动选择使用或不使用线性搜索。当不存在接触单元时，缺省是使用线性搜索。LSTOL 指定线搜索收敛公差。LStrun 为线性搜索的截断键。

除非在 NROPT 命令中明确要求使用自适应下降，否则使用线性搜索时自适应下降不会被激活，一般不建议同时使用二者。

2）非线性分析预测器

菜单：Main Menu→Solution→Analysis Type→Sol'n Controls→Nonlinear

Main Menu→Solution→Load Step Opts→Nonlinear→Predictor

命令：PRED, Sskey, --, Lskey

命令说明：Sskey 为子步预测开关。当 Sskey=OFF 时，关闭预测；当 Sskey=ON 时，在第一个子步后的所有子步中使用预测；当 Sskey=AUTO 时，除了某些例外情况外，都采用预测。

Lskey 为载荷步预测开关。当 Lskey=OFF（缺省）时，关闭载荷步预测；当 Lskey=ON 时，从载荷步的第一个子步开始使用预测，但必须满足 Sskey=ON。

使用预测器可以加速迭代收敛。在非线性相应比较平滑或者振荡收敛时比较有效，在大转动或黏弹性分析时可能导致发散，此时应关闭预测器。

3）收敛准则

菜单：Main Menu→Solution→Analysis Type→Sol'n Controls→Nonlinear

Main Menu→Solution→Load Step Opts→Nonlinear→Convergence Crit

Main Menu→Solution→Load Step Opts→Nonlinear→Harmonic

Main Menu→Solution→Load Step Opts→Nonlinear→Static

Main Menu→Solution→Load Step Opts→Nonlinear→Transient

命令：CNVTOL, Lab, VALUE, TOLER, NORM, MINREF

命令说明：Lab 为收敛判据标签。在结构分析时，位移收敛标签有：U（位移）、ROT（转角）；力收敛标签有：F（力）、M（力矩）。

VALUE 为 Lab 的典型值。如果输入负值，则删除以前定义的 Lab 的收敛值，但不删除其默认值。默认值为软件计算的参考值和参数 MINREF 的最大值。对于自由度标签，上述参考值是基于所选定的 NORM 和当前总自由度值；对于力标签，上述参考值是基于所选定的 NORM 和施加的载荷。

TOLER 为参数 VALUE 的公差。当 SOLCONTROL, ON 时，力和力矩标签的 TOLER 默认值为 0.5%，当转动自由度不存在时，位移标签的 TOLER 默认值为 5%；当 SOLCONTROL, OFF 时，力和力矩标签的 TOLER 默认值为 0.1%。

NORM 指定范数选项。当 NORM=2（缺省）时，为 L2 范数，检测矢量各分量平方和的平方根；当 NORM=1 时，为 L1 范数，检测矢量各分量绝对值的和；当 NORM=0 时，为无穷范数，检测每个 DOC 的值。

MINREF 为软件计算参考值的最小值。如果 MINREF 为负且 VALUE 为空时，则无最小值。力和力矩标签的 MINREF 默认值为 0.01，但当 SOLCONTROL, OFF 时默认值为 1.0。

在平衡迭代时，将 Lab 标签所指定的不平衡量的范数与 VALUE·TOLER 进行比较，来进行收敛检查。一般情况下，缺省的收敛准则即能满足使用要求。用户一旦用 CNVTOL 命令改变了某个收敛准则，则软件会自动删除所有的缺省收敛准则。

4）指定最大平衡迭代的次数

菜单：Main Menu→Solution→Analysis Type→Sol'n Controls→Nonlinear

　　　Main Menu→Solution→Load Step Opts→Nonlinear→Equilibrium Iter

命令：NEQIT, NEQIT, FORCEkey

命令说明：NEQIT 为每个子步允许的平衡迭代的最大次数。当 SOLCONTROL, ON 时，NEQIT 默认值根据物理特性为 15～26；当 SOLCONTROL, OFF 时，默认值为 25。

当 FORCEkey=FORCE 时，强制在每个子步进行一次迭代；当 FORCEkey 为空时，由 SOLCONTROL 控制迭代的最小数目。该参数只在 NEQIT=1 和 SOLCONTROL, ON 时使用。

5）回退控制

菜单：Main Menu→Solution→Analysis Type→Sol'n Controls→Nonlinear

　　　Main Menu→Solution→Load Step Opts→Nonlinear→Cutback Control

命令：CUTCONTROL, Lab, VALUE, Option

命令说明：Lab 指定回退准则。当 Lab=PLSLIMIT 时，如果在一个子步内最大等效塑性应变的计算结果超过参数 VALUE，软件执行一次回退（二分），VALUE 的默认值为 15%。当 Lab=CRPLIMIT 时，如果在一个子步内最大等效蠕变比的计算结果超过设定的极限值，则执行回退。当 Lab=DSPLIMIT 时，如果在一个子步内最大位移增量的计算结果超过 VALUE，则执行回退，VALUE 的默认值为 1.0E7。当 Lab=NPOINT 时，在二阶动力学方程中，如果每个循环的求解点数小于 VALUE，则执行回退，VALUE 的默认值为 13。当 Lab=NOITERPREDICT 时，如果 VALUE=0（缺省），则内部的自动时间步长规划将预测收敛的迭代次数，并在 NEQIT 指定的迭代次数之前执行回退；如果 VALUE=1，在回退之前，必须达到 NEQIT 指定的迭代次数。当 Lab=CUTBACKFACTOR 时，改变二分时的回退值，默认值为 0.5，VALUE 必须大于 0.0 且小于 1.0，该选项只在 AUTOTS, ON 时有效。

VALUE 为定义回退准则的数值，参见 3）收敛准则中的命令说明。

Option 指定蠕变分析类型，只在 Lab=CRPLIMIT 时有效。

4．高级非线性选项

1）中止分析选项

菜单：Main Menu→Solution→Analysis Type→Sol'n Controls→Advanced NL

　　　Main Menu→Solution→Load Step Opts→Nonlinear→Criteria to Stop

命令：NCNV, KSTOP, DLIM, ITLIM, ETLIM, CPLIM

命令说明：KSTOP 指定不收敛时软件的行为。当 KSTOP=0 时，不终止分析、继续运行，即尽管不收敛，也要继续下一子步的运行；当 KSTOP=1（缺省）时，终止分析，退出软件；当 KSTOP=2 时，终止分析，但不退出软件。

DLIM 指定节点自由度计算值的界限。如果超过此界限，则终止软件。结构分析时默认值为 1.0E6。

ITLIM 指定累加的平衡迭代次数的界限。如果超过此界限，则终止软件。默认值为无穷。

ETLIM 指定用时的界限。如果超过此界限，则终止软件。默认值为无穷。

CPLIM 指定 CPU 时间的界限。如果超过此界限，则终止软件。默认值为无穷。

2）激活弧长法

菜单：Main Menu→Solution→Analysis Type→Sol'n Controls→Advanced NL

　　　Main Menu→Solution→Load Step Opts→Nonlinear→Arc-Length Opts

命令：ARCLEN, Key, MAXARC, MINARC

命令说明：当 Key=OFF（缺省）时，不使用弧长法；当 Key=ON 时，使用弧长法。MAXARC, MINARC 为参考弧长半径的最大、最小倍数，默认值分别为 25 和 1/1000。

16.3　几何非线性分析

16.3.1　几何非线性概述

因为结构变形而导致结构总体刚度矩阵具有非线性特性的属于几何非线性问题。

在有限元分析过程中，首先要在局部坐标系下为每个单元创建单元刚度矩阵，然后将其转化为在全局坐标系下的单元刚度矩阵，进而集合为结构总体刚度矩阵。当单元的形状或尺寸发生较大变化时，会导致单元刚度矩阵变化。当单元的方向发生较大的改变时，会导致单元刚度矩阵在向全局坐标系转化时发生变化。

当缆索、薄膜等结构承受较大应力时，面内应力对面外刚度有极大的影响，即发生应力刚化。

16.3.2　应力和应变

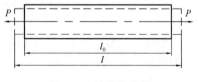

图 16-9　单向拉伸杆

如图 16-9 所示的杆件受单向拉伸时，工程应变 ε 和工程应力 σ 分别定义为

$$\varepsilon = \frac{\Delta l}{l_0} \qquad (16\text{-}3)$$

$$\sigma = \frac{P}{A_0} \qquad (16\text{-}4)$$

式中，l_0、A_0 为杆件原始长度和横截面面积，$\Delta l = l - l_0$。

而真实（对数）应变 $\varepsilon_{\text{true}}$ 和真实应力 σ_{true} 分别定义为

$$\varepsilon_{\text{true}} = \ln \frac{l}{l_0} \qquad (16\text{-}5)$$

$$\sigma_{\text{true}} = \frac{P}{A} \qquad (16\text{-}6)$$

工程应变和真实应变的关系为 $\varepsilon_{\text{true}} = \ln(1+\varepsilon)$，工程应力和真实应力的关系为 $\sigma_{\text{true}} = \sigma(1+\varepsilon)$。当工程应变很小时，真实应变等于工程应变、真实应力等于工程应力。

在大应变求解中，所有应力、应变的输入和输出结果都采用真实应变和真实应力。

16.3.3　几何非线性分析的注意事项

（1）根据需要选择具有大应变、大位移分析能力的单元类型。

（2）应使单元形状有适当的纵横比，不能有大的顶角和扭曲单元。

（3）应避免单点集中力和单点约束。

（4）在大变形分析中，节点坐标系不随变形而更新，节点结果显示在原始节点坐标系上。但多数单元坐标系会随变形而更新，所以单元应变、应力结果会随单元坐标系的更新而变化。

16.4　问题描述

如图 16-10 所示，已知盘形弹簧的内径为 d=50mm，外径为 D=100mm，厚度为 t=2mm，自由高度为 H_0=4mm，载荷为 F=2400N，现研究其载荷和变形间的关系。

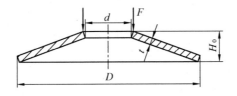

图 16-10　盘形弹簧

16.5　分析步骤

（1）过滤界面。选择菜单 Main Menu→Preferences，弹出如图 16-11 所示的对话框，选择 Structural"项，单击"OK"按钮。

（2）选择单元类型。选择菜单 Main Menu→Preprocessor→Element Type→Add/Edit/Delete，单出如图 16-12 所示的对话框，单击"Add"按钮；弹出如图 16-13 所示的对话框，在左侧列表

中选择"Solid",在右侧列表中选择"Quad 8 node 183",单击"OK"按钮；返回如图 16-12 所示的对话框，单击"Options"按钮，弹出如图 16-14 所示的对话框，选择"K3"下拉列表框为"Axisymmetric"（轴对称），单击"OK"按钮，单击如图 16-12 所示的对话框中的"Close"按钮。

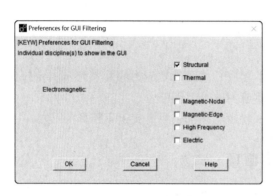

图 16-11　过滤界面对话框

图 16-12　单元类型对话框

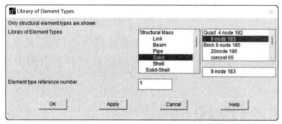

图 16-13　单元类型库对话框

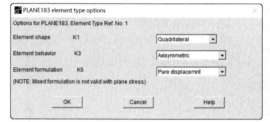

图 16-14　单元选项对话框

（3）定义材料模型。选择菜单 Main Menu→Preprocessor→Material Props→Material Models，弹出如图 16-15 所示的对话框，在右侧列表中依次选择"Structural""Linear""Elastic""Isotropic"，弹出如图 16-16 所示的对话框，在"EX"文本框中输入"2e11"（弹性模量），在"PRXY"文本框中输入"0.3"（泊松比），单击"OK"按钮，然后关闭如图 16-15 所示的对话框。

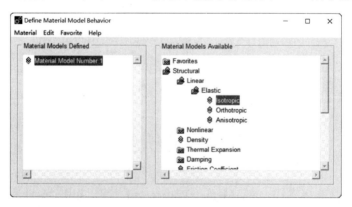

图 16-15　材料模型对话框

（4）定义参量。选择菜单 Utility Menu→Parameters→Scalar Parameters，弹出如图 16-17 所示的对话框，在"Selection"文本框中输入"DI=0.05"，单击"Accept"按钮；再在"Selection

文本框中依次输入"DO=0.1""T=0.002""H0=0.004""F=2340""ALFA=ATAN((H0-T)/(DO/2-DI/2))"（计算角度 ALFA）、"L=(H0-T*COS(ALFA))/SIN(ALFA)"（计算弹簧截面的长度），同时单击"Accept"按钮；最后，单击如图 16-17 所示对话框的"Close"按钮。

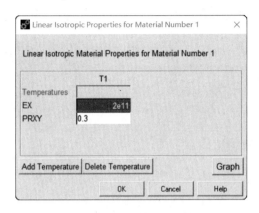

图 16-16　材料特性对话框　　　　　　　　　　图 16-17　参量对话框

（5）偏移、旋转工作平面。选择菜单 Utility Menu→WorkPlane→Offset WP by Increment，弹出如图 16-18 所示的对话框，在"X, Y, Z Offsets"文本框中输入"DO/2"，在"XY, YZ, ZX Angles"文本框中输入"90-ALFA*180/3.14159"，单击"OK"按钮。

（6）建矩形面。选择菜单 Main Menu→Preprocessor→Modeling→Create→Areas→Circle→By Dimensions，弹出如图 16-19 所示的对话框，在"X1""X2""Y1""Y2"文本框中分别输入"0""-T""0""L"，单击"OK"按钮。

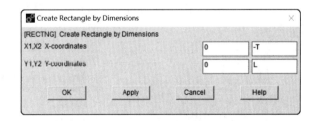

图 16-18　工作平面对话框　　　　　　　　　　图 16-19　创建面对话框

（7）划分单元。选择菜单 Main Menu→Preprocessor→Meshing→MeshTool，弹出如图 16-20 所示的对话框，本步骤所有操作全部在此对话框下进行。单击"Size Controls"区域中"Global"后的"Set"按钮，弹出如图 16-21 所示的对话框，在"SIZE"文本框中输入"2E-4"，单击"OK"

按钮。在"Mesh"区域，选择单元形状为"Quad"（四边形），选择划分单元的方法为"Mapped"（映射）。单击"Mesh"按钮，弹出选择窗口，选择面，单击"OK"按钮，单击如图 16-20 所示的对话框中的"Close"按钮。

图 16-20　划分单元工具对话框

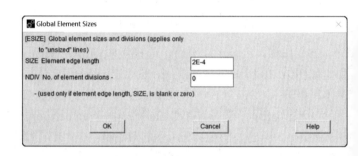

图 16-21　单元尺寸对话框

（8）指定分析类型。选择菜单 Main Menu→Solution→Analysis Type→New Analysis，弹出如图 16-22 所示的对话框，选择"Type of Analysis"为"Transient"，单击"OK"按钮，在随后弹出的"Transient Analysis"对话框中，单击"OK"按钮。

（9）显示关键点的编号。选择菜单 Utility Menu→PlotCtrls→Numbering，在弹出的对话框中，将"Keypoints numbers"（关键点编号）打开，单击"OK"按钮。

（10）在图形窗口中显示线。选择菜单 Utility Menu→Plot→Lines。

（11）施加力载荷。选择菜单 Main Menu→Solution→Define Loads→Apply→Structural→Force/Moment→On Keypoints，弹出选择窗口，选择关键点 3，单击"OK"按钮，弹出如图 16-23 所示的对话框，选择"Lab"下拉列表框为"FY"，在"VALUE"文本框中输入"-F"，单击"OK"按钮。

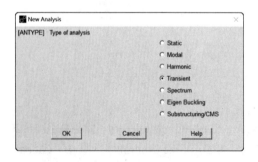

图 16-22　指定分析类型对话框

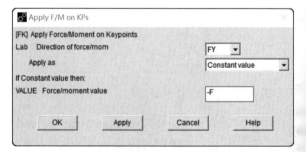

图 16-23　施加集中力载荷对话框

（12）施加约束。选择菜单 Main Menu→Solution→Define Loads→Apply→Structural→Displacement→On Keypoints，弹出选择窗口，选择关键点 1，单击"OK"按钮，弹出如图 16-24 所示的对话框，在"Lab2"列表中选择"UY"，单击"OK"按钮。

（13）打开线性搜索。选择菜单 Main Menu→Solution→Load Step Opts→Nonlinear→Line Search，弹出如图 16-25 所示的对话框，将"LNSRCH"选项（线性搜索）打开，单击"OK"按钮。

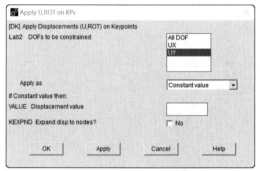

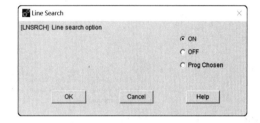

图 16-24　施加约束对话框　　　　　　　　　　图 16-25　线性搜索对话框

（14）打开大变形选项。选择菜单 Main Menu→Solution→Analysis Type→Sol'n Controls→Basic，弹出如图 16-26 所示的对话框，选择"Analysis Options"下拉列表框为"Large Displacement Transient"，单击"OK"按钮。

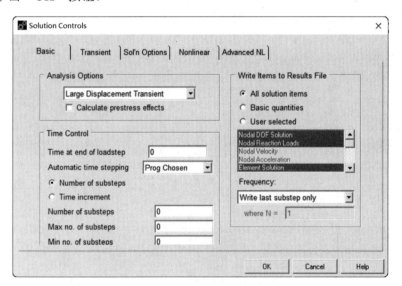

图 16-26　求解控制对话框

（15）指定求解时间和子步数目。选择菜单 Main Menu→Solution→Load Step Opts→Time/Frequenc→Time and Substeps，弹出如图 16-27 所示的对话框，在"Time""NSUBST Number of substeps""NSUBST Maximum no of substeps""NSUBST Minimum no of substeps"文本框中分别输入"1""20""30""10"，选择"KBC"为"Ramped"，选择"AUTOTS"为"ON"，单击"OK"按钮。

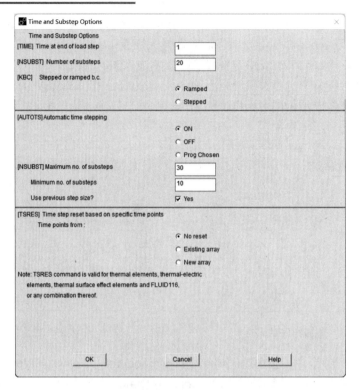

图 16-27　求解时间和子步数目对话框

（16）确定数据库和结果文件中包含的内容。选择菜单 Main Menu→Solution→Load Step Opts→Output Ctrls→DB/Results File，弹出如图 16-28 所示的对话框，选择"Item"下拉列表框为"All items"，选择"Every substep"，单击"OK"按钮。

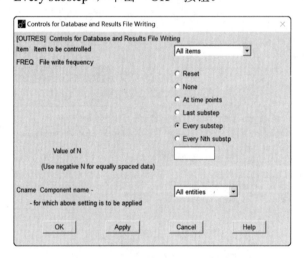

图 16-28　数据库和结果文件控制对话框

（17）求解。选择菜单 Main Menu→Solution→Solve→Current LS，单击"Solve Current Load Step"对话框中的"OK"按钮，当出现"Solution is done！"提示时，求解结束，即可查看结果了。

（18）定义变量。选择菜单 Main Menu→TimeHist Postpro→Define Variables，弹出如图 16-29 所示的对话框，单击"Add"按钮；弹出如图 16-30 所示的对话框，选择"Type of Variable"为

"Nodal DOF result",单击"OK"按钮;弹出选择窗口,选择位于模型最上方的节点,单击"OK"按钮;弹出如图16-31所示的对话框,在右侧列表中选择"UY",单击"OK"按钮。

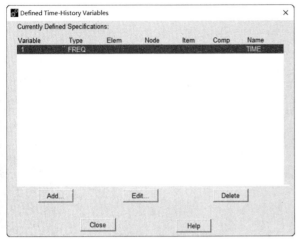

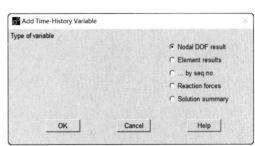

图16-29 定义变量对话框 图16-30 变量类型对话框

再次单击如图16-29所示的对话框的"Add"按钮,弹出如图16-30所示的对话框,选择"Type of Variable"为"Reaction forces",单击"OK"按钮;弹出选择窗口,选择施加有位移约束的节点,单击"OK"按钮;弹出如图16-32所示的对话框,在右侧列表中选择"FY",单击"OK"按钮。

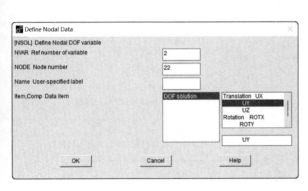

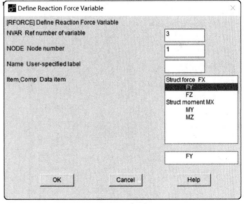

图16-31 变量数据对话框 图16-32 变量数据对话框

返回如图16-29所示的对话框,单击"Close"按钮。于是定义了2个变量,变量2为最上方的节点在y方向上的位移,变量3为y方向上的支反力。

(19)求变量2的绝对值。选择菜单 Main Menu→TimeHist Postpro→Math Operations→Absolute Value,弹出如图16-33所示的对话框,在"IR"文本框中输入"4",在"IA"文本框中输入"2",单击"OK"按钮。

(20)指定变量4为曲线图x轴。选择菜单 Main Menu→TimeHist Postpro→Settings→Graph,弹出如图16-34所示的对话框,选择"XVAR"为"Single variable",在"Single variable no"文本框中输入"4",单击"OK"按钮。

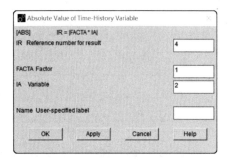

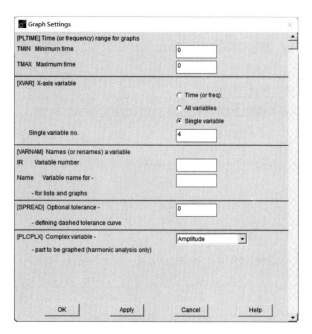

图 16-33　求变量的绝对值对话框　　　　　　　　图 16-34　设置曲线图对话框

（21）做支反力-位移的曲线图。选择菜单 Main Menu→TimeHist Postpro→Graph Variables，弹出如图 16-35 所示的对话框，在"NVAR 1"文本框中输入"3"，单击"OK"按钮，结果表明支反力-位移为非线性关系，如图 16-36 所示。

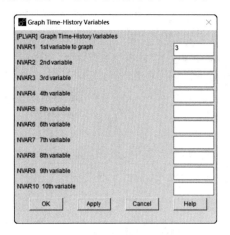

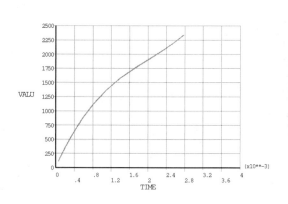

图 16-35　做曲线图对话框　　　　　　　　　图 16-36　支反力-位移曲线

16.6　命令流

/CLEAR	!清除数据库，新建分析
/PREP7	!进入预处理器
ET, 1, PLANE183, , , 1	!选择单元类型
MP, EX, 1, 2E11 $ MP, PRXY, 1, 0.3	!定义材料模型

```
DI=0.05 $ DO=0.1 $ T=0.002 $ H0=0.004 $ F=2340   !定义参数
ALFA=ATAN((H0-T)/(DO/2-DI/2))                     !计算角度 ALFA
L=(H0-T*COS(ALFA))/SIN(ALFA)                      !计算弹簧截面的长度
WPOFF, DO/2 $ WPROT, 90-ALFA*180/3.14159          !偏移、旋转工作平面
RECTNG, 0, -T, 0, L                               !创建矩形截面
ESIZE, 2E-4                                       !指定单元边长度
AMESH, 1                                          !划分单元
FINISH                                            !退出预处理器
/SOLU                                             !进入求解器
ANTYPE, TRANS                                     !指定分析类型为瞬态分析
FK, 3, FY, -F                                     !在关键点上施加集中力载荷
DK, 1, UY                                         !在关键点上施加 Y 方向约束
LNSRCH, ON                                        !打开线性搜索
NLGEOM, ON                                        !打开大变形选项
AUTOT, ON                                         !打开自动时间步长
NSUBST, 20, 30, 10                                !指定子步数目
KBC, 0                                            !斜坡载荷
OUTRES, ALL, ALL                                  !输出所有子步所有项目的结果
TIME, 1                                           !指定载荷步时间
SOLVE                                             !求解
FINISH                                            !退出求解器
/POST26                                           !进入时间历程后处理器
NSOL, 2, NODE(0.02492, 0.004, 0), U, Y            !定义变量 2，存储最上方节点的 Y 方向位移
RFORCE, 3, NODE(0.04984, -0.002, 0), F, Y         !定义变量 3，存储施加有位移约束节点的 Y 方向支反力
ABS, 4, 2                                         !求变量 2 的绝对值，存储于变量 4
XVAR, 4                                           !指定曲线图 X 轴为变量 4
PLVAR, 3                                          !用曲线图显示变量
FINISH                                            !退出时间历程后处理器
```

第17例　稳定性问题分析实例
——屈曲分析

17.1　概述

17.1.1　屈曲分析的定义

屈曲分析是一种用于确定结构在变得不稳定时的临界载荷和屈曲模态形状的技术。ANSYS提供了非线性屈曲分析和特征值（线性）屈曲分析两种方法，特征值屈曲分析即教科书里传统的弹性屈曲分析方法，非线性屈曲分析方法比特征值屈曲分析更精确，在实际中更常用。

17.1.2　特征值屈曲分析过程

1．建立模型

建模过程与其他分析相似，包括定义单元类型、定义单元实常数、定义材料特性、建立几何模型和划分网格等。但需要注意的是，必须定义材料的弹性模量或某种形式的刚度。另外，特征值屈曲分析属于线性分析，非线性特性将被忽略。

2．获得静力学解

该过程与一般的静力学分析一致，但需注意以下几点。
（1）必须打开预应力效果选项，因为该分析需要计算应力刚度矩阵。
（2）通常需要为结构施加一个单位载荷，由屈曲分析计算出的特征值即为屈曲载荷（临界载荷）。
（3）在凝聚法特征值屈曲分析中，不接受非零约束。
（4）在求解结束后要退出求解器。

3．获得特征值屈曲解

获得特征值屈曲解的步骤如下。
（1）进入求解器。
（2）指定分析类型：Main Menu→Solution→Analysis Type→New Analysis，选 Eigen Buckling。
（3）指定分析选项：Main Menu→Solution→Analysis Type→Analysis Options。提取的特征值数目（NMODE）为1。

（4）定义载荷步选项：Main Menu→Solution→Load Step Opts→Output Ctrls→Solu Printout。

（5）如果要查看屈曲模态形状，需扩展模态：Main Menu→Solution→Load Step Opts→Expansionpass→Single Expand→Expand modes，选 NMODE 为 1。

（6）求解：Main Menu→Solution→Solve→Current LS。

4．查看结果

ANSYS 屈曲分析的结果包括：屈曲载荷系数、屈曲模态形状、相对应力分布等。查看结果使用 POST1 后处理器。

显示屈曲载荷系数：Main Menu→General Postproc→Results Summary。

因为在结果文件中，每个模态都作为一个子步进行保存。所以要观察屈曲模态形状，必须将相应的模态读入，通常是第一个模态：Main Menu→General Postproc→Read Results→First Set。

显示屈曲模态形状：Main Menu→General Postproc→Plot Results→Deformed Shape。

显示相对应力分布。

17.2　问题描述及解析解

某构件的受力可以简化成如图 17-1 所示模型，细长杆件承受压力，两端铰支。根据材料力学的知识，当杆件承受的压力 P 超过临界压力 P_{lj} 时，杆件将丧失稳定性。已知杆的横截面形状为矩形，截面的高度 h 和宽度 b 均为 0.03m，杆的长度 $l=2$m，使用材料为 Q235A，弹性模量 $E=2\times10^{11}$Pa，则杆件的临界压力 P_{lj} 可用如下方法计算。

杆横截面的惯性矩：

$$I = \frac{bh^3}{12} = \frac{(3\times10^{-2})^4}{12} = 6.75\times10^{-8}\,\text{m}^4$$

杆横截面的面积：

$$A = bh = 3\times10^{-2}\times3\times10^{-2} = 9\times10^{-4}\,\text{m}^2$$

杆横截面的最小惯性半径：

$$i = \sqrt{\frac{I}{A}} = \sqrt{\frac{6.75\times10^{-8}}{9\times10^{-4}}} = 8.66\times10^{-3}\,\text{m}$$

杆的柔度：

$$\lambda = \frac{\mu l}{i} = \frac{1\times2}{8.66\times10^{-3}} = 231$$

图 17-1　受压杆模型

式中，μ 为受压杆的长度系数，两端铰支时 $\mu=1$。

因为受压杆用 Q235A 钢制造，且 $\lambda>100$，所以应该用欧拉公式计算其临界压力。根据欧拉公式计算临界压力：

$$P_{lj} = \frac{\pi^2 EI}{(\mu l)^2} = \frac{\pi^2\times2\times10^{11}\times6.75\times10^{-8}}{(1\times2)^2} = 33310\text{N}$$

17.3 分析步骤

（1）改变任务名。选择菜单 Utility Menu→File→Change Jobname。弹出如图 17-2 所示的对话框，在"[/FILNAM]"文本框中输入"E17"，单击"OK"按钮。

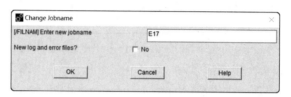

图 17-2 改变任务名对话框

（2）选择单元类型。选择菜单 Main Menu→Preprocessor→Element Type→Add/Edit/Delete，弹出如图 17-3 所示的对话框，单击"Add"按钮；弹出如图 17-4 所示的对话框，在左侧列表中选择"Beam"，在右侧列表中选择"3 node 189"，单击"OK"按钮；单击如图 17-3 所示对话框的"Close"按钮。

图 17-3 单元类型对话框

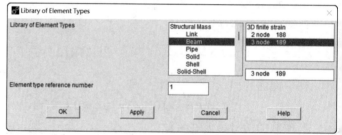

图 17-4 单元类型库对话框

（3）定义材料模型。选择菜单 Main Menu→Preprocessor→Material Props→Material Models，弹出如图 17-5 所示的对话框，在右侧列表中依次选择"Structural""Linear""Elastic""Isotropic"，弹出如图 17-6 所示的对话框，在"EX"文本框中输入"2e11"（弹性模量），在"PRXY"文本框中输入"0.3"（泊松比），单击"OK"按钮，然后关闭图 17-5 所示的对话框。

（4）定义梁截面。选择菜单 Main Menu→Preprocessor→Sections→Beam→Common Sections，弹出如图 17-7 所示的对话框，在"ID"文本框中输入"1"，选择"Sub-Type"下拉列表框为"■"（横截面形状），在"B"文本框中输入"0.03"，在"H"文本框中输入"0.03"，单击"OK"按钮。

（5）创建关键点。选择菜单 Main Menu→Preprocessor→Modeling→Create→Keypoints→In Active CS，弹出如图 17-8 所示的对话框，在"NPT"文本框中输入"1"，在"X, Y, Z"文本框中分别输入"0, 0, 0"，单击"Apply"按钮；在"NPT"文本框中输入"2"，在"X, Y, Z"文本框中分别输入"0, 2, 0"，单击"OK"按钮。

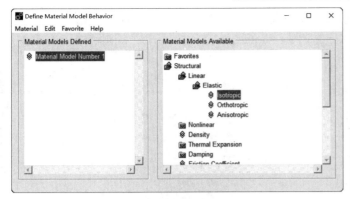

图 17-5　材料模型对话框

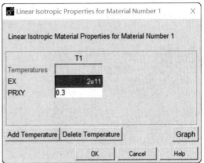

图 17-6　材料特性对话框

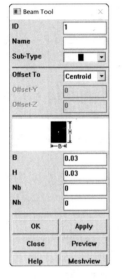

图 17-7　定义梁截面对话框

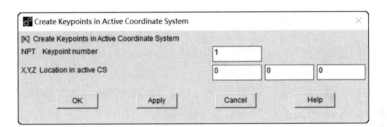

图 17-8　创建关键点的对话框

（6）创建直线。选择菜单 Main Menu→Preprocessor→Modeling→Create→Lines→Lines→Straight Line，弹出选择窗口，选择关键点 1 和 2，创建了一条直线，单击"OK"按钮。

（7）划分单元。选择菜单 Main Menu→Preprocessor→Meshing→MeshTool，弹出如图 17-9 所示的对话框，单击"Size Controls"区域中"Lines"后"Set"按钮，弹出选择窗口，选择上一步创建的直线 1，单击"OK"按钮；弹出如图 17-10 所示的对话框，在"NDIV"文本框中输入"10"，单击"OK"按钮；单击"Mesh"区域的"Mesh"按钮，弹出选择窗口，选择直线 1，单击"OK"按钮。关闭如图 17-9 所示的对话框。

（8）打开预应力效果。选择菜单 Main Menu→Solution→Analysis Type→Analysis Options，弹出"Static or Steady-State Analysis"对话框，选择"PSTRES"为"Yes"（包括预应力效应），单击"OK"按钮。

将预应力开关打开。

提示：如果该菜单项未显示在界面上，可以选择菜单 Main Menu→Solution→Unabridged Menu，以显示 Main Menu→Solution 下所有菜单项。

（9）显示关键点编号。选择菜单 Utility Menu→PlotCtrls→Numbering，弹出"Plot Numbering

Controls"对话框，将"Keypoint numbers"（关键点编号）打开，单击"OK"按钮。

（10）显示线。选择菜单 Utility Menu→Plot→Lines。

图 17-9　划分单元工具对话框

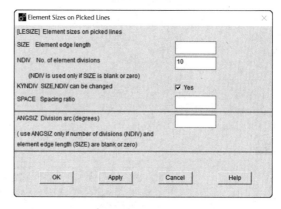

图 17-10　单元尺寸对话框

（11）施加约束。选择菜单 Main Menu→Solution→Define Loads→Apply→Structural→Displacement→On Keypoints，弹出选择窗口，选择关键点 1，单击"OK"按钮，弹出如图 17-11 所示的对话框，在"Lab2"列表中选择"UX""UY""UZ""ROTX""ROTY"，单击"Apply"按钮；再次弹出选择窗口，选择关键点 2，单击"OK"按钮，再次弹出如图 17-11 所示的对话框，在"Lab2"列表中选择"UX""UZ""ROTX""ROTY"，单击"OK"按钮。

（12）施加单位载荷。选择菜单 Main Menu→Solution→Define Loads→Apply→Structural→Force/Moment→On Keypoints，弹出选择窗口，选择关键点 2，单击"OK"按钮，弹出如图 17-12 所示的对话框，选择"Lab"下拉列表框为"FY"，在"VALUE"文本框中输入"-1"，单击"OK"按钮。

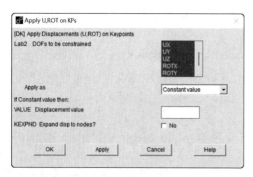

图 17-11　在关键点上施加约束对话框

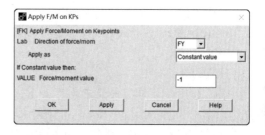

图 17-12　在关键点施加力载荷对话框

（13）求解。选择菜单 Main Menu→Solution→Solve→Current LS。单击"Solve Current Load Step"对话框的"OK"按钮。当出现"Solution is done！"提示时，分析结束。

（14）结束静应力分析。选择菜单 Main Menu→Finish。

（15）指定分析类型。选择菜单 Main Menu→Solution→Analysis Type→New Analysis。在弹出的"New analysis"对话框中，选择"Type of Analysis"为"Eigen Buckling"，单击"OK"按钮。

（16）指定分析选项。选择菜单 Main Menu→Solution→Analysis Type→Analysis Options。弹出如图 17-13 所示的对话框，在"NMODE"文本框中输入"1"，单击"OK"按钮。

（17）指定扩展解。选择菜单 Main Menu→Solution→Load Step Opts→Expansionpass→Single Expand→Expand modes，弹出如图 17-14 所示的对话框，在"NMODE"文本框中输入"1"，单击"OK"按钮。

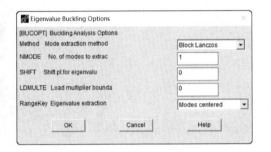

图 17-13　分析选项对话框

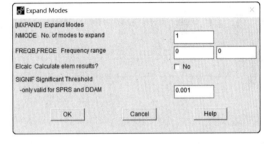

图 17-14　扩展模态对话框

（18）确定显示输出的内容。选择菜单 Main Menu→Solution→Load Step Opts→Output Ctrls→Solu Printout，弹出如图 17-15 所示的对话框，选择"Item"下拉列表框为"Nodal DOF solu"，选择"Every substep"，单击"OK"按钮。

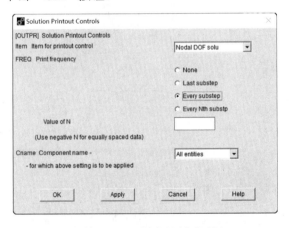

图 17-15　显示输出控制对话框

（19）求解。选择菜单 Main Menu→Solution→Solve→Current LS。单击"Solve Current Load Step"对话框的"OK"按钮。当出现"Solution is done！"提示时，屈曲分析结束，即可以查看屈曲分析的结果了。

（20）读入第一个载荷步数据。选择菜单 Main Menu→General Postproc→Read Results→First Set。

（21）显示屈曲载荷系数和临界载荷。选择菜单 Main Menu→General Postproc→Results Summary。结果如图 17-16 所示，显示屈曲载荷系数为 33292，由于在静应力分析时为结构施加的是单位载荷，所以受压杆的临界压力即为 33292N，与解析解基本一致。

（22）显示结构失稳变形。选择菜单 Main Menu→General Postproc→Plot Results→Deformed Shape。弹出"Plot Deformed Shape"对话框，选择"Def+undef edge"（变形+未变形的模型边界），单击"OK"按钮。变形结果如图 17-17 所示。

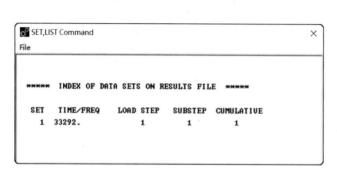

图 17-16　结果摘要

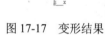

图 17-17　变形结果

17.4　命令流

```
/CLEAR                          !清除数据库，新建分析
/FILNAME, E17                   !定义任务名为 E17
/PREP7                          !进入预处理器
ET, 1, BEAM189                  !选择单元类型
MP, EX, 1, 2E11                 !定义材料模型，弹性模量 EX=2E11、泊松比 PRXY=0.3
MP, PRXY, 1, 0.3
SECTYPE, 1, BEAM, RECT          !定义梁截面
SECOFFSET, CENT
SECDATA, 0.03, 0.03             !矩形面的边长
K, 1, 0, 0, 0                   !创建关键点
K, 2, 0, 2, 0
LSTR, 1, 2                      !创建直线
LESIZE, 1, , , 10              !指定直线划分单元段数为 10
TYPE, 1                         !指定单元类型
MAT, 1                          !指定材料模型
SECN, 1                         !指定梁截面
LMESH, 1                        !对直线划分单元
FINISH                          !退出预处理器
/SOLU                           !进入求解器
```

ANTYPE, STATIC	!进行静力学分析
PSTRES, ON	!打开预应力效果
DK, 1, UX	!在关键点上施加位移约束
DK, 1, UY	
DK, 1, UZ	
DK, 1, ROTX	
DK, 1, ROTY	
DK, 2, UX	
DK, 2, UZ	
DK, 2, ROTX	
DK, 2, ROTY	
FK, 2, FY, -1	!在关键点上施加集中力载荷
SOLVE	!求解
FINISH	!退出求解器
/SOLU	!进入求解器
ANTYPE, BUCKLE	!进行屈曲分析
BUCOPT, LANB, 1	!提取的特征值数目为1
MXPAND, 1	!扩展模态
OUTPR, ALL, ALL	!设置结果输出
SOLVE	!求解
SAVE	!保存数据库
FINISH	!退出求解器
/POST1	!进入通用后处理器
SET, FIRST	!读入第一个模态结果
SET, LIST	!列表屈曲载荷系数
PLDISP, 2	!显示结构失稳变形
FINISH	!退出通用后处理器

第18例　非线性屈曲分析实例——悬臂梁

18.1　非线性屈曲分析过程

1．建立模型

建模过程与其他分析相似，包括选择单元类型、定义单元实常数、定义材料特性、定义横截面、建立几何模型和划分网格等。

2．求解

（1）进入求解器。

（2）指定分析类型。非线性屈曲分析属于非线性静力学分析。

（3）定义分析选项。激活大变形效应。

（4）施加初始几何缺陷或初始扰动。可以先进行线性屈曲分析，将分析得到的屈曲模态形状乘以一个较小的系数后作为初始扰动施加到结构上，本例即采用该方法。

（5）施加载荷。施加的载荷应比预测值高 10%~21%。

（6）定义载荷步选项。

（7）设置弧长法。

（8）求解。

3．查看结果

在 POST26 时间历程后处理器中，建立载荷和位移关系曲线，从而确定结构的临界载荷。

18.2　问题描述及解析解

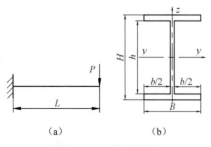

（a）　　　　（b）

图 18-1　工字悬臂梁

如图 18-1（a）所示为工字悬臂梁，图 18-1（b）为梁的横截面形状，分析其在集中力 P 作用下的临界载荷。已知截面各尺寸 H=50mm、h=43mm、B=35mm、b=32mm，梁的长度 L=1m。钢的弹性模量 E=2× 10^{11}N/m^2，泊松比 μ=0.3。

18.3 分析步骤

（1）改变任务名。选择菜单 Utility Menu→File→Change Jobname。弹出如图 18-2 所示的对话框，在"[/FILNAM]"文本框中输入"E18"，单击"OK"按钮。

（2）选择单元类型。选择菜单 Main Menu→Preprocessor→Element Type→Add/Edit/Delete，弹出如图 18-3 所示的对话框，单击"Add"按钮；弹出如图 18-4 所示的对话框，在左侧列表中选择"Beam"，在右侧列表中选择"3 node 189"，单击"OK"按钮；返回到图 18-3 所示的对话框，单击"Close"按钮。

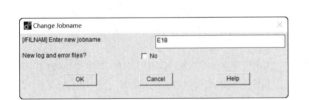

图 18-2 改变任务名对话框   图 18-3 单元类型对话框

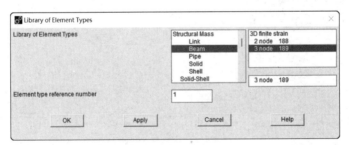

图 18-4 单元类型库对话框

（3）定义梁的横截面。选择菜单 Main Menu→Preprocessor→Sections→Beam→Common Sections，弹出如图 18-5 所示的对话框，选择"Sub-Type"下拉列表框为"I"（横截面形状），在"W1""W2""W3""t1""t2""t3"文本框中分别输入"0.035""0.035""0.05""0.0035""0.0035""0.003"，单击"OK"按钮。

（4）定义材料模型。选择菜单 Main Menu→Preprocessor→Material Props→Material Models，弹出如图 18-6 所示的对话框，在右侧列表中依次选择"Structural""Linear""Elastic""Isotropic"，弹出的如图 18-7 所示的对话框，在"EX"文本框中输入"2e11"（弹性模量），在"PRXY"文本框中输入"0.3"（泊松比），单击"OK"按钮，然后关闭如图 18-6 所示的对话框。

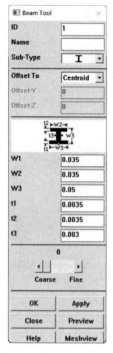

图 18-5　设置横截面对话框

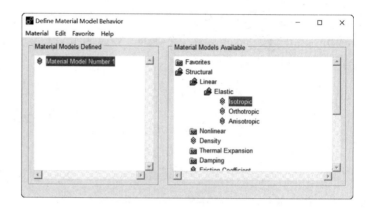

图 18-6　材料模型对话框

（5）创建关键点。选择菜单 Main Menu→Preprocessor→Modeling→Create→Keypoints→In Active CS，弹出如图 18-8 所示的对话框，在 "NPT" 文本框中输入 "1"，在 "X, Y, Z" 文本框中分别输入 "0, 0, 0"，单击 "Apply" 按钮；在 "NPT" 文本框中输入 "2"，在 "X, Y, Z" 文本框中分别输入 "1, 0, 0"，单击 "Apply" 按钮；在 "NPT" 文本框中输入 "3"，在 "X, Y, Z" 文本框中分别输入 "0.5, 0.5, 0"，单击 "OK" 按钮。

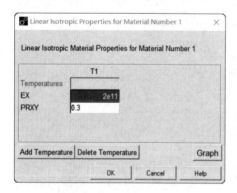

图 18-7　材料特性对话框

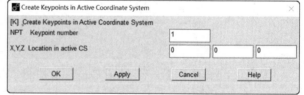

图 18-8　创建关键点的对话框

（6）显示关键点编号。选择菜单 Utility Menu→PlotCtrls→Numbering。在弹出的对话框中，将 "Keypoint numbers"（关键点编号）打开，单击 "OK" 按钮。

（7）创建直线。选择菜单 Main Menu→Preprocessor→Modeling→Create→Lines→Lines→Straight Line，弹出选择窗口，选择关键点 1 和 2，单击 "OK" 按钮。

（8）划分单元。选择菜单 Main Menu→Preprocessor→Meshing→MeshTool，弹出 "MeshTool" 对话框。

选择"Element Attributes"下拉列表框为"Lines"，单击下拉列表框后面的"Set"按钮，弹出选择窗口，选择线，单击"OK"按钮；弹出如图 18-9 所示的对话框，选择"Pick Orientation Keypoint(s)"为 Yes，单击"OK"按钮。弹出选择窗口，选择关键点 3，单击"OK"按钮。则横截面垂直于关键点 1、2、3 所在平面，z 轴（见图 18-1）指向关键点 3。

单击"Size Controls"区域中"Lines"后"Set"按钮，弹出选择窗口，选择直线，单击"OK"按钮，弹出如图 18-10 所示的对话框，在"NDIV"文本框中输入"50"，单击"OK"按钮。

单击"MeshTool"对话框"Mesh"区域的"Mesh"按钮，弹出选择窗口，选择直线，单击"OK"按钮。关闭"MeshTool"对话框。

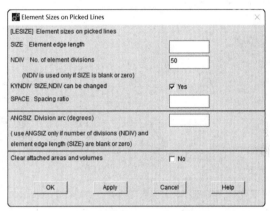

图 18-9　单元属性对话框　　　　图 18-10　单元尺寸对话框

以下操作步骤为静力学分析，为线性屈曲分析作准备。

（9）施加约束。选择菜单 Main Menu→Solution→Define Loads→Apply→Structural→Displacement→On Keypoints，弹出选择窗口，选择关键点 1，单击"OK"按钮；弹出如图 18-11 所示的对话框，在"Lab2"列表中选"All DOF"，单击"OK"按钮。

（10）施加单位载荷。选择菜单 Main Menu→Solution→Define Loads→Apply→Structural→Force/Moment→On Keypoints，弹出选择窗口，选择关键点 2，单击"OK"按钮，弹出如图 18-12 所示的对话框，选择"Lab"下拉列表框为"FY"，在"VALUE"文本框中输入"-1"，单击"OK"按钮。

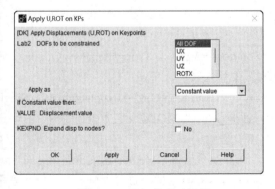
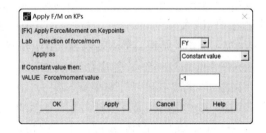

图 18-11　施加约束对话框　　　　图 18-12　在关键点施加载荷对话框

（11）打开预应力效果。选择菜单 Main Menu→Solution→Analysis Type→Analysis Options，

弹出如图 18-13 所示的对话框，将"PSTRES"选择为"On"（包含预应力效应），单击"OK"按钮。

提示： 如果该菜单项未显示在界面上，可以选择菜单 Main Menu→Solution→Unabridge Menu，以显示 Main Menu→Solution 下所有菜单项。

（12）显示单元形状。选择菜单 Utility Menu→PlotCtrls→Style→Size and Shape，弹出 图 18-14 所示的对话框，选择"/ESHAPE"为"On"，单击"OK"按钮。

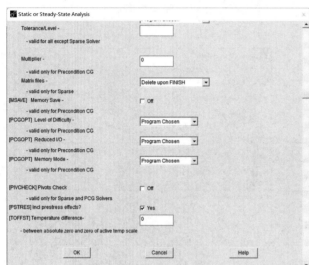

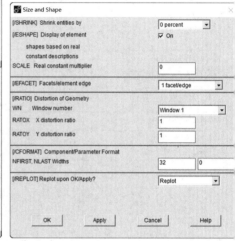

图 18-13　分析选项对话框　　　　　　　　　　图 18-14　尺寸和形状对话框

（13）改变视点。选择菜单 Utility Menu→PlotCtrls→Pan Zoom Rotate。在弹出的对话框 单击"Iso"按钮。或者单击图形窗口右侧显示控制工具条上的 按钮。

（14）求解。选择菜单 Main Menu→Solution→Solve→Current LS。单击"Solve Current Lo Step"对话框的"OK"按钮。当出现"Solution is done！"提示时，求解结束，即可查看结果了

（15）退出求解器。选择菜单 Main Menu→Finish。

以下操作步骤为线性屈曲分析。

（16）指定分析类型为线性屈曲分析。选择菜单 Main Menu→Solution→Analysis Type→Ne Analysis。在弹出的"New analysis"对话框中，选择"Type of Analysis"为"Eigen Buckling" 单击"OK"按钮。

（17）指定分析选项。选择菜单 Main Menu→Solution→Analysis Type→Analysis Options， 出如图 18-15 所示的对话框，在"NMODE"文本框中输入"1"，单击"OK"按钮。

（18）指定扩展解。选择菜单 Main Menu→Solution→Load Step Opts→Expansionpass→Sing Expand→Expand modes，弹出如图 18-16 所示的对话框，在"NMODE"文本框中输入"1"， 择"Elcalc"为"Yes"（计算单元结果），单击"OK"按钮。

（19）确定输出到数据库和结果文件的内容。选择菜单 Main Menu→Solution→Load Ste Opts→Output Ctrls→DB/Results File，弹出如图 18-17 所示的对话框，选择"Item"下拉列表 为"All Item"，选择"Every substep"，单击"OK"按钮。

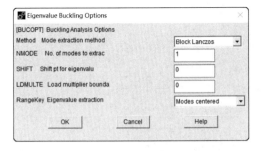

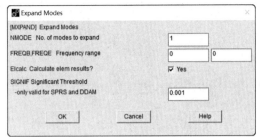

图 18-15　分析选项对话框　　　　　　　　图 18-16　扩展模态对话框

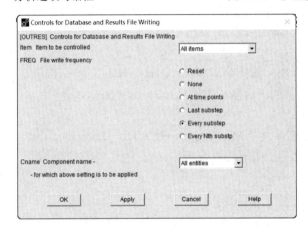

图 18-17　输出控制对话框

（20）求解。选择菜单 Main Menu→Solution→Solve→Current LS。单击"Solve Current Load Step"对话框的"OK"按钮。当出现"Solution is done!"提示时，线性屈曲分析结束，即可以查看线性屈曲分析的结果了。

（21）退出求解器。选择菜单 Main Menu→Finish。

（22）显示屈曲载荷系数和临界载荷。选择菜单 Main Menu→General Postproc→Results Summary。结果显示屈曲载荷系数即临界载荷为-3002.6N，如图 18-18 所示。

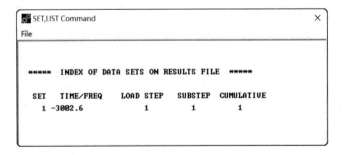

图 18-18　结果摘要

以下操作步骤为非线性屈曲分析。

（23）施加屈曲模态形状作为初始扰动。选择菜单 Main Menu→Preprocessor→Modeling→Update Geom，弹出如图 18-19 所示的对话框，在"FACTOR""LSTEP""SBSTEP""Filename, Extension, Directory"文本框中分别输入"-0.0001""1""1""E18.RST"，单击"OK"按钮。

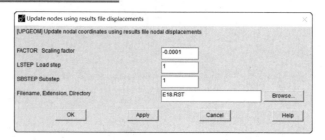

图 18-19　用结果文件更新节点位置对话框

（24）指定分析类型为静力学分析。选择菜单 Main Menu→Solution→Analysis Type→New Analysis。在弹出的"New analysis"对话框中，选择"Type of Analysis"为"Static"，单击"OK"按钮。

（25）打开大变形选项。选择菜单 Main Menu→Solution→Analysis Type→Sol'n Controls→Basic，弹出图 18-20 所示的对话框，选择"Analysis Options"为"Large Displacement Static"，单击"OK"按钮。

（26）设置弧长法。选择菜单 Main Menu→Solution→Load Step Opts→Nonlinear→Arc-Length Opts，弹出如图 18-21 所示的对话框，选择"Key"为"On"（使用弧长法），单击"OK"按钮。

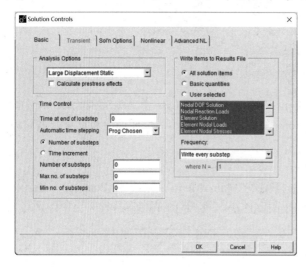

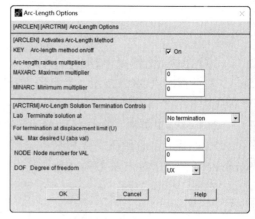

图 18-20　求解控制对话框　　　　　　　　　图 18-21　弧长法选项对话框

（27）指定求解子步数。选择菜单 Main Menu→Solution→Load Step Opts→Time/Frequenc→Time and Substps，弹出如图 18-22 所示的对话框，在"NSUBST"文本框中输入"700"，单击"OK"按钮。

（28）施加载荷。选择菜单 Main Menu→Solution→Define Loads→Apply→Structural→Force/Moment→On Keypoints，弹出选择窗口，选择关键点 2，单击"OK"按钮，弹出如图 18-12 所示的对话框，选择"Lab"下拉列表框为"FY"，在"VALUE"文本框中输入"-3600"，单击"OK"按钮。

（29）求解。选择菜单 Main Menu→Solution→Solve→Current LS。单击"Solve Current Load Step"对话框的"OK"按钮。当出现"Solution is done!"提示时，非线性屈曲分析结束，即可以查看非线性屈曲分析的结果了。

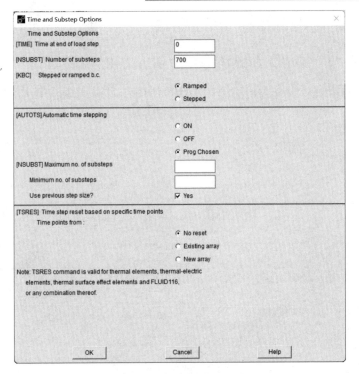

图 18-22　时间和步长选项对话框

（30）显示单元。选择菜单 Utility Menu→Plot→Elements。

（31）定义变量。选择菜单 Main Menu→TimeHist Postpro→Define Variables。进入时间历程后处理器时，在弹出的对话框中选择"No"按钮，弹出如图 18-23 所示的对话框，单击"Add"按钮；弹出如图 18-24 所示的对话框，选择"Type of Variable"为"Nodal DOF result"，单击"OK"按钮，弹出选择窗口，选择节点 2（自由端），单击"OK"按钮，弹出如图 18-25 所示的对话框，在右侧列表中选择"UZ"，单击"OK"按钮。返回到如图 18-23 所示的对话框，单击"Add"按钮，弹出如图 18-24 所示的对话框，选择"Type of Variable"为"Reaction forces"（支反力），单击"OK"按钮，弹出选择窗口，选择节点 1（固定端），单击"OK"按钮，在弹出对话框的列表中选择"FY"，单击"OK"按钮。单击如图 18-23 所示的对话框的"Close"按钮。

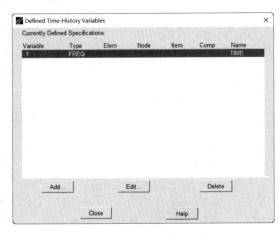

图 18-23　定义变量对话框

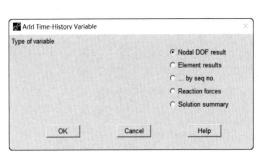

图 18-24　变量类型对话框

（32）选择曲线图 x 轴表示的变量。选择菜单 Utility Menu→TimeHist Postpro→Settings→Graph。弹出如图 18-26 所示的对话框，选择"XVAR"为"Single variable"，在"Single variable no"文本框中输入"2"（变量 2 为悬臂端位移），单击"OK"按钮。

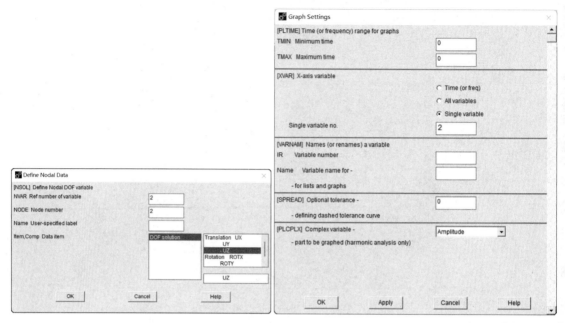

图 18-25　定义数据类型对话框　　　　　　　图 18-26　设置曲线图对话框

（33）用曲线图显示位移和载荷间关系。选择菜单 Main Menu→TimeHist Postpro→Graph Variables。弹出如图 18-27 所示的对话框，在"NVAR 1"文本框中输入"3"，单击"OK"按钮。

结果如图 18-28 所示，当载荷超过 3300N 时，悬臂端 z 方向位移急剧增加，故悬臂梁的临界载荷为 3300N。

图 18-27　选择显示变量对话框

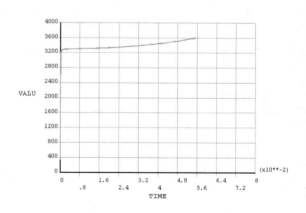

图 18-28　载荷-位移曲线

18.4　命令流

```
/CLEAR                                          !清除数据库，新建分析
/FILNAME, E18                                   !定义任务名为 E18
/PREP7                                          !进入预处理器
ET, 1, BEAM189                                  !选择单元类型
SECTYPE, 1, BEAM, I                             !截面类型
SECOFFSET, CENT                                 !节点在截面质心
SECDATA, 0.035, 0.035, 0.05, 0.0035, 0.0035, 0.003      !截面参数
MP, EX, 1, 2E11                                 !定义材料模型，弹性模量 EX=2E11、泊松比 NUXY=0.3
MP, NUXY, 1, 0.3
K, 1, 0, 0, 0                                   !创建关键点
K, 2, 1, 0, 0
K, 3, 0.5, 0.5, 0
LSTR, 1, 2                                      !创建直线
LESIZE, 1, , , 50                               !指定直线划分单元段数为 50
LATT, , , , , 3                                 !指定关键点 3 为截面方向点
LMESH, 1                                        !对直线划分单元
FINISH                                          !退出预处理器
/SOLU                                           !进入求解器，开始静力学分析
DK, 1, ALL                                      !在关键点上施加位移约束，模拟固定端
FK, 2, FY, -1                                   !在关键点上施加集中力载荷
PSTRES, ON                                      !打开预应力选项
/ESHAPE, 1                                      !显示单元形状
/VIEW, 1, 1, 1, 1                               !改变视点
/REPLOT                                         !重画图形
SOLVE                                           !求解
FINISH                                          !退出求解器
/SOLU                                           !进入求解器，开始线性屈曲分析
ANTYPE, BUCKLE                                  !进行线性屈曲分析
BUCOPT, LANB, 1                                 !提取的特征值数目为 1
MXPAND, 1, , , YES                              !扩展模态、计算单元结果
OUTRES, ALL, ALL                               !设置结果输出
SOLVE                                           !求解
SAVE                                            !保存数据库
FINISH                                          !退出求解器
/PREP7                                          !进入预处理器
UPGEOM, -0.0001, 1, 1, 'E18', 'RST'            !施加初始扰动
FINISH                                          !退出预处理器
```

/SOLU	!进入求解器，开始非线性屈曲分析
ANTYPE, STATIC	!进行静力学分析
NLGEOM, ON	!打开大变形选项
ARCLEN, ON	!使用弧长法
NSUBST, 700	!设置子步数
FK, 2, FY, -3600	!施加载荷
SOLVE	!求解
SAVE	!保存数据库
FINISH	!退出求解器
/POST26	!进入时间历程后处理器
EPLOT	!显示单元
NSOL, 2, 2, U, Z	!定义变量
RFORCE, 3, 1, F, Y	
XVAR, 2	!指定曲线图 X 轴变量为 2
PLVAR, 3	!绘制载荷-位移曲线
FINISH	!退出时间历程后处理器

第 19 例　弹塑性分析实例——自增强厚壁圆筒承载能力研究

19.1　材料非线性分析

19.1.1　材料非线性概述

塑性、非线性弹性、超弹性、混凝土材料具有非线性应力-应变关系，蠕变、黏塑性和黏弹性存在与时间、温度和应力相关的非线性。

1．金属材料的塑性

如图 19-1 所示为金属材料的应力-应变曲线，在材料的弹性阶段，当卸掉外载荷时，材料的变形是可恢复的。金属材料的弹性变形一般是很小的，通常符合虎克定律：

$$\sigma = E\varepsilon$$

式中，σ 为应力，ε 为应变，E 为弹性模量。

当材料的应力超过其弹性极限时，会产生永久的塑性变形。而当应力超过材料的屈服极限 σ_s 时，材料进入屈服阶段。

塑性应变的大小可能是加载速度的函数。如果塑性应变的大小与时间无关，则称作率无关性塑性；反之，称作率相关性塑性。大多数材料都有一定程度的率相关性塑性，但在一般的分析中可以忽略。

2．其他材料非线性特性

（1）率相关塑性也可称之为黏塑性，材料的塑性应变大小是加载速度与时间的函数。

（2）材料的蠕变行为也是率相关的，蠕变应变是随时间变化的、不可恢复的应变，但蠕变的时间尺度要比率相关塑性大的多。

（3）非线性弹性材料具有非线性应力 应变关系，但应变是可以恢复的。

（4）超弹性材料应力-应变关系由一个应变能密度势函数定义，用于模拟橡胶、泡沫类材料，变形是可以恢复的。

（5）黏弹性是一种率相关的材料特性，用于模拟塑料对应力的响应，兼有弹性固体和黏性流体的双重特性。

（6）混凝土材料具有模拟断裂和压碎的能力。

（7）膨胀是指材料在中子流作用下的体积扩大效应。

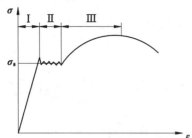

Ⅰ-弹性阶段 Ⅱ-屈服阶段 Ⅲ-强化阶段

图 19-1 金属材料的应力-应变曲线

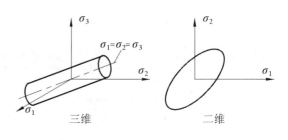

图 19-2 屈服面

19.1.2 塑性力学的基本法则

材料的应力-应变曲线及典型特征是通过单向拉伸试验得到的，当材料处于复杂应力状态时，必须基于增量理论的基本法则将单轴应力状态的结果进行推广。

1. 屈服准则

屈服准则指的是当应力状态满足一定关系时，材料即开始进入塑性状态。ANSYS 主要使用 von Mises 屈服准则和 Hill 屈服准则。

1）von Mises 屈服准则

塑性金属材料常用的屈服准则为 von Mises 屈服准则，其等效应力为

$$\sigma_e = \sqrt{[(\sigma_1 - \sigma_2)^2 + (\sigma_2 - \sigma_3)^2 + (\sigma_3 - \sigma_1)^2]/2} \tag{19-1}$$

式中，σ_1、σ_2、σ_3 为主应力。

当结构某处的等效应力 σ_e 超过材料的屈服极限 σ_s 时，将会发生塑性变形。如图 19-2 所示，在 3D 空间中，屈服面是一个以 $\sigma_1 = \sigma_2 = \sigma_3$ 为轴的圆柱面；在 2D 图中，屈服面是一个椭圆。在屈服面内部的任意应力状态都是弹性的，而在外部是塑性的。

Mises 屈服准则用于各向同性材料，在 ANSYS 中，所有率无关材料模型均采用 Mises 屈服准则。常用非线性材料模型，如双线性等向强化（Bilinear Isotropic Hardening）、多线性等向强化（Multilinear Isotropic Hardening）、双线性随动强化（Bilinear Kinematic Hardening）、多线性随动强化（Multilinear Kinematic Hardening）均采用 Mises 屈服准则。

2）Hill 屈服准则

Hill 屈服准则用于各向异性材料，可以考虑材料的弹性参数的各向异性和屈服强度的各向异性。Hill 屈服准则是 von Mises 屈服准则的延伸，用 Hill 模型确定 6 个方向的实际屈服应力。

2. 流动准则

流动准则定义了塑性应变增量的分量和应力分量及应力增量分量之间的关系，规定了发生屈服时塑性应变的方向。当塑性流动方向与屈服面的外法线方向相同时称为相关流动准则，如金属材料和其他具有不可压缩非弹性行为的材料；当塑性流动方向与屈服面的法线方向不相同时称为非相关流动准则，如摩擦材料。

在 ANSYS 中，所有率无关材料模型均采用相关流动准则。

3. 强化准则

在单向应力状态下，典型金属材料的应力-应变状态分为弹性阶段、屈服阶段、强化阶段和破坏阶段。若在强化阶段卸载后再重新加载，其屈服应力会提高。在复杂应力状态下，强化准则描述屈服面在塑性流动过程中是如何变化的。常用的强化准则有随动强化、等向强化和混合强化。

随动强化中，屈服面大小保持不变，并沿屈服方向平移（见图 19-3a）。随动强化的应力-应变曲线如图 19-3b 所示，压缩时的后继屈服极限减小量等于拉伸时屈服极限的增大量，因此这两种屈服极限间总能保持 $2\sigma_s$ 的差值，这种现象称作 Bauschinger 效应。随动强化通常用于小应变、循环加载的情况。

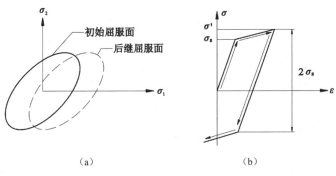

（a）　　　　　　　　　　（b）

图 19-3　随动强化

等向强化中，对 von Mises 屈服准则来说，屈服面随塑性流动在所有方向上均匀膨胀（见图 19-4a）。等向强化的应力-应变曲线如图 19-4b 所示，压缩的后继屈服极限等于拉伸时达到的最大应力。等向强化经常用于大应变或比例（非周期）加载的分析。

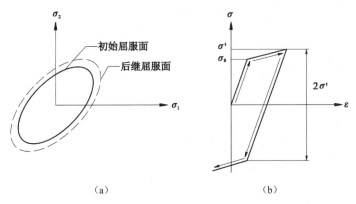

（a）　　　　　　　　　　（b）

图 19-4　等向强化

19.1.3　输入材料数据

定义如图 19-5a 所示的双线性等向强化或双线性随动强化材料模型时，使用两个斜率来定义材料的应力-应变曲线。定义该模型时，需要定义的特性参数包括：弹性模量、泊松比、屈服极限、切线模量。定义如图 19-5b 所示的多线性等向强化或多线性随动强化材料模型时，使用多个对应的应力-应变值来定义材料曲线。

输入材料数据具体过程请参见实例。

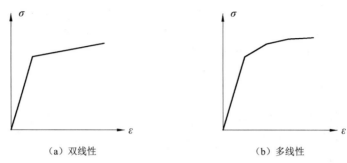

（a）双线性　　　　　　　　　　　（b）多线性

图 19-5　应力-应变曲线

19.2　问题描述及解析解

自增强处理是提高厚壁容器承载能力和疲劳寿命的一种行之有效的工艺方法，广泛应用于各种高压容器的设计与制造中。厚壁圆筒经自增强处理后之所以能够提高其承载能力和疲劳寿命，是因为在圆筒内表面一定区域内形成了有利的残余应力。因此，控制残余应力的大小，掌握其分布规律，是自增强处理技术的关键。

如图 19-6 所示为钢制厚壁圆筒，其内半径 r_1=50mm，外半径 r_2=100mm，作用在内孔上的自增强压力 p=375MPa，工作压力 p_1=250MPa，无轴向压力，轴向长度视为无穷。材料的屈服极限 σ_s=500MPa，无强化。要求计算自增强处理后的厚壁圆筒的承载能力。

根据弹塑性力学理论，圆筒在自增强压力作用下，圆筒内部已发生屈服。根据 von Mises 屈服条件，弹塑性区分界面半径 ρ 可由下式计算得到：

$$p = \frac{2}{\sqrt{3}} \sigma_s \left(\ln \frac{\rho}{r_1} + \frac{r_2^2 - \rho^2}{2r_2^2} \right)$$

将上式中各参数的值代入，可解出 ρ=0.08m。

加载时，厚壁圆筒的应力分布：

图 19-6　厚壁圆筒问题

弹性区（$\rho \leqslant r \leqslant r_2$）
$$\begin{cases} \sigma_r = -\dfrac{\sigma_s}{\sqrt{3}} \dfrac{\rho^2}{r_2^2} \left(\dfrac{r_2^2}{r^2} - 1 \right) \\ \sigma_t = \dfrac{\sigma_s}{\sqrt{3}} \dfrac{\rho^2}{r_2^2} \left(\dfrac{r_2^2}{r^2} + 1 \right) \end{cases}$$

塑性区（$r_1 \leqslant r \leqslant \rho$）
$$\begin{cases} \sigma_r = \dfrac{2}{\sqrt{3}} \sigma_s \ln \dfrac{r}{r_1} - p \\ \sigma_t = \dfrac{2}{\sqrt{3}} \sigma_s \left(1 + \ln \dfrac{r}{r_1} \right) - p \end{cases}$$

将两式代入数值，可得 $r=r_1$，ρ，r_2 处的切向应力 σ_t 分别为 202MPa、473MPa 和 369MPa。

卸载后，厚壁圆筒内的残余应力分布：

弹性区（$\rho \leqslant r \leqslant r_2$）

$$\begin{cases} \sigma_r = -\dfrac{\sigma_s}{\sqrt{3}} \dfrac{\rho^2}{r_2^2}\left(\dfrac{r_2^2}{r^2}-1\right) + \dfrac{pr_1^2}{r_2^2-r_1^2}\left(\dfrac{r_2^2}{r^2}-1\right) \\[3mm] \sigma_t = \dfrac{\sigma_s}{\sqrt{3}} \dfrac{\rho^2}{r_2^2}\left(\dfrac{r_2^2}{r^2}+1\right) - \dfrac{pr_1^2}{r_2^2-r_1^2}\left(\dfrac{r_2^2}{r^2}+1\right) \end{cases}$$

塑性区（$r_1 \leqslant r \leqslant \rho$）

$$\begin{cases} \sigma_r = \dfrac{2}{\sqrt{3}}\sigma_s \ln\dfrac{r}{r_1} - p + \dfrac{pr_1^2}{r_2^2-r_1^2}\left(\dfrac{r_2^2}{r^2}-1\right) \\[3mm] \sigma_t = \dfrac{2}{\sqrt{3}}\sigma_s\left(1+\ln\dfrac{r}{r_1}\right) - p - \dfrac{pr_1^2}{r_2^2-r_1^2}\left(\dfrac{r_2^2}{r^2}+1\right) \end{cases}$$

将两式代入数值，可得 $r=r_1, \rho, r_2$ 处的残余应力 σ_t 分别为-422MPa、153MPa 和 119MPa。根据对称性，可取圆筒的四分之一并施加垂直于对称面的约束进行分析。

19.3　分析步骤

（1）改变任务名。选择菜单 Utility Menu→File→Change Jobname，弹出如图 19-7 所示的对话框，在"[/FILNAM]"文本框中输入"E19"，单击"OK"按钮。

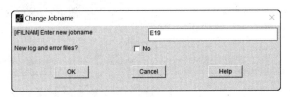

图 19-7　改变任务名对话框

（2）选择单元类型。选择菜单 Main Menu→Preprocessor→Element Type→Add/Edit/Delete，弹出如图 19-8 所示的对话框，单击"Add"按钮；弹出如图 19-9 所示的对话框，在左侧列表中选择"Solid"，在右侧列表中选择"Quad 8 node 183"，单击"OK"按钮；返回到图 19-8 所示的对话框，单击"Options"按钮，弹出如图 19-10 所示的对话框，选择"K3"下拉列表框为"Plane strain"（平面应变），单击"OK"按钮；单击图 19-8 所示的对话框的"Close"按钮。

图 19-8　单元类型对话框

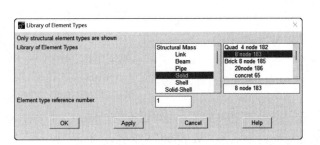

图 19-9　单元类型库对话框

ANSYS 机械工程实战应用 30 例

（3）定义材料模型。选择菜单 Main Menu→Preprocessor→Material Props→Material Models，弹出如图 19-11 所示的对话框，在右侧列表中依次选择"Structural""Linear""Elastic""Isotropic"，弹出如图 19-12 所示的对话框，在"EX"文本框中输入"2e11"（弹性模量），在"PRXY"文本框中输入"0.3"（泊松比），单击"OK"按钮；再在如图 19-11 所示的对话框的右侧列表中依次选择"Structural""Nonlinear""Inelastic""Rate Independent""Kinematic Hardening Plasticity""Mises Plasticity""Bilinear"，弹出如图 19-13 所示的对话框，在"Yield Stss"文本框中输入"500e6"（屈服极限），在"Tang Mods"文本框中输入"0"（切线模量），单击"OK"按钮；然后关闭如图 19-11 所示的对话框。

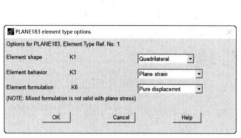

图 19-10　单元选项对话框

图 19-11　材料模型对话框

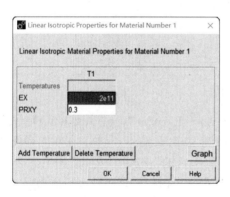

图 19-12　材料特性对话框（一）

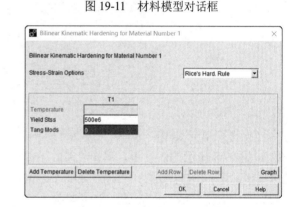

图 19-13　材料特性对话框（二）

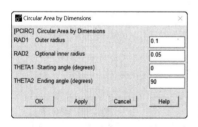

图 19-14　创建圆形面对话框

（4）创建实体模型。选择菜单 Main Menu→Preprocessor→Modeling→Create→Areas→Circle→By Dimensions，弹出如图 19-14 所示的对话框，在"RAD1""RAD2""THETA2"文本框中分别输入"0.1""0.05"和"90"，单击"OK"按钮。

（5）划分单元。选择菜单 Main Menu→Preprocessor→Meshing→MeshTool，弹出如图 19-15 所示的对话框，单击"Size Controls"区域中"Global"后"Set"按钮，弹出如图 19-16 所示的对话框，在"SIZE"文本框中输入"0.003"，单击"OK"按钮。在如图 19-15 所示的对话框的"Mesh"区域，选择单元形状为"Quad"（四边形），选择划分单元的方法为"Mapped"（映射）。单击"Mesh"按钮，弹出选择窗口，选择面，单击"OK"按钮。单击图 19-15 所示对话框的"Close"按钮。

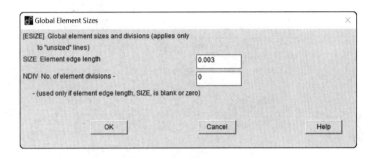

图 19-15　划分单元工具对话框　　　　　　　　图 19-16　单元尺寸对话框

（6）施加约束。选择菜单 Main Menu→Solution→Define Loads→Apply→Structural→Displacement→On Lines，弹出选择窗口，选择面的水平直线边，单击"OK"按钮；弹出如图 19-17 所示的对话框，在列表中选择"UY"，单击"Apply"按钮；再次弹出选择窗口，选择面的垂直直线边，单击"OK"按钮；在如图 19-17 所示对话框的列表中选择"UX"，单击"OK"按钮。

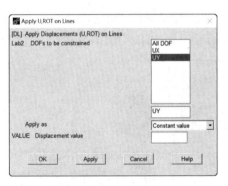

图 19-17　施加约束对话框

（7）确定时间步长。选择菜单 Main Menu→Solution→Load Step Opts→Time/Frequenc→Time-Time Step，弹出如图 19-18 所示的对话框，在"TIME"文本框中输入"1"，在"DELTIM Time Step size"文本框中输入"0.2"，选择"KBC"为"Ramped"，选择"AUTOTS"为"ON"，在"DELTIM Minimum Time Step size"文本框中输入"0.1"，在"DELTIM Maximum Time Step size"文本框中输入"0.3"，单击"OK"按钮。

提示：如果该菜单项未显示在界面上，可以选择菜单 Main Menu→Solution→Unabridged Menu，以显示 Main Menu→Solution 下所有菜单项。

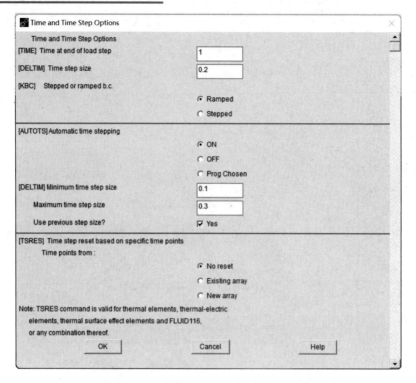

图 19-18　确定载荷步时间和时间步长对话框

（8）施加第一个载荷步的载荷。选择菜单 Main Menu→Solution→Define Loads→Apply→Structural→Pressure→On Lines，弹出选择窗口，选择面的内侧圆弧边（较短的一条圆弧），单击"OK"按钮，弹出如图 19-19 所示的对话框，在"VALUE"文本框中输入"375e6"，单击"OK"按钮。

（9）写第一个载荷步文件。选择菜单 Main Menu→Solution→Load Step Opts→Write LS File，弹出如图 19-20 所示的对话框，在"LSNUM"文本框中输入"1"，单击"OK"按钮。

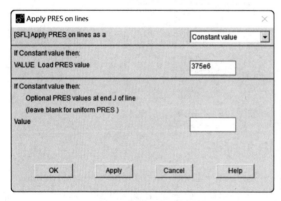

图 19-19　施加载荷步的载荷对话框

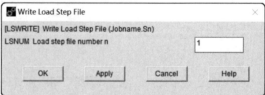

图 19-20　写载荷步文件对话框

（10）施加第二个载荷步的载荷。选择菜单 Main Menu→Solution→Define Loads→Apply→Structural→Pressure→On Lines，弹出选择窗口，选择面的内侧圆弧边（较短的一条圆弧），单击"OK"按钮，弹出如图 19-19 所示的对话框，在"VALUE"文本框中输入"0"，单击"OK"按钮

（11）写第二个载荷步文件。选择菜单 Main Menu→Solution→Load Step Opts→Write LS File，弹出如图 19-20 所示的对话框，在"LSNUM"文本框中输入"2"，单击"OK"按钮。

（12）施加第三个载荷步的压力载荷。选择菜单 Main Menu→Solution→Define Loads→Apply→Structural→Pressure→On Lines，弹出选择窗口，选择面的内侧圆弧边（较短的一条圆弧），单击"OK"按钮，弹出如图 19-19 所示的对话框，在"VALUE"文本框中输入"250e6"，单击"OK"按钮。

（13）写第三个载荷步文件。选择菜单 Main Menu→Solution→Load Step Opts→Write LS File，弹出如图 19-20 所示的对话框，在"LSNUM"文本框中输入"3"，单击"OK"按钮。

第一个载荷步模拟自增强加载过程，第二个载荷步模拟卸载自增强载荷，第三个载荷步模拟施加工作载荷。

（14）求解。选择菜单 Main Menu→Solution→Solve→From LS Files，弹出如图 19-21 所示的对话框，在"LSMIN"文本框中输入"1"，在"LSMAX"文本框中输入"3"，单击"OK"按钮。

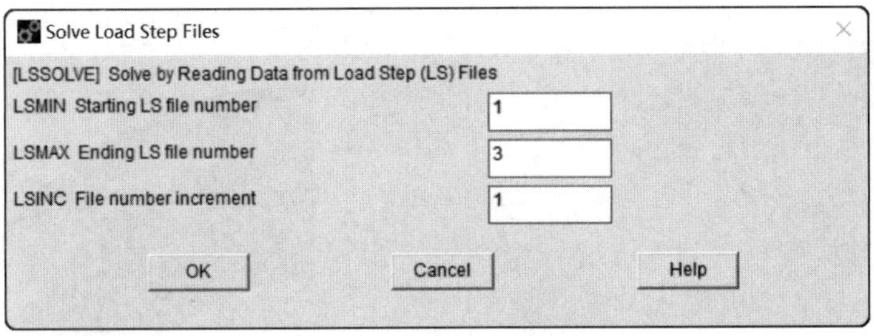

图 19-21 从载荷步文件求解对话框

求解结束，从下一步开始，进行查看结果。

（15）改变结果坐标系。选择菜单 Main Menu→General Postproc→Options for Outp，弹出如图 19-22 所示的对话框，在"RSYS"下拉列表框中选择"Global cylindric"，单击"OK"按钮。

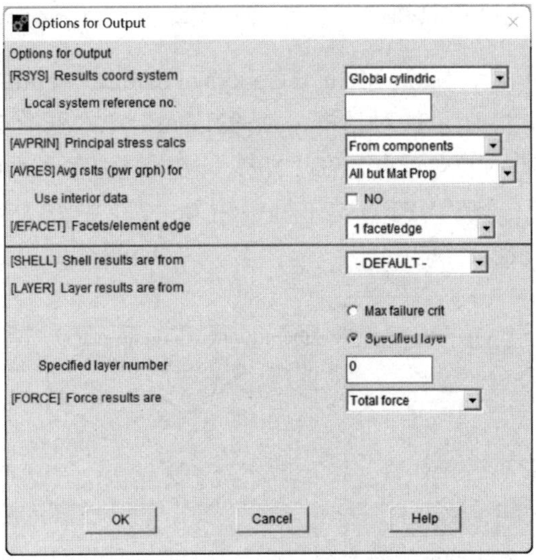

图 19-22 输出选项对话框

于是将结果坐标系切换为全局圆柱坐标系。

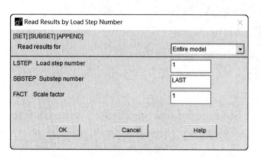

图 19-23　读结果对话框

（16）从结果文件读第一个载荷步即自增强加载过程的分析结果。选择菜单 Main Menu→General Postproc→Read Results→By Load Step，弹出如图 19-23 所示的对话框，在"LSTEP"文本框中输入"1"，在"SBSTEP"文本框中输入"LAST"，单击"OK"按钮。

（17）查看结果，用等高线显示 von Mises 应力。选择菜单 Main Menu→General Postproc→Plot Results→Contour Plot→Nodal Solu，弹出如图 19-24

所示的对话框，在列表中依次选择"Nodal Solution→Stress→von Mises SEQV"（即 von Mises 等效应力），单击"OK"按钮。

结果如图 19-25 所示，可以看出，圆筒内部已经屈服。

图 19-24　用等高线显示节点结果对话框

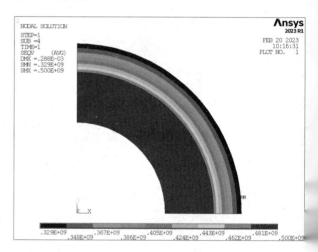

图 19-25　第一个载荷步下的圆筒的 von Mises 应力

（18）定义路径。选择菜单 Main Menu→General Postproc→Path Operations→Define Path→By Location，弹出如图 19-26 所示的对话框，在"Name"文本框中输入"p1"，单击"OK"按钮。随后弹出如图 19-27 所示的对话框，在"NPT"文本框中输入"1"，在"X"文本框中输入"0.05"，单击"OK"按钮；在"NPT"文本框中输入"2"，在"X"文本框中输入"0.1"，单击"OK"按钮；单击"Cancel"按钮。

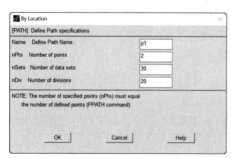

图 19-26　定义路径对话框

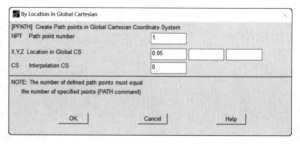

图 19-27　创建路径点对话框

（19）将数据映射到路径上。选择菜单 Main Menu→General Postproc→Path Operations→Map onto Path，弹出如图 19-28 所示的对话框，在"Lab"文本框中输入"SE"，在"Item, Comp"右侧两个列表中分别选择"Stress""von Mises SEQV"，单击"OK"按钮。

（20）作路径图。选择菜单 Main Menu→General Postproc→Path Operations→Plot Path Item→On Graph，弹出如图 19-29 所示的对话框，在列表中选"SE"，单击"OK"按钮。

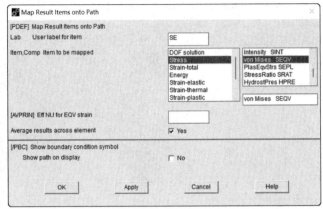

图 19-28　映射数据对话框　　　　　　　　　　图 19-29　路径图对话框

如图 19-30 所示的路径图即是 von Mises 等效应力 σ_e 关于半径的分布曲线，容易识别到内孔部分已发生屈服。读者可以用菜单命令 Main Menu→General Postproc→Path Operations→Plot Path Item→List Path Items 查看弹塑性区分界面半径 ρ 的大小，并与解析解进行对照，再来检验有限元分析结果的精确程度。

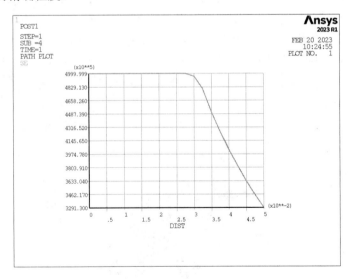

图 19-30　von Mises 等效应力分布曲线

（21）从结果文件读第二个载荷步即卸载自增强载荷的分析结果。选择菜单 Main Menu→General Postproc→Read Results→By Load Step，弹出如图 19-23 所示的对话框，在"LSTEP"文本框中输入"2"，在"SBSTEP"文本框中输入"LAST"，单击"OK"按钮。

（22）将数据映射到路径上。选择菜单 Main Menu→General Postproc→Path Operations→Map onto Path, 弹出如图 19-28 所示的对话框, 在 "Lab" 文本框中输入 "SR", 在 "Item, Comp" 两个列表中分别选择 "Stress" "X-direction SX", 单击 "Apply" 按钮; 在 "Lab" 文本框中输入 "ST", 在 "Item, Comp" 两个列表中分别选择 "Stress" "Y-direction SY", 单击 "OK" 按钮。

（23）作路径图。选择菜单 Main Menu→General Postproc→Path Operations→Plot Path Item→On Graph, 弹出如图 19-29 所示的对话框, 在列表中选择 "SR" "ST", 单击 "OK" 按钮。

图 19-31 所示的路径图即是径向残余应力 σ_r 和切向残余应力 σ_t 关于半径的分布曲线。

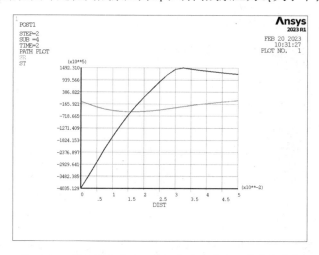

图 19-31　径向残余应力 σ_r 和切向残余应力 σ_t 的分布曲线

（24）从结果文件读第三个载荷步即施加工作载荷的分析结果。选择菜单 Main Menu→General Postproc→Read Results→By Load Step, 弹出如图 19-23 所示的对话框, 在 "LSTEP" 文本框中输入 "3", 在 "SBSTEP" 文本框中输入 "LAST", 单击 "OK" 按钮。

（25）查看结果, 用等高线显示 von Mises 应力。选择菜单 Main Menu→General Postproc→Plot Results→Contour Plot→Nodal Solu, 弹出如图 19-24 所示的对话框, 在列表中依次选择 "Nodal Solution→Stress →von Mises SEQV", 单击 "OK" 按钮。结果如图 19-32 所示, 可以看出, 自增强后承载能力增强了。

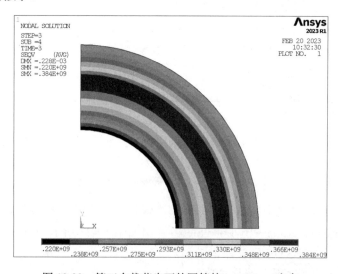

图 19-32　第三个载荷步下的圆筒的 von Mises 应力

19.4 命令流

/CLEAR	!清除数据库，新建分析
/FILNAME, E19	!定义任务名为 E19
/PREP7	!进入预处理器
ET, 1, 183, , , 2	!选择单元类型、设置单元选项
MP, EX, 1, 2E11	!定义材料模型，弹性模量 EX=2E11、泊松比 PRXY=0.3
MP, PRXY, 1, 0 .3	
TB, BKIN, 1, 1	
TBTEMP, 0	
TBDATA, 1, 500E6, 0	!屈服极限 500e6，切线模量 0
PCIRC, 0.1, 0.05, 0, 90	!创建圆形面
ESIZE, 0.003	!指定单元边长度为 0.003
MSHKEY, 1	!指定映射网格
MSHAPE, 0	!指定单元形状为四边形
AMESH, ALL	!对面划分单元
FINISH	!退出预处理器
/SOLU	!进入求解器
DL, 4, , UY	!在线上施加位移约束
DL, 2, , UX	
AUTOTS, ON	!打开自动载荷步选项
DELTIM, 0.2, 0.1, 0.3	!指定载荷子步步长
KBC, 0	!斜坡载荷
TIME, 1	!指定第一个载荷步时间
SFL, 3, PRES, 375E6	!在线上施加压力载荷
LSWRITE	!写载荷步文件
TIME, 2	!指定第二个载荷步时间
SFL, 3, PRES, 0	!在线上施加压力载荷
LSWRITE	!写载荷步文件
TIME, 3	!指定第二个载荷步时间
SFL, 3, PRES, 250E6	!在线上施加压力载荷
LSWRITE	!写载荷步文件
LSSOLVE, 1, 3	!求解
FINISH	!退出求解器
/POST1	!进入通用后处理器
RSYS, 1	!指定结果坐标系为全局圆柱坐标系
SET, 1	!读第一个载荷步
PLNSOL, S, EQV	!用等高线显示 von Mises 应力
PATH, P1, 2	!定义路径

```
PPATH, 1, 0, 0.05
PPATH, 2, 0, 0.1
PDEF, SE, S, EQV, AVG        !向路径映射数据
PLPATH, SE                   !显示路径图
SET, 2                       !读第二个载荷步
PDEF, SR, S, X
PDEF, ST, S, Y
PLPATH, SR, ST
SET, 3                       !读第三个载荷步
PLNSOL, S, EQV
FINISH                       !退出通用处理器
```

第20例 材料蠕变分析实例——受拉平板

20.1 蠕变简介

蠕变是指金属材料在长时间的恒温、恒载作用下，持续发生缓慢塑性变形的行为，大多数金属材料在高温下都会表现出蠕变行为。

如果材料发生了蠕变，在恒载作用下结构会发生持续变形；如果结构承受恒位移，则应力会随时间而减小，即产生应力松弛。

蠕变一般分为蠕变初始阶段（Primary）、蠕变稳定阶段（Secondary）和蠕变加速阶段（Tertiary）3 个阶段，如图 20-1 所示。蠕变初始阶段时间很短，应变率随时间而减小；在蠕变稳定阶段，应变以常速率发展；在蠕变加速阶段，应变率急剧增大直至材料失效。研究蠕变行为，主要针对蠕变初始阶段和蠕变稳定阶段。

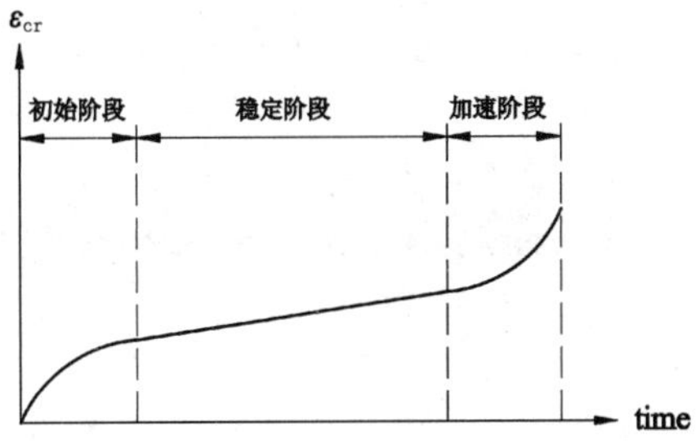

研究问题时一般以蠕变方程（又称本构关系）来表征蠕变行为，蠕变方程以蠕应变率的形式表示：

$$\mathrm{d}\varepsilon_{cr}/\mathrm{d}t = A\sigma^B \varepsilon^C t^D$$

式中，ε_{cr} 为蠕应变；A、B、C、D 为实验得到的材料特性参数。

当 $D<0$ 时，蠕应变率随时间减小，材料处于蠕变初始阶段；当 $D=0$ 时，蠕应变率不随时间变化，材料处于蠕变稳定阶段。在 ANSYS 中，有一个蠕应变率库可供选择。

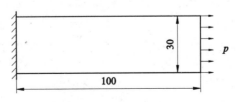

图 20-1 蠕变曲线

20.2 问题描述

一个矩形平板，左端固定，右端作用有恒定压力 $p=100\mathrm{MPa}$，受拉矩形平板尺寸如图 20-2 所示，材料的弹性模量为 $2\times10^5\mathrm{MPa}$，泊松比为 0.3，蠕变稳定阶段的蠕变方程为 $\mathrm{d}\varepsilon_{cr}/\mathrm{d}t = C_1\sigma^{C_2}$，式中 $C_1=3.125\times10^{-4}$，$C_2=5$。试分析平板右端的位移随时间的变化情况。

提示：为避免出现较小值，力单位用 N，长度单位用 mm，时间单位为 h。

图 20-2 受拉矩形平板尺寸

20.3　分析步骤

（1）改变任务名。选择菜单 Utility Menu→File→Change Jobname，弹出如图 20-3 所示的对话框，在"[/FILNAM]"文本框中输入"E20"，单击"OK"按钮。

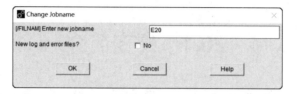

图 20-3　改变任务名对话框

（2）选择单元类型。选择菜单 Main Menu→Preprocessor→Element Type→Add/Edit/Delete，弹出如图 20-4 所示的对话框，单击"Add"按钮；弹出如图 20-5 所示的对话框，在左侧列表中选择"Solid"，在右侧列表中选择"Quad 4 node 182"，单击"OK"按钮；单击图 20-4 所示的对话框的"Close"按钮。

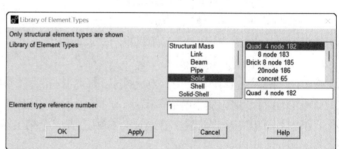

图 20-4　单元类型对话框　　　　　　　　图 20-5　单元类型库对话框

（3）定义材料模型。选择菜单 Main Menu→Preprocessor→Material Props→Material Models，弹出如图 20-6 所示的对话框，在右侧列表中依次拾取"Structural""Linear""Elastic""Isotropic"，弹出如图 20-7 所示的对话框，在"EX"文本框中输入"2e5"（弹性模量），在"PRXY"文本框中输入"0.3"（泊松比），单击"OK"按钮；再在如图 20-6 所示的对话框右侧列表中依次选择"Structural""Nonlinear""Inelastic""Rate Dependent""Creep""Creep only""Mises Potential""Implicit""10：Norton（Secondary）"，弹出如图 20-8 所示的对话框，在"C1""C2""C3"文本框中分别输入"3.125E-14""5""0"，单击"OK"按钮；然后关闭如图 20-6 所示的对话框。

（4）创建矩形面。选择菜单 Main Menu→Preprocessor→Modeling→Create→Areas→Rectangle→By Dimension，弹出如图 20-9 所示的对话框，在"X1, X2"文本框中分别输入"0, 100"，在"Y1, Y2"文本框中分别输入"0, 30"，单击"OK"按钮。

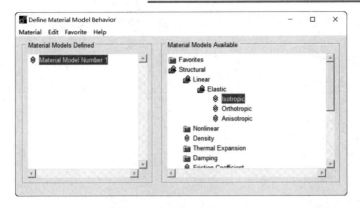

图 20-6　材料模型对话框

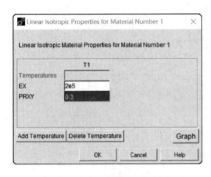

图 20-7　材料特性对话框

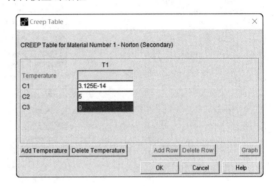

图 20-8　蠕变特性对话框

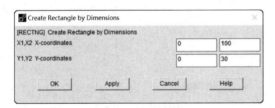

图 20-9　创建矩形面对话框

（5）划分单元。选择菜单 Main Menu→Preprocessor→Meshing→MeshTool，弹出如图 20-10 所示的对话框，单击 "Size Controls" 区域中 "Lines" 后 "Set" 按钮，弹出选择窗口，选择矩形面的长边，单击 "OK" 按钮；弹出如图 20-11 所示的对话框，在 "NDIV" 文本框中输入 "10"，单击 "Apply" 按钮；再次弹出选择窗口，选择矩形面的短边，单击 "OK" 按钮；弹出如图 20-11 所示的对话框，在 "NDIV" 文本框中输入 "3"，单击 "OK" 按钮。

在图 20-10 所示对话框的 "Mesh" 区域，选择单元形状为 "Quad"（四边形），选择划分单元的方法为 "Mapped"（映射）；单击 "Mesh" 按钮，弹出选择窗口，拾取面，单击 "OK" 按钮。关闭如图 20-10 所示的对话框。

（6）施加约束。选择菜单 Main Menu→Solution→Define Loads→Apply→Structural→Displacement→On Lines，弹出选择窗口，选择矩形面的左侧短边，单击 "OK" 按钮，弹出如图 20-12 所示的对话框，在列表中选择 "All DOF"，单击 "OK" 按钮。

（7）施加载荷。选择菜单 Main Menu→Solution→Define Loads→Apply→Structural→Pressure→On Lines，弹出选择窗口，选择矩形面的右侧短边，单击 "OK" 按钮，弹出如图 20-13

所示的对话框，在"VALUE"文本框中输入"-100"，单击"OK"按钮。

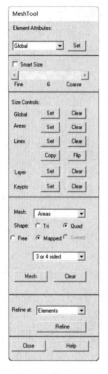

图 20-10 网格工具对话框

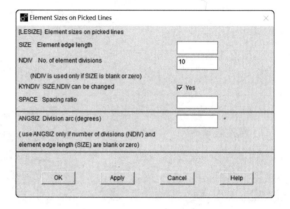

图 20-11 单元尺寸对话框

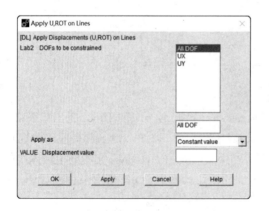

图 20-12 在线上施加约束对话框

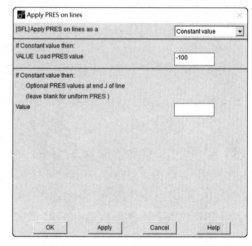

图 20-13 在线上施加压力载荷对话框

（8）指定时间步长。选择菜单 Main Menu→Solution→Load Step Opts→Time/Frequenc→Time and Substps，弹出如图 20-14 所示的对话框，在"TIME"文本框中输入"1E-6"，在"DELTIM Time step size"文本框中输入"1E-6"，在"DELTIM Minimum time step size"文本框中输入"1E-6"，在"DELTIM Maximum time step size"文本框中输入"1E-6"，单击"OK"按钮。

提示：如果该菜单项未显示在界面上，那么可以选择菜单 Main Menu→Solution→Unabridged Menu，以显示 Main Menu→Solution 下所有菜单项。

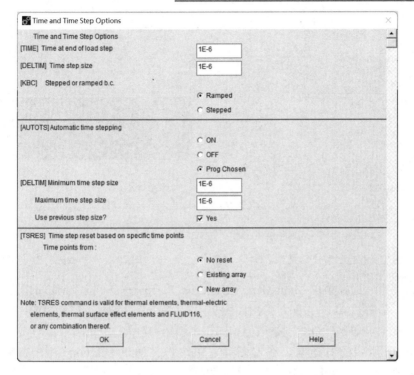

图 20-14　分析选项对话框

（9）求解。选择菜单 Main Menu→Solution→Solve→Current LS。单击"Solve Current Load Step"对话框的"OK"按钮。当出现"Solution is done!"提示时，求解结束，即可查看结果了。

（10）激活蠕变分析。选择菜单 Main Menu→Solution→Load Step Opts→Nonlinear→Strn Rate Effect，弹出如图 20-15 所示的对话框，选择"RATE"为"On"，单击"OK"按钮。

图 20-15　蠕变选项对话框

（11）指定分析选项。选择菜单 Main Menu→Solution→Load Step Opts→Time/Frequenc→Time and Substps，弹出如图 20-14 所示的对话框，在"TIME"文本框中输入"1000"，在"DELTIM Time step size"文本框中输入"100"，在"DELTIM Minimum time step size"文本框中输入"1"，在"DELTIM Maximum time step size"文本框中输入"100"，单击"OK"按钮。

（12）求解。选择菜单 Main Menu→Solution→Solve→Current LS。单击"Solve Current Load Step"对话框的"OK"按钮。当出现"Solution is done!"提示时，求解结束，即可查看结果了。

（13）读结果。选择菜单 Main Menu→General Postproc→Read Results→Last Set。

（14）查看结果，用等高线显示 von Mises 应力。选择菜单 Main Menu→General Postproc→Plot Results→Contour Plot→Nodal Solu，弹出如图 20-16 所示的对话框，在列表中依次选择"Nodal Solution→Stress→von Mises SEQV"（即 von Mises 等效应力），单击"OK"按钮。结果如图 20-17 所示。

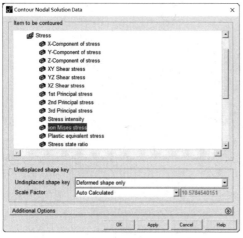

图 20-16　用等高线显示节点结果对话框　　　　　　图 20-17　平板的应力

（15）定义变量。选择菜单 Main Menu→TimeHist Postpro→Define Variables，弹出如图 20-18 所示的对话框，单击"Add"按钮，弹出如图 20-19 所示的对话框，选择"Type of Variable"为 "Nodal DOF result"，单击"OK"按钮；弹出选择窗口，选择右上角节点，单击"OK"按钮；弹出如图 20-20 所示的对话框，在左侧列表中选择"DOF solution"，在右侧列表中选择 "Translation UX"，单击"OK"按钮。关闭如图 20-18 所示的对话框。

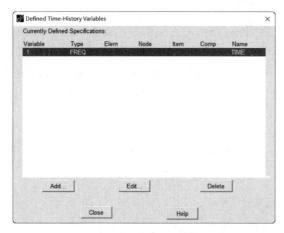

图 20-18　定义变量对话框

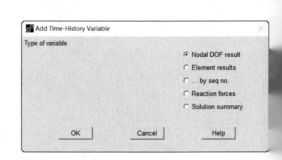

图 20-19　变量类型对话框

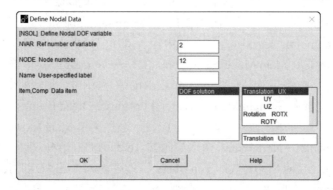

图 20-20　选择数据类型对话框

（16）显示变量。选择菜单 Main Menu→TimeHist Postpro→Graph Variables。弹出如图 20-21 所示的对话框，在 "NVAR 1" 文本框中输入 "2"，单击 "OK" 按钮。结果如图 20-22 所示。

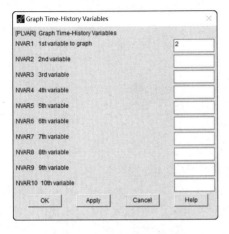
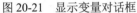

图 20-21　显示变量对话框

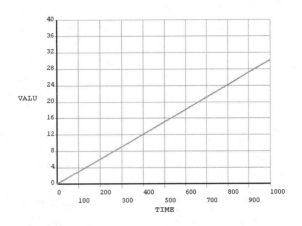

图 20-22　平板右端节点位移曲线

20.4　命令流

/CLEAR	!清除数据库，新建分析
/FILNAME, E20	!定义任务名为 E20
/PREP7	!进入预处理器
ET, 1, PLANE182	!选择单元类型
MP, EX, 1, 2E5	!定义材料模型，弹性模量 EX=2E5、泊松比 PRXY=0.3
MP, PRXY, 1, 0.3	
TB, CREEP, 1, , , 10	!激活蠕变选项，采用 Norton 方程 $d\varepsilon_{cr}/dt = C_1\sigma^{C_2}e^{-C_3/T}$
TBDATA, 1, 3.125E-14, 5	!定义蠕变参数 C_1=3.125E-14，C_2=5，C_3=0
RECT, 0, 100, 0, 30	!创建矩形面
LESIZE, 1, , , 10	!指定线划分单元段数
LESIZE, 2, , , 3	
MSHAPE, 0	!指定单元形状为四边形
MSHKEY, 1	!指定映射网格
AMESH, ALL	!对面划分单元
FINISH	!退出预处理器
/SOLU	!进入求解器
DL, 4, , ALL	!在线上施加位移约束
SFL, 2, PRES, -100	!在线上施加压力载荷
DELT, 1E-6, 1E-6, 1E-6	!时间步长
TIME, 1E-6	!指定时间
OUTRES, ALL, LAST	!输出控制
SOLVE	!求解

RATE, ON	!激活蠕变分析
DELT, 100, 1, 100	
TIME, 1000	
SOLVE	!求解
FINISH	!退出求解器
/POST1	!进入通用后处理器
SET, LAST	!读结果
PLNSOL, S, EQV, 0, 1	!用等高线显示 von Mises 应力
FINI	!退出通用后处理器
/POST26	!进入时间历程后处理器
N1=NODE(100, 30, 0)	!将坐标为（100, 30, 0）的节点编号存储于变量 N1 中
NSOL, 2, N1, U, X	!定义变量
PLVAR, 2	!用曲线图显示变量
FINISH	!退出时间历程后处理器

第 21 例　接触分析实例——平行圆柱体承受法向载荷时的接触应力分析

21.1　接触概述

当两个物体表面相互接触并相切时，二者处于接触状态。从物理角度看，在形成接触的不同物体的表面之间，可以沿法向自由分离和沿切向相互移动，但不能发生互相穿透（见图 21-1a）；可以传递法向压缩力和切向摩擦力，但不能传递法向拉伸力（见图 21-1b）。

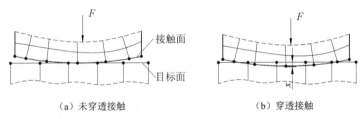

（a）未穿透接触　　　　　　　　（b）穿透接触

图 21-1　接触方式

接触问题是最普遍的状态非线性问题，系统的刚度随接触状态的改变而变化，是一种高度非线性行为，需要较多的计算资源。接触问题存在两个较大的难点：其一，在问题求解之前，不清楚接触区域的范围，即表面之间是接触或分离是未知的，并且该范围会随载荷、材料、边界条件及其他因素的变化而变化；其二，接触问题常需计算摩擦力，各种摩擦模型都是非线性的，这使问题的收敛更加困难。

接触问题有两个基本类型：刚体-柔体的接触，柔体-柔体的接触。在刚体-柔体的接触问题中，有的接触面与它接触的变形体相比，有较大的刚度者被当作刚体，分析时不计算刚体内的应力。一般情况下，一种软材料和一种硬材料接触时，问题可以被近似为刚体-柔体的接触，许多金属成型问题归为此类接触。而柔体-柔体的接触，是一种更普遍的类型，此时两个接触体具有近似的刚度，都为变形体。

21.1.1　接触问题的基本知识

1. 接触算法

接触问题用于处理接触体间的相互作用关系，只有满足接触力的传递、两接触面间没有穿透等要求，接触算法才能对接触力学行为进行准确地分析。

ANSYS 使用的接触算法包括：罚函数法（Penalty method）、拉格朗日算法（Lagrange

method)、扩展拉格朗日算法（Augmented method）、罚函数法+拉格朗日算法（Lagrange & Penalty）。

1）罚函数法

罚函数法的基本原理是：计算每一载荷子步时先检查接触面和目标面间是否存在穿透，若没有穿透则不做处理。反之，则在接触面和目标面间引入一个法向接触力 F_N

$$F_N=K_N x \tag{21-1}$$

式中，K_N 为法向接触刚度，x 为穿透深度（见图 21-1b）。这相当于在接触面和目标面间沿法向放置一个弹簧，以限制穿透的大小。接触刚度越大，则穿透就越小，理论上在接触刚度为无穷大时，可以实现真实的接触状态，使穿透值等于零。但是，接触刚度过大会导致总体刚度矩阵病态，造成收敛困难。也就是说，接触刚度较大时，计算精度较高，但收敛困难。

2）拉格朗日算法

拉格朗日算法与罚函数法不同，不是采用力与位移的关系来求接触力，而是把接触力作为一个独立自由度，可以直接实现穿透为零的真实接触条件，是一种精确的接触算法。但由于自由度的增加，会使计算效率降低。在接触状态发生急剧变化时，会产生震颤。

3）扩展拉格朗日算法

扩展拉格朗日算法是不停更新接触刚度的罚函数法，这种更新不断重复，直到计算的穿透值小于允许值为止，允许穿透值用实常数 FTOLN 或 TOLN 设定。扩展拉格朗日算法的优点是总体刚度矩阵较少病态，各接触单元的接触刚度取值更合理。

扩展拉格朗日算法是 ANSYS 缺省的接触算法。

2. 接触刚度

ANSYS 会根据结构单元的特性估计一个默认的法向接触刚度值，用户可以用实常数 FKN 为法向接触刚度指定一个比例因子（当 FKN>0 时）或指定一个真正的值（当 FKN<0 时），比例因子一般在 0.01 和 10 之间。

法向接触刚度对计算精度和收敛有显著影响，选择一个合适的接触刚度对计算至关重要。在数学上为了保持平衡，需要有穿透值，然而物理接触实体是没有穿透的。选择大的接触刚度，会产生小的穿透和较高的计算精度，但太大的接触刚度会产生收敛困难，模型可能会震荡，接触表面可能会互相跳开。

当大面积实体接触时，可取比例因子 FKN=1.0；基体较柔软或弯曲占主导的部分时，可取比例因子 FKN=0.01～0.1。

在分析中，可以先用较小的接触刚度值计算前几个子步，以检查穿透量和每一个子步中的平衡迭代次数。如果穿透较大，则需要提高接触刚度重新分析；如果未收敛或收敛迭代次数过多，则需要降低接触刚度重新分析。可以反复改变接触刚度的大小，以观察其对计算结果的影响，直到接触压力、最大等效应力等计算结果不再明显改变为止。

3. 摩擦力

在 ANSYS 中，两个接触面间可以是无摩擦的，也可以是有摩擦的。考虑摩擦时采用库仑模型，即两个表面接触时有黏合和滑动两种状态。在切向剪应力小于等效剪应力时，两个表面处于黏合状态；反之，两个表面开始相互滑动。

等效剪应力 τ 由下式确定

$$\tau=\mu p+\text{COHE} \tag{21-2}$$

式中，μ 为摩擦因数，p 为接触压力，COHE 为凝聚滑动阻力。也可以用实常数 TAUMAX 人工指定等效剪应力。

摩擦因数 MU 作为接触单元的材料属性进行输入，在各向同性摩擦模型中，用 TB 或 MP 命令指定单一摩擦因数 MU。例如：

```
MP, MU, 1, 0.2
```

ANSYS 默认值为表面间无摩擦，当接触行为为 rough（粗糙）或 bonded（绑定）时，ANSYS 将忽略摩擦因数 MU 值而假定摩擦力为无穷大。

除无摩擦粗糙接触和绑定接触的单元刚度矩阵是对称的，带摩擦接触的问题会产生非对称刚度矩阵，相应地会提高求解成本、降低收敛速度。这时，则可选择非对称求解选项 NROPT, UNSYM。

4．接触行为

Standard：标准接触模式，即法向单向接触。接触分离时，法向压力为零。

Rough：粗糙接触模式，用于模拟表面粗糙、无滑动的摩擦接触问题。忽略摩擦因数 MU 值，假定摩擦力为无穷大。

No separation (sliding permitted)：不分离接触模式。接触面和目标面一旦接触，法向不能分离，但切向可以滑动。

Bonded：绑定接触模式。法向不分离，切向不能滑动。

No separation (always)：不分离接触模式。接触检查点初始在 Pinball 区域内或一旦接触，法向不能分离，但切向可以滑动。

Bonded (always)：绑定接触模式。接触检查点初始在 Pinball 区域内或一旦接触，法向不分离，切向不能滑动。

Bonded (initial contact)：初始绑定接触模式。

5．接触状态

接触单元的接触状态由接触单元和目标单元的相对位置和运动关系决定，ANSYS 通过检测确定每个接触单元的接触状态。当 STAT=0 时，为打开的远区接触；当 STAT=1 时，为打开的近区接触；当 STAT=2 时，为滑动接触；当 STAT=3 时，为黏合接触。

以接触单元的积分点为中心，以实常数 PINB 为半径确定的 2D 圆或 3D 球称为 Pinball 区域。当目标面未进入 Pinball 区域时，为打开的远区接触；当目标面进入 Pinball 区域后但未接触时，为打开的近区接触。

6．接触单元

ANSYS 通过在基体模型上创建目标单元和接触单元来识别潜在的接触面，并跟踪接触对的相对运动。ANSYS 支持 5 种接触方式：点-点、点-面、面-面、线-线、线-面接触，每种方式都有相适用的单元。

点-点接触用于模拟单点和另一个确定点之间的接触，用多个点-点接触可以模拟面-面接触。为了使用点-点接触单元，需要预先知道接触位置，这类问题只适用于接触面之间有较小滑动的场合。如果两个接触面上的节点一一对应，相对滑动又忽略不计，两个面挠度（转动）保持小量，那么就可以用点-点接触单元来模拟该类问题，过盈装配问题是用点-点接触单元模拟面-面接触的典型例子。

点-面接触用于模拟某一点和任意形状的面的接触，也可使用多个点-面接触单元模拟棱边和面、面和面的接触。通过节点定义一个接触面，而面既可以是刚体也可以是柔体。使用这类接触单元，不必预先知道准确的接触位置，接触面之间也不需要保持一致的网格，并且允许有大的变形和大的相对滑动。

面-面接触可模拟刚体-柔体、柔体-柔体的面-面接触，是最常用的接触分析类型。

21.1.2 面-面接触

1．面-面接触分析简介

面-面接触分析可模拟刚体-柔体、柔体-柔体的面-面接触。对于两个边界的接触问题，需要指定一个边界作为目标面、另一个边界作为接触面，这两个面合起来称为接触对，软件通过相同的实常数编号来识别接触对。在接触单元被约束时，其不能进入目标单元，而目标单元可以进入接触单元。对于刚体-柔体接触，总是将刚性面作为目标面，将柔性面作为接触面处理；对于柔体-柔体的接触，目标面和接触面都是变形体。

面-面接触单元具有以下优点：支持低阶和高阶单元；支持有大滑动和摩擦的大变形；提供更多、更好的结果数据，如法向应力和摩擦应力；对接触表面的形状没有限制；允许各种复杂建模控制，如绑定接触、渐变初始渗透、支持单元死活等。

2．面-面接触单元

2D 面-面接触单元有目标单元 TARGE169、接触单元 CONTA172。3D 面-面接触单元有目标单元 TARGE170、接触单元 CONTA174。

CONTA172 单元为 3 节点面-面接触单元，可创建具有或不具有中间节点的 2D 实体或壳单元的表面上，如 PLANE182、PLANE183、INTER193、SHELL208、SHELL209、PLANE223、CPT213、MATRIX50 等单元类型。

CONTA174 单元为 8 节点面-面接触单元，可创建在具有或不具有中间节点的 3D 实体或壳元素的表面上，如 SOLID185、SOLID186、SOLID187、SHELL281、SOLID225、SOLID226、SOLID279、SOLID285、CPT216、MATRIX50 等单元类型。

1）接触单元的选项

KEYOPT(1)：单元自由度。

KEYOPT(2)：接触算法。可选择扩展拉格朗日算法、罚函数法、多点约束方程、在法向采用拉格朗日法+在切向采用罚函数法、纯拉格朗日算法。

KEYOPT(3)：法向接触刚度的单位。

KEYOPT(4)：接触检测点的位置。一般为高斯点。

KEYOPT(5)：CNOF/ICONT 自动调整。可用 CNOF 自动关闭间隙或减小穿透，用 ICONT 自动调整接触检测点到目标面。

KEYOPT(6)：接触刚度变化［当 KEYOPT(10)>0 时］。

KEYOPT(7)：单元级时间步长控制。

KEYOPT(8)：对称接触行为。

KEYOPT(9)：初始穿透或间隙的影响。

KEYOPT(10)：接触刚度更新。当在载荷步中重定义 FKN 时，则在每个载荷步中更新接触刚度；或者根据基体单元的当前平均应力，在每次迭代中更新。

KEYOPT(11)：壳或梁厚度影响。不考虑时，按中面计算接触；考虑时，按底面或顶面计算接触。

KEYOPT(12)：接触行为。

KEYOPT(15)：接触稳定阻尼的影响。

KEYOPT(18)：选择滑动行为。0 为有限滑动（默认），1 为小滑动，2 为自适应小滑动。

2）接触单元的实常数

R1：目标圆半径。

R2：超单元厚度。

FKN：法向接触刚度。

FTOLN：最大穿透范围。

ICONT：初始闭合系数。

PINB：Pinball 区域。

PMAX、PMIN：初始穿透范围的上限、下限

TAUMAX：最大摩擦应力，即等效剪应力。

CNOF：接触面偏移量。

FKOP：接触分离刚度。

FKT：切向接触刚度。

其中，实常数 FKN、FTOLN、ICONT、PINB、FKOP 输入正值时为比例因子，输入负值时为真实值。

3．面-面接触分析的步骤

1）建立基体模型并划分网格

需要建立代表基体的实体模型，与其他分析过程一样，要设置单元类型、实常数、材料特性等，并用恰当的单元类型为基体划分网格。

2）选择接触单元并设置单元选项

ANSYS 中面-面接触单元的类型、特点及选项如 21.1.2 节所述。

3）设置实常数

ANSYS 中使用实常数控制面-面接触单元的接触行为，且不同的接触对必须定义不同的实常数号来识别。

4）定义目标面和接触面，创建目标单元和接触单元

对于刚体-柔体的接触问题，应将刚性面定义为目标面，将柔性面定义为接触面。对于柔体-柔体的面-面接触可按以下原则指定目标面和接触面。

（1）当凸面与平面或凹面接触时，应选择平面或凹面作为目标面。

（2）当硬表面与软表面接触时，应选择硬表面作为目标面。

（3）当大表面与小表面接触时，应选择大表面作为目标面。

（4）如果结构已划分网格，具有粗糙网格的表面与具有细密网格的表面接触时，应选择粗

糙网格表面作为目标面。

（5）如果一个面上的基础单元为高阶单元，另一个面上的基础单元为低阶单元，应选择基础单元为低阶单元的面作为目标面。

由于几何模型和潜在变形的多样性，有时候一个接触面的同一区域可能和多个目标面发生接触关系。此时，应该定义多个接触对（使用多组覆盖层接触单元），每个接触对有不同的实常数号。

创建目标单元和接触单元的方法参见下文。

5）控制刚性目标单元的运动

6）施加必要的边界条件和载荷

7）定义求解和载荷步选项

在大多数面-面接触分析中都推荐使用下列选项：

（1）用 AUTOTS 命令打开自动时间步长。

（2）用 NROPT 命令选择完全牛顿-拉普森迭代方法，关闭自适应下降因子。

（3）用 NEQIT 命令设置合理的平衡迭代次数（25～50 次）。

（4）用 PRED 命令打开时间步长预测器选项。

（5）用 LNSRCH 命令使用线性搜索选项来使计算稳定化。

8）求解

9）查看结果

接触分析的结果包括常规的位移、应力、应变，还有接触压力、滑动等接触信息。可以使用 POST1 或 POST26 后处理器查看结果。

4. 创建刚性目标单元

ANSYS 用基本图元直接创建刚性目标单元，而不是覆盖在基体单元上。例如，在 2D 情况下使用直线、圆、圆弧、抛物线，在 3D 情况下用圆柱面、圆锥面、球面、三角面等。

pilot 节点实际上是只有一个节点的单元，它是刚性目标面运动的控制器。每个刚性目标面只能有一个 pilot 节点，刚性目标面及其 pilot 节点应有相同的实常数号。可以指定刚性目标面的节点为 pilot 节点，也可以在其他任意位置定义 pilot 节点。可以在 pilot 节点上施加载荷和边界条件，但在下列情况下必须使用 pilot 节点，如在目标面上作用有转矩载荷或转动位移时，或者目标面和其他单元相连时（结构质量单元）。

1）直接创建刚性目标单元

以创建圆柱面目标单元为例。

```
ET, 1, TARGE170              !2D 用 TARGE169 单元，3D 用 TARGE170 单元
R, 1, 0.05                   !用实常数指定圆柱面半径
N, 100, 0, 0, 0 $ N, 101, 0, 0, 0.2   !创建刚性目标单元的节点，其位置在圆柱面的轴线上
TYPE, 1 $ REAL, 1            !指定刚性目标单元的单元类型和实常数
TSHAP, CYLI                  !指定刚性目标单元的形状
E, 100, 101                  !创建刚性目标单元
```

2）划分刚性目标单元

先创建几何实体，然后用 LMESH、AMESH 命令划分单元。

ANSYS 将每一条直线划分为一个直线形状的刚性目标单元，将圆弧划分为圆弧形状，将

完整的圆划分为单一的圆形状，将样条曲线划分为抛物线形状。如果几何实体是一个完整的球、圆柱或圆锥，则 ANSYS 将之划分为相应形状的目标单元；如果是任意形状的表面，则用三角形划分单元。

3）创建 pilot 节点

可以用 KMESH 命令将关键点划分为 pilot 节点，也可以直接创建 pilot 节点，例如：

REAL, 1	!指定与刚性目标单元相同的实常数号
N, 101, 1, 2, 0	!创建节点，也可以使用目标单元的节点
TSHAP, PILOT	!指定创建 pilot 节点
E, 101	!创建 pilot 节点

5. 创建柔性接触单元和目标单元

TYPE, …	!指定接触单元或目标单元类型编号
REAL, …	!指定实常数号，用同一实常数号识别接触对
NSEL, S, …	!选择接触面上节点
ESURF	!创建目标单元或接触单元

21.2　问题描述和解析解

两个半径分别为 $r_1=0.05m$、$r_2=0.1m$，长度均为 $L=0.01m$ 的平行圆柱体发生正接触，即接触线为两圆柱体的母线，作用在两圆柱体接触线法线方向上的压力总和为 $F_n=20000N$，两圆柱体均为钢制，分析两圆柱体的接触情况。

接触应力 σ_H 大小可由弹性力学的赫兹公式求出：

$$\sigma_H = \sqrt{\frac{F_n}{\pi b} \cdot \frac{\frac{1}{\rho_1}+\frac{1}{\rho_2}}{\frac{1-\mu_1^2}{E_1}+\frac{1-\mu_2^2}{E_2}}} = \sqrt{\frac{20000}{3.14 \times 0.01} \cdot \frac{\frac{1}{0.05}+\frac{1}{0.1}}{2 \times \frac{1-0.3^2}{2 \times 10^{11}}}} = 1449MPa \qquad (21\text{-}3)$$

式中，F_n 为两圆柱体上作用的法向力；b 为两圆柱体的接触宽度；E_1、E_2 分别为两圆柱体材料的弹性模量；μ_1、μ_2 分别为两圆柱体材料的泊松比；ρ_1、ρ_2 分别为两圆柱体在接触处的曲率半径。

由于接触的影响只发生于结构的局部，另外圆柱体具有对称性，所以分析时只取两圆柱体的四分之一，以减少计算时间和计算容量。

21.3　分析步骤

（1）改变任务名。选择菜单 Utility Menu→File→Change Jobname，弹出"Change Jobname"对话框，在"[/FILNAM]"文本框中输入"E21"，单击"OK"按钮。

（2）选择单元类型。选择菜单 Main Menu→Preprocessor→Element Type→Add/Edit/Delete，弹出如图 21-2 所示的对话框，单击"Add"按钮；弹出如图 21-3 所示的对话框，在左侧列表中选"Solid",在右侧列表中选择"Quad 8 node 183",单击"Apply"按钮；再在右侧列表中选择"Brick 20node 186",单击"Apply"按钮；再在左侧列表中选择"Contact",在右侧列表中选择"3D target 170",单击"Apply"按钮；再在右侧列表中选择"8 nd surf 174",单击"OK"按钮；返回到如图 21-2 所示的对话框，选择"TYPE 4 CONTA174",单击"Options"按钮，在弹出的对话框中选择"K5"为"Close gap",单击"OK"按钮。然后单击如图 21-2 所示的对话框的"Close"按钮。

（3）定义材料模型。选择菜单 Main Menu→Preprocessor→Material Props→Material Models,弹出如图 21-4 所示的对话框，在右侧列表中依次选择"Structural""Linear""Elastic""Isotropic",弹出如图 21-5 所示的对话框，在"EX"文本框中输入"2e11"（弹性模量），在"PRXY"文本框中输入"0.3"（泊松比），单击"OK"按钮。然后关闭如图 21-4 所示的对话框。

图 21-2　单元类型对话框

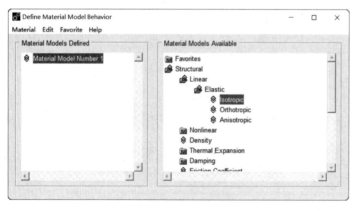

图 21-3　单元类型库对话框

图 21-4　材料模型对话框

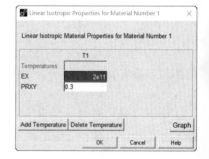

图 21-5　材料特性对话框

（4）定义实常数。选择菜单 Main Menu→Preprocessor→Real Constants→Add/Edit/Delete,弹出"Real Constants"对话框，单击"Add"按钮，弹出"Element Type for Real Constants"对话框，在列表中选择"Type 4 CONTA174",单击"OK"按钮；弹出如图 21-6 所示的对话框，在"FKN"文本框中输入"10"（法向接触刚度因子），单击"OK"按钮；返回到"Real Constants"对话框，单击"Close"按钮。

（5）创建圆形面。选择菜单 Main Menu→Preprocessor→Modeling→Create→Areas→Circle→Partial Annulus，弹出如图 21-7 所示的对话框，在"WP X"文本框中输入"0"，在"WP Y"文本框中输入"0"，在"Rad-1"文本框中输入"0.1"，在"Theta-1"文本框中输入"0"，在"Rad-2"文本框中输入"0"，在"Theta-2"文本框中输入"90"，单击"Apply"按钮。再次弹出如图 21-7 所示的对话框，在"WP X"文本框中输入"0"，在"WP Y"文本框中输入"0.15"，在"Rad-1"文本框中输入"0.05"，在"Theta-1"文本框中输入"0"，在"Rad-2"文本框中输入"0"，在"Theta-2"文本框中输入"-90"，单击"OK"按钮。

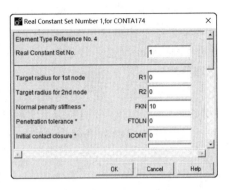

图 21-6 定义实常数对话框

（6）偏移、旋转工作平面。选择菜单 Utility Menu→WorkPlane→Offset WP by Increment，弹出如图 21-8 所示的对话框，在"X, Y, Z Offsets"文本框中输入"0.008"，在"XY, YZ, ZX Angles"文本框中输入"0, 0, 90"，单击"OK"按钮。

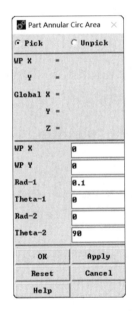

图 21-7 创建圆形面对话框

图 21-8 偏移、旋转工作平面对话框

（7）改变视点。选择菜单 Utility Menu→PlotCtrls→Pan Zoom Rotate。在弹出的对话框中，依次单击"Iso""Fit"按钮。或者单击图形窗口右侧显示控制工具条上的 按钮。

（8）划分圆形面。选择菜单 Main Menu→Preprocessor→Modeling→Operate→Booleans→Divide→Area by WrkPlane，弹出选择窗口，单击"Pick All"按钮。

将 2 个圆形面划分为 2 部分，其目的是减小可能接触面面积，减少接触单元数目，以减少计算时间和计算容量。

（9）划分单元。选择菜单 Main Menu→Preprocessor→Meshing→MeshTool，弹出如图 21-9

所示的对话框，单击"Size Controls"区域中"Global"后的"Set"按钮，弹出如图 21-10 所示的对话框，在"SIZE"文本框中输入"0.0075"，单击"OK"按钮。在"Mesh"区域，选择单元形状为"Quad"（四边形），选择划分单元的方法为"Free"（自由）。单击"Mesh"按钮，弹出选择窗口，单击"Pick All"按钮。在如图 21-9 所示的对话框中，选择"Refine at:"下拉列表框为"KeyPoints"，单击"Refine"按钮；弹出选择窗口，在选择窗口的文本框中输入"2，4"（即选择位于接触区域的关键点 2 和 4），单击"OK"按钮，弹出如图 21-11 所示的对话框，选择"LEVEL"下拉列表框为"3"，单击"OK"按钮；最后关闭如图 21-9 所示的对话框。

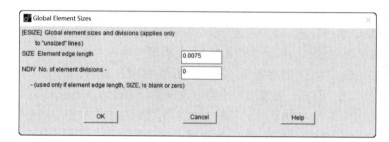

图 21-10　单元尺寸对话框

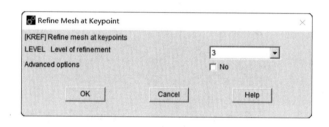

图 21-9　划分单元工具对话框

图 21-11　重定义单元对话框

在接触区域对网格进行了加密处理。

（10）设定挤出选项。选择菜单 Main Menu→Preprocessor→Modeling→Operate→Extrude→Elem Ext Opts。在弹出的对话框中，在"VAL1"文本框中输入"5"（挤出段数），选择 ACLEAR 为"Yes"（挤出后清除圆形面上单元），单击"OK"按钮。

（11）由面挤出体。选择菜单 Main Menu→Preprocessor→Modeling→Operate→Extrude→Areas→By XYZ Offset，弹出选择窗口，单击"Pick All"按钮；弹出如图 21-12 所示的对话框，在"DX""DY""DZ"文本框中分别输入"0""0""0.01"，单击"OK"按钮。

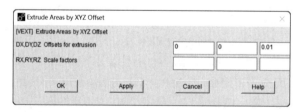

图 21-12　由面挤出体对话框

（12）显示面编号。选择菜单 Utility Menu→PlotCtrls→Numbering。在弹出的对话框中，将

"Area numbers"（面编号）打开，单击"OK"按钮。

（13）选择下方接触面及面上的节点。选择菜单 Utility Menu→Select→Entities，弹出如图 21-13 所示的对话框，在各下拉列表框、文本框、单选按钮中依次选择或输入"Areas""By Num/Pick""From Full"，单击"Apply"按钮；弹出选择窗口，选择面 14（下方接触面），单击选择窗口的"OK"按钮；再在如图 21-13 所示的对话框中，在各下拉列表框、文本框、单选按钮中依次选择或输入"Nodes""Attached to""Areas, all""From Full"，单击"OK"按钮。

于是选中了面 14 及面上所有节点。

（14）指定单元属性。选择菜单 Main Menu→Preprocessor→Modeling→Create→Elements→Elem Attributes，弹出如图 21-14 所示的对话框，选择"TYPE"下拉列表框为"3 TARGE170"，选择"MAT"下拉列表框为"1"，选择"REAL"下拉列表框为"1"，单击"OK"按钮。

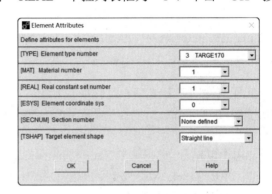

图 21-13　选择实体对话框　　　　　　　　图 21-14　单元属性对话框

创建目标单元。选择菜单 Main Menu→Preprocessor→Modeling→Create→Elements→Surf/Contact→Surf to Surf，单击弹出对话框的"OK"按钮，单击随后弹出的选择窗口的"Pick All"按钮。

重复步骤（13）～（15），选择上方接触面（面 18）及面上的节点，选择单元类型"TYPE"为"4 CONTA174"，创建接触单元。于是创建了由 CONTA174 单元和 TARGE170 单元形成的接触对，由实常数 1 识别。

（16）选择所有。选择菜单 Utility Menu→Select→Everything。

（17）施加约束。选择菜单 Main Menu→Solution→Define Loads→Apply→Structural→Displacement→On Areas，弹出选择窗口，选择面 8 和 16（最下方），单击"OK"按钮；弹出如图 21-15 所示的对话框，在列表中选择"UY"，单击"Apply"按钮；再次弹出选择窗口，选择面 15 和 20（最左侧），单击"OK"按钮；弹出如图 21-15 所示的对话框，在列表中选择"UX"，单击"Apply"按钮；再次弹出选择窗口，选择面 1、9、13 和 17（最前方），单击"OK"按钮；弹出如图 21-15 所示的对话框，在列表中选择"UZ"，单击"OK"按钮。

（18）选择最上方表面及其面上节点。选择菜单 Utility Menu→Select→Entities。弹出如图 21-13 所示的对话框，在各下拉列表框、文本框、单选按钮中依次选择或输入"Areas""By Num/Pick""From Full"，单击"Apply"按钮；弹出选择窗口，选择面 11、19（最上方面），单击选择窗口的"OK"按钮；再在如图 21-13 所示的对话框中，在各下拉列表框、文本框、单选按钮中依次选择或输入"Nodes""Attached to""Areas All""From Full"，单击"OK"按钮。

（19）施加压力载荷。选择菜单 Main Menu→Solution→Define Loads→Apply→Structural→

Pressure→On Areas，弹出选择窗口，单击 "Pick All" 按钮；弹出如图 21-16 所示的对话框，在 "VALUE" 文本框中输入 "1e6"，单击 "OK" 按钮。

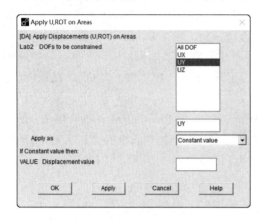

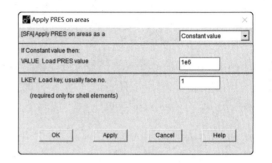

图 21-15　在面上施加约束对话框　　　　　　图 21-16　在面上施加压力载荷对话框

于是，在面 11 和 19 上施加了大小为 $1×10^6$Pa，方向垂直并指向面的压力。由于两面面积总和为 0.05×0.01=0.0005m^2，所以作用于一半圆柱体上总的力为 500N，整个圆柱体上总的力为 1000N。

（20）节点自由度耦合。选择菜单 Main Menu→Preprocessor→Coupling/Ceqn→Couple DOFs。弹出选择窗口，单击 "Pick All" 按钮，弹出如图 21-17 所示的对话框，在 "NSET" 文本框中输入 1，选择 "Lab" 下拉列表框为 "UY"，单击 "OK" 按钮。

这样做的目的是保证面 11 和 19 上所有节点在承载后具有相同的 y 方向位移，变形后面 11 和 19 仍然保持为水平平面。

（21）选择所有。选择菜单 Utility Menu→Select→Everything。

（22）激活线性搜索。选择菜单 Main Menu→Solution→Load Step Opts→Nonlinear→Line Search，弹出如图 21-18 所示的对话框，选择 "LNSRCH" 为 "ON"。

提示：如果该菜单项未显示在界面上，可以选择菜单 Main Menu→Solution→Unabridged Menu，以显示 Main Menu→Solution 下所有菜单项。

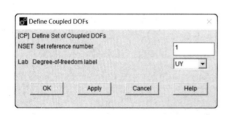

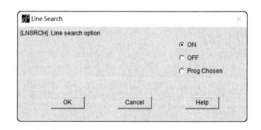

图 21-17　耦合自由度对话框　　　　　　　图 21-18　线性搜索对话框

（23）打开自动时间步长并指定分析时间步的数目。选择菜单 Main Menu→Solution→Load Step Opts→Time/Frequenc→Time and Substps，弹出如图 21-19 所示的对话框，选择 "AUTOTS" 为 "ON"，在 "NSUBST" 文本框中输入 "5"，在 "Maximum no. of substeps" 文本框中输入 "10"，在 "Minimum no. of substeps" 文本框中输入 "3"，单击 "OK" 按钮。

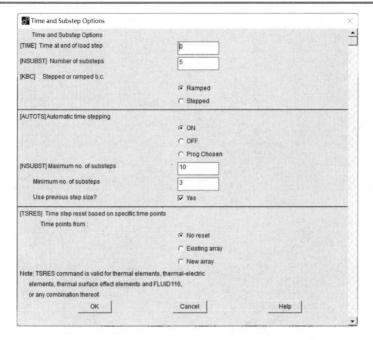

图 21-19　时间和时间步长选项对话框

（24）确定数据库和结果文件中包含的内容。选择菜单 Main Menu→Solution→Load Step Opts→Output Ctrls→DB/Results File。在弹出的对话框中，选择"Item"下拉列表框为"All items"，选择"Every substep"，单击"OK"按钮。

（25）求解。选择菜单 Main Menu→Solution→Solve→Current LS。单击"Solve Current Load Step"对话框的"OK"按钮。当出现"Solution is done!"提示时，求解结束，从下一步开始，进行结果的查看。

（26）读结果。选择菜单 Main Menu→General Postproc→Read Results→Last Set。

（27）选择接触单元。选择菜单 Utility Menu→Select→Entities。弹出如图 21-13 所示的对话框，在各下拉列表框、文本框、单选按钮中依次选择或输入"Elements""By Attributes""Elem type num""4""From Full"，单击"OK"按钮。

（28）定义单元表。选择菜单 Main Menu→General Postproc→Element Table→Define Table，弹出"Element Table Data"对话框，单击"Add"按钮，弹出如图 21-20 所示的对话框，在"Lab"文本框中输入"PRES"，在"Item"列表中选择"Contact"，在"Comp"列表中选择"Pressure PRES"，单击"Apply"按钮；再次弹出如图 21-20 所示的对话框，在"Lab"文本框中输入"ST"，在"Item"列表中选择"Contact"，在"Comp"列表中选择"Status STAT"，单击"Apply"按钮；再次弹出如图 21 20 所示的对话框，在"Lab"文本框中输入"GAP"，在"Item"列表中选择"Contact"，在"Comp"列表中选择"Gap GAP"，单击"OK"按钮；关闭如图 21-20 所示的对话框。

于是定义了 3 个单元表，单元表"PRES"存储了接触单元的法向压力，单元表"ST"存储了接触单元的接触状态，单元表"GAP"存储了接触表面间的距离。

（29）对单元表数据进行排序。选择菜单 Main Menu→General Postproc→List Results→Sorted Listing→Sort Elems，弹出如图 21-21 所示的对话框，选定"ORDER"下拉列表框为"Descending Order"，选择"Item, Comp"下拉列表框为"PRES"，单击"OK"按钮。

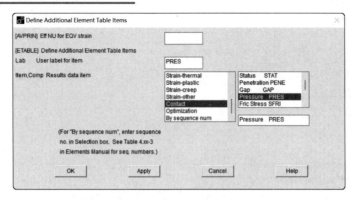

图 21-20　定义单元表对话框

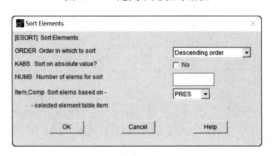

图 21-21　对单元表数据排序对话框

于是，对单元表"PRES"的数据按递减顺序进行了排序。

（30）列表单元表数据。选择菜单 Main Menu→General Postproc→Element Table→List Elem Table。在弹出的对话框的列表中选择"PRES""ST""GAP"，单击"OK"按钮。结果如图 21-22 所示。

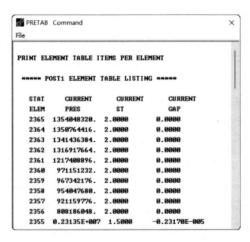

图 21-22　结果列表

（31）选择所有。选择菜单 Utility Menu→Select→Everything。

（32）查看结果，显示接触应力云图。选择菜单 Main Menu→General Postproc→Plot Results→Contour Plot→Nodal Solu，弹出如图 21-23 所示的对话框，在列表中依次选择"Nodal Solution→Contact→Contact Pressure"，结果如图 21-24 所示。可以看出，Contact Pressure（接触

应力）的最大值为 0.142×10^{10}Pa，即 1420MPa，与理论解接近。

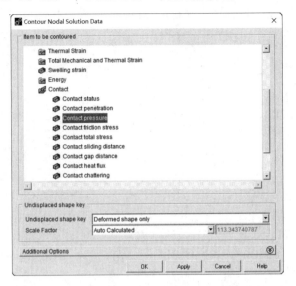

图 21-23 节点结果对话框

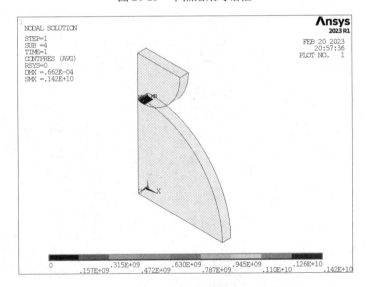

图 21-24 接触应力

21.4 命令流

/CLEAR	!清除数据库，新建分析
/FILNAME, E21	!定义任务名为 E21
/PREP7	!进入预处理器
ET, 1, PLANE183 $ ET, 2, SOLID186	!选择结构单元类型
ET, 3, TARGE170 $ ET, 4, CONTA174, , , , , 1	!选择目标单元和接触单元类型
R, 1, , , 10	!定义实常数

MP, EX, 1, 2E11 $ MP, PRXY, 1, 0.3	!定义材料模型
CYL4, 0, 0, 0.1, 0, 0, 90 $ CYL4, 0, 0.15, 0.05, -90, 0, 0	!创建圆形面
WPOFF, 0.008	!偏移工作平面
WPROT, 0, 0, 90	!旋转工作平面
ASBW, ALL	!用工作平面划分面
AATT, 1, 1, 1	!指定面单元属性
ESIZE, 0.0075 $ MSHAPE, 0 $ MSHKEY, 0 $ AMESH, ALL	!对面划分单元
KREFINE, 2, 4, 2, 3	!在关键点附近重定义网格
TYPE, 2	!指定体单元类型
EXTOPT, ESIZE, 5	!设置挤出段数为5
EXTOPT, ACLEAR, 1	!设置挤出操作时清除面单元
VEXT, ALL, , , , , 0.01	!面挤出形成体，并产生体单元
ASEL, S, , , 14 $ NSLA, S, 1	!选择下方圆柱体接触面及面上节点
REAL, 1 $ TYPE, 3 $ ESURF	!创建接触对的目标单元
ASEL, S, , , 18 $ NSLA, S, 1	!选择上方圆柱体接触面及面上节点
REAL, 1 $ TYPE, 4 $ ESURF	!创建接触对的接触单元
ALLS	
FINISH	!退出预处理器
/SOLU	!进入求解器
DA, 16, UY $ DA, 8, UY	!在面上施加约束
DA, 15, UX $ DA, 20, UX	
DA, 1, UZ $ DA, 9, UZ $ DA, 13, UZ $ DA, 17, UZ	
ASEL, S, , , 11, 19, 8 $ NSLA, S, 1	!选择面及面上节点
SFA, ALL, 1, PRES, 20E6	!在选择的面上施加压力载荷
CP, 1, UY, ALL	!对选择的节点的自由度进行耦合
ALLS	!选择所有实体
LNSRCH, ON	!打开线性搜索
AUTOTS, ON	!打开自动时间步长
NSUBST, 5, 10, 3	!指定载荷子步数
OUTRES, ALL, ALL	!指定输出数据
SOLVE	!求解
FINISH	!退出求解器
/POST1	!进入通用后处理器
SET, LAST	!读结果
ESEL, S, TYPE, , 4	!选择接触对的接触单元
ETABLE, PRES, CONT, PRES	!创建单元表
ETABLE, ST, CONT, STAT	
ETABLE, GAP, CONT, GAP	
ESORT, ETAB, PRES, 0	!对单元表数据排序
PRETAB, PRES, ST, GAP, PENE	!列表单元表
/VIEW, 1, 1, 1, 1	!改变观察方向

| ALLS $ PLNSOL, CONT, PRES | !显示接触压力云图（接触应力），并与理论解比较 |
| FINISH | !退出通用后处理器 |

21.5　高级应用

1. 接触分析实例——组合厚壁圆筒

像火炮身管、人造水晶高压容器等厚壁圆筒，在工作时要承受很高的内压。为提高其承载能力而增加圆筒的壁厚，会因为应力沿壁厚分布变得不均匀，往往不能达到预期的效果。这时，可以把两个圆筒以过盈配合方式连接成组合圆筒。

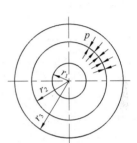

如图 21-25 所示，用过盈配合将两个厚壁圆筒套合在一起，外筒的内半径略小于内筒外半径，即存在过盈量 δ。装配后，两圆筒接触面上会因为变形而产生相互压紧的装配压力 p，其与过盈量 δ 的关系由式（21-4）确定

$$p = \frac{\delta}{r_2\left[\dfrac{1}{E_i}\left(\dfrac{r_2^2 + r_1^2}{r_2^2 - r_1^2} - \mu_i\right) + \dfrac{1}{E_o}\left(\dfrac{r_3^2 + r_2^2}{r_3^2 - r_2^2} + \mu_o\right)\right]} \quad (21\text{-}4)$$

式中，E_i、μ_i 为内筒材料的弹性模量和泊松比；E_o、μ_o 为外筒材料的弹性模量和泊松比。

当内外筒体为同一种材料时，有 $E_i = E_o = E$、$\mu_i = \mu_o = \mu$，公式（21-4）化为

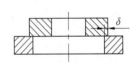

图 21-25　组合厚壁圆筒

$$p = \frac{E\delta(r_3^2 - r_2^2)(r_2^2 - r_1^2)}{2r_2^3(r_3^2 - r_1^2)} \quad (21\text{-}5)$$

如图 21-26（a）所示，装配压力 p 使内筒承受的外压、切向应力为压应力，外筒承受的内压、切向应力为拉应力。而单一整体厚壁圆筒在内压作用下的切向应力如图 21-26（b）中双点划线所示。组合圆筒在内压作用下的应力分布为上述 2 种应力的叠加，如图 21-26（b）中实线所示。显然，组合圆筒相比单一的整体厚壁圆筒应力分布趋于均匀合理，承载能力也相应提高。

图 21-25 所示为过盈配合连接而成的组合厚壁圆筒，已知：$r_1 = 100\text{mm}$，$r_2 = 150\text{mm}$，$r_3 = 200\text{mm}$，圆筒长度均为 $l = 500\text{mm}$，过盈量 $\delta = 0.25\text{mm}$，圆筒均为钢制。试计算装配压力 p 以及组合圆筒在承受工作内压 200MPa 时的应力分布。

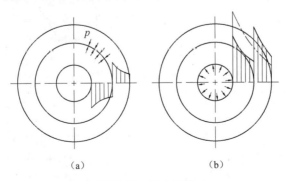

（a）　　　　　　　　　　　（b）

图 21-26　组合圆筒

按式（21-5）可以计算出装配压力 p 的理论解：

$$p = \frac{E\delta(r_3^2 - r_2^2)(r_2^2 - r_1^2)}{2r_2^3(r_3^2 - r_1^2)}$$

$$= \frac{2 \times 10^5 \times 0.25 \times (200^2 - 150^2)(150^2 - 100^2)}{2 \times 150^3(200^2 - 100^2)} = 54.01\text{MPa}$$

(21-6)

本例命令流如下：

/CLEAR	!清除数据库，新建分析
/FILNAM, E21-2	!定义任务名为 E21-2
R1=0.1 $ R2=0.15 $ R3=0.2 $ L=0.5 $ DELTA=0.25E-3	!尺寸
/FILNAME, E18-7	!定义任务名为 E18-7
/PREP7	!进入预处理器
ET, 1, PLANE183, , , 1	!选择实体单元类型
ET, 2, TARGE169 $ ET, 3, CONTA172	!选择目标单元和接触单元类型
R, 1, , , 1	!定义实常数
MP, EX, 1, 2E11 $ MP, PRXY, 1, 0.3	!定义材料模型
RECT, R1, R2+Delta/2, 0, L $ RECT, R2-Delta/2, R3, L, 2*L	!创建矩形面
ESIZE, 0.0075 $ AMESH, ALL	!对面划分单元
TYPE, 2 $ LSEL, S, , , 2 $ NSLL, S, 1 $ ESURF	!创建目标单元
TYPE, 3 $ LSEL, S, , , 8 $ NSLL, S, 1 $ ESURF	!创建接触单元
ALLS	!选择所有实体
FINISH	!退出预处理器
/SOLU	!进入求解器
DL, 1, , UY	!施加约束
DL, 5, , UY, -L	!施加位移载荷
LNSRCH, ON	!打开线性搜索
NLGEOM, ON	!打开大变形选项
TIME, 1	!指定载荷步时间
AUTOT, ON	!打开自动载荷步长
NSUBST, 5, 10, 3	!指定子步数目
KBC, 0	!斜坡载荷
OUTRES, ALL, ALL	!输出所有子步所有项目的结果
SOLVE	!求解套合载荷步
SFL, 4, PRES, 200E6	!在内筒内孔施加工作压力
SOLVE	!求解施加工作压力载荷步
FINISH	!退出求解器
/POST1	!进入通用后处理器
SET, , , , , 1	!读第一个载荷步到数据库
PLNSOL, CONT, PRES	!显示接触压力云图，对照理论解
SET, , , , , 2	!读第二个载荷步到数据库
PLNSOL, S, Z	!显示切向应力云图
FINISH	!退出通用后处理器

2．非线性分析实例——将钢板卷制成圆筒

如图 21-27 所示为用卷板机将钢板卷制成圆筒的 3 个步骤：首先，上辊下降使钢板发生挠曲，钢板挠曲线的最低点先发生屈服；然后，下辊转动驱动钢板向前移动，使钢板各点发生同样的屈服形成圆筒；最后，圆筒卷制完成，上辊上升卸下筒体。

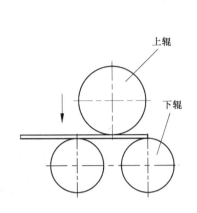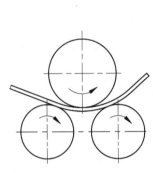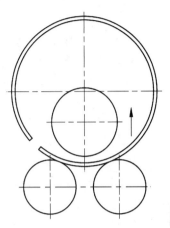

图 21-27　对称式三辊卷板机

用 ANSYS 模拟将钢板卷制成圆筒，相应地也分为 3 个步骤。由于第二个步骤需要模拟上、下辊转动，而 ANSYS 的 SOLIDn 单元不支持大转动，位移边界条件不能施加大的转动角度，所以上、下辊需要用壳单元建立有限元模型。上、下辊与钢板的作用需要用接触模拟，钢板卷制成圆筒材料会发生屈服、产生大变形，所以，钢板卷制成圆筒包括状态非线性、材料非线性、结构非线性 3 种非线性。

用 ANSYS 模拟将钢板卷制成圆筒，计算结果可以得到圆筒直径与上辊下压量的关系、上下辊受力大小、上下辊的变形、下辊驱动力矩、卸载回弹等重要数据。

```
/CLEAR                                              !清除数据库，新建文件
/FILNAM, E21-3                                      !指定任务名为 E21-3
!上下辊半径、长度、下辊中心距、上辊到下辊轴线平面距离
R1=0.38/2 $ R2=0.3/2 $ L=1.5 $ A=0.54 $ B=0.37
/PREP7                                              !进入预处理器
ET, 1, SOLID185                                     !指定单元类型，实体单元
ET, 2, TARGE170                                     !指定目标单元
ET, 3, CONTA173 $ KEYOPT, 3, 12, 1                  !指定接触单元，粗糙接触
ET, 4, CONTA173                                     !指定接触单元
MP, EX, 1, 2E11 $ MP, DENS, 1, 7800 $ MP, PRXY, 1, 0.3   !定义材料模型 1
TB, BKIN, 1, 1 $ TBTEMP, 0 $ TBDATA, , 240E6, 2E10
R, 1, , , 0.05, $ R, 2, , , 0.05 $ R, 3, , , 0.05        !定义实常数，用于创建接触对，接触刚度系数 0.05
CYL4, 0, 0, R1, , , , L $ CYL4, -A/2, -B, R2, , , , L $ CYL4, A/2, -B, R2, , , , L   !创建圆柱体
VDELE, ALL                                          !删除体，保留面
ASEL, S, LOC, Z $ ASEL, A, LOC, Z, L $ ADELE, ALL $ ALLS   !删除端部面
TYPE, 2                                             !创建目标单元
```

```
ASEL, S, LOC, Y, -R1, R1 $ REAL, 1 $ AMESH, ALL          !在上辊圆柱面创建刚性目标面
ASEL, S, LOC, Y, -R1-1, -R1-0.001 $ ASEL, R, LOC, X, 0, 1
REAL, 2 $ AMESH, ALL                                      !在右下辊圆柱面创建刚性目标面
ASEL, S, LOC, Y, -R1-1, -R1-0.001 $ ASEL, R, LOC, X, 0, -1
REAL, 3 $ AMESH, ALL                                      !在左下辊圆柱面创建刚性目标面
REAL, 1 $   TSHAP, PILOT $   E, 1                         !创建上辊刚性目标面的控制节点
REAL, 2 $   TSHAP, PILOT $   E, 3                         !创建右下辊刚性目标面的控制节点
REAL, 3 $   TSHAP, PILOT $   E, 5                         !创建左下辊刚性目标面的控制节点
BLOCK, -0.9, 0.4, -R1, -R1-0.03, 0.3, L-0.3              !创建钢板几何模型
LESIZE, 36, , , 2 $ MAT, 1 $ TYPE, 1 $ ESIZE, 0.05 $ VMESH, ALL   !创建钢板的有限元模型
TYPE, 3                                                   !创建柔性接触面单元
REAL, 1 $ ASEL, S, , , 6 $ NSLA, S, 1 $ ESURF            !在钢板上表面创建与上辊间的柔性接触面
TYPE, 4                                                   !创建柔性接触面单元
REAL, 2 $ ASEL, S, , , 5 $ NSLA, S, 1 $ ESURF            !在钢板下表面创建与右下辊间的柔性接触面
REAL, 3 $ ESURF                                          !在钢板上表面创建与左下辊间的柔性接触面
ALLS                                                     !选择所有实体
FINISH                                                   !退出预处理器
/SOLU                                                    !进入求解器
D, ALL, UZ                                               !施加约束
D, 1, UX, , , , , ROTX, ROTY, $ D, 1, UY, -0.05          !在上辊刚性目标面上施加约束和位移
D, 3, ALL $ D, 5, ALL                                    !在下辊刚性目标面上施加约束
ANTYPE, TRANS                                            !瞬态分析
LNSRCH, ON                                               !打开线性搜索
NLGEOM, ON                                               !打开大变形选项
TIME, 1                                                  !指定载荷步时间
AUTOT, ON                                                !打开自动载荷步长
NSUBST, 20, 50, 10                                       !指定子步数目
KBC, 0                                                   !斜坡载荷
OUTRES, ALL, ALL                                         !输出所有子步所有项目的结果
SOLVE                                                    !求解
D, 1, ROTZ, 2                                            !在上辊刚性目标面上施加转动位移
TIME, 2
NSUBST, 400, 800, 200
SOLVE
FINISH                                                   !退出求解器
/POST1                                                   !进入通用后处理器
SET, LAST                                                !读最后载荷子步计算结果
PLNS, U, SUM                                             !变形云图
ANTIME, 50, 0.5, , 1, 2, 0, 3                            !用动画查看卷制圆筒过程中的变形情况
FINISH                                                   !退出通用后处理器
```

3. 接触分析实例——斜齿圆柱齿轮传动分析

由于实体单元不支持大转动，所以采用静力学分析类型。为分析一个齿从进入啮合到退出啮合整个过程的啮合情况，可分别建立不同位置的模型进行研究，本例通过改变齿轮 2 端面啮合点半径来改变 2 个齿轮的啮合位置。为减少模型中节点和单元数量，且由于最多为双齿对啮合，所以只创建斜齿圆柱齿轮传动 2 对轮齿的局部模型。

本例命令流：

```
/CLEAR                                          !清除数据库，新建文件
/FILNAM, E21-4                                  !指定任务名为 E21-4
!齿轮参数计算
!模数、齿数、螺旋角、齿宽，弧度、角度转换系数
MN=0.002 $ Z1=25 $ Z2=42 $ BETA=10 $ B=0.01 $ T=3.1415926/180
!端面模数 MT、端面压力角 ALPHAT
MT=MN/ COS(BETA*T) $ ALPHAT=ATAN(TAN(20*T)/ COS(BETA*T))
R1= MT*Z1/2 $ R2= MT*Z2/2                       !分度圆半径
RB1=R1*COS(ALPHAT) $ RB2=R2*COS(ALPHAT)         !基圆半径
RA1=R1+MN $ RA2=R2+MN                           !齿顶圆半径
RF1=R1-1.25*MN $ RF2=R2-1.25*MN                 !齿根圆半径
N=10                                            !段数 N
FI=TAN(20*T) /T -20                             !分度圆展角
ROU2=RA2!2-MN                                   !齿轮 2 端面啮合点半径，其大小可确定啮合位置
N1N2=(RB1+RB2)*TAN(20*T)                        !理论啮合线 N1N2 长度
N2K=SQRT(ROU2*ROU2-RB2*RB2) $ N1K=N1N2-N2K      !啮合点 K 到 N1 和 N2 点的距离
ROU1=SQRT(RB1*RB1+N1K*N1K)                      !齿轮 1 端面啮合点半径
FI1=ACOS(RB1/ROU1) $ FI2=ACOS(RB2/ROU2)         !角度
ALPHAK1=ACOS(RB1/ROU1) $ THETAK1=TAN(ALPHAK1)- ALPHAK1   !齿轮 1 啮合点处的展角
ALPHAK2=ACOS(RB2/ROU2) $ THETAK2=TAN(ALPHAK2)- ALPHAK2   !齿轮 2 啮合点处的展角
/PREP7                                          !进入预处理器
ET, 1, PLANE183 $ ET, 2, SOLID186              !选择实体单元类型
MP, EX, 1, 2E11 $ MP, PRXY, 1, 0.3             !定义材料模型
!创建小齿轮
!旋转工作平面，极坐标系，激活工作平面坐标系
WPROT, 20-(FI1+THETAK1)/T $ WPSTYL, , , , , , 1 $ CSYS, 4
I=1                                             !关键点编号 I
*DO, RK, RB1, RA1, (RA1-RB1)/N                  !开始循环
  ALPHAK=ACOS(RB1/RK) $ THETAK=TAN(ALPHAK)- ALPHAK        !计算压力角和展角
  K, I, RK, THETAK/T                            !创建关键点
  I=I+1                                         !关键点编号加 1
*ENDDO                                          !结束循环
BSPLIN, ALL                                     !创建渐开线
WPROT, FI+90/Z1                                 !旋转工作平面
```

K, 12 $ K, 13, RF1, -180/Z1+1 $ K, 14, RF1, -180/Z1	!创建关键点

K, 15, RF1-MN, -180/Z1 $ K, 16, RF1-MN $ K, 17, RA1

LARC, 13, 14, 12, RF1 $ LARC, 11, 17, 12, RA1 $ LARC, 15, 16, 12, RF1-MN	!创建圆弧
L2TAN, -1, 2	!创建公切线
LSTR, 14, 15 $ LSTR, 16, 17	!创建直线
AL, ALL	!由线创建面
ESIZE, 0.0005 $ AMESH, ALL $ LREFINE, 1, 5, 4, 1	!对面划分单元
WPSTYL, , , , , , 0	!切换工作平面坐标系为直角坐标系
ARSYM, Y, ALL, , , 100	!镜像面及单元
CSYS, 1	!激活全局圆柱坐标系
EXTOPT, ESIZE, B/0.0015 $ EXTOPT, ACLEAR, 1	!设置挤出选项
VEXT, ALL, , , 0, B*TAN(BETA*T)/R1/T, B	!面挤出形成螺旋齿
VGEN, 2, ALL, , , , 360/Z1	!旋转复制，共 2 个齿
NUMMRG, NODE, 1E-6	!合并节点
NSEL, S, LOC, X, RF1-MN $ NROTAT, ALL	!选择齿圈内孔表面节点
*GET, NODE_NUM, NODE, , COUNT	!获得节点数量
D, ALL, UX, , , , , UZ $ F, ALL, FY, -50/NODE_NUM/(RF1-MN)	!在节点上施加约束及切向力，模拟转

!创建大齿轮

WPCSYS, -1 $ WPSTYL, , , , , , 0 $ CSYS, 4	!将工作平面恢复到原始，并激活
WPOFF, MT*(Z1+Z2)/2 $ WPROT, -180	!移动、旋转工作平面
WPROT, 20-(FI2+THETAK2)/T $ WPSTYL, , , , , , 1	!旋转工作平面、切换工作平面坐标系为极坐标系
KSEL, NONE $ LSEL, NONE $ ASEL, NONE $ VSEL, NONE	!将实体选择集置为空集

NSEL, NONE $ ESEL, NONE

I=200	!关键点编号 I
*DO, RK, RF2, RA2, (RA2-RF2)/N	!开始循环
ALPHAK=ACOS(RB2/RK) $ THETAK=TAN(ALPHAK)- ALPHAK	!计算压力角和展角
K, I, RK, THETAK/T	!创建关键点
I=I+1	!关键点编号加 1
*ENDDO	!结束循环
BSPLIN, ALL	!创建渐开线
WPROT, 90/Z2+FI	!旋转工作平面
K, 302 $ K, 303, RF2, -180/Z2 $ K, 304, RF2-MN, -180/Z2	!创建关键点

K, 305, RF2-MN $ K, 306, RA2

LARC, 200, 303, 302, RF2 $ LARC, 210, 306, 302, RA2	!创建圆弧和倒角

LARC, 305, 304, 302, RF2-MN $ LFILLT, 85, 86, 5E-4

LSTR, 303, 304 $ LSTR, 305, 306	!创建直线
AL, ALL	!由线创建面
ESIZE, 0.00045 $ AMESH, ALL $ LREFINE, 85, 89, 4, 1	!对面划分单元
WPSTYL, , , , , , 0	!切换工作平面坐标系为直角坐标系
ARSYM, Y, ALL	!镜像渐开线
WPSTYL, , , , , , 1	!切换工作平面坐标系为极坐标系

EXTOPT, ESIZE, B/0.0015 $ EXTOPT, ACLEAR, 1	!设置挤出选项
VEXT, ALL, , , 0, -B*TAN(BETA*T)/R2/T, B	!面挤出形成螺旋齿
VGEN, 2, ALL, , , , -360/Z2	!旋转复制，共 2 个齿
NUMMRG, NODE, 1E-6	!合并节点
NSEL, R, LOC, X, RF2-MN $ NROTAT, ALL	!选择齿圈内孔表面节点
*GET, NODE_NUM, NODE, , COUNT	!获得节点数量
D, ALL, ALL	!施加全约束
ALLS	!选择所有实体
ET, 3, TARGE170 $ ET, 4, CONTA174, , , , , 1	!选择目标、接触单元类型
R, 1, , , 1 $ R, 2, , , 1	!定义实常数
REAL, 1	!在一对轮齿齿面间创建接触对
TYPE, 3 $ ASEL, S, , , 21 $ NSLA, S, 1 $ ESURF $ALLS	
TYPE, 4 $ ASEL, S, , , 57 $ NSLA, S, 1 $ ESURF $ ALLS	
REAL, 2	!在另一对轮齿齿面间创建接触对
TYPE, 3 $ ASEL, S, , , 4 $ NSLA, S, 1 $ ESURF $ ALLS	
TYPE, 4 $ ASEL, S, , , 40 $ NSLA, S, 1 $ ESURF $ ALLS	
FINISH	!退出预处理器
/SOLU	!进入求解器
LNSRCH, ON	!打开线性搜索
TIME, 1	!指定载荷步时间
AUTOT, ON	!打开自动载荷步长
NSUBST, 5, 20, 3	!指定子步数目
KBC, 0	!斜坡载荷
OUTRES, ALL, LAST	!输出最后子步所有项目的结果
SOLVE	!求解
/POST1	!进入通用后处理器
SET, LAST	!读结果
PLNSOL, CONT, PRES	!显示接触压力（接触应力）云图
VSEL, S, , , 1, 4	!选择一个齿轮体
ALLSEL, BELOW, VOLU	!选择体所属的低级实体
PLNSOL, S, EQV	!显示等效应力云图
FINISH	!退出通用后处理器

　　需要注意的是，实际传动中，此时第一对齿的前一对齿还未退出啮合，所以实际接触应力比计算结果小得多。更进一步的分析可以采用 3 对轮齿。

第 22 例　单元生死技术应用——厚壁圆筒自增强后精加工

22.1　单元生死技术

22.1.1　概述

如果要在模型中加入或删除材料，则需要相应的单元存在或消亡，单元生死技术用于杀死或重新激活选择的单元。该技术主要用于隧道开挖、建筑物施工、顺序组装、焊接、退火等场合，可用的单元类型参见 ANSYS 单元手册。单元生死属于状态非线性问题。

被杀死的单元并不是从模型中删除掉，而是将其单元刚度矩阵乘以一个很小的因子（ESTIF），从而使死亡单元的应变、载荷、质量、阻尼和其他类似效果都变为零。单元出生并不是将新单元添加到模型中，而是将以前死亡掉的单元重新激活，当一个单元被重新激活后，其刚度、质量、单元载荷等被恢复为原始数值。

22.1.2　单元生死的实现和应用

可以在大多数静态和非线性瞬态分析中使用单元生死，其过程主要分为以下 3 个步骤：

1. 建模

在预处理器 PREP7 中创建所有单元，包括在后续载荷步中被杀死的和要激活的单元。

2. 施加载荷并求解

1）在第一个载荷步中杀死单元

进入求解器 SOLUTION。

设置分析选项。用 NLGEOM 命令打开大变形选项；用 NROPT 命令设置牛顿-拉夫森选项。用 EKILL 命令杀死所有在后续载荷步中要重新激活的单元。

求解第一个载荷步。LSWRITE 命令不能与单元生死操作一起使用，需要用一系列 SOLVE 命令进行多载荷步求解。

以上过程可参照以下命令流：

```
/SOLU              !进入求解器
TIME, ...          !设置载荷步时间值
NLGEOM, ON         !打开大变形选项
```

NROPT, FULL	!设置牛顿-拉夫森选项
ESTIF, ...	!设置非缺省缩减因子（可选）
ESEL, ...	!选择在本载荷步中不激活的单元
EKILL, ...	!杀死选择的单元
ESEL, S, LIVE	!选择所有活动单元
NSLE, S	!选择所有活动节点
NSEL, INVE	!选择所有非活动节点（不与活动单元相连的节点）
D, ALL, ALL, 0	!约束所有不活动的节点自由度（可选）
NSEL, ALL	!选择所有节点
ESEL, ALL	!选择所有单元
D, ...	!施加合适的约束
F, ...	!施加合适的活动节点自由度载荷
SF, ...	!施加合适的单元载荷
BF, ...	!施加合适的体载荷
SAVE	!保存数据库
SOLVE	!求解

　　不与任何激活的单元相连的节点具有不活动自由度，其数值可能会产生浮动；另外，约束不活动自由度会减少求解方程的数目，并防止出现位置错误。因此，应约束不活动自由度，但在重新激活单元时要删除这些人为的约束。其中，作用于不与任何激活的单元相连的节点上的集中力载荷，也应该进行同样处理。

　　2）在后续载荷步中杀死或重新激活单元

　　用 EKILL 命令杀死单元。用 EALIVE 命令重新激活单元。

　　例如，第二个载荷步可以按照以下命令流操作。

TIME, ...	!设置载荷步时间值
ESEL, ...	!选择在本载荷步中不激活的单元
EKILL, ...	!杀死选择的单元
ESEL, ...	!选择在本载荷步中激活的单元
EALIVE, ...	!重新激活选择的单元
...	
FDELE, ...	!删除不活动自由度的节点载荷
D, ...	!约束不活动自由度
...	
F, ...	!在活动自由度上施加合适载荷
DDELE, ...	!删除重新激活的自由度上的约束
SAVE	!保存数据库
SOLVE	!求解

3. 查看结果

　　由于在用图形、列表显示时，不激活单元会在节点结果平均时污染结果。所以，在单元显示或其他后处理操作前最好用选择功能将不激活的单元选出选择集。

22.1.3　使用 ANSYS 结果控制单元生死

在很多场合中，需要根据计算结果确定单元生死。例如，根据材料的温度杀死熔融的单元，根据材料的应力大小确定断裂的位置等。此时，可以用以下命令流选择并杀死相关单元。

```
/SOLU                        !进入求解器
...                          !标准的求解过程
SOLVE                        !求解
FINISH                       !退出求解器
/POST1                       !进入通用后处理器
SET, ...                     !读结果到数据库
ETABLE, STRAIN, EPTO, EQV    !将结果数据存入单元表（本例为总应变）
ESEL, S, ETAB, STRAIN, 0.20  !选择所有结果数据超过允许值的单元
FINISH                       !退出通用后处理器
/SOLU                        !重新进入求解器
ANTYPE, , REST               !重启动分析
EKILL, ALL                   !杀死选择（超过允许值）的单元
ESEL, ALL                    !选择所有单元
...                          !继续求解
```

22.1.4　单元生死有关操作

1．杀死单元

菜单：Main Menu→Solution→Load Step Opts→Other→Birth & Death→Kill Elements
命令：EKILL, ELEM
命令说明：ELEM 为被杀死的单元，可以用 ALL 或组建名。
单元将在载荷步的第一个子步被杀死，然后在整个载荷步中保持该状态。

2．激活单元

菜单：Main Menu→Solution→Load Step Opts→Other→Birth & Death→Activate Elem
命令：EALIVE, ELEM
命令说明：ELEM 为被激活的单元，可以用 ALL 或组建名。
单元将在载荷步的第一个子步被激活。被激活单元具有零应变状态。

3．设置刚度矩阵缩减因子

菜单：Main Menu→Solution→Load Step Opts→Other→Birth & Death→StiffnessMult
命令：ESTIF, KMULT
命令说明：KMULT 为刚度矩阵缩减因子，其默认值为 1.0E-6。

22.2　问题描述

厚壁圆筒内、外半径分别为 r_1=0.05m、r_2=0.1m，长度为 0.1m，材料的屈服极限 σ_s=500MPa，在内孔上施加自增强压力 p=375MPa 并卸载，再将内半径精加工到 0.051m。要求计算精加工后的厚壁圆筒的残余应力。

22.3　分析步骤

（1）改变任务名。选择菜单 Utility Menu→File→Change Jobname，弹出如图 22-1 所示的对话框，在"[/FILNAM]"文本框中输入"E22"，单击"OK"按钮。

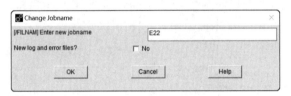

图 22-1　改变任务名对话框

（2）选择单元类型。选择菜单 Main Menu→Preprocessor→Element Type→Add/Edit/Delete，弹出如图 22-2 所示的对话框，单击"Add"按钮；弹出如图 22-3 所示的对话框，在左侧列表中选择"Solid"，在右侧列表中选择"Quad 8 node 183"，单击"OK"按钮；返回到如图 22-2 所示的对话框，单击"Options"按钮，弹出如图 22-4 所示的对话框，选择"K3"下拉列表框为"Axisymmetric"（轴对称），单击"OK"按钮；单击如图 22-2 所示的对话框的"Close"按钮。

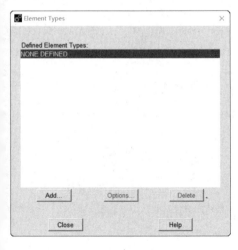

图 22-2　单元类型对话框

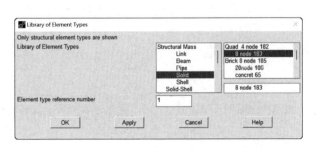

图 22-3　单元类型库对话框

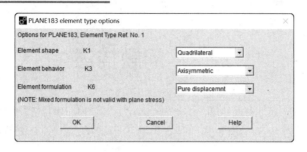

图 22-4　单元选项对话框

（3）定义材料模型。选择菜单 Main Menu→Preprocessor→Material Props→Material Models，弹出如图 22-5 所示的对话框，在右侧列表中依次选择"Structural""Linear""Elastic""Isotropic"，弹出如图 22-6 所示的对话框，在"EX"文本框中输入"2e11"（弹性模量），在"PRXY"文本框中输入"0.3"（泊松比），单击"OK"按钮；再在如图 22-5 所示的对话框的右侧列表中依次选择"Structural""Nonlinear""Inelastic""Rate Independent""Kinematic Hardening Plasticity""Mises Plasticity""Bilinear"，弹出如图 22-7 所示的对话框，在"Yield Stss"文本框中输入"500e6"（屈服极限），在"Tang Mods"文本框中输入"1e10"（切线模量），单击"OK"按钮；然后关闭如图 22-5 所示的对话框。

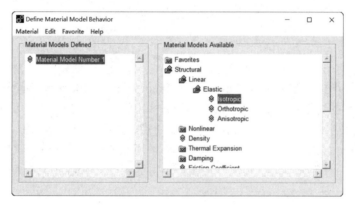

图 22-5　材料模型对话框

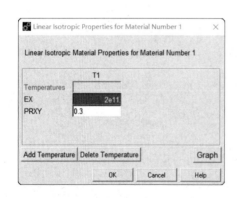

图 22-6　材料特性对话框（一）

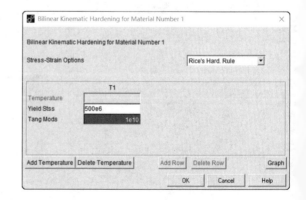

图 22-7　材料特性对话框（二）

（4）创建实体模型。选择菜单 Main Menu→Preprocessor→Modeling→Create→Areas→Rectangle→By Dimensions，弹出如图 22-8 所示的对话框，在"X1""X2""Y1""Y2"文本框

中分别输入"0.051""0.1""0""0.1"，单击"Apply"按钮，再次弹出如图 22-8 所示的对话框，在"X1""X2""Y1""Y2"文本框中分别输入"0.05""0.051""0""0.1"，单击"OK"按钮。

图 22-8　创建矩形面对话框

（5）粘接面。选择菜单 Main Menu→Preprocessor→Modeling→Operate→Booleans→Glue→Areas，弹出选择窗口，单击"Pick All"按钮。

（6）显示线的编号。选择菜单 Utility Menu→PlotCtrls→Numbering，在弹出的对话框中，将"Line numbers"（线编号）打开，单击"OK"按钮。

（7）在图形窗口中显示线。选择菜单 Utility Menu→Plot→Lines。

（8）划分单元。选择菜单 Main Menu→Preprocessor→Meshing→MeshTool，弹出如图 22-9 所示的对话框，本步骤所有操作全部在此对话框下进行。单击"Size Controls"区域中"Lines"后的"Set"按钮，弹出选择窗口，选择直线边 1，单击"OK"按钮，弹出如图 22-10 所示的对话框，在"SIZE"文本框中输入"0.002"，在"SPACE"文本框中输入"8"，单击"Apply"按钮。

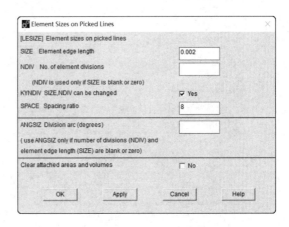

图 22-9　划分单元工具对话框　　　　　图 22-10　单元尺寸对话框

再次弹出选择窗口，选择直线边 3，单击"OK"按钮，弹出如图 22-10 所示的对话框，在SIZE"文本框中输入"0.002"，在"SPACE"文本框中输入"0.125"，单击"Apply"按钮。

再次弹出选择窗口，选择直线边 8，单击"OK"按钮，弹出如图 22-10 所示的对话框，在SIZE"文本框中输入"0.002"，单击"Apply"按钮。

再次弹出选择窗口，选择直线边 9，单击"OK"按钮，弹出如图 22-10 所示的对话框，在SIZE"文本框中输入"0.0005"，单击"OK"按钮。

在"Mesh"区域，选择单元形状为"Quad"（四边形），选择划分单元的方法为"Mapped"（映射）。单击"Mesh"按钮，弹出选择窗口，单击"Pick All"按钮，单击图 22-9 所示的对话框中的"Close"按钮。

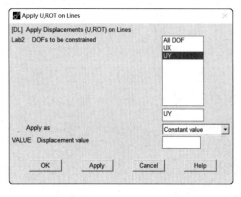

图 22-11　施加约束对话框

（9）施加约束。选择菜单 Main Menu→Solution→Define Loads→Apply→Structural→Displacement→On Lines，弹出选择窗口，选择直线边 1 和 9，单击"OK"按钮，弹出如图 22-11 所示的对话框，在列表中选择"UY"，单击"OK"按钮。

（10）确定时间步长。选择菜单 Main Menu→Solution→Load Step Opts→Time/Frequenc→Time-Time Step，弹出如图 22-12 所示的对话框，在"TIME"文本框中输入"1"，在"DELTIM Time Step size"文本框中输入"0.2"，选择"KBC"为"Ramped"，选择"AUTOTS"为"ON"，在"DELTIM Minimum time step size"文本框中输入"0.1"，在"DELTIM Maximum time step size"文本框中输入"0.3"，单击"OK"按钮。

提示：如果该菜单项未显示在界面上，可以选择菜单 Main Menu→Solution→Unabridged Menu，以显示 Main Menu→Solution 下所有菜单项。

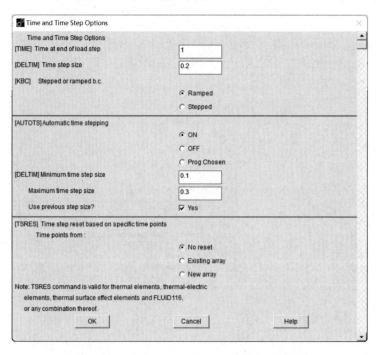

图 22-12　确定载荷步时间和时间步长对话框

（11）施加第一个载荷步的载荷。选择菜单 Main Menu→Solution→Define Loads→Apply→Structural→Pressure→On Lines。弹出选择窗口，选择直线边 8，单击"OK"按钮，弹出如图 22-1 所示的对话框，在"VALUE"文本框中输入"375e6"，单击"OK"按钮。

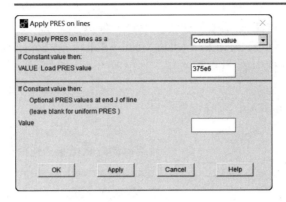

图 22-13　施加载荷步的载荷对话框

（12）求解第一个载荷步。选择菜单 Main Menu→Solution→Solve→Current LS，单击"Solve Current Load Step"对话框中的"OK"按钮，当出现"Solution is done！"提示时，求解结束，即可查看结果了。

（13）施加第二个载荷步的载荷。选择菜单 Main Menu→Solution→Define Loads→Apply→Structural→Pressure→On Lines，弹出选择窗口，选择直线边 8，单击"OK"按钮，弹出如图 22-13 所示的对话框，在"VALUE"文本框中输入"0"，单击"OK"按钮。

（14）确定第二个载荷步的时间。选择菜单 Main Menu→Solution→Load Step Opts→Time/Frequenc→Time-Time Step，弹出如图 22-12 所示的对话框，在"TIME"文本框中输入"2"，单击"OK"按钮。

（15）求解第二个载荷步。选择菜单 Main Menu→Solution→Solve→Current LS，单击"Solve Current Load Step"对话框中的"OK"按钮，当出现"Solution is done！"提示时，求解结束，即可查看结果了。

（16）选择被加工掉的面及面上的单元。选择菜单 Utility Menu→Select→Entities，弹出如图 22-14 所示的对话框，在各下拉列表框、文本框、单选按钮中依次选择或输入"Areas""By Num/Pick""From Full"，单击"Apply"按钮；弹出选择窗口，选择被加工掉的面（较小的面），单击选择窗口的"OK"按钮；再在如图 22-14 所示的对话框的各下拉列表框、文本框、单选按钮中依次选择或输入"Elements""Attached to""Areas""From Full"，单击"OK"按钮。

于是选中了加工掉的面及面上的单元。

（17）杀死被加工掉的材料单元。在如图 22-15 所示的 ANSYS 的命令窗口输入"EKILL，ALL"，然后回车。

图 22-14　选择实体对话框　　　　　　　　　　图 22-15　命令窗口

（18）选择所有。选择菜单 Utility Menu→Select→Everything。

（19）求解第三个载荷步。选择菜单 Main Menu→Solution→Solve→Current LS，单击"Solve Current Load Step"对话框中的"OK"按钮，当出现"Solution is done！"提示时，求解结束，即可查看结果了。

求解结束，从下一步开始，进行查看结果。

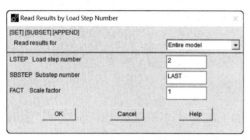

图 22-16　读结果对话框

（20）从结果文件读第二个载荷步即卸载自增强载荷的分析结果。选择菜单 Main Menu→General Postproc→Read Results→By Load Step，弹出如图 22-16 所示的对话框，在"LSTEP"文本框中输入"2"，在"SBSTEP"文本框中输入"LAST"，单击"OK"按钮。

（21）查看卸载自增强载荷后的切向应力。选择菜单 Main Menu→General Postproc→Plot Results→Contour Plot→Nodal Solu，弹出如图 22-17 所示的对话框，在列表中依次选择"Nodal Solution→Stress →Z-Component of stress"，单击"OK"按钮，结果如图 22-18 所示。

图 22-17　用等高线显示节点结果对话框

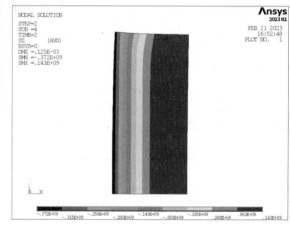

图 22-18　圆筒的切向应力

（22）从结果文件读第三个载荷步即精加工后的分析结果。选择菜单 Main Menu→General Postproc→Read Results→By Load Step，弹出如图 22-16 所示的对话框，在"LSTEP"文本框中输入"3"，在"SBSTEP"文本框中输入"LAST"，单击"OK"按钮。

（23）选择被激活的单元。选择菜单 Utility Menu→Select→Entities，弹出如图 22-14 所示的对话框，在各下拉列表框、文本框、单选按钮中依次选择或输入"Elements""Live Elem's""From Full"，单击"OK"按钮。

（24）查看精加工后的切向应力。选择菜单 Main Menu→General Postproc→Plot Results→Contour Plot→Nodal Solu，弹出如图 22-17 所示的对话框，在列表中依次选择"Nodal Solution→Stress →Z-Component of stress"，单击"OK"按钮，结果如图 22-19 所示。

读者可自行对比精加工前后应力的变化情况，研究精加工对圆筒应力的影响。

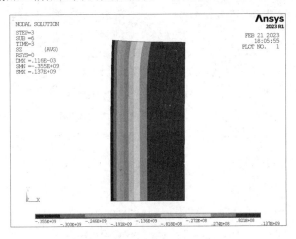

图 22-19　圆筒的切向应力

22.4　命令流

/CLEAR	!清除数据库，新建分析
/FILNAME, E22	!定义任务名为 E22
PPP=375E6	!自增强压力
/PREP7	!进入预处理器
ET, 1, PLANE183, , , 1	!选择单元类型
MP, EX, 1, 2E11 $ MP, PRXY, 1, 0 .3	!定义材料模型
TB, BKIN, 1, 1 $ TBTEMP, 0 $ TBDATA, 1, 500E6, 1E10	!屈服极限，切线模量
RECT, 0.051, 0.1, 0, 0.1 $ RECT, 0.05, 0.051, 0, 0.1	!创建矩形面
AGLUE, ALL	!粘接面
LESIZE, 8, 0.002 $ LESIZE, 9, 0.0005	!单元尺寸控制
LESIZE, 3, 0.002, , , 0.125 $ LESIZE, 1, 0.002, , , 8	
MSHKEY, 1 $ AMESH, ALL	!对面映射划分单元
FINISH	!退出预处理器
/SOLU	!进入求解器
DL, 1, , UY $ DL, 9, , UY	!在线上施加位移约束
AUTOTS, ON	!打开自动时间步
DELTIM, 0.2, 0.1, 0.3	!指定子步步长
KBC, 0	!斜坡载荷
TIME, 1	!指定第一个载荷步时间
SFL, 8, PRES, PPP	!在线上施加自增强压力
SOLVE	!求解
TIME, 2	!指定第二个载荷步时间
SFL, 8, PRES, 0	!在线上施加自增强压力，卸载

SOLVE	!求解
ASEL, S, , , 3 $ ESLA, S, 1 $ EKILL, ALL	!杀死被加工掉的材料单元
ALLS	!选择所有实体
TIME, 3	!指定第三个载荷步时间
SOLVE	!求解
FINISH	!退出求解器
/POST1	!进入通用后处理器
SET, 2	!读第二个载荷步
PLNSOL, S, Z	!显示切向应力云图
SET, 3	!读第三个载荷步
ESEL, S, LIVE	!选择被激活的单元
PLNSOL, S, Z	!显示切向应力云图
FINISH	!退出通用后处理器

第五篇　热分析及热应力计算

第 23 例　瞬态热分析实例——水箱

23.1　耦合场分析概述

23.1.1　耦合场分析的定义

耦合场分析是指在有限元分析时考虑了两种或者多种物理场的相互作用。耦合场分为单向耦合和双向耦合。热应力属于典型的单向耦合问题，温度场产生结构热应变，但结构应变一般不影响温度分布。而流体-结构交互作用则属于双向耦合问题，流体压力会导致结构产生变形，结构变形后又使流体流动发生改变。单向耦合问题比较简单，不需要在两种物理场之间的进行循环求解。而双向耦合问题则复杂得多，需要在两个物理场之间进行迭代直到收敛为止。

耦合场分析的典型应用有压力容器问题（热应力分析）、流体流动收缩问题（流体-结构分析）、感应加热问题（磁-热分析）、超声换能器问题（压电分析）、磁成形问题（磁-结构分析）等。

23.1.2　耦合场分析的类型

耦合场分析主要采用直接法和载荷传递法，另外，ANSYS 还提供了降阶模型法和耦合物理电路仿真法。

1. 直接法

直接法使用包含所有必要自由度的耦合场单元，ANSYS 的耦合场单元及功能如表 23-1 所示。直接法通常只进行一次分析，耦合是通过计算包含所需物理量的单元矩阵（强耦合）或单元载荷向量（弱耦合）来实现的。在线性问题中，强耦合方法只需一次迭代即可完成耦合场相互作用的计算，而弱耦合方法则至少需要两次迭代。对于非线性问题，强耦合和弱耦合方法都需要多次迭代。在常用的耦合场分析中，热-压力分析使用强耦合和弱耦合两种方法；速度-热-压力分析使用强耦合方法；压力-结构（声场）分析使用强耦合方法；结构-热分析使用强耦合或弱耦合方法，当有接触单元时使用强耦合方法。

表 23-1 耦合场单元

元素名称	说　明	元素名称	说　明
SOLID5	六面体耦合场单元	CONTA173	3D 面-面接触单元
PLANE13	四边形耦合场单元	CONTA174	3D 面-面接触单元
FLUID29	四边形声场单元	CONTA175	2D/3D 点-面接触单元
FLUID30	六面体声场单元	CONTA178	3D 点-点单元
LINK68	热-电线单元	CPT212	2D 4 节点机械孔隙压力耦合实体单元
CIRCU94	压电电路单元	CPT213	2D 8 节点机械孔隙压力耦合实体单元
SOLID98	四面体耦合场单元	CPT215	3D 8 节点机械孔隙压力耦合实体单元
FLUID116	热-流体管单元	CPT216	3D 20 节点机械孔隙压力耦合实体单元
CIRCU124	通用电路单元	CPT217	3D 10 节点机械孔隙压力耦合实体单元
TRANS126	1D 机电变换器	PLANE223	四边形耦合场单元
SHELL157	热-电壳单元	SOLID226	六面体耦合场单元
CONTA171	2D 面-面接触单元	SOLID227	四面体耦合场单元
CONTA172	2D 面-面接触单元		

另外，使用弱耦合方法的耦合场单元在子结果分析中无效。因为在生成子结构过程中，迭代求解不可用，所以 ANSYS 会忽略所有的弱耦合效应。

由于弱耦合场单元中可能会出现极端非线性行为，所以需要使用时间步长预测器和线性搜索选项来达到收敛效果。

为了提高瞬态耦合场分析的收敛速度，可以关闭不考虑自由度的时间积分效应。例如，如果在热-结构瞬态耦合场分析中结构惯性和阻尼效果可以被忽略，则可以用 TIMINT, OFF, STRUC 命令关闭结构自由度的时间积分效应。

直接法耦合场分析的步骤参见下文。

2．载荷传递法

载荷传递法包含两个或多个分析，每个分析都属于不同的物理场，将一个分析的结果作为另一个分析的载荷来实现耦合。载荷传递法的类型包括以下几种。

1）ANSYS Workbench 平台上的系统耦合

可以在 Workbench 平台上使用系统耦合组件系统进行耦合场分析，即通过连接系统耦合组件系统、Mechanical、Fluent 和 External Data systems，可以进行单向或双向流-固耦合（FSI）分析或热-结构耦合分析。

系统耦合分析可以在命令行中运行，而不必使用 Workbench 用户界面。

2）ANSYS 多物理场求解器

ANSYS 多物理场求解器可用于各类耦合场问题的求解，是载荷传递法的自动化工具。该方法鲁棒性好、准确性强、容易使用，取代了物理文件方法。每个物理场都有独立的几何模型和网格，一般通过面或体来进行耦合载荷的传递。在使用多物理场求解器命令集来设定问题和定义求解顺序时，求解器自动在不同的网格之间传递耦合载荷。求解器适用于静分析、谐响应分析和瞬态分析，这取决于物理需求，并且可以在一个求解顺序中（或顺序-并行混合方式）求解任意数量的物理场。

多物理场求解器有两个方案，分别用于不同的场合。

（1）MFS-Single code：基本的 ANSYS 多物理场求解器，其适用于模型较小，在一次执行中包含所有物理场的情况（如 ANSYS Multiphysics）。MFS-Single code 使用迭代耦合，各物理场可顺序求解，分别求解每个矩阵方程。求解器在各物理场之间进行迭代，直到通过各物理界面转移的载荷收敛为止。

（2）MFX-Multiple code：增强的 ANSYS 多物理场求解器，其适用于模拟分布在多个执行过程中的物理场（如在 ANSYS 多物理场和 ANSYS CFX 之间）。MFX 求解器可以用于比 MFS 版本更大的模型。MFX-Multiple code 求解器使用迭代耦合，各物理场可以同时求解，也可以顺序求解，但各个矩阵方程是分开求解的。该求解器在各物理场之间进行迭代，直到通过各物理界面转移的载荷收敛为止。

3）物理文件

在采用基于物理文件的载荷转移时，必须明确转移载荷使用的物理环境。这一类分析的典型例子是顺序的热-应力分析，在后续的应力分析中，将施加热分析得到的节点温度作为体载荷。物理分析是基于单一的有限元网格，即用户创建定义物理环境的物理文件，这些文件对数据库进行配置并为给定的物理仿真准备单一的网格。一般过程为：读入第一个物理文件并求解；然后在下一个物理场中读入指定的载荷（这里是节点温度），并求解第二个物理场。

使用 LDREAD 命令可将不同的物理环境联系到一起，并穿越与节点-节点相似的网格，将第一个物理环境的指定结果数据作为下一个物理环境求解时施加的载荷。也可以使用 LDREAD 命令读取分析的结果，并作为后续分析的载荷，而不必使用物理文件。

4）单向载荷传递

可以将单向载荷转移用于流-固耦合的相互作用分析。这一方法要求流体分析结果不对固体的载荷产生很大影响，反之亦然。从 ANSYS 多物理场分析得到的载荷可以单向地转移到 CFX 流体分析中；或者由 CFX 流体分析得到的载荷可以单向地转移到 ANSYS 多物理场分析中。其中，载荷转移发生在分析的外部。

3．两种方法的对比

当耦合场的相互作用涉及高度耦合的物理场或高度非线性时，使用直接法是有利的，最好作为使用耦合公式的单个问题求解。直接耦合的例子包括压电分析、带有流体的共轭传热，以及电路-电磁耦合分析。具有特定公式的单元用于直接求解这些耦合场的相互作用。

对于不存在高度非线性相互作用的耦合问题，载荷转移方法更加有效和灵活，因为可以执行两个独立的分析。耦合可能是递归的，在不同物理过程之间进行迭代，直到收敛达到期望的水平为止。例如，在一个载荷转移的热-应力分析中，可以执行一个非线性传热分析，随后是一个瞬态的静力分析，则可以使用热分析的任何载荷步或时间点的节点温度作为应力分析的载荷。在载荷转移耦合分析中，可以执行一个非线性瞬态流固耦合分析，使用 FLOTRAN 流体单元和 ANSYS 结构、热或耦合场单元。

因为耦合场单元可直接处理载荷的转移，所以直接耦合很少需要用户干预。有些分析必须使用直接耦合方法，如压电分析。载荷转移法则要求更具体的定义和手工指定要转移的载荷，但是在不同网格和不同分析之间转移载荷时更为灵活。

更一般的准则请参见 ANSYS Help。

23.2 热应力计算

23.2.1 ANSYS 热分析简介

当一个结构的温度变化时，其会发生膨胀或收缩。如果其膨胀或收缩受到限制，或者由于温度分布不均导致膨胀收缩程度不同，就会产生热应力。

用有限元法计算热应力时，首先进行热分析，然后进行结构分析，其中热分析是计算热应力的基础。热分析主要用于计算一个系统的温度分布及其他热物理参数，如热量获得或损失、热梯度、热流密度等。

ANSYS 热分析求解基于能量守恒的热平衡方程，采用有限元法计算节点温度，并导出其他热物理参数。

1. 传热方式

根据传热机理的不同，传热有热传导、热对流、热辐射 3 种基本方式。

1）热传导

当物体内部或者两个直接接触的物体之间存在温度差异时，热量会从物体温度的较高部分传递给较低部分或者从温度较高的物体传递给相接触的温度较低的物体，这就是热传导。热传导遵循傅里叶定律

$$q'' = -k\frac{\mathrm{d}T}{\mathrm{d}x} \tag{23-1}$$

式中，q'' 为热流密度，单位为 W/m^2；k 为导热系数，单位为 $W/(m\cdot℃)$；负号表示热量流向温度降低的方向。

2）热对流

当固体的表面与它周围的流体之间存在温度差异时，引起的热量交换就是热对流。热对流有自然对流和强制对流两类。热对流用牛顿冷却方程描述为

$$q'' = h(T_S - T_B) \tag{23-2}$$

式中，h 为对流换热系数，单位为 $W/(m^2\cdot℃)$；T_S、T_B 分别为固体表面和周围流体的温度。

3）热辐射

热辐射是指物体发射电磁能，并被其他物体吸收转变为热的能量交换过程。物体温度越高，单位时间辐射的热量就越多。热传导和热对流都需要有传热介质，而热辐射不需要。实质上，在真空中热辐射效率最高。在工程中一般考虑两个或两个以上物体之间的热辐射，系统中每个物体同时辐射并吸收热量。它们之间的净热量传递可以用斯蒂芬-波尔兹曼方程来计算

$$q = \varepsilon\sigma A_1 F_{12}(T_1^4 - T_2^4) \tag{23-3}$$

式中，q 为热流率；ε 为辐射率（黑度）；σ 为斯蒂芬-波尔兹曼常数，约为 $5.67\times10^{-8}\ W/(m^2\cdot K^4)$；$A_1$ 为辐射面 1 的面积；F_{12} 为由辐射面 1 到辐射面 2 的形状系数；T_1、T_2 分别为辐射面 1 和辐射面 2 的绝对温度。

由式（23-3）可知，包含热辐射的热分析是高度非线性的。

2．稳态传热和瞬态传热

物体传热分为稳态传热和瞬态传热，相应的有限元热分析也分为稳态传热分析和瞬态传热分析。

1）稳态传热

如果流入系统的热量加上系统自身产生的热量等于流出系统的热量，则系统处于热稳态。在热稳态中，系统内各点的温度仅与位置有关，不随时间变化而变化。用有限元法进行稳态热分析的能量平衡方程（矩阵形式）为

$$KT = Q \tag{23-4}$$

式中，K 为热传导矩阵，包括导热系数、对流换热系数、辐射率和形状系数；T 为节点温度列阵；Q 为节点热流率列阵，包括热生成。

ANSYS 利用模型几何参数、材料热性能参数及所施加的边界条件，生成 3 个矩阵 K、T、Q。

2）瞬态传热

瞬态传热过程是指一个系统的加热和冷却过程。在这个过程中，系统的温度、热流率、热边界条件，以及系统内能不仅随位置的不同而不同，而且随时间的变化而变化。根据能量守恒原则，瞬态热平衡方程（矩阵形式）为

$$C\dot{T} + KT = Q \tag{23-5}$$

式中，C 为比热矩阵，考虑系统内能的增加；$\dot{T}$ 为节点温度对时间导数的列阵。

3．非线性热分析

当材料热性能参数（如导热系数 k、比热 c 等）、边界条件（如对流换热系数 h）随温度变化，或者考虑辐射传热时，则为非线性热分析。此时，热平衡方程（23-5）的系数矩阵 C、K 不是常量矩阵，方程是非线性的。

4．热单元

ANSYS 中专门用于热分析的热单元类型如表 23-2 所示。

表 23-2　热单元

元素名称	类　型	自由度	说　明
MASS71	1D/2D/3D 点	温度	热质量单元
LINK33	3D	温度	2 节点热传导单元
LINK34	2D/3D 线性	温度	2 节点热对流单元
LINK31	2D/3D 线性	温度	2 节点热辐射单元
PLANE55	2D 实体	温度	4 节点四边形单元
PLANE77	2D 实体	温度	8 节点四边形单元
PLANE35	2D 实体	温度	6 节点三角形单元
PLANE75	2D 轴对称实体	温度	4 节点四边形谐响应单元
PLANE78	2D 轴对称实体	温度	8 节点四边形谐响应单元
SOLID278	3D 实体	温度	8 节点六面体单元
SOLID279	3D 实体	温度	20 节点六面体单元

元素名称	类 型	自 由 度	说 明
SOLID70	3D 实体	温度	8 节点六面体单元
SOLID90	3D 实体	温度	20 节点六面体单元
SOLID87	3D 实体	温度	10 节点四面体单元
SHELL131	3D 壳	多个温度	4 节点
SHELL132	3D 壳	多个温度	8 节点

23.2.2 稳态热分析步骤

稳态热分析用于研究稳定的热载荷对结构的影响，有时还用于瞬态热分析时计算初始温度场。稳态热分析主要步骤如下。

1. 建模

稳态热分析的建模过程与其他分析相似，包括定义单元类型、定义单元实常数、定义材料特性、建立几何模型和划分网格等。但需注意的是，稳态热分析必须定义材料的导热系数。

2. 施加载荷和求解

1）用 ANTYPE, STATIC 命令指定分析类型

2）施加载荷

用 D 等命令施加恒定的温度，用 F 等命令施加热流率，用 SF 等命令施加对流或热流密度，用 BF 等命令施加生热率。

3）设置载荷步选项

用 TIME 命令指定载荷步时间，用 NSUBST 命令指定每一个载荷步的子步数，用 DELTIM 命令指定时间步长，用 KBC 命令指定阶跃或斜坡载荷等普通选项。

用 NEQIT 命令指定迭代次数，用 AUTOTS 打开自动时间步长，用 LNSRCH 命令打开线性搜索，用 PRED 命令激活步长预测等非线性选项。

用 OUTPR 命令指定打印输出，用 OUTRES 命令指定数据库和结果文件输出等输出选项。

4）设置分析选项

用 NROPT 命令指定牛顿-拉普森选项（仅对非线性分析有用）、用 EQSLV 命令选择求解器。

5）求解

3. 查看结果

稳态热分析使用 POST1 后处理器查看结果。

23.2.3 瞬态热分析步骤

瞬态热分析用于计算系统随时间变化的温度场和其他热参数。一般用瞬态热分析计算温度场，找到温度梯度最大的时间点，并将此时间点的温度场作为热载荷进行应力计算。

瞬态热分析步骤与稳态热分析基本相同，主要的不同是瞬态分析中载荷是随时间变化的。

瞬态热分析主要步骤如下:

1. 建模

瞬态热分析的建模过程与其他分析相似,包括定义单元类型、定义单元实常数、定义材料特性、建立几何模型和划分网格等。

需要注意的是,瞬态热分析必须定义材料的导热系数、密度和比热。

2. 施加载荷和求解

1)用 ANTYPE, TRANSIENT 命令指定分析类型

2)获得瞬态热分析的初始条件

(1)用 TUNIF 命令或 D 命令定义均匀的初始温度场。

TUNIF 命令定义的初始温度仅对第一个子步有效,而用 D 命令施加的温度在整个瞬态热分析过程中均不变,应注意二者的区别。

(2)用 IC 命令或先作稳态分析定义非均匀的初始温度场。

如果非均匀的初始温度场是已知的,可以用 IC 命令施加。

而非均匀的初始温度场一般是未知的,此时必须先作稳态分析确定该温度场。该稳态分析与一般的稳态分析相同,需要注意的是,要设定载荷(如已知的温度、热对流等);要用 TIMINT, OFF 命令将时间积分关闭;设定只有一个子步,为时间很短(如 0.01s)的载荷步。

3)设置载荷步选项

用 TIME 命令指定每一个载荷步结束的时间,用 NSUBST 命令指定每一个载荷步的子步数或用 DELTIM 命令指定时间增量,用 KBC 命令指定阶跃或斜坡载荷等普通选项。

在非线性分析时,根据线性传导热传递,初始时间步长可按下式估算

$$ITS=\delta^2/4\alpha \tag{23-6}$$

式中,δ 为沿热流方向热梯度最大处的单元边长度;α 为导温系数,$\alpha=k/\rho c$,k 为导热系数,ρ 为密度,c 为比热。

用 NEQIT 命令指定迭代次数,用 AUTOTS 打开自动时间步长,用 TIMINT 命令打开时间积分等非线性选项。

用 OUTPR 命令指定打印输出,用 OUTRES 命令指定数据库和结果文件输出等输出选项。

4)删除稳态分析时施加的温度载荷

在通过稳态分析施加初始温度场时,需要进行该步骤。

5)求解

3. 查看结果

瞬态热分析可以使用 POST26 或 POST1 后处理器查看结果。

23.3 问题描述

如图 23-1 所示为一个温度为 500℃的铁块和一个温度为 400℃的铜块,突然放入温度为 20℃

的完全绝热的水箱中。忽略水的流动,试求解 1h 后铜块和铁块的最高温度,并分析铜块和铁块的温度变化情况。

材料热物理性能参数如表 23-3 所示。

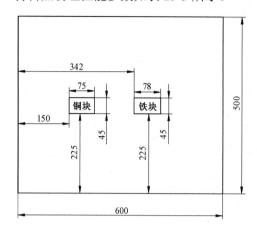

图 23-1　水箱示意图

表 23-3　材料热物理性能参数

热性能参数	铜	铁	水
导热系数/W/(m·℃)	383	70	2
密度/kg/m³	8889	7833	996
比热/J/(kg·℃)	390	448	4185

23.4　分析步骤

(1) 改变任务名。选择菜单 Utility Menu→File→Change Jobname。在弹出的对话框的 "[/FILNAM]" 文本框中输入 "E23",单击 "OK" 按钮。

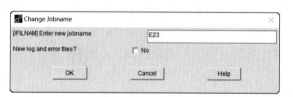

图 23-2　改变任务名对话框

(2) 选择单元类型。选择菜单 Main Menu→Preprocessor→Element Type→Add/Edit/Delete, 弹出如图 23-3 所示的对话框,单击 "Add" 按钮;弹出如图 23-4 所示的对话框,在左侧列表中选择 "Solid",在右侧列表中选择 "Quad 8 node 77",单击 "OK" 按钮;返回到图 23-3 所示的对话框,单击 "Close" 按钮。

(3) 定义材料模型。选择菜单 Main Menu→Preprocessor→Material Props→Material Models, 弹出如图 23-5 所示的对话框,在右侧列表中依次选择 "Thermal" "Conductivity" "Isotropic", 弹出如图 23-6 所示的对话框,在 "KXX" 文本框中输入 "383"(导热系数),单击 "OK" 按钮; 再次选择如图 23-5 所示的对话框右侧列表的 "Specific Heat",弹出如图 23-7 所示的对话框, 在 "C" 文本框中输入 "390"(比热),单击 "OK" 按钮;再次选择如图 23-5 所示的对话框右侧列表的 "Density" 项,弹出如图 23-8 所示的对话框,在 "DENS" 文本框中输入 "8889"(密度),单击 "OK" 按钮,于是定义了材料模型 1(铜)。单击如图 23-5 所示的对话框的菜单项 Material→New Model,单击弹出的 "Define Material ID" 对话框的 "OK" 按钮,然后重复定义材料模型 1 时的各个步骤。定义材料模型 2（铁）的导热系数为 70，比热为 448，密度为 7833。重复定义材料模型 2 时的各个步骤，定义材料模型 3（水）的导热系数为 2，比热为 4185，密度为 996。最后关闭如图 23-5 所示的对话框。

图 23-3　单元类型对话框

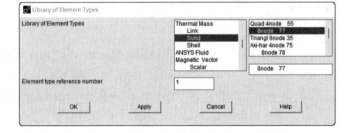

图 23-4　单元类型库对话框

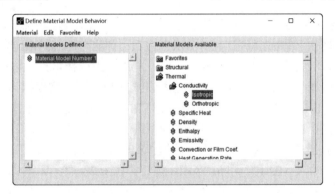

图 23-5　材料模型对话框

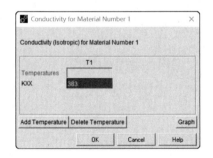

图 23-6　定义导热系数对话框

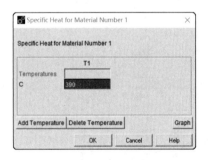

图 23-7　定义比热对话框

（4）创建矩形面，模拟铜块、铁块和水箱。选择菜单 Main Menu→Preprocessor→Modeling→Create→Areas→Rectangle→By Dimension，弹出如图 23-9 所示的对话框，在 "X1, X2" 文本框中分别输入 "0, 0.6"，在 "Y1, Y2" 文本框中分别输入 "0, 0.5"，单击 "Apply" 按钮。再次弹出如图 23-9 所示的对话框，在 "X1, X2" 文本框中分别输入 "0.15, 0.225"，在 "Y1, Y2" 文本框中分别输入 "0.225, 0.27"，单击 "Apply" 按钮。再次弹出如图 23-9 所示的对话框，在 "X1, X2" 文本框中分别输入 "0.342, 0.42"，在 "Y1, Y2" 文本框中分别输入 "0.225, 0.27"，单击 "OK" 按钮。

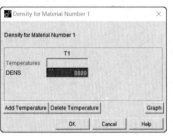

图 23-8 定义密度对话框

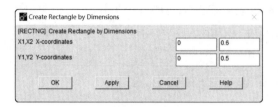

图 23-9 创建矩形对话框

（5）显示面编号。选择菜单 Utility Menu→PlotCtrls→Numbering。在弹出的"Plot Numbering Controls"对话框中，将"Area numbers"（面编号）打开，单击"OK"按钮。

（6）交叠面。选择菜单 Main Menu→Preprocessor→Modeling→Operate→Booleans→Overlap →Areas，弹出选择窗口，单击"Pick All"按钮。

（7）划分单元。选择菜单 Main Menu→Preprocessor→Meshing→MeshTool，弹出如图 23-10 所示的对话框。

选择"Element Attributes"下拉列表框为"Areas"，单击下拉列表框后的"Set"按钮，弹出选择窗口，选择面 2，单击选择窗口的"OK"按钮；弹出"Areas Attributes"对话框，选择"MAT"下拉列表框为"1"，单击"Apply"按钮，再次弹出选择窗口，选择面 3，单击选择窗口的"OK"按钮；选择"Areas Attributes"对话框的"MAT"下拉列表框为"2"，单击"Apply"按钮；再次弹出选择窗口，选择面 4，单击选择窗口的"OK"按钮，选择"Areas Attributes"对话框的"MAT"下拉列表框为"3"，单击"OK"按钮。

单击"Size Controls"区域中"Global"后的"Set"按钮，弹出如图 23-11 所示的对话框，在"SIZE"文本框中输入"0.01"，单击"OK"按钮；在图 23-10 所示对话框的"Mesh"区域，选择单元形状为"Quad"（四边形），选择划分单元的方法为"Mapped"（映射）；单击"Mesh"按钮，弹出选择窗口，选择面 2 和 3，单击"OK"按钮。

图 23-10 划分单元工具对话框

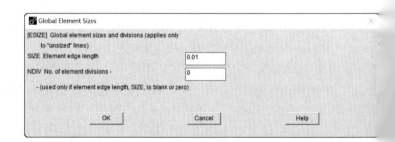

图 23-11 单元尺寸对话框

单击"Size Controls"区域中"Global"后的"Set"按钮，弹出如图 23-11 所示的对话框，在"SIZE"文本框中输入"0.03"，单击"OK"按钮；在图 23-10 所示对话框的"Mesh"区域，选择单元形状为"Quad"（四边形），选择划分单元的方法为"Free"（自由）；单击"Mesh"按钮，弹出选择窗口，选择面 4，单击"OK"按钮。

　　关闭如图 23-10 所示的对话框。

　　（8）指定分析类型。选择菜单 Main Menu→Solution→Analysis Type→New Analysis。在弹出的对话框中选择"Type of Analysis"为"Transient"，单击"OK"按钮，在随后弹出的"Transient Analysis"对话框中，单击"OK"按钮。

　　以下步骤为稳态分析过程，以得到初始温度场。

　　（9）设置时间积分为关闭状态，进行稳态分析，以得到瞬态分析的初始温度场。选择菜单 Main Menu→Solution→Load Step Opts→Time/Frequenc→Time Integration→Amplitude Decay，弹出如图 23-12 所示的对话框，将"TIMINT"关闭，单击"OK"按钮。

　　（10）确定稳态分析的载荷步时间和时间步长。选择菜单 Main Menu→Solution→Load Step Opts→Time/Frequenc→Time-Time Step，弹出如图 23-13 所示的对话框，在"TIME"文本框中输入"0.01"，在"DELTIM Time step size"文本框中输入"0.01"，单击"OK"按钮。

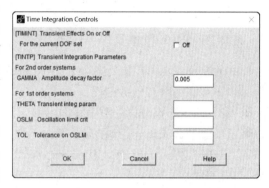

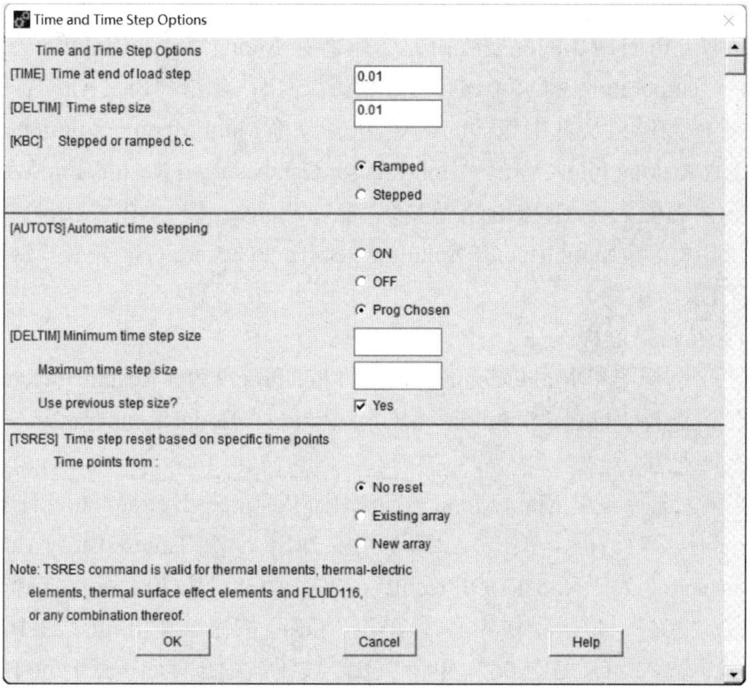

图 23-12　时间积分控制对话框

图 23-13　确定载荷步时间和时间步长对话框

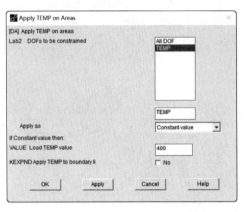

图 23-14　在面上施加温度载荷对话框

（11）施加温度载荷。选择菜单 Main Menu→Solution→Define Loads→Apply→Thermal→Temperature→On Areas，弹出选择窗口，选择面 2，单击"OK"按钮，弹出如图 23-14 所示的对话框，在"Lab2"列表中选择"TEMP"，在"VALUE"文本框中输入"400"，单击"Apply"按钮。再次弹出选择窗口，选择面 3，单击"OK"按钮，弹出如图 23-14 所示的对话框，在"VALUE"文本框中输入"500"，单击"Apply"按钮。再次弹出选择窗口，选择面 4，单击"OK"按钮，弹出如图 23-14 所示的对话框，在"VALUE"文本框中输入"20"，单击"OK"按钮。

（12）求解。选择菜单 Main Menu→Solution→Solve→Current LS。单击"Solve Current Load Step"对话框的"OK"按钮。

以下步骤为瞬态分析过程。

（13）确定瞬态分析的载荷步时间和时间步长。选择菜单 Main Menu→Solution→Load Step Opts→Time/Frequenc→Time-Time Step，弹出如图 23-13 所示的对话框，在"TIME"文本框中输入"3600"，在"DELTIM Time Step size"文本框中输入"50"，选择"AUTOTS"为"ON"，在"DELTIM Minimum time step size"文本框中输入"10"，在"DELTIM Maximum time step size"文本框中输入"200"，单击"OK"按钮。

（14）打开时间积分，进行瞬态分析。选择菜单 Main Menu→Solution→Load Step Opts→Time/Frequenc→Time Integration→Amplitude Decay，弹出如图 23-12 所示的对话框，将"TIMINT"打开，单击"OK"按钮。

（15）删除稳态分析时施加的温度载荷。选择菜单 Main Menu→Solution→Define Loads→Delete→Thermal→Temperature→On Areas，弹出选择窗口，单击"Pick All"按钮。

（16）确定数据库和结果文件中包含的内容。选择菜单 Main Menu→Solution→Load Step Opts→Output Ctrls→DB/Results File，弹出"Controls for Database and Results File Writing"对话框，选择"Item"下拉列表框为"All Items"，选择"Every substep"，单击"OK"按钮。

（17）求解。选择菜单 Main Menu→Solution→Solve→Current LS，单击"Solve Current Load Step"对话框的"OK"按钮。

以下步骤为查看结果过程。

（18）查看温度。选择菜单 Main Menu→General Postproc→Plot Results→Contour Plot→Nodal Solu。在列表中依次选择"Nodal Solution→DOF Solution→Nodal Temperature"，单击"OK"按钮，结果如图 23-15 所示。

（19）定义变量。选择菜单 Main Menu→TimeHist Postpro→Define Variables，弹出"Define Time-History Variables"对话框，单击"Add"按钮，弹出"Add Time-History Variables"对话框选择"Type of Variable"为"Nodal DOF result"，单击"OK"按钮；弹出选择窗口，在选择窗口的文本框中输入"106"（位于铜块中心），单击"OK"按钮，弹出如图 23-16 所示的对话框在"Name"文本框中输入"TEMP_106"，单击"OK"按钮。关闭"Defined Time-History Variables"对话框。

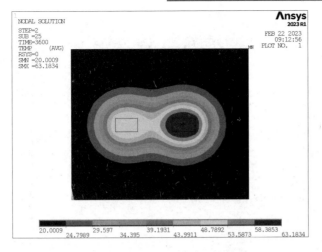

图 23-15　3600s 后的温度分布情况

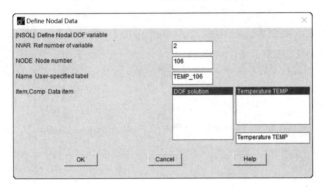

图 23-16　定义节点数据对话框

（20）用曲线图显示温度变化情况。选择菜单 Main Menu→TimeHist Postpro→Graph Variables，弹出"Graph Time-History Variables"对话框，在"NVAR1"文本框中输入"2"，单击"OK"按钮。结果如图 23-17 所示。

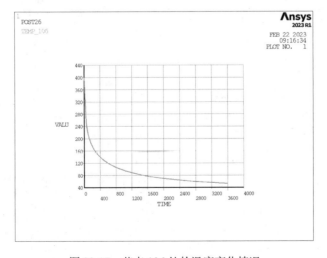

图 23-17　节点 106 处的温度变化情况

23.5 命令流

```
/CLEAR                                              !清除数据库，新建分析
/FILNAME, E23                                       !定义任务名为 E23
/PREP7                                              !进入预处理器
ET, 1, PLANE77                                      !选择单元类型
MP, KXX, 1, 383 $ MP, DENS, 1, 8889 $ MP, C, 1, 390   !定义材料模型 1，铜
MP, KXX, 2, 70 $ MP, DENS, 2, 7833 $ MP, C, 2, 448    !定义材料模型 2，铁
MP, KXX, 3, 2 $ MP, DENS, 3, 996 $ MP, C, 3, 4185     !定义材料模型 3，水
RECTNG, 0, 0.6, 0, 0.5 $ RECTNG, 0.15, 0.225, 0.225, 0.27  !创建矩形面
RECTNG, 0.342, 0.42, 0.225, 0.27
AOVLAP, ALL                                         !搭接所有面
AATT, 1, 1, 1 $ MSHAPE, 0 $ MSHKEY, 1 $ ESIZE, 0.01 $ AMESH, 2    !对面 2 划分单元
AATT, 2, 1, 1 $ AMESH, 3                            !对面 3 划分单元
AATT, 3, 1, 1 $ MSHKEY, 0 $ ESIZE, 0.03 $ AMESH, 4  !对面 4 划分单元
FINISH                                              !退出预处理器
/SOLU                                               !进入求解器
ANTYPE, TRANS                                       !瞬态热分析
!进行稳态分析，施加初始温度
TIMINT, OFF                                         !关闭时间积分
TIME, 0.01                                          !指定载荷步时间
DELTIM, 0.01                                        !时间步长
DA, 2, TEMP, 400 $ DA, 3, TEMP, 500 $ DA, 4, TEMP, 20 !在面上施加温度载荷
SOLVE                                               !求解
                                                    !开始瞬态热分析
TIME, 3600                                          !指定载荷步时间
TIMINT, ON                                          !打开时间积分
DELTIM, 50, 10, 200                                 !指定时间步长
AUTOTS, ON                                          !打开自动时间步长
DADELE, ALL, TEMP                                   !删除稳态分析时施加的温度自由度
OUTRES, ALL, ALL                                    !输出控制
SOLVE                                               !求解
SAVE                                                !保存数据库
FINISH                                              !退出求解器
/POST26                                             !进入时间历程后处理器
NSOL, 2, 106, TEMP, , TEMP_106                      !定义变量
PLVAR, 2                                            !用曲线图显示变量
FINISH                                              !退出时间历程后处理器
```

第 24 例 热辐射分析实例
——平行平板间辐射

24.1 热辐射

热辐射是指只要物体绝对温度大于零就会不停向外界发射电磁能，并被其他物体吸收、转变为热的能量交换过程。物体温度越高，单位时间辐射的热量就越多。热传导和热对流都需要有传热介质，而热辐射不需要，热辐射可以在真空中传播。实质上，在真空中的热辐射效率最高。液体、固体热辐射发生在物体表面；气体热辐射可以深入气体内部。

24.1.1 固体热辐射

1. 黑体的辐射能力和吸收能力

热辐射电磁波的波长在 $0.38\sim1000\mu m$ 之间，大部分能量集中在红外线区域，波长在 $0.76\sim20\mu m$ 之间。

如图 24-1 所示，设固体接收的入射辐射能为 Q，而被反射、吸收掉和穿透的能量分别为 Q_r、Q_a、Q_d，则

$$Q = Q_r + Q_a + Q_d$$

定义固体对投入辐射的反射率为

$$r = Q_r/Q \qquad (24-1)$$

定义固体对投入辐射的吸收率为

$$a = Q_a/Q \qquad (24-2)$$

定义固体对投入辐射的穿透率为

$$d = Q_d/Q \qquad (24-3)$$

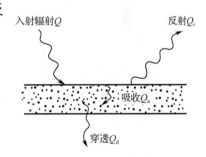

图 24-1 固体辐射

则 $r + a + d = 1$。固体、液体的穿透率 $d=0$，气体反射率 $r=0$。

将吸收率等于 1 的物体称为黑体，实际中没有绝对黑体，只有近似黑体。将穿透率等于 1 的物体称为热透体，气体接近于热透体。将反射率等于 1 的物体称为镜面体，镜子接近镜面体。

研究表明，黑体的辐射能力即黑体单位时间在单位外表面向外界辐射的总能量符合斯蒂芬-波尔兹曼定律

$$E_b = \sigma_0 T^4 = C_0(T/100)^4 \qquad (24-4)$$

式中，σ_0 为黑体辐射常数，又称斯蒂芬-波尔兹曼常数，约为 $5.67\times10^{-8}\,W/(m^2\cdot K^4)$；$C_0$ 为黑体辐射系数，约为 $5.67\,W/(m^2\cdot K^4)$；T 为黑体的绝对温度。

由式（24-4）可知，包含热辐射的热分析是高度非线性的，热辐射对物体的温度十分敏感。

2．实际物体的辐射能力和吸收能力

实际物体的辐射能力恒小于黑体的辐射能力，将实际物体的辐射能与同温度下黑体的辐射能的比值称作黑度或辐射率，用 ε 表示

$$\varepsilon = E/E_b \tag{24-5}$$

式中，E 为实际物体的辐射能。黑度只与物体的温度、物体的种类、表面状况等因素有关，与外界因素无关。

黑体将投射在其上的辐射能全部吸收，而实际物体对不同波长的辐射具有一定的选择性，即对不同波长的辐射能吸收程度不同。实际物体的辐射能为

$$E = \varepsilon E_b \tag{24-6}$$

对于波长在 0.76～20μm 间的辐射能，大多数材料的吸收率随波长的变化不大。因此，假定理想体可以吸收不同波长的辐射，该理想物体称为灰体。

克西荷夫定律认为，同一灰体的吸收率和辐射率在数值上相等，即

$$\alpha = \varepsilon \tag{24-7}$$

灰体对工业辐射能的计算是可行的，但对太阳光的计算误差较大。

24.1.2 物体间的辐射传热

1．黑体间的辐射传热

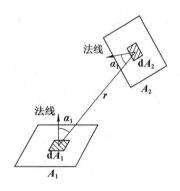

图 24-2 黑体间的辐射传热

如图 24-1 所示，设黑体表面 A_1、A_2 的温度分别为 T_1、T_2，且恒定不变。则根据兰贝特定理，两黑体间传递的热流量为

$$Q_{12} = A_1 \varphi_{12} \sigma_0 (T_1^4 - T_2^4) \tag{24-8}$$

式中，φ_{12} 称为黑体 1 对黑体 2 的角系数，其定义为

$$\varphi_{12} = \frac{1}{\pi A_1} \int_{A_1} \int_{A_2} \frac{\cos\alpha_1 \cos\alpha_2}{r^2} dA_1 dA_2 \tag{24-9}$$

角系数为一个纯几何参数，若两平行平板面积相等且较大，则 $\varphi_{12}=1$。

2．封闭灰体体系的辐射传热

由灰体 1、2 组成的封闭体系，二者之间传递的热流量为

$$Q_{12} = A_1 \varphi_{12} \sigma_0 \varepsilon_s (T_1^4 - T_2^4) \tag{24-10}$$

式中，ε_s 称为系统黑度，与两灰体的黑度、角系数有关，其定义为

$$\varepsilon_s = \frac{1}{1 + \varphi_{12}(1/\varepsilon_1 - 1) + \varphi_{21}(1/\varepsilon_2 - 1)} \tag{24-11}$$

当两灰体为两相距很近的大面积平行平板时，$\varphi_{12}=\varphi_{21}=1$，有

$$Q_{12} = \frac{A_1 \sigma_0 (T_1^4 - T_2^4)}{1/\varepsilon_1 + 1/\varepsilon_2 - 1} \tag{24-12}$$

在内包系统中，当内包物体为外凸时，$\varphi_{12}=1$，$\varphi_{21}=A_1/A_2$，有

$$Q_{12} = \frac{A_1\sigma_0(T_1^4 - T_2^4)}{1/\varepsilon_1 + A_1(1/\varepsilon_2 - 1)/A_2} \qquad (24\text{-}13)$$

在式（24-13）中，当 $A_1 \gg A_2$ 时，有 $Q_{12} = A_1\sigma_0\varepsilon_1(T_1^4 - T_2^4)$，二者之间传递的热流量 Q_{12} 与 A_2、ε_2 无关。当 $A_1 \approx A_2$ 时，两灰体相当于两相距很近的大面积平行平板。

24.2　问题描述及解析解

两相距很近尺寸相同的大面积平行平板，板面尺寸为 1m×1m，厚度为 20mm，两平板温度分别为 1500℃和 100℃，辐射率均为 0.8，计算两平板因辐射传递的热流量。

将各参数代入式（24-13），得

$$Q_{12} = \frac{A_1\sigma_0(T_1^4 - T_2^4)}{1/\varepsilon_1 + 1/\varepsilon_2 - 1} = \frac{1 \times 5.67 \times 10^{-8}(1773^4 - 373^4)}{1/0.8 + 1/0.8 - 1} = 3.73 \times 10^5\,\text{W}$$

24.3　分析步骤

（1）改变任务名。选择菜单 Utility Menu→File→Change Jobname，弹出如图 24-3 所示的对话框，在"[/FILNAM]"文本框中输入"E24"，单击"OK"按钮。

（2）选择单元类型。选择菜单 Main Menu→Preprocessor→Element Type→Add/Edit/Delete，弹出如图 24-4 所示的对话框，单击"Add"按钮；弹出如图 24-5 所示的对话框，在左侧列表中选择"Solid"，在右侧列表中选择"Brick 8 node 278"，单击"OK"按钮。单击如图 24-4 所示的对话框的"Close"按钮。

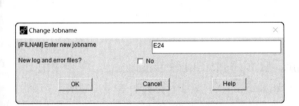

图 24-3　改变任务名对话框　　　　　　　　图 24-4　单元类型对话框

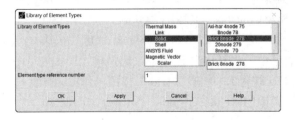

图 24-5　单元类型库对话框

（3）定义材料模型。选择菜单 Main Menu→Preprocessor→Material Props→Material Models，弹出如图 24-6 所示的对话框，在右侧列表中依次选择"Thermal""Conductivity""Isotropic"，弹出如图 24-7 所示的对话框，在"KXX"文本框中输入"20"（导热系数），单击"OK"按钮。然后关闭如图 24-6 所示的对话框。

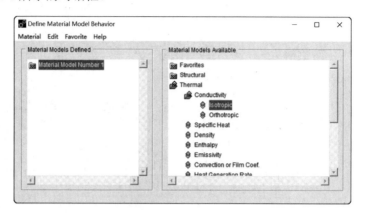

图 24-6　材料模型对话框

（4）创建几何模型。选择菜单 Main Menu→Preprocessor→Modeling→Create→Volumes→Block→By Dimension，弹出如图 24-8 所示的对话框，在"X1, X2"文本框中分别输入"0, 1"，在"Y1, Y2"文本框中分别输入"0, 1"，在"Z1, Z2"文本框中分别输入"0, 0.02"，单击"Apply"按钮。再次弹出如图 24-8 所示的对话框，在"X1, X2"文本框中分别输入"0, 1"，在"Y1, Y2"文本框中分别输入"0, 1"，在"Z1, Z2"文本框中分别输入"0.04, 0.06"，单击"OK"按钮。

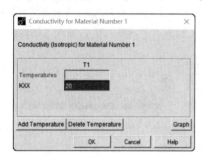

图 24-7　材料特性对话框

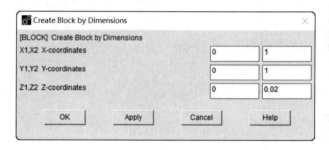

图 24-8　创建六面体对话框

（5）显示面、体的编号。选择菜单 Utility Menu→PlotCtrls→Numbering，在弹出的对话框中，将"Area numbers"（面编号）、"Volume numbers"（体编号）打开，单击"OK"按钮。

（6）改变观察方向。单击图形窗口右侧显示控制工具条上的 按钮，显示正等轴测图。

（7）划分单元。选择菜单 Main Menu→Preprocessor→Meshing→MeshTool，弹出如图 24-所示的对话框，单击"Size Controls"区域中"Global"后的"Set"按钮，弹出如图 24-10 所示的对话框，在"SIZE"文本框中输入"0.025"，单击"OK"按钮。

在如图 24-9 所示对话框的"Mesh"区域中，选择单元形状为"Hex"（六面体），选择划分单元的方法为"Mapped"（映射），单击"Mesh"按钮，弹出选择窗口，单击"Pick All"按钮单击如图 24-9 所示的对话框的"Close"按钮。

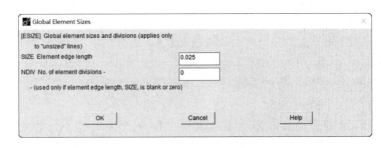

图 24-9　划分单元工具对话框　　　　　　　图 24-10　单元尺寸对话框

（8）指定辐射表面和辐射率。选择菜单 Main Menu→Preprocessor→Loads→Define Loads→Apply→Thermal→Radiation→On Areas，弹出选择窗口，在输入框中输入"2, 7"，单击"OK"按钮。弹出如图 24-11 所示的对话框，在"VALUE"文本框中输入"0.8"，在"VALUE2"文本框中输入"1"，单击"OK"按钮。

（9）选择平板 1 及其所属节点。选择菜单 Utility Menu→Select→Entities，弹出如图 24-12 所示的对话框，在各下拉列表框、文本框、单选按钮中依次选择或输入"Volumes""By Num/Pick""From Full"，单击"Apply"按钮，弹出选择窗口，选择体 1（后方体），单击选择窗口的"OK"按钮；再在如图 24-12 所示的对话框的各下拉列表框、文本框、单选按钮中依次选择或输入"Nodes""Attached to""Volumes, all""From Full"，单击"OK"按钮。于是选中了平板 1 及其节点。

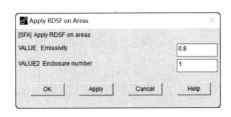

图 24-11　指定辐射对话框　　　　　　　　　图 24-12　选择实体对话框

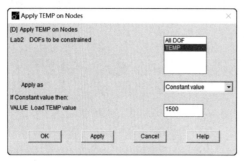

图 24-13　在节点上施加温度载荷对话框

（10）在平板 1 的节点上施加温度载荷。选择菜单 Main Menu→Preprocessor→Loads→Define Loads→Apply→Thermal→Temperature→On Nodes，弹出选择窗口，单击"Pick All"按钮，弹出如图 24-13 所示的对话框，在"Lab2"列表中选择"TEMP"，在"VALUE"文本框中输入"1500"，单击"OK"按钮。

（11）选择平板 2 及其所属节点。选择菜单 Utility Menu→Select→Entities，弹出如图 24-12 所示的对话框，在各下拉列表框、文本框、单选按钮中依次选择或输入"Volumes""By Num/Pick""From Full"，单击"Apply"按钮，弹出选择窗口，选择体 2（前方体），单击选择窗口的"OK"按钮；再在如图 24-12 所示的对话框中，在各下拉列表框、文本框、单选按钮中依次选择或输入"Nodes""Attached to""Volumes, all""From Full"，单击"OK"按钮。于是选中了平板 2 及其节点。

（12）在平板 2 的节点上施加温度载荷。选择菜单 Main Menu→Preprocessor→Loads→Define Loads→Apply→Thermal→Temperature→On Nodes，弹出选择窗口，单击"Pick All"按钮，弹出如图 24-13 所示的对话框，在"Lab2"列表中选择"TEMP"，在"VALUE"文本框中输入"100"，单击"OK"按钮。

（13）选择所有。选择菜单 Utility Menu→Select→Everything。

（14）定义辐射分析的求解常数。选择菜单 Main Menu→Preprocessor→Radiation Opts→Solution Opt，弹出如图 24-14 所示的对话框，在"STEF"文本框中输入"5.67E-8"（斯蒂芬-波尔兹曼常数），在"TOFFST"文本框中输入"273"（温度偏移），在"RADOPT Convergence tolerance"文本框中输入"0.01"（收敛公差），在"SPCTEMP/SPCNOD Value"文本框中输入"0"（自由空间的温度），在"SPCTEMP/SPCNOD If "Define"-enter Encl. number"文本框中输入"1"（辐射表面外壳编号），单击"OK"按钮。

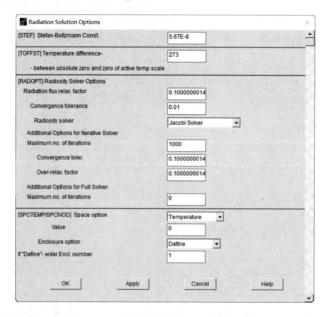

图 24-14　辐射分析的求解常数对话框

（15）指定载荷步时间和时间步长。选择菜单 Main Menu→Solution→Load Step Opts→Time/Frequenc→Time-Time Step，弹出如图 24-15 所示的对话框，在"TIME"文本框中输入"1"，在"DELTIM Time step size"文本框中输入"0.5"，在"DELTIM Minimum time step size"文本框中输入"0.1"，在"DELTIM Maximum time step size"文本框中输入"1"，单击"OK"按钮。

（16）指定非线性分析的最大平衡迭代次数。选择菜单 Main Menu→Solution→Load Step Opts→Nonlinear→Equilibrium Iter，弹出如图 24-16 所示的对话框，在"NEQIT"文本框中输入"1000"，单击"OK"按钮。

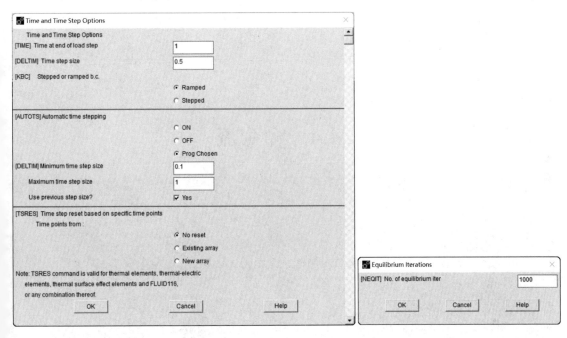

图 24-15　确定载荷步时间和时间步长对话框　　　　图 24-16　最大平衡迭代次数对话框

（17）求解。选择菜单 Main Menu→Solution→Solve→Current LS。单击"Solve Current Load Step"对话框的"OK"按钮。

（18）读结果。选择菜单 Main Menu→General Postproc→Read Results→Last Set。

（19）选择平板 1 及其所属单元。选择菜单 Utility Menu→Select→Entities，弹出如图 24-12 所示的对话框，在各下拉列表框、文本框、单选按钮中依次选择或输入"Volumes""By Num/Pick""From Full"，单击"Apply"按钮，弹出选择窗口，选择体 1（后方体），单击选择窗口的"OK"按钮；再在如图 24-12 所示的对话框的各下拉列表框、文本框、单选按钮中依次选择或输入"Elemens""Attached to""Volumes""From Full"，单击"OK"按钮。于是选中了平板 1 及其单元。

（20）定义单元表。选择菜单 Main Menu→General Postproc→Element Table→Define Table，弹出"Element Table Data"对话框，单击"Add"按钮，弹出如图 24-17 所示的对话框，在"Lab"文本框中输入"HEAT"，在"Item, Comp"两个列表中分别选择"Nodal force data""Heat flow HEAT"，单击"OK"按钮，关闭"Element Table Data"对话框。于是又定义了单元表"HEAT"，用于保存单元热流量。

（21）对热流量求和。选择菜单 Main Menu→General Postproc→Element Table→Sum of Each

Item，单击"Tabular Sum of Each Element Table Item"对话框的"OK"按钮。结果如图 24-18 所示，可见平板 1 所属单元的热流量和与解析解结果基本相同。

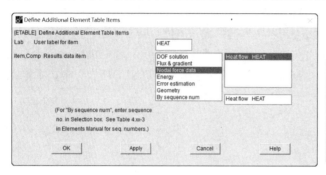

图 24-17　定义单元表对话框

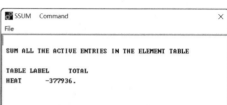

图 24-18　求和结果

24.4　命令流

/CLEAR	!清除数据库，新建文件
/FILNAM, E24	!指定任务名为 E24
/PREP7	!进入预处理器
ET, 1, SOLID278	!指定单元类型，热实体单元
MP, KXX, 1, 20	!定义材料模型
BLOCK, 0, 1, 0, 1, 0, 0.02 $ BLOCK, 0, 1, 0, 1, 0.04, 0.06	!创建两平板几何模型
ESIZE, 0.025	!指定单元尺寸
VMESH, ALL	!划分单元
SFA, 2, , RDSF, 0.8, 1 $ SFA, 7, , RDSF, 0.8, 1	!指定吸收率
VSEL, S, , , 1 $ NSLV, S, 1 $ D, ALL, TEMP, 1500	!指定温度
VSEL, S, , , 2 $ NSLV, S, 1 $ D, ALL, TEMP, 100	
ALLS	!选择所有
STEF, 5.67E-8	!定义斯蒂芬-波尔兹曼常数
TOFFST, 273	!温度偏移
RADOPT, , 0.01	!设置 RADIOSITY 求解器参数
SPCTEMP, 1, 0	!自由空间的温度，辐射表面外壳编号
FINISH	!退出预处理器
/SOLU	!进入求解器
TIME, 1	!指定载荷步时间
DELTIM, .5, .1, 1	!指定载荷步长
NEQIT, 1000	!指定非线性分析的最大平衡迭代次数
SOLVE	!求解
FINISH	!退出求解器
/POST1	!进入通用后处理器
SET, LAST	!读结果
VSEL, S, , , 1 $ ESLV, S, 1	!选择平板 1 及所属单元
ETABLE, HEAT, HEAT,	!创建单元表存储单元热流量
SSUM	!对热流量求和
FINISH	!退出通用后处理器

第25例 热应力分析（使用耦合单元）实例——液体管路

25.1 问题描述

某液体管路内部通有液体，外部包裹有保温层，保温层与空气接触如图 25-1 所示。已知管路由铸铁制造，其导热系数为 70W/(m·℃)，弹性模量为 $2 \times 10^{11} N/m^2$，泊松比为 0.3，热膨胀系数为 $12 \times 10^{-6}/℃$；保温层的导热系数为 0.02W/(m·℃)，弹性模量为 $2 \times 10^{10} N/m^2$，泊松比为 0.4，热膨胀系数为 $1.2 \times 10^{-6}/℃$；管路内液体压力为 0.3MPa，温度为 70℃，对流换热系数为 1W/(m²·℃)；空气温度为-40℃，对流换热系数为 0.5W/(m²·℃)。

试分析管路内热应力情况。

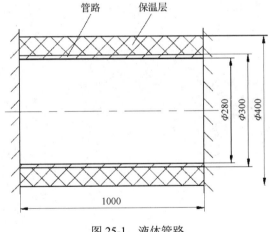

图 25-1　液体管路

25.2　分析步骤

（1）改变任务名。选择菜单 Utility Menu→File→Change Jobname，弹出"Change Jobname"对话框，在"[/FILNAM]"文本框中输入"E25"，单击"OK"按钮。

（2）选择单元类型。选择菜单 Main Menu→Preprocessor→Element Type→Add/Edit/Delete。弹出"Element Types"对话框，单击其"Add"按钮；弹出如图 25-2 所示的对话框，在左侧列表中选择"Coupled Field"，在右侧列表中选择"Vector Quad 13"，单击"OK"按钮；返回到"Element

Types"对话框，选择"Type 1 PLANE13"，单击"Options"按钮，弹出如图 25-3 所示的对话框，选择"K1"下拉列表框为"UX UY TEMP AZ"，选择"K3"下拉列表框为"Axisymmetric"，单击"OK"按钮；单击如图 25-2 所示对话框的"Close"按钮。

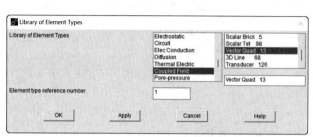

图 25-2　单元类型库对话框

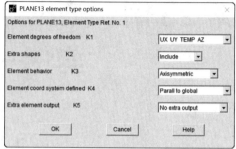

图 25-3　单元选项对话框

（3）定义材料模型。选择菜单 Main Menu→Preprocessor→Material Props→Material Models，弹出如图 25-4 所示的对话框，在右侧列表中依次选择"Thermal""Conductivity""Isotropic"，弹出如图 25-5 所示的对话框，在"KXX"文本框中输入"70"（导热系数），单击"OK"按钮；再在右侧列表中依次选择"Structural""Linear""Elastic""Isotropic"，弹出如图 25-6 所示的对话框，在"EX"文本框中输入"2e11"（弹性模量），在"PRXY"文本框中输入"0.3"（泊松比），单击"OK"按钮；再在右侧列表中依次选择"Structural""Thermal Expansion""Secant Coefficient""Isotropic"，弹出如图 25-7 所示的对话框，在"ALPX"文本框中输入"1.2e-5"（线膨胀系数），单击"OK"按钮。

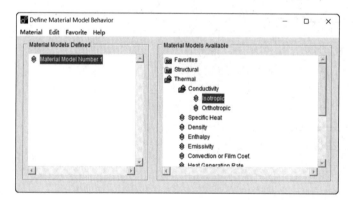

图 25-4　材料模型对话框

图 25-5　材料特性对话框（一）

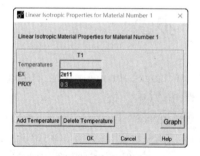

图 25-6　材料特性对话框（二）

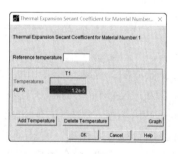

图 25-7　材料特性对话框（三）

单击如图 25-4 所示的对话框的菜单项 Material→New Model，单击弹出的"Define Material ID"对话框的"OK"按钮，然后重复定义材料模型 1 时的各步骤，定义材料模型 2 的导热系数 KXX 为 0.02、弹性模量 EX 为 2e10、泊松比 PRXY 为 0.4、线膨胀系数 ALPX 为 1.2e-6。

　　最后关闭如图 25-4 所示的对话框。

　　（4）创建矩形面，模拟金属管路和保温层。选择菜单 Main Menu→Preprocessor→Modeling →Create→Areas→Rectangle→By Dimension，弹出如图 25-8 所示的对话框，在"X1, X2"文本框中分别输入"0.14, 0.15"，在"Y1, Y2"文本框中分别输入"0, 1"，单击"Apply"按钮。再次弹出如图 25-8 所示的对话框，在"X1, X2"文本框中分别输入"0.15, 0.2"，在"Y1, Y2"文本框中分别输入"0, 1"，单击"OK"按钮。

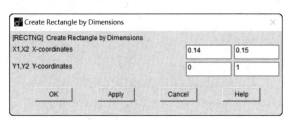

图 25-8　创建矩形对话框

　　（5）粘接面。选择菜单 Main Menu→Preprocessor→Modeling→Operate→Booleans→Glue→Areas，弹出选择窗口，单击"Pick All"按钮。

　　（6）显示面编号。选择菜单 Utility Menu→PlotCtrls→Numbering。在弹出的"Plot Numbering Controls"对话框中，将"Area numbers"（面编号）打开，单击"OK"按钮。

　　（7）划分单元。选择菜单 Main Menu→Preprocessor→Meshing→MeshTool。弹出如图 25-9 所示的对话框。

　　选择"Element Attributes"下拉列表框为"Areas"，单击下拉列表框后面的"Set"按钮，弹出选择窗口，选择面 1，单击选择窗口的"OK"按钮，弹出"Areas Attributes"对话框，选择"MAT"下拉列表框为"1"，单击"Apply"按钮，再次弹出选择窗口，选择面 3，单击选择窗口的"OK"按钮，选择"Areas Attributes"对话框的"MAT"下拉列表框为"2"，单击"OK"按钮。

　　单击"Size Controls"区域中"Global"后的"Set"按钮，弹出如图 25-10 所示的对话框，在"SIZE"文本框中输入"0.01"，单击"OK"按钮。

　　在如图 25-9 所示的对话框的"Mesh"区域中，选择单元形状为"Quad"（四边形），选择划分单元的方法为"Mapped"（映射）；单击"Mesh"按钮，弹出选择窗口，选择面 1 和 3，单击"OK"按钮。

　　（8）施加对流边界条件。选择菜单 Main Menu→Solution→Define Loads→Apply→Thermal →Convection→On Lines，弹出选择窗口，选择最左面一条直线（即 x 坐标最小的直线），单击"OK"按钮，弹出如图 25-11 所示的对话框，在"VAL1"文本框中输入"1"（对流换热系数），在"VAL2I"文本框中输入"70"（温度），单击"OK"按钮。再次执行命令，弹出选择窗口，选择最右面一条直线（即 x 坐标最大的直线），单击"OK"按钮，弹出如图 25-11 所示的对话框，在"VAL1"文本框中输入"0.5"（对流换热系数），在"VAL2I"文本框中输入"-40"（温度），单击"OK"按钮。

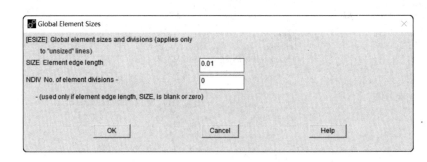

图 25-9　单元工具对话框　　　　　　　　　　　图 25-10　单元尺寸对话框

（9）施加约束。选择菜单 Main Menu→Solution→Define Loads→Apply→Structural→Displacement→On Lines，弹出选择窗口，选择水平方向的所有直线（即长度较短的 4 条直线），单击"OK"按钮，弹出如图 25-12 所示的对话框，在列表中选择"UY"，单击"OK"按钮。

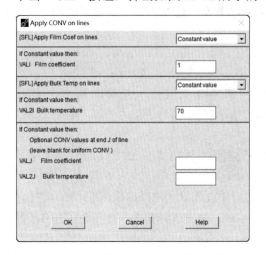

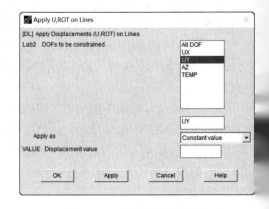

图 25-11　施加对流边界条件对话框　　　　　　　图 25-12　施加约束对话框

（10）施加压力载荷。选择菜单 Main Menu→Solution→Define Loads→Apply→Structural→Pressure→On Lines，弹出选择窗口，选择最左面一条直线（即 x 坐标最小的直线），单击"OK"按钮，弹出如图 25-13 所示的对话框，在"VALUE"文本框中输入"3e5"，单击"OK"按钮。

（11）指定参考温度。选择菜单 Main Menu→Solution→Define Loads→Settings→Reference Temp，弹出如图 25-14 所示的对话框，在"TREF"文本框中输入"20"，单击"OK"按钮。

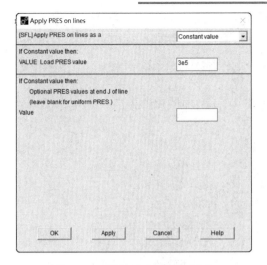

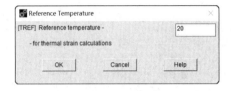

图 25-13　施加压力载荷对话框　　　　　图 25-14　定义参考温度对话框

计算热膨胀大小时，温度差等于节点温度减去参考温度，参考温度的默认值为 0。

（12）求解。选择菜单 Main Menu→Solution→Solve→Current LS。单击"Solve Current Load Step"对话框的"OK"按钮。当出现"Solution is done！"提示时，求解结束，即可查看结果。

（13）读结果。选择菜单 Main Menu→General Postproc→Read Results→Last Set。

（14）查看结果，用等高线显示 von Mises 应力。选择菜单 Main Menu→General Postproc→Plot Results→Contour Plot→Nodal Solu，弹出"Contour Nodal Solution Data"对话框，在列表中依次选择"Nodal Solution→Stress→von Mises SEQV"（第四强度理论的等效应力），单击"OK"按钮。

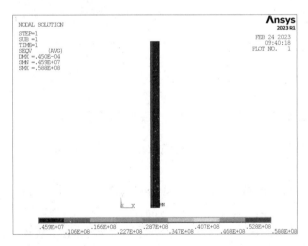

图 25-15　液体管路的 von Mises 应力图

25.3　命令流

/CLEAR	!清除数据库，新建分析
/FILNAME, E25	!定义任务名为 E25

```
/PREP7                                          !进入预处理器
ET, 1, PLANE13, 4, , 1                          !选择单元类型，指定单元自由度、轴对称选项
MP, KXX, 1, 70 $ MP, EX, 1, 2E11                !定义材料模型 1
MP, PRXY, 1, 0.3 $ MP, ALPX, 1, 1.2E-5
MP, KXX, 2, 0.02 $ MP, EX, 2, 2E10             !定义材料模型 2
MP, PRXY, 2, 0.4 $ MP, ALPX, 2, 1.2E-6
RECTNG, 0.14, 0.15, 0, 1 $ RECTNG, 0.15, 0.2, 0, 1   !创建矩形面
AGLUE, ALL                                      !粘接所有面
ESIZE, 0.01 $ MSHKEY, 1 $ MSHAPE, 0            !指定单元属性
AATT, 1, 1, 1 $ AMESH, 1                        !对面 1 划分单元
AATT, 2, 1, 1 $ AMESH, 3                        !对面 3 划分单元
FINISH                                          !退出预处理器
/SOLU                                           !进入求解器
SFL, 4, CONV, 1, , 70 $ SFL, 6, CONV, 0.5, , -40   !在线上施加对流边界条件
DL, 1, , UY $ DL, 3, , UY $ DL, 9, , UY $ DL, 10, , UY   !在线上施加位移边界条件
SFL, 4, PRES, 3E5                               !在线上施加压力载荷
TREF, 20                                        !参考温度
SOLVE                                           !求解
FINISH                                          !退出求解器
/POST1                                          !进入通用后处理器
SET, LAST                                       !读结果
PLNSOL, S, EQV                                  !显示 von Mises 应力云图
FINISH                                          !退出通用后处理器
```

25.4   高级应用

在结构上直接施加温度载荷进行热应力计算——双金属簧片

本例分析类型为静力学分析，用 D 命令施加温度场，节点温度作为静力学分析的体载荷而不是节点自由度。

温度调节器所使用的双金属簧片的计算简图如图 25-16 所示。两簧片等厚度、等宽度，材料不同，二者紧密连成一体，其左端可视为固定端。第 1 个金属片为钢制，其弹性模量 $E_1=2\times10^{11}$Pa，线膨胀系数 $\alpha_1=10\times10^{-6}/℃$；第 2 个金属片为铜制，其弹性模量 $E_2=1.1\times10^{11}$Pa，线膨胀系数 $\alpha_2=16\times10^{-6}/℃$。簧片各部分尺寸为长度 $L=40$mm，高度 $h=0.5$mm。试分析温度升高 $\Delta t=100℃$ 时簧片自由端的挠度。

根据材料力学的知识，容易得出簧片自由端的挠度为

$$f = \frac{6(\alpha_2 - \alpha_1)\Delta t E_1 E_2 L^2}{h(E_1^2 + E_2^2 + 14E_1 E_2)} = 7.038\times10^{-4}\ \text{m}$$

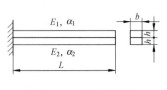

图 25-16   双金属簧片

本例命令流如下：

```
/CLEAR                                              !清除数据库，新建分析
/FILNAME, E25-2                                     !定义任务名为 E25-2
/PREP7                                              !进入预处理器
ET, 1, SOLID186                                     !选择单元类型
MP, EX, 1, 2E11 $ MP, PRXY, 1, 0.3 $ MP, ALPX, 1, 10E-6        !定义材料模型 1
MP, EX, 2, 1.1E11 $ MP, PRXY, 2, 0.34 $ MP, ALPX, 2, 16E-6     !定义材料模型 2
BLOCK, 0, 0.04, 0, 0.0005, 0, 0.005                 !创建六面体
BLOCK, 0, 0.04, 0.0005, 0.001, 0, 0.005
VGLUE, ALL                                          !粘接体
MSHKEY, 1 $ MSHAPE, 0 $ ESIZE, 0.0005               !指定单元属性
VATT, 1, 1, 1 $ VMESH, 3                            !对体 3 划分单元
VATT, 2, 1, 1 $ VMESH, 1                            !对体 1 划分单元
FINISH                                              !退出预处理器
/SOLU                                               !进入求解器
DA, 5, ALL $ DA, 16, ALL                            !在面上施加位移约束
BFV, ALL, TEMP, 100                                 !在体上施加温度载荷
TREF, 0                                             !参考温度
SOLVE                                               !求解
FINISH                                              !退出求解器
/POST1                                              !进入通用后处理器
PLDISP, 2                                           !显示变形，对比理论结果
FINISH                                              !退出通用后处理器
```

第26例 热应力分析（间接法）
实例——液体管路

26.1 概述

利用间接法计算热应力，首先进行热分析，然后进行结构分析。热分析可以是瞬态的，也可以是稳态的，需要将热分析求得的节点温度作为体载荷施加到结构上。当热分析是瞬态的，需要找到温度梯度最大的时间点，并将该时间点的结构温度场作为体载荷施加到结构上。

由于间接法可以使用所有热分析和结构分析的功能，所以对于大多数情况都推荐使用该方法。

26.1.1 热分析

瞬态热分析的过程在第 23 例中已经介绍，下面介绍稳态热分析。

稳态热分析用于研究稳定的热载荷对结构的影响，有时还用于瞬态热分析时计算初始温度场。稳态热分析主要步骤如下。

1. 建模

稳态热分析的建模过程与其他分析相似，包括定义单元类型、定义单元实常数、定义材料特性、建立几何模型和划分网格等。但需要注意的是，稳态热分析必须定义材料的导热系数。

2. 施加载荷和求解

1）指定分析类型

选择菜单 Main Menu→Solution→Analysis Type→New Analysis，选择 Static。

2）施加载荷

可以施加的载荷包括：恒定的温度、热流率、对流、热流密度、生热率，选择菜单 Main Menu→Solution→Define Loads→Apply→Thermal。

3）设置载荷步选项

普通选项包括：时间（用于定义载荷步和子步），每一载荷步的子步数，阶跃选项等，选择菜单 Main Menu→Solution→Load Step Opts→Time/Frequenc→Time-Time Step。

非线性选项包括：迭代次数（默认为 25），选择菜单 Main Menu→Solution→Load Step Opts→Nonlinear→Equilibrium Iter。打开自动时间步长，选择菜单 Main Menu→Solution→Load Step Opts→Time/Frequenc→Time-Time Step，等等。

输出选项包括：控制打印的输出，选择菜单 Main Menu→Solution→Load Step Opts→Output。

Ctrls→Solu Printout。控制结果文件的输出，选择菜单 Main Menu→Solution→Load Step Opts→Output Ctrls→DB/Results File。

4）设置分析选项

牛顿-拉普森选项（仅对非线性分析有用）。

选择求解器。

确定绝对零度（热辐射分析使用）。

5）求解

3．查看结果

稳态热分析使用 POST1 后处理器查看结果。对于热应力计算查看结果不是必要的。

26.1.2　结构分析

与一般的结构分析过程大致相同，不同点在于：

1）转换单元

将热单元转换为相应的结构单元，并设置需要的单元选项，选择菜单 Main Menu→Preprocessor→Element Type→Switch Elem Type。

2）设置结构分析的材料属性。例如，热膨胀系数、弹性模量、泊松比等。设置预处理细节，如节点耦合等，选择菜单 Main Menu→Preprocessor→Material Props→Material Models。

3）读入热分析得到的节点温度，选择菜单 Main Menu→Solution→Define Loads→Apply→Structural→Temperature→From Therm Analy。

4）指定参考温度，计算热膨胀大小时，温度差等于节点温度减去参考温度，选择菜单 Main Menu→Solution→Define Loads→Settings→Reference Temp。

26.2　问题描述[1]

某液体管路内部通有液体，外部包裹有保温层，保温层与空气接触，其结构尺寸如图 26-1 所示。已知管路由铸铁制造，其导热系数为 70W/(m·℃)，弹性模量为 $2×10^{11}N/m^2$，泊松比为 0.3，热膨胀系数为 $12×10^{-6}/℃$；保温层的导热系数为 0.02W/(m·℃)，弹性模量为 $×10^{10}N/m^2$，泊松比为 0.4，热膨胀系数为 $1.2×10^{-6}/℃$；管路内液体压力为 0.3MPa，温度为 0℃，对流换热系数为 1W/(m²·℃)；空气温度为 -40℃，对流换热系数为 0.5W/(m²·℃)。试分析管路内热应力情况。

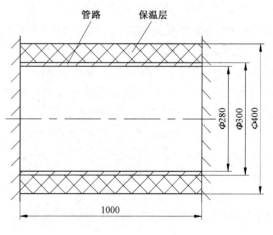

图 26-1　液体管路

---

[1]：问题描述与第 25 例相同，本节使用间接法分析问题。

26.3　分析步骤

（1）改变任务名。选择菜单 Utility Menu→File→Change Jobname，弹出如图 26-2 所示的对话框，在"[/FILNAM]"文本框中输入"E26"，单击"OK"按钮。

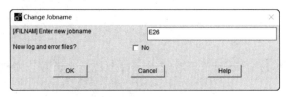

图 26-2　改变任务名对话框

（2）选择单元类型。选择菜单 Main Menu→Preprocessor→Element Type→Add/Edit/Delete。弹出"Element Types"对话框，单击其"Add"按钮；弹出如图 26-3 所示的对话框，在左侧列表中选择"Solid"，在右侧列表中选择"Quad 8 node 77"，单击"OK"按钮；返回到"Element Types"对话框，选择"Type 1 PLANE77"，单击其"Options"按钮，弹出如图 26-4 所示的对话框，选择"K3"下拉列表框为"Axisymmetric"，单击"OK"按钮；单击如图 26-3 所示的对话框的"Close"按钮。

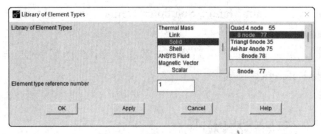 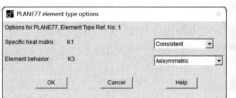

图 26-3　单元类型库对话框　　　　　　　　　图 26-4　单元选项对话框

（3）定义材料模型。选择菜单 Main Menu→Preprocessor→Material Props→Material Models，弹出如图 26-5 所示的对话框，在右侧列表中依次选择"Thermal""Conductivity""Isotropic"，弹出如图 26-6 所示的对话框，在"KXX"文本框中输入"70"（导热系数），单击"OK"按钮。单击如图 26-5 所示的对话框的菜单项 Material→New Model，单击弹出的"Define Material ID"对话框的"OK"按钮，然后重复定义材料模型 1 时的各步骤，定义材料模型 2 的导热系数为 0.02，最后关闭如图 26-5 所示的对话框。

（4）创建矩形面，模拟金属管路和保温层。选择菜单 Main Menu→Preprocessor→Modeling→Create→Areas→Rectangle→By Dimension，弹出如图 26-7 所示的对话框，在"X1, X2"文本框中分别输入"0.14, 0.15"，在"Y1, Y2"文本框中分别输入"0, 1"，单击"Apply"按钮。再次弹出如图 26-7 所示的对话框，在"X1, X2"文本框中输入分别"0.15, 0.2"，在"Y1, Y2"文本框中输入分别"0, 1"，单击"OK"按钮。

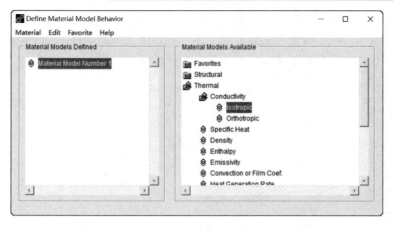

图 26-5　材料模型对话框

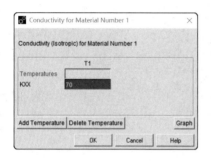

图 26-6　材料特性对话框

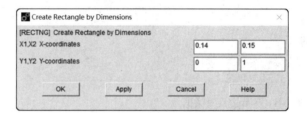

图 26-7　创建矩形对话框

（5）粘接面。选择菜单 Main Menu→Preprocessor→Modeling→Operate→Booleans→Glue→Areas，弹出选择窗口，单击"Pick All"按钮。

（6）显示面编号。选择菜单 Utility Menu→PlotCtrls→Numbering。在弹出"Plot Numbering Controls"对话框中，将"Area numbers"（面编号）打开，单击"OK"按钮。

（7）划分单元。选择菜单 Main Menu→Preprocessor→Meshing→MeshTool，弹出如图 26-8 所示的对话框。

选择"Element Attributes"下拉列表框为"Areas"，单击下拉列表框后面的"Set"按钮，弹出选择窗口，选择面 1，单击选择窗口的"OK"按钮；弹出"Areas Attributes"对话框，选择"MAT"下拉列表框为"1"，单击"Apply"按钮，再次弹出选择窗口，选择面 3，单击选择窗口的"OK"按钮，选择"Areas Attributes"对话框的"MAT"下拉列表框为"2"，单击"OK"按钮。

单击"Size Controls"区域中"Global"后的"Set"按钮，弹出如图 26-9 所示的对话框，在"SIZE"文本框中输入"0.01"，单击"OK"按钮。

在图 26-8 所示的对话框的"Mesh"区域，选择单元形状为"Quad"（四边形），选择划分单元的方法为"Mapped"（映射）；单击"Mesh"按钮，弹出选择窗口，选择面 1 和 3，单击"OK"按钮。

（8）施加对流边界条件。选择菜单 Main Menu→Solution→Define Loads→Apply→Thermal→Convection→On Lines，弹出选择窗口，选择最左面一条直线（即 x 坐标最小的直线），单击"OK"按钮，弹出如图 26-10 所示的对话框，在"VALI"文本框中输入"1"，在"VAL2I"文本框中输入"70",单击"OK"按钮。再次执行命令,弹出选择窗口,选择最右面一条直线(即 x 坐标最大的直线),单击"OK"按钮,弹出图 26-10 所示的对话框,在"VALI"文本框中输入"0.5",在"VAL2I"文本框中输入"-40",单击"OK"按钮。

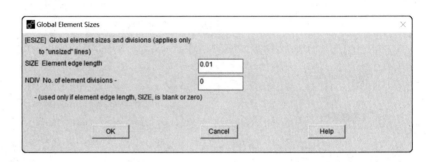

图 26-8 单元工具对话框   图 26-9 单元尺寸对话框

(9)求解。选择菜单 Main Menu→Solution→Solve→Current LS。单击"Solve Current Load Step"对话框的"OK"按钮。当出现"Solution is done!"提示时,求解结束。

以下步骤为结构分析过程。

(10)转换热单元为结构单元。选择菜单 Main Menu→Preprocessor→Element Type→Switch Elem Type,弹出如图 26-11 所示的对话框,选择"Change Element Type"下拉列表框为"Thermal to Struc",单击"OK"按钮。

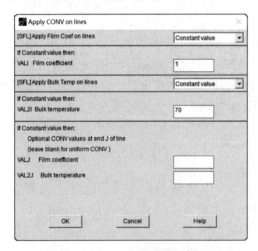

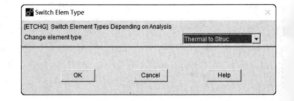

图 26-10 施加对流边界条件对话框   图 26-11 转换单元类型对话框

(11)设定单元轴对称选项。选择菜单 Main Menu→Preprocessor→Element Type→

Add/Edit/Delete，弹出"Element Types"对话框，单击其"Options"按钮，弹出如图 26-12 所示的对话框，选择"K3"下拉列表框为"Axisymmetric"，单击"OK"按钮；单击"Element Types"对话框的"Close"按钮。

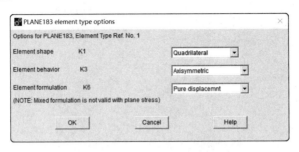

图 26-12　单元选项对话框

（12）定义材料模型。选择菜单 Main Menu→Preprocessor→Material Props→Material Models，弹出如图 26-5 所示的对话框，在左侧列表中选择"Material Model Number 1"，在右侧列表中依次选择"Structural""Linear""Elastic""Isotropic"，弹出如图 26-13 所示的对话框，在"EX"文本框中输入"2e11"（弹性模量），在"PRXY"文本框中输入"0.3"（泊松比），单击"OK"按钮；再在如图 26-5 所示的对话框右侧列表中依次选择"Structural""Thermal Expansion""Secant Coefficient""Isotropic"，弹出如图 26-14 所示的对话框，在"ALPX"文本框中输入"1.2e-5"（线膨胀系数），单击"OK"按钮。

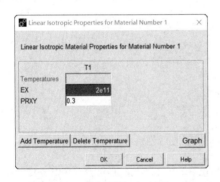

图 26-13　材料特性对话框（一）

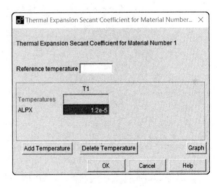

图 26-14　材料特性对话框（二）

选择如图 26-5 所示的对话框左侧列表中的"Material Model Number 2"，然后重复定义材料模型 1 时的各步骤，定义材料模型 2 的弹性模量为 2e10、泊松比为 0.4、线膨胀系数为 1.2e-6。最后关闭如图 26-5 所示的对话框。

（13）施加约束。选择菜单 Main Menu→Solution→Define Loads→Apply→Structural→Displacement→On Lines，弹出拾取窗口，选择水平方向的所有直线（即长度较短的 4 条直线），单击"OK"按钮，弹出如图 26-15 所示的对话框，在列表中选择"UY"，单击"OK"按钮。

（14）施加压力载荷。选择菜单 Main Menu→Solution→Define Loads→Apply→Structural→Pressure→On Lines，弹出选择窗口，选择最左面一条直线（即 *x* 坐标最小的直线），单击"OK"按钮，弹出如图 26-16 所示的对话框，在"VALUE"文本框中输入"3e5"，单击"OK"按钮。

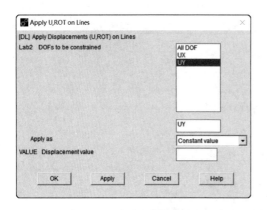

图 26-15　施加约束对话框

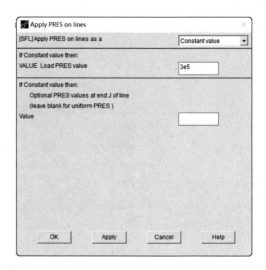

图 26-16　施加压力载荷对话框

（15）读入热分析得到的节点温度。选择菜单 Main Menu→Solution→Define Loads→Apply→Structural→Temperature→From Therm Analy，弹出如图 26-17 所示的对话框，在"Fname"文本框中输入"E26.rth"或者单击"Browse"按钮，在 ANSYS 工作文件夹中选择同一文件，单击"OK"按钮。

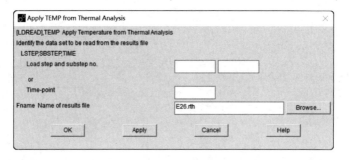

图 26-17　从热分析读入节点温度对话框

（16）指定参考温度。选择菜单 Main Menu→Solution→Define Loads→Settings→Reference Temp，弹出如图 26-18 所示的对话框，在"TREF"文本框中输入"20"，单击"OK"按钮。

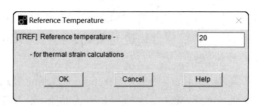

图 26-18　定义参考温度对话框

计算热膨胀大小时，温度差等于节点温度减去参考温度，参考温度的默认值为 0。

（17）求解。选择菜单 Main Menu→Solution→Solve→Current LS。单击"Solve Current Load Step"对话框的"OK"按钮。当出现"Solution is done!"提示时，求解结束，即可查看结果了。

（18）读结果。选择菜单 Main Menu→General Postproc→Read Results→Last Set。

图 26-19　液体管路的 von Mises 应力

（19）查看结果，用等高线显示 von Mises 应力。选择菜单 Main Menu→General Postproc→Plot Results→Contour Plot→Nodal Solu，弹出 "Contour Nodal Solution Data" 对话框，在列表中依次选择 "Nodal Solution→Stress→von Mises SEQV"（第四强度理论的等效应力），单击 "OK" 按钮。

结果如图 26-19 所示，可以看出，von Mises 应力的最大值为 0.588×10^8Pa，即 58.8MPa。

26.4　命令流

/CLEAR	!清除数据库，新建分析
/FILNAME, E26	!定义任务名为 E26
/PREP7	!进入预处理器
ET, 1, 77, , , 1	!选择单元类型，指定轴对称选项
MP, KXX, 1, 70	!定义热分析的材料模型 1，导热系数
MP, KXX, 2, 0.02	!定义热分析的材料模型 2，导热系数
RECTNG, 0.14, 0.15, 0, 1	!创建矩形
RECTNG, 0.15, 0.2, 0, 1	
AGLUE, ALL	!粘接所有面
ESIZE, 0.01	!单元边长度
MSHKEY, 1	!指定映射网格
MSHAPE, 0	!指定单元形状为四边形
AATT, 1, 1, 1	!指定单元属性
AMESH, 1	!对面 1 划分单元
AATT, 2, 1, 1	
AMESH, 3	!对面 3 划分单元

```
FINISH                          !退出预处理器
/SOLU                           !进入求解器，进行热分析
SFL, 4, CONV, 1, , 70           !在线上施加对流边界条件
SFL, 6, CONV, 0.5, , -40
SOLVE                           !求解
FINISH                          !退出求解器
/PREP7                          !进入预处理器
ETCHG, TTS                      !将热单元转换为结构单元
KEYOPT, 1, 3, 1                 !指定轴对称选项
MP, EX, 1, 2E11                 !定义结构分析的材料模型 1，弹性模量
MP, NUXY, 1, 0.3                !泊松比
MP, ALPX, 1, 1.2E-5             !线膨胀系数
MP, EX, 2, 2E10                 !定义结构分析的材料模型 2
MP, NUXY, 2, 0.4
MP, ALPX, 2, 1.2E-6

FINISH                          !退出预处理器
/SOLU                           !进入求解器，进行结构分析
DL, 1, , UY                     !在线上施加位移边界条件
DL, 3, , UY
DL, 9, , UY
DL, 10, , UY
SFL, 4, PRES, 3E5               !在线上施加压力载荷
LDREAD, TEMP, , , , , , RTH     !从热分析结果文件读入节点温度
TREF, 20                        !参考温度
SOLVE                           !求解
FINISH                          !退出求解器
/POST1                          !进入通用后处理器
SET, LAST                       !读结果
PLNSOL, S, EQV                  !显示 von Mises 应力云图
FINISH                          !退出通用后处理器
```

第六篇 综合应用

第27例 模型力学特性计算实例——液体容器倾翻特性的研究

27.1 问题描述

如图 27-1 所示盛有液体的液体容器在倾翻过程中，由于液体的流动和液体的流出，包括液体在内的液体容器的质量、重心、转动惯量、倾翻力矩等倾翻特性都随倾翻角度而变化。而这些倾翻特性决定了倾翻电动机的功率，并且对合理设计液体容器结构具有决定性的影响，因此对液体容器的倾翻特性研究对液体容器的设计至关重要。研究该特性的方法和工具有很多，其中有限元法有其突出的优点，如同时可以进行倾翻过程的应力变形分析，可以进行优化设计等。用 ANSYS 软件对液体容器的倾翻特性进行研究的方法有两种，第一种是用流体单元模拟液体，该方法涉及到大变形、流体结构耦合，存在非线性；第二种方法就是本例介绍的用结构单元模拟液体，利用 ANSYS 模型力学特性计算工具，对液体容器的倾翻特性进行研究。

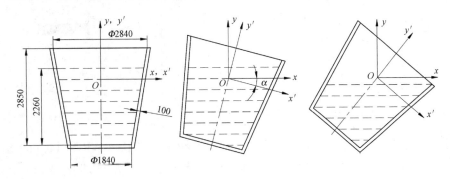

图 27-1 液体容器倾翻过程

液体容器在倾翻过程中存在两种状态，一种是液体未流出容器，只在容器内部流动；另一种是液体已流出容器，且在容器内部流动。利用本方法对两种状态的研究过程是一致的，本例只研究第一种状态。

为了研究问题方便，使用两种坐标系：固定不动的坐标系 $x'Oy'$；随容器一起绕转动中心转

动的坐标系 *xOy*。在分析过程中，首先建立倾翻角度为0°时的容器和液体模型，以计算液体重量；然后用与倾翻角度方向相同的工作平面对液体模型进行分割，具体过程如下。

27.2 分析步骤

（1）改变任务名。选择菜单 Utility Menu→File→Change Jobname，弹出如图 27-2 所示的对话框，在"[/FILNAM]"文本框中输入"E27"，单击"OK"按钮。

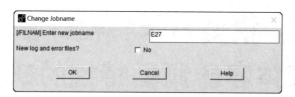

图 27-2 改变任务名对话框

（2）定义材料模型。选择菜单 Main Menu→Preprocessor→Material Props→Material Models，弹出如图 27-3 所示的对话框，在右侧列表中依次选择"Structural""Density"，弹出如图 27-4 所示的对话框，在"DENS"文本框中输入"7800"（密度），单击"OK"按钮。单击如图 27-3 所示的对话框中菜单项 Material→New Model，单击弹出的"Define Material ID"对话框的"OK"按钮，然后重复定义材料模型 1 时的各步骤，定义材料模型 2 的密度为 1000，最后关闭如图 27-3 所示的对话框。

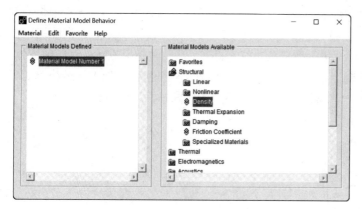

图 27-3 材料模型对话框

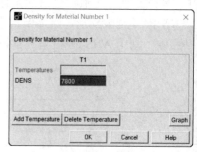

图 27-4 材料特性对话框

（3）旋转工作平面。选择菜单 Utility Menu→WorkPlane→Offset WP by Increment，弹出如图 27-5 所示的对话框，在"XY, YZ, ZX Angles"文本框中输入"0, -90, 0"，单击"OK"按钮。

（4）创建圆锥体。选择菜单 Main Menu→Preprocessor→Modeling→Create→Volumes→Cone→By Dimensions，弹出如图 27-6 所示对话框，在"RBOT"文本框中输入"1"，在"RTOP"文本框中输入"1.521"，在"Z1"文本框中输入"0.923"，在"Z2"文本框中输入"-2.031"，单击"Apply"按钮；再次弹出如图 27-6 所示的对话框，在上述 4 个文本框中依次输入"0.92""1.42""0.923""-1.931"，单击"OK"按钮。

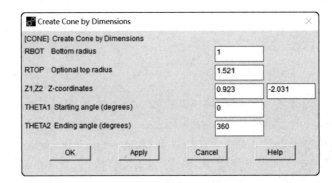

图 27-5 旋转工作平面对话框   图 27-6 创建圆锥体对话框

（5）进行布尔减运算，形成液体容器的内腔。选择菜单 Main Menu→Preprocessor→Modeling →Operate→Booleans→Subtract→Volumes，弹出选择窗口，选择外边较大的圆锥体，单击"OK" 按钮；再次弹出选择窗口，选择里边较小的圆锥体，单击"OK"按钮。

（6）压缩体号。选择菜单 Main Menu→Preprocessor→Numbering Ctrls→Compress Numbers， 弹出如图 27-7 所示的对话框，选择"Label"下拉列表框为"Volumes"，单击"OK"按钮。于 是体号被重新排列。

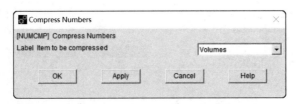

图 27-7 压缩体号对话框

（7）创建圆锥体，用来模拟液体。选择菜单 Main Menu→Preprocessor→Modeling→Create →Volumes→Cone→By Dimension，弹出如图 27-6 所示的对话框，在"RBOT"文本框中输入 "0.92"，在"RTOP"文本框中输入"1.3145"，在"Z1"文本框中输入"0.327"，在"Z2"文本 框中输入"-1.931"，单击"OK"按钮。

（8）选择体 1，即液体容器。选择菜单 Utility Menu→Select→Entities，弹出如图 27-8 所示 的对话框，在各下拉列表框、文本框、单选按钮中依次选择或输入"Volumes""By Num/Pick" "From Full"，单击"Apply"按钮，弹出选择窗口，选择体 1，单击选择窗口的"OK"按钮。

（9）为体 1 指定属性。选择菜单 Main Menu→Preprocessor→Meshing→Mesh Attributes→ Picked Volumes，弹出选择窗口，单击"Pick All"按钮；弹出如图 27-9 所示的对话框，选择"MAT" 下拉列表框为"1"，单击"OK"按钮。

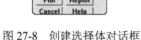

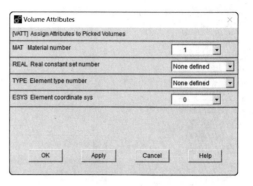

图 27-8　创建选择体对话框　　　　　　　图 27-9　为体指定属性对话框

（10）选择体 2，即液体。在如图 27-8 所示的对话框中，选择最上面的下拉列表框为"Volumes"，单击窗口的"Invert"按钮。

（11）为体 2 指定属性。选择菜单 Main Menu→Preprocessor→Meshing→Mesh Attributes→Picked Volumes，弹出选择窗口，单击"Pick All"按钮；弹出如图 27-9 所示的对话框，选择"MAT"下拉列表框为"2"，单击"OK"按钮。

（12）计算体 2 的体积。选择菜单 Main Menu→Preprocessor→Modeling→Operate→Calc Geom Item→Of Volumes。单击弹出的"Calc Geom of Volumes"对话框的"OK"按钮。

在"VSUM Command"窗口显示体 2 即液体的体积为 8.9467m^3。

（13）将体 2 的体积存储于变量 V2。选择菜单 Utility Menu→Parameters→Get Scalar Data，弹出如图 27-10 所示的对话框，在左侧列表中选择"Model data"，在右侧列表中选择"Volumes"，单击"OK"按钮；弹出如图 27-11 所示的对话框，在"Name"文本框中输入"V2"，在"N"文本框中输入"2"，在列表中选择"Volume"，单击"OK"按钮。

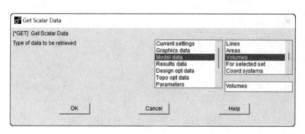

图 27-10　数据类型对话框

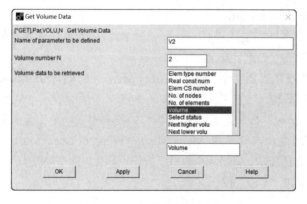

图 27-11　提取数据对话框

（14）选择所有体。单击如图 27-8 所示的对话框的"Sele All"按钮。

通过以上步骤，计算出液体的体积并将其存储到变量 V2 中。

（15）删除体 2。选择菜单 Main Menu→Preprocessor→Modeling→Delete→Volume and Below，弹出选择窗口，选择体 2，单击"OK"按钮。

（16）创建圆锥体，用来模拟液体。选择菜单 Main Menu→Preprocessor→Modeling→Create→Volumes→Cone→By Dimension，弹出如图 27-6 所示的对话框，在"RBOT"文本框中输入"0.92"，在"RTOP"文本框中输入"1.42"，在"Z1"文本框中输入"0.923"，在"Z2"文本框中输入"-1.931"，单击"OK"按钮。

（17）重画图形。选择菜单 Utility Menu→Plot→Replot。

（18）选择体 2，即再次创建的液体模型。选择菜单 Utility Menu→Select→Entities，弹出如图 27-8 所示的对话框，在各下拉列表框、文本框、单选按钮中依次选择或输入"Volumes""By Num/Pick""From Full"，单击"Apply"按钮，弹出选择窗口，选择体 2，单击选择窗口的"OK"按钮。

（19）偏移、旋转工作平面。选择菜单 Utility Menu→WorkPlane→Offset WP by Increment。在弹出的对话框的"X, Y, Z Offsets"文本框中输入"0, 0, 0.5"，在"XY, YZ, ZX Angles"文本框中输入"0, 0, -10"，单击"OK"按钮。

（20）划分体 2。选择菜单 Main Menu→Preprocessor→Modeling→Operate→Booleans→Divide→Volu by WrkPlane，弹出选择窗口，选择体 2，单击选择窗口的"OK"按钮。

（21）删除体 4。选择菜单 Main Menu→Preprocessor→Modeling→Delete→Volume and Below，弹出选择窗口，选择体 4（顶部体），单击选择窗口的"OK"按钮。

（22）为液体模型，即体 2 指定属性。选择菜单 Main Menu→Preprocessor→Meshing→Mesh Attributes→Picked Volumes，弹出选择窗口，单击"Pick All"按钮；弹出如图 27-9 所示的对话框，选择"MAT"下拉列表框为"2"，单击"OK"按钮。

（23）计算液体模型，即体 2 的体积。选择菜单 Main Menu→Preprocessor→Modeling→Operate→Calc Geom Item→Of Volumes，单击弹出的"Calc Geom of Volumes"对话框的"OK"按钮。

在"VSUM Command"窗口显示体 2 即液体的体积为 $9.9395m^3$，表明剩余液体的体积大于 V2 值。

（24）偏移工作平面。选择菜单 Utility Menu→WorkPlane→Offset WP by Increment。在弹出的对话框的"X, Y, Z Offsets"文本框中输入"0, 0, -0.01"，单击"Apply"按钮。

然后重复步骤（20）～（23），计算出剩余液体的体积为 $9.8817m^3$，仍然大于 V2 值。

继续不断重复步骤（24），然后重复步骤（20）～（23），计算出剩余液体的体积，直到计算值接近 V2，最终结果为 $8.9776m^3$。

（25）选择所有。选择菜单 Utility Menu→Select→Everything。

（26）重画图形。选择菜单 Utility Menu→Plot→Replot。

（27）计算整个模型的特性。选择菜单 Main Menu→Preprocessor→Modeling→Operate→Calc Geom Item→Of Volumes。单击弹出的"Calc Geom of Volumes"对话框的"OK"按钮。

在"VSUM Command"窗口（见图 27-12）显示出了整个模型在倾翻 10°后的各种力学特性。该窗口显示整个结构对转动轴轴线 z 轴的转动惯量 I_{zz} 为 $48346N\cdot m\cdot s^2$，在坐标系 xOy 下的质心坐标为 $X_C=0.014629m$，$Y_C=-0.62085m$，转换到坐标系 $x'Oy'$ 下的质心坐标为

$$X'_C = X_C \cos\alpha - Y_C \sin\alpha = 0.014629\cos(-10°) - (-0.62085)\sin(-10°) = -0.0934m$$

$$Y'_C = X_C \sin\alpha + Y_C \cos\alpha = 0.014629\sin(-10°) + (-0.62085)\cos(-10°) = -0.6140\text{m}$$

式中，α 为倾翻角度，如图 27-1 所示。

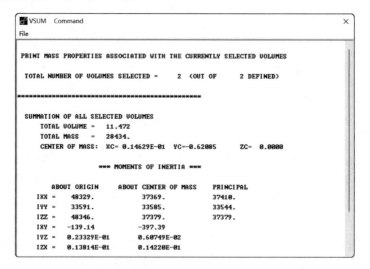

图 27-12　计算结果

可以计算出倾翻力矩为 $M = mgX'_C = 28434 \times 9.8 \times (-0.0934) = -26026\ \text{N·m}$。

按照以上方法可以同样计算出其他倾翻角度下的相应数据。另外，还可以对结构进行单元划分，计算容器的静应力。

27.3　命令流

```
/CLEAR                              !清除数据库，新建分析
/FILNAME, E27                       !定义任务名为 E27
/PREP7                              !进入预处理器
MP, DENS, 1, 7800                   !定义材料模型 1
MP, DENS, 2, 1000                   !定义材料模型 2
WPROT, 0, -90, 0                    !旋转工作平面
CONE, 1, 1.521, 0.923, -2.031, 0, 360    !创建圆锥体
CONE, 0.92, 1.42, 0.923, -1.931, 0, 360
VSBV, 1, 2                          !减运算形成容器
NUMCMP, VOLU                        !压缩体号
CONE, 0.92, 1.3145, 0.327, -1.931, 0, 360   !创建圆锥体，液体
VSEL, S, , , 1                      !选择体
VATT, 1                             !指定材料模型
VSEL, S, , , 2
VATT, 2
VSUM                                !计算体 2 的体积
*GET, V2, VOLU, 2, VOLU             !提取体 2 的体积存储于变量 V2 中
```

```
VSEL, ALL                                    !选择所有体
VDELE, 2, , , 1                              !删除体 2
CONE, 0.92, 1.42, 0.923, -1.931, 0, 360     !创建圆锥体
VSEL, S, , , 2                               !选择体 2
WPOFF, 0, 0, 0.5                            !偏移工作平面
WPROT, 0, 0, -10                            !旋转工作平面
VSBW, ALL                                    !用工作平面划分体 2
VDELE, 4, , , 1                              !删除体 4
VATT, 2                                      !指定材料模型 2
VSUM                                         !计算体 2 的体积
*DO, I, 1, 25                               !循环开始
NUMCMP, VOLU                                !压缩体号
WPOFF, 0, 0, -0.01                          !偏移工作平面
VSBW, ALL                                    !用工作平面划分体 2
VDELE, 4, , , 1                              !删除体 4
VATT, 2                                      !指定材料模型 2
VSUM                                         !计算体的体积
*GET, V4, VOLU, 4, VOLU                     !提取体 4 的体积存储于参数 V4 中
*IF, ABS(V4-V2), LT, 5E-2, THEN            !当体 4 的体积近似液体体积 V2 时，退出循环
*EXIT
*ELSE
J=1
*ENDIF
*ENDDO                                       !循环结束
VSEL, ALL                                    !选择所有体
VSUM                                         !计算体的体积
FINISH                                       !退出预处理器
```

第 28 例 载荷工况组合实例——简支梁

28.1 概述

载荷工况组合是后处理的一种方法，合理使用该技巧，可以减小有限元模型的规模，进而大幅减少分析计算时间和对内存的需求。

使用载荷工况组合的前提是必须用多载荷步求解，每一个载荷步的结果将以独立的序列存放在结果文件中，并由载荷步号进行识别。

载荷工况组合是两个结果序列之间的操作，操作发生在数据库（内存）中的一个载荷工况和结果文件中的第二个载荷工况之间，然后将操作的结果即组合的工况保存到数据库中。

载荷工况组合的基本步骤如下：

1）建立载荷工况

按多载荷步求解后，建立载荷工况，使每一个载荷工况对应着一个载荷步或子步，选择菜单 Main Menu→General Postproc→Load Case→Create Load Case。

2）将一个载荷工况读入数据库（内存）

选择菜单 Main Menu→General Postproc→Load Case→Read Load Case。

3）执行操作

操作发生在数据库（内存）中的一个载荷工况和结果文件中的第二个载荷工况之间，选择菜单 Main Menu→General Postproc→Load Case。

4）写载荷工况组合到结果文件

选择菜单 Main Menu→General Postproc→Write Results。

28.2 问题描述及解析解

如图 28-1（a）所示为一圆截面简支梁，跨度 L=1m，圆截面直径 D=30mm，作用在梁上的集中力 P=1000N，作用点距支座 A 的距离 a=0.2m，已知梁材料的弹性模量 E=2×10¹¹N/m²。由材料力学知识可得，梁截面的惯性距为

$$I = \frac{\pi D^4}{64} = \frac{\pi \times 0.03^4}{64} = 3.976 \times 10^{-8} \, \text{m}^{-4}$$

最大挠度为

$$f_{\max} = \frac{Pa}{9\sqrt{3}EIL}\sqrt{(L^2-a^2)^3}$$

$$= \frac{1000 \times 0.2}{9\sqrt{3} \times 2 \times 10^{11} \times 3.976 \times 10^{-8}}\sqrt{(1-0.2^2)^3} = 1.517 \times 10^{-3}\,\text{m}$$

当进行线性分析时，简支梁的应力、应变和变形等于图 28-1（b）、（c）所示两个简支梁的结果的叠加。如图 28-1（b）所示的简支梁结构和载荷均对称于梁的中点 O，故应力、应变和变形也对称于梁的中点 O，在进行有限元分析时，可简化为如图 28-2（a）所示的模型（力矩 M 为支反力，使得 O 处转角为零）。如图 28-1（c）所示的简支梁结构对称，载荷反对称，故应力、应变和变形也反对称于梁的中点 O，因此可简化为如图 28-2（b）所示的模型。

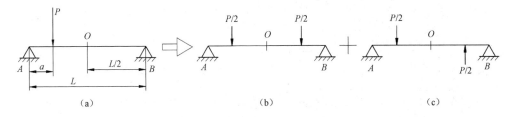

图 28-1　圆截面简支梁

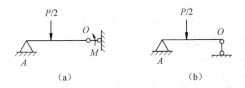

图 28-2　简支梁的简化模型

对如图 28-2（a）、（b）所示的模型进行有限元分析时，将结果分别进行相加和相减，即可分别得到如图 28-1（a）所示的简支梁中点左右两部分的结果。

28.3　分析步骤

（1）改变任务名。选择菜单 Utility Menu→File→Change Jobname，弹出如图 28-3 所示的对话框，在"[/FILNAM]"文本框中输入"E28"，单击"OK"按钮。

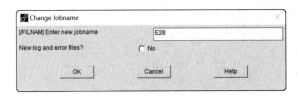

图 28-3　改变任务名对话框

（2）选择单元类型。选择菜单 Main Menu→Preprocessor→Element Type→Add/Edit/Delete，弹出如图 28-4 所示的对话框，单击"Add"按钮；弹出如图 28-5 所示的对话框，在左侧列表中选择"Beam"，在右侧列表中选择"2 node 188"，单击"OK"按钮；单击图 28-4 所示对话框的"Close"按钮。

图 28-4　单元类型对话框

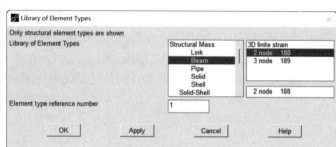

图 28-5　单元类型库对话框

（3）定义梁截面。选择菜单 Main Menu→Preprocessor→Sections→Beam→Common Sections，弹出如图 28-6 所示的对话框，选"Sub-Type"下拉列表框为●，在"R"文本框中输入"0.015"，单击"OK"按钮。

（4）定义材料模型。选择菜单 Main Menu→Preprocessor→Material Props→Material Models，弹出如图 28-7 所示的对话框，在右侧列表中依次选择"Structural""Linear""Elastic""Isotropic"，弹出如图 28-8 所示的对话框，在"EX"文本框中输入"2e11"（弹性模量），在"PRXY"文本框中输入"0.3"（泊松比），单击"OK"按钮。然后关闭如图 28-7 所示的对话框。

图 28-6　定义梁截面对话框

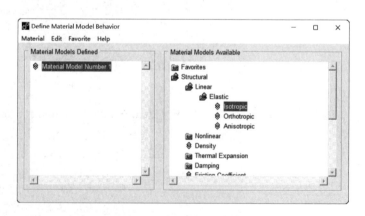

图 28-7　材料模型对话框

（5）创建关键点。选择菜单 Main Menu→Preprocessor→Modeling→Create→Keypoints→In Active CS，弹出如图 28-9 所示的对话框，在"NPT"文本框中输入"1"，在"X, Y, Z"文本框中分别输入"0, 0, 0"，单击"Apply"按钮；在"NPT"文本框中输入"2"，在"X, Y, Z"文本框中分别输入"0.5, 0, 0"，单击"OK"按钮。

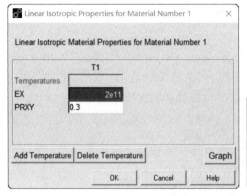

图 28-8　材料特性对话框

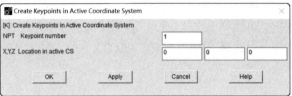

图 28-9　创建关键点对话框

（6）显示关键点编号。选择菜单 Utility Menu→PlotCtrls→Numbering。在弹出的对话框中，将"Keypoint numbers"（关键点编号）打开，单击"OK"按钮。

（7）创建直线。选择菜单 Main Menu→Preprocessor→Modeling→Create→Lines→Lines→Straight Line，弹出选择窗口，选择关键点 1 和 2，单击"OK"按钮。

（8）创建硬点。选择菜单 Main Menu→Preprocessor→Modeling→Create→Keypoints→Hard PT on line→Hard PT by ratio。弹出选择窗口，选择直线，单击"OK"按钮，弹出如图 28-10 所示的对话框，在文本框中输入"0.4"，单击"OK"按钮。

为了施加集中载荷，在作用点处创建了一个硬点，该硬点属于直线，在划分单元时该处必有节点存在。

（9）划分单元。选择菜单 Main Menu→Preprocessor→Meshing→MeshTool，弹出"MeshTool"对话框，单击"Size Controls"区域中"Lines"后的"Set"按钮，弹出选择窗口，选择直线，单击"OK"按钮，弹出如图 28-11 所示的对话框，在"NDIV"文本框中输入"50"，单击"OK"按钮；单击"Mesh"区域的"Mesh"按钮，弹出选择窗口，选择直线，单击"OK"按钮。关闭"MeshTool"对话框。

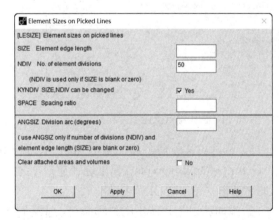

图 28-10　创建硬点对话框

图 28-11　单元尺寸对话框

（10）显示各类实体。选择菜单 Utility Menu→Plot→Multi- Plots。

（11）修改单元属性。选择菜单 Main Menu→Preprocessor→Modeling→Move/Modify→Elements→Modify Attrib，弹出选择窗口，单击"Pick All"按钮，弹出如图 28-12 所示的对话框，

选择"STLOC"为"Section Num SEC",在"I1"文本框中输入"1",单击"OK"按钮。

将单元的截面号修改为1。

(12)施加第一个载荷步的位移载荷。选择菜单 Main Menu→Solution→Define Loads→Apply→Structural→Displacement→On Keypoints,弹出选择窗口,选择关键点 1,单击"OK"按钮,弹出如图 28-13 所示的对话框,在列表中选择"UX""UY""UZ""ROTX""ROTY",单击"Apply"按钮;再次弹出选择窗口,选择关键点 2,单击"OK"按钮,弹出如图 28-13 所示的对话框,在列表中选择"UX""UZ""ROTX""ROTY""ROTZ",单击"OK"按钮。

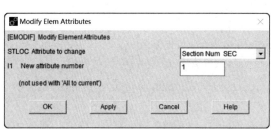

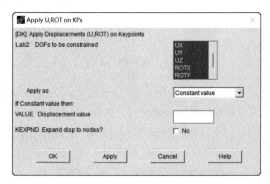

图 28-12 修改单元属性对话框   图 28-13 施加位移载荷对话框

(13)施加第一个载荷步的力载荷。选择菜单 Main Menu→Solution→Define Loads→Apply→Structural→Force/Moment→On Keypoints,弹出选择窗口,选择关键点 3,单击"OK"按钮,弹出如图 28-14 所示的对话框,选择"Lab"下拉列表框为"FY",在"VALUE"文本框中输入"-500",单击"OK"按钮。

(14)写第一个载荷步文件。选择菜单 Main Menu→Solution→Load Step Opts→Write LS File,弹出如图 28-15 所示的对话框,在"LSNUM"文本框中输入"1",单击"OK"按钮。

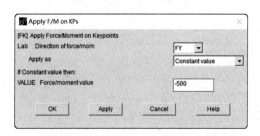

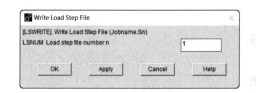

图 28-14 在关键点上施加力载荷对话框   图 28-15 写载荷步文件对话框

(15)删除位移载荷。选择菜单 Main Menu→Solution→Define Loads→Delete→Structural→Displacement→On Keypoints,弹出选择窗口,选择关键点 2,单击"OK"按钮,弹出如图 28-16 所示的对话框,单击"OK"按钮。

(16)施加第二个载荷步的位移载荷。选择菜单 Main Menu→Solution→Define Loads→Apply→Structural→Displacement→On Keypoints,弹出选择窗口,选择关键点 2,单击"OK"按钮,弹出如图 28-13 所示的对话框,在列表中选择"UY""UZ""ROTX""ROTY",单击"OK"按钮。

(17)写第二个载荷步文件。选择菜单 Main Menu→Solution→Load Step Opts→Write LS File,

弹出如图 28-15 所示的对话框，在"LSNUM"文本框中输入"2"，单击"OK"按钮。

（18）求解。选择菜单 Main Menu→Solution→Solve→From LS Files，弹出如图 28-17 所示的对话框，在"LSMIN"文本框中输入"1"，在"LSMAX"文本框中输入"2"，单击"OK"按钮。当出现"Solution is done!"提示时，求解结束。

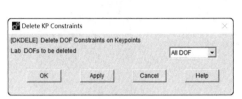

图 28-16 删除位移载荷对话框

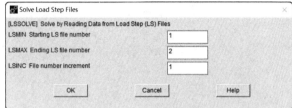

图 28-17 从载荷步文件求解对话框

（19）创建载荷工况。选择菜单 Main Menu→General Postproc→Load Case→Create Load Case，弹出如图 28-18 所示的对话框，单击"OK"按钮，接着弹出如图 28-19 所示的对话框，在"LCNO"文本框中输入"1"，在"LSTEP"文本框中输入"1"，单击"Apply"按钮；再次弹出如图 28-18 所示的对话框，单击"OK"按钮，接着弹出如图 28-19 所示的对话框，在"LCNO"文本框中输入"2"，在"LSTEP"文本框中输入"2"，单击"OK"按钮。于是，创建了两个载荷工况。其中，载荷工况 1 对应着载荷步 1，载荷工况 2 对应着载荷步 2。

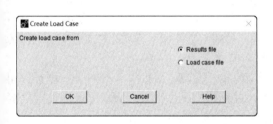

图 28-18 定义载荷工况对话框

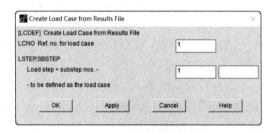

图 28-19 从结果文件定义载荷工况对话框

（20）将载荷工况 1 读入内存。选择菜单 Main Menu→General Postproc→Load Case→Read Load Case，弹出如图 28-20 所示的对话框，在"LCNO"文本框中输入"1"，单击"OK"按钮。

（21）对载荷工况进行加运算。选择菜单 Main Menu→General Postproc→Load Case→Add，弹出如图 28-21 所示的对话框，在"LCASE1"文本框中输入"2"，单击"OK"按钮。

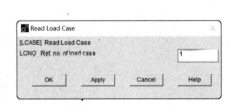

图 28-20 读载荷工况对话框

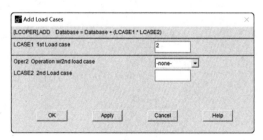

图 28-21 对载荷工况进行加运算对话框

加运算发生在数据库（内存）中的载荷工况 1 和结果文件中的载荷工况 2 之间，然后将加运算的结果即组合的工况保存到数据库中。

（22）查看结果，显示变形。选择菜单 Main Menu→General Postproc→Plot Results→Deformed Shape。在弹出的对话框中，选择"Def shape only"，单击"OK"按钮。结果如图 28-22 所示，即如图 28-1 所示的简支梁左半部分的结果。从图中可以看出，最大位移为 0.001523m，与理论结果一致。

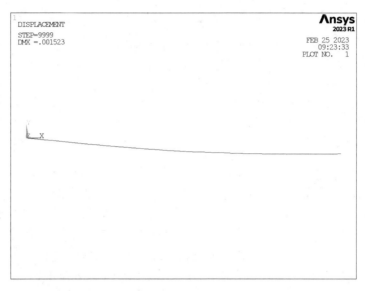

图 28-22　简支梁左半部分的变形

（23）写载荷工况组合到结果文件。选择菜单 Main Menu→General Postproc→Write Results。在弹出的对话框的"LSTEP"文本框中输入"9999"，单击"OK"按钮。

（24）查看简支梁右半部分的结果。重复步骤（20）～（22），在步骤（21）中，选择菜单 Main Menu→General Postproc→Load Case→Subtract，对载荷工况进行减运算，可得简支梁右半部分的结果（见图 28-23）。

提示：与简支梁的实际情况呈对称关系。

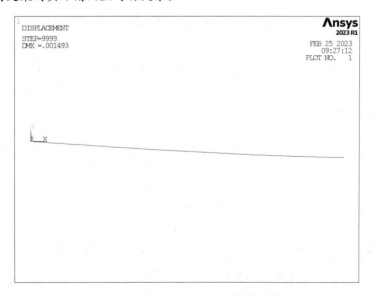

图 28-23　简支梁右半部分的变形

28.4　命令流

/CLEAR	!清除数据库，新建分析
/FILNAME, E28	!定义任务名为 E28
/PREP7	!进入预处理器
ET, 1, BEAM188	!选择单元类型
MP, EX, 1, 2E11	!定义材料模型，弹性模量
MP, PRXY, 1, 0.3	!泊松比
SECTYPE, 1, BEAM, CSOLID	!梁截面
SECDATA, 0.015	!圆截面半径
K, 1, 0, 0, 0	!创建关键点
K, 2, 0.5, 0, 0	
LSTR, 1, 2	!创建直线
HPTCREATE, LINE, 1, , RATIO, 0.4	!在直线上创建硬点
LESIZE, 1, , , 50	!指定线划分单元段数
LMESH, 1	!对线 1 划分单元
EMODIF, ALL, SEC, 1	!修改单元截面号为 1
FINISH	!退出预处理器
/SOLU	!进入求解器
DK, 1, UX	!在关键点上施加位移约束
DK, 1, UY	
DK, 1, UZ	
DK, 1, ROTX	
DK, 1, ROTY	
DK, 2, UX	
DK, 2, UZ	
DK, 2, ROTX	
DK, 2, ROTY	
DK, 2, ROTZ	
FK, 3, FY, -500	!在关键点上施加集中力载荷
LSWRITE, 1	!写载荷步文件 1
DKDELE, 2, ALL	!删除第一个载荷步施加在关键点 2 上的位移约束
DK, 2, UY	
DK, 2, UZ	
DK, 2, ROTX	
DK, 2, ROTY	
LSWRITE, 2	!写载荷步文件 2
LSSOLVE, 1, 2, 1	!从载荷步文件求解
FINISH	!退出求解器

```
/POST1                          !进入通用后处理器
LCDEF, 1, 1                     !用载荷步创建载荷工况
LCDEF, 2, 2
LCASE, 1                        !读载荷工况 1 到内存
LCOPER, ADD, 2                  !将载荷工况 2 与内存数据（载荷工况 1）求和
PLDISP                          !显示变形
FINISH                          !退出通用后处理器
```

第29例　利用MPC技术对SOLID-SHELL单元进行连接实例——简支梁

29.1　概述

很多情况下对整个模型各部分分别使用壳（SHELL）单元与实体（SOLID）单元进行单元划分，不仅可以减少计算量，而且计算精度不受到影响。但是，壳单元包括3个位移自由度、3个转动自由度，共6个自由度，而3D实体单元只有3个位移自由度，二者直接连接时由于本身自由度的不同使转动自由度不连续，造成计算结果产生较大的误差。

对于不同类型单元自由度不连续的问题，ANSYS解决问题的方法包括使用约束方程和MPC法。

29.1.1　使用约束方程

使用约束方程是传统的办法，就是把一个节点的某个自由度与其他一个节点或多个节点的自由度通过某种关系方程联系起来。有如下形式：

$$C = \sum_{i=1}^{N} C_f(i)U(i) \qquad (29\text{-}1)$$

式中，C为常数；$C_f(i)$为系数；i为节点编号；$U(i)$为自由度；N为方程项中的编号。

为建立有限元模型并构建约束方程，需要对实体部分与壳部分分别进行单元划分，需要注意的是应使连接处实体单元与板壳单元的节点位置重合，并在划分完单元后合并节点，以保证实体与壳单元在连接处有公共节点。

显然，当公共节点较多时，需要建立的约束方程数目也相应较多，处理时比较困难。

29.1.2　MPC法

MPC即多点约束方程（Multipoint Constraint），利用它可以不需要与连接处的节点一一对应就能将不连续、自由度不协调的单元连接起来。MPC法适用于CONTA171、CONTA172、CONTA173、CONTA174与CONTA175单元。使用MPC功能连接3D实体单元与壳单元是通过定义需要连接的实体部分与壳部分为接触关系、设置接触单元的接触算法为MPC algorithm，和定义接触面行为为绑定来实现的。用MPC法连接SOLID-SHELL单元需要作如下设置。

（1）将连接处理为接触，对实体使用TARGET单元，对壳体使用CONTACT单元。

（2）设置接触单元选项KEYOPT(2)=2，激活MPC方法；设置KEYOPT(12)=5或6，设置为绑定接触。

（3）设置目标单元 TARGE170 选项 KEYOPT(5)，选择约束类型。

由于 MPC 法不需要逐一建立约束方程，不需要实体与壳在连接处有公共节点，所以 MPC 法过程简单，使用方便。

29.2　问题描述

某实体梁的尺寸如图 29-1 所示，在梁的 2000mm×300mm 表面上作用有大小为 1MPa 的压力，两端 ϕ150 的圆柱面为支撑表面，分析其应力和变形情况。

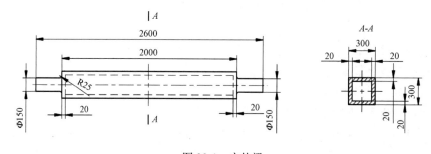

图 29-1　实体梁

由于梁的形状和载荷都对称于梁跨度中点处的横截面，分析时可取梁长度的一半。

29.3　分析步骤

（1）改变任务名。选择菜单 Utility Menu→File→Change Jobname，弹出如图 29-2 所示的对话框，在"[/FILNAM]"文本框中输入"E29"，单击"OK"按钮。

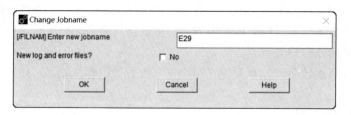

图 29-2　改变任务名对话框

（2）选择单元类型。选择菜单 Main Menu→Preprocessor→Element Type→Add/Edit/Delete。弹出"Element Type"对话框，单击其"Add"按钮，弹出如图 29-3 所示的对话框，在左侧列表中选择"Solid"，在右侧列表中选择"Brick 20 node 186"，单击"Apply"按钮；再在左侧列表中选择"Shell"，在右侧列表中选择"3D 4node 181"，单击"Apply"按钮；再在左侧列表中选择"Contact"，在右侧列表中选择"3D target 170"，单击"Apply"按钮；再在左侧列表中选择"Contact"，在右侧列表中选择"pt-to-surf 175"，单击"OK"按钮。返回到"Element Type"

对话框，在列表中选择"Type 3 TARGE170"，单击"Options"按钮，弹出如图 29-4 所示的对话框，选择"K5"下拉列表框为"Dis constraint (norm dir)"（仅法线方向约束），单击"OK"按钮；在列表中选择"Type 4 CONTA175"，单击"Options"按钮，弹出如图 29-5 所示的对话框，选择"K2"下拉列表框为"MPC algorithm"（MPC 算法），选择"K12"下拉列表框为"Bonded (always)"（绑定接触），单击"OK"按钮。关闭"Element Type"对话框。

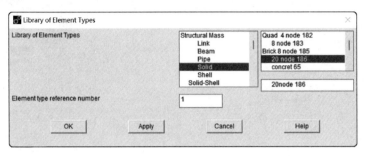

图 29-3　单元类型库对话框

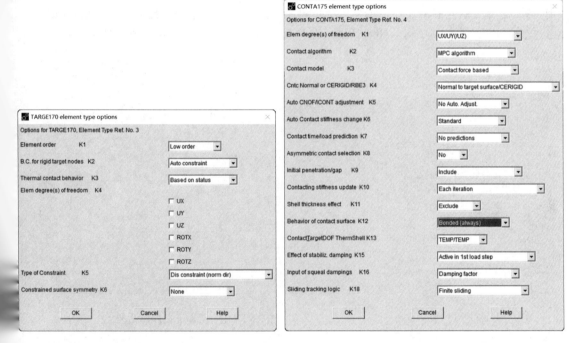

图 29-4　设置单元选项对话框（一）　　　图 29-5　设置单元选项对话框（二）

（3）定义实常数。选择菜单 Main Menu→Preprocessor→Real Constants→Add/Edit/Delete，弹出"Real Constants"对话框，单击"Add"按钮，在弹出对话框的列表中选择"Type 4 CONTA175"，单击"OK"按钮，在如图 29-6 所示的对话框中，单击"OK"按钮。再次单击"Real Constants"对话框的"Add"按钮，在弹出对话框的列表中选择"Type 4 CONTA175"，单击"OK"按钮，在如图 29-6 所示的对话框中，单击"OK"按钮。单击"Real Constants"对话框的"Close"按钮。定义实常数 2，用于识别接触对。

（4）定义材料模型。选择菜单 Main Menu→Preprocessor→Material Props→Material Models，弹出如图 29-7 所示的对话框，在右侧列表中依次选择"Structural""Linear""Elastic""Isotropic"，

弹出如图 29-8 所示的对话框，在"EX"文本框中输入"2e11"（弹性模量），在"PRXY"文本框中输入"0.3"（泊松比），单击"OK"按钮。然后关闭如图 29-7 所示的对话框。

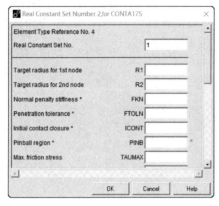

图 29-6　设置实常数对话框

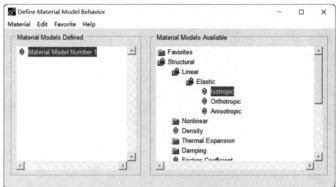

图 29-7　材料模型对话框

（5）定义壳单元的截面。选择菜单 Main Menu→Preprocessor→Sections→Shell→Lay-up→Add/Edit，弹出如图 29-9 所示的对话框，在"Thickness"文本框中输入"0.02"（壳厚度），单击"OK"按钮。

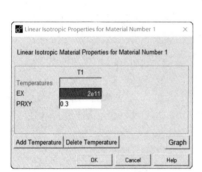

图 29-8　材料特性对话框

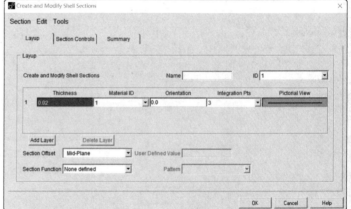

图 29-9　定义壳单元截面对话框

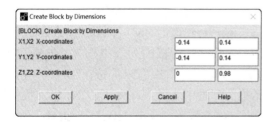

图 29-10　创建体对话框

（6）创建体。选择菜单 Main Menu→Preprocessor→Modeling→Create→Volumes→Block→By Dimension，弹出如图 29-10 所示的对话框，在"X1, X2"文本框中分别输入"-0.14 0.14"，在"Y1, Y2"文本框中分别输入"-0.14 0.14"，在"Z1, Z2"文本框中分别输入"0, 0.98"，单击"OK"按钮。

提示：尺寸 0.14 为壳单元实体的中面位置

（7）改变视点。选择菜单 Utility Menu→PlotCtrls→Pan Zoom Rotate，在弹出的对话框中，依次单击"Iso""Fit"按钮。或者单击图形窗口右侧显示控制工具条上的 按钮。

（8）删除体、保留面。选择菜单 Main Menu→Preprocessor→Modeling→Delete→Volumes Only，弹出选择窗口，选择块，单击"OK"按钮。

（9）显示面。选择菜单 Utility Menu→Plot→Areas。

（10）打开线号、面编号。选择菜单 Utility Menu→PlotCtrls→Numbering。在弹出的对话框中，将"Line numbers"（线编号）、"Area numbers"（面编号）打开，单击"OK"按钮。

（11）删除面。选择菜单 Main Menu→Preprocessor→Modeling→Delete→Area and Below，弹出选择窗口，选择面 1、2（较小的两个面），单击"OK"按钮。

（12）创建体。选择菜单 Main Menu→Preprocessor→Modeling→Create→Volumes→Block→By Dimension，弹出如图 29-10 所示的对话框，在"X1, X2"文本框中分别输入"-0.15, 0.15"，在"Y1, Y2"文本框中分别输入"-0.15, 0.15"，在"Z1, Z2"文本框中分别输入"0.98, 1"，单击"OK"按钮。

（13）创建关键点。选择菜单 Main Menu→Preprocessor→Modeling→Create→Keypoints→In Active CS，弹出如图 29-11 所示的对话框，在"NPT"文本框中输入"20"，在"X, Y, Z"文本框中分别输入"0, 0, 0.98"，单击"Apply"按钮；在"NPT"文本框中输入"21"，在"X, Y, Z"文本框中分别输入"0, 0.1, 0.98"，单击"Apply"按钮；在"NPT"文本框中输入"22"，在"X, Y, Z"文本框中分别输入"0, 0.1, 1"，单击"Apply"按钮；在"NPT"文本框中输入"23"，在"X, Y, Z"文本框中分别输入"0, 0.075, 1"，单击"Apply"按钮；在"NPT"文本框中输入"24"，在"X, Y, Z"文本框中分别输入"0, 0.075, 1.3"，单击"Apply"按钮；在"NPT"文本框中输入"25"，在"X, Y, Z"文本框中分别输入"0, 0, 1.3"，单击"OK"按钮。

（14）创建直线。选择菜单 Main Menu→Preprocessor→Modeling→Create→Lines→Lines→Straight Line，弹出选择窗口，分别在关键点 20 和 21、21 和 22、22 和 23、23 和 24、24 和 25、25 和 20 之间创建直线，单击"OK"按钮。

（15）显示线。选择菜单 Utility Menu→Plot→Lines。

（16）创建圆角。选择菜单 Main Menu→Preprocessor→Modeling→Create→Lines→Line Fillet，弹出选择窗口，分别选择直线 27、28，单击"OK"按钮，弹出如图 29-12 所示的对话框，在'RAD"文本框中输入"0.025"，单击"OK"按钮。

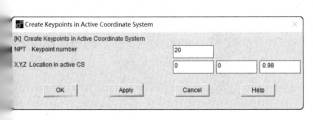

图 29-11　创建关键点对话框

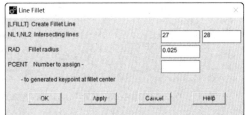

图 29-12　创建圆角对话框

（17）创建面。选择菜单 Main Menu→Preprocessor→Modeling→Create→Areas→Arbitrary→By Lines，弹出选择窗口，依次选择直线 25、26、31、28、29、30，单击"OK"按钮。

（18）由面旋转挤出体。选择菜单 Main Menu→Preprocessor→Modeling→Operate→Extrude→Areas→About Axis，弹出选择窗口，选择面 11，单击"OK"按钮；再次弹出选择窗口，选

择面 11 在 z 轴上的两个关键点 20、25，单击"OK"按钮；单击随后弹出对话框的"OK"按钮。

（19）显示面。选择菜单 Utility Menu→Plot→Areas。

（20）交迭体。选择菜单 Main Menu→Preprocessor→Modeling→Operate→Booleans→Overlap→Volunes，弹出选择窗口，单击其"Pick All"按钮。

（21）划分单元。选择菜单 Main Menu→Preprocessor→Meshing→MeshTool。本步骤所有操作均在弹出的"MeshTool"对话框中进行。以下步骤为划分 SHELL 单元过程。

图 29-13　面属性对话框

选择"Element Attributes"下拉列表框为"Areas"，单击下拉列表框后的"Set"按钮，弹出选择窗口，选择面 3、4、5、6，单击选择窗口的"OK"按钮，弹出如图 29-13 所示的"Areas Attributes"对话框，选择"REAL"下拉列表框为 1，选择"TYPE"下拉列表框为"2 SHELL181"，单击"OK"按钮。

单击"Size Controls"区域中"Global"后的"Set"按钮，弹出如图 29-14 所示的对话框，在"SIZE"文本框中输入"0.02"，单击"OK"按钮。

在"MeshTool"对话框的"Mesh"区域，选择下拉列表框为"Areas"，选择单元形状为"Quad"（四边形），选择划分单元的方法为"Mapped"（映射）；单击"Mesh"按钮，弹出选择窗口，选择面 3、4、5、6，单击选择窗口的"OK"按钮。

图 29-14　单元尺寸对话框

以下步骤为划分 SOLID 单元过程。

选择"Element Attributes"下拉列表框为"Volumes"，单击下拉列表框后的"Set"按钮，弹出选择窗口，单击"Pick All"按钮，弹出与图 29-13 类似的"Volumes Attributes"对话框，选择"REAL"下拉列表框为"1"，选择"TYPE"下拉列表框为"1 SOLID186"，单击"OK"按钮。

选中复选框"Smart Size"，选择精度级别为 5 级。

单击"Size Controls"区域中"Global"后的"Set"按钮，弹出如图 29-14 所示的对话框，在"SIZE"文本框中输入"0.0175"，单击"OK"按钮。

在"MeshTool"对话框的"Mesh"区域，选择下拉列表框为"Volumes"，选择单元形状为"Tet"（四面体）；选择划分单元的方法为"Free"（自由）；单击"Mesh"按钮，弹出选择窗口，单击"Pick All"按钮。

单击"MeshTool"对话框的"Close"按钮。

（22）为创建接触对，选择体上连接处节点。选择菜单 Utility Menu→Select→Entities，弹出如图 29-15 所示的对话框，在各下拉列表框、文本框、单选按钮中依次选择或输入"Areas""By Num/Pick""From Full"，单击"Apply"按钮。弹出选择窗口，在选择窗口的文本框中输入"47"，单击"OK"按钮。

再在如图 29-15 所示的对话框中，在各下拉列表框、文本框、单选按钮中依次选择或输入"Nodes""Attached to""Areas, all""From Full"，单击"Apply"按钮。

（23）指定单元属性。选择菜单 Main Menu→Preprocessor→Modeling→Create→Elements→Elem Attributes，弹出如图 29-16 所示的对话框，选择"TYPE"下拉列表框为"3 TARGE170"，选择"REAL"下拉列表框为 2，单击"OK"按钮。

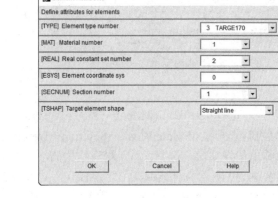

图 29-15　实体选择对话框　　　　图 29-16　单元属性对话框

（24）创建接触对的目标单元。选择菜单 Main Menu→Preprocessor→Modeling→Create→Elements→Surf/Contact→Surf Effect→Generl Surface→No extra Node，弹出选择窗口，单击"Pick All"按钮。

（25）为创建接触对，选择面上连接处节点。选择菜单 Utility Menu→Select→Entities，在弹出如图 29-15 所示的对话框的各下拉列表框、文本框、单选按钮中依次选择或输入"Lines""By Num/Pick""From Full"，单击"Apply"按钮。弹出选择窗口，在选择窗口的文本框中输入"5, 6, 7, 8"，单击"OK"按钮。

再在如图 29-15 所示的对话框的各下拉列表框、文本框、单选按钮中依次选择或输入"Nodes""Attached to""Lines, all""From Full"，单击"Apply"按钮。

（26）指定单元属性。选择菜单 Main Menu→Preprocessor→Modeling→Create→Elements→Elem Attributes，弹出如图 29-16 所示的对话框，选择"TYPE"为"4 CONTA175"，选择"REAL"为"2"，单击"OK"按钮。

（27）创建接触对的接触单元。选择菜单 Main Menu→Preprocessor→Modeling→Create→Elements→Surf/Contact→Node to Surf。单击"Mesh Free Surfaces"对话框的"OK"按钮，弹出选择窗口，单击"Pick All"按钮。

于是在实体单元节点（面 47 上节点）和壳单元节点（线 5、6、7、8 上节点）间创建了接触对，实常数为 2。

（28）选择所有。选择菜单 Utility Menu→Select→Everything。

（29）施加约束。选择菜单 Main Menu→Solution→Define Loads→Apply→Structural→Displacement→On Areas，弹出选择窗口，选择面 15、21、27、33（实体轴支撑表面），单击"OK"

按钮，弹出如图 29-17 所示的对话框，在列表中选择"All DOF"，单击"OK"按钮。

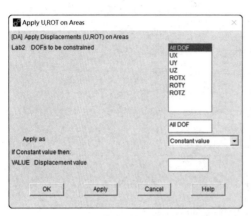

图 29-17　在面上施加约束对话框

（30）选择对称面上节点。选择菜单 Utility Menu→Select→Entities，弹出如图 29-18 所示的对话框，在各下拉列表框、文本框、单选按钮中依次选择或输入"Nodes""By Location""z coordinates""0""From Full"，单击"Apply"按钮。

（31）在对称面上施加垂直该面方向上的位移约束。选择菜单 Main Menu→Solution→Define Loads→Apply→Structural→Displacement→On Nodes，弹出选择窗口，单击"Pick All"按钮。弹出与图 29-17 类似的对话框，在列表中选择"UZ"，单击"OK"按钮。

（32）选择所有。选择菜单 Utility Menu→Select→Everything。

（33）显示面。选择菜单 Utility Menu→Plot→Areas。

（34）施加载荷。选择菜单 Main Menu→Solution→Define Loads→Apply→Structural→Pressure→On Areas，弹出选择窗口，选择面 4（箱形结构的上表面与 xz 坐标平面平行），单击"OK"按钮，弹出如图 29-19 所示的对话框，在"VALUE"文本框中输入"1E6*3/2.804"，在"LKEY"文本框中输入"2"，单击"Apply"按钮。拾取面 8（箱形结构端部实体部分的上表面与 xz 坐标平面平行），单击"OK"按钮，弹出如图 29-19 所示的对话框，在"VALUE"文本框中输入"1E6*3/2.804"，在"LKEY"文本框输入"1"，单击"OK"按钮。

图 29-18　实体选择对话框

图 29-19　施加压力载荷对话框

在原实体结构中，承受压力表面的面积为 $0.3m^2$，而分析模型实际承压面积为 $0.2804m^2$，故施加压力值为"1E6*3/2.804"。"LKEY"值决定压力施加在单元的哪个表面，本分析决定压力的方向。

（35）求解。选择菜单 Main Menu→Solution→Solve→Current LS，单击"Solve Current Load Step"对话框的"OK"按钮。当出现"Solution is done！"提示时，求解结束，即可查看结果了。

（36）读结果。选择菜单 Main Menu→General Postproc→Read Results→Last Set。

（37）查看结果，用等高线显示 von Mises 应力。选择菜单 Main Menu→General Postproc→Plot Results→Contour Plot→Nodal Solu，弹出 "Contour Nodal Solution Data" 对话框，在列表中依次选择 "Nodal Solution→Stress→von Mises SEQV"，单击 "OK" 按钮。

梁的应力如图 29-20 所示，从结果可以看出，von Mises 应力的最大值为 0.203×10^9Pa，即 203MPa。请读者使用第 29.6 小节提供的命令流，对全部采用 SOLID 单元的模型进行分析。最后可见两种方法的结果一致，但 MPC 法求解的模型节点、单元数目明显少于后者。

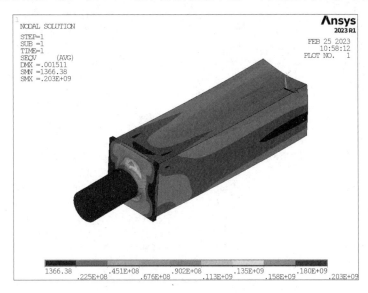

图 29-20　梁的应力

29.4　说明

（1）为了减少计算误差，SOLID-SHELL 连接部位最好选在应力集中较小的区域。例如，本例未将连接部位选在圆轴和箱形结构的结合部。

（2）读者请注意本例中圆角的处理方式，避免产生形状较差的单元。

29.5　命令流

/CLEAR	!清除数据库，新建分析
/FILNAME, E29	!定义任务名为 E29
/PREP7	!进入预处理器
ET, 1, SOLID186	!选择单元类型
ET, 2, SHELL181	
ET, 3, TARGE170	!目标单元
KEYOPT, 3, 5, 3	!SOLID-SHELL 约束

ET, 4, CONTA175	!接触单元
KEYOPT, 4, 2, 2	!MPC 法
KEYOPT, 4, 12, 5	!接触面行为为绑定
SECTYPE, 1, SHELL	!定义截面
SECDATA, 0.02	!壳厚度
R, 2	!实常数，用于识别接触对
MP, EX, 1, 2E11	!定义材料模型，弹性模量为 2E11、泊松比为 0.3
MP, PRXY, 1, 0.3	
/VIEW, 1, 1, 1, 1	!改变视点
BLOCK, -0.14, 0.14, -0.14, 0.14, 0, 0.98	!创建块
VDELE, 1, , , 0	!只删除体
ADELE, 1, 2, 1, 1	!删除面 1、2
BLOCK, -0.15, 0.15, -0.15, 0.15, 0.98, 1	
K, 20, 0, 0, 0.98	!创建关键点
K, 21, 0, 0.1, 0.98	
K, 22, 0, 0.1, 1	
K, 23, 0, 0.075, 1	
K, 24, 0, 0.075, 1.3	
K, 25, 0, 0, 1.3	
LSEL, NONE	!不选择线
L, 20, 21	!由关键点创建线
L, 21, 22	
L, 22, 23	
L, 23, 24	
L, 24, 25	
L, 25, 20	
LFILLT, 27, 28, 0.025	!倒角
AL, ALL	!由所有线创建面
VROTAT, 11, , , , , , 20, 25	!由面旋转挤出形成回转体
ALLS	!选择所有
VOVLAP, ALL	!交迭体
AATT, 1, , 2, , 1	!指定单元属性
ESIZE, 0.02	!指定单元边长度
MSHAPE, 0	!指定单元形状为四边形
MSHKEY, 1	!指定映射网格
AMESH, 3, 6, 1	!对面 3、4、5、6 划分单元
VATT, 1, 1, 1	!指定单元属性
ESIZE, 0.0175	
SMRTSIZE, 5	!指定智能尺寸级别
MSHAPE, 1	!指定单元形状为四面体
MSHKEY, 0	!自由网格

```
VMESH, ALL                          !对所有体划分单元
ALLS                                !选择所有
ASEL, S, , , 47                     !在面 47 上节点创建目标单元，实常数为 2
NSLA, S, 1
TYPE, 3
REAL, 2
ESURF
ALLS
LSEL, S, , , 5, 8, 1               !在线 5、6、7、8 上节点创建接触单元，实常数为 2
NSLL, S, 1
TYPE, 4
REAL, 2
ESURF
ALLS
FINISH                              !退出预处理器
/SOLU                               !进入求解器
ASEL, S, , , 21, 27, 6             !选择支撑处面 15、21、27、33 及面上节点
ASEL, A, , , 15, 33, 18
NSLA, S, 1
D, ALL, ALL                         !在选择的节点上施加位移约束
ALLS                                !选择所有
NSEL, S, LOC, Z, 0                 !选择对称面上的节点即 Z=0 节点
D, ALL, UZ                          !在选择的节点上施加位移约束
ALLS                                !选择所有
SFA, 4, 2, PRES, 1E6*3/2.804       !施加压力载荷
SFA, 8, 1, PRES, 1E6*3/2.804
SOLVE                               !求解
FINISH                              !退出求解器
/POST1                              !进入通用后处理器
SET, LAST                           !读结果
PLNSOL, S, EQV, 0, 1               !von Mises 应力云图
FINISH                              !退出通用后处理器
```

29.6　结构模型全部采用 SOLID 单元的分析命令流

```
/CLEAR
/FILNAME, EXAMPLE29-2
/PREP7
ET, 1, SOLID186
MP, EX, 1, 2E11
```

```
MP, PRXY, 1, 0.3
/VIEW, 1, 1, 1, 1
BLOCK, -0.15, 0.15, -0.15, 0.15, 0, 1
BLOCK, -0.15+0.02, 0.15-0.02, -0.15+0.02, 0.15-0.02, 0, 1-0.02
VSBV, 1, 2                                               !体 1 减体 2
K, 20, 0, 0, 0.98
K, 21, 0, 0.1, 0.98
K, 22, 0, 0.1, 1
K, 23, 0, 0.075, 1
K, 24, 0, 0.075, 1.3
K, 25, 0, 0, 1.3
LSEL, NONE
L, 20, 21
L, 21, 22
L, 22, 23
L, 23, 24
L, 24, 25
L, 25, 20
LFILLT, 27, 28, 0.025
AL, ALL
VROTAT, 1, , , , , , 20, 25
ALLS
VOVLAP, ALL
SMRTSIZE, 7
ESIZE, 0.01
LSEL, S, , , 9, 12, 1
LSEL, A, , , 21, 24, 1
LESIZE, ALL, 0.025
ALLS
MSHAPE, 1
VMESH, 14
VSEL, U, , , 14
ESIZE, 0.02
SMRTSIZE, 5
VMESH, ALL
FINISH
/SOLU
DA, 13, UZ                                               !在面上施加位移约束
ASEL, S, , , 22, 28, 6
ASEL, A, , , 16, 34, 18
NSLA, S, 1
```

```
D, ALL, ALL
ALLS
SFA, 4, 1, PRES, 1E6
SOLVE
FINISH
/POST1
SET, LAST
PLNSOL, S, EQV, 0, 1
FINISH
```

第 30 例　带预紧力的螺栓连接的有限元分析

30.1　螺栓连接的受力分析

根据机械设计理论，螺栓拧紧后，螺栓拉力、被连接件压力均为预紧力 Q_0。当连接承受工作拉力 Q_e 后，螺栓拉力变为 $Q_0 + \dfrac{k_b}{k_b + k_c} Q_e$，被连接件残余预紧力为 $Q_0 - \dfrac{k_c}{k_b + k_c} Q_e$，其中 $\dfrac{k_b}{k_b + k_c}$、$\dfrac{k_c}{k_b + k_c}$ 分别为螺栓和被连接件的相对刚度。

在使用有限元方法进行模拟时，只有螺栓拉力、被连接件受力符合以上规律，模拟的结果才是准确可靠的。

30.2　分析方法简介

为了施加预紧力，需要用 PSMESH 命令创建预紧截面，预紧截面由一系列 PRETS179 预紧单元模拟，施加预紧力载荷使用 SLOAD 命令。

30.2.1　预紧单元 PRETS179

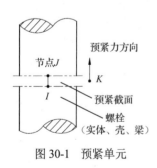

图 30-1　预紧单元

PRETS179 单元被用来在已划分好单元的螺栓上定义 2D 或 3D 预紧截面，螺栓单元类型可以是任意的 2D 或 3D 单元 SOLID、BEAM、SHELL、PIPE 或者 LINK。预紧截面由一系列预紧单元模拟，预紧单元像勾子一样把螺栓的两半连在一起（见图 30-1）。

PRETS179 单元有三个节点 I、J、K。节点 I、J 是端部节点，位置通常是重合的。节点 K 是预紧节点，其位置任意，具有一个位移自由度 UX（UX 代表被定义的预紧方向），用于定义预紧力载荷，如 FX 力或 UX 位移。

PRETS179 单元仅能使用拉伸载荷，忽略弯曲或扭转载荷。

30.2.2　PSMESH 命令

功能：创建并划分一个预紧截面。

格式：PSMESH, SECID, Name, P0, Egroup, NUM, KCN, KDIR, VALUE, NDPLANE, PSTOL, PSTYPE, ECOMP, NCOMP

参数：

（1）SECID：预紧截面号。

（2）Name：截面名称。

（3）P0：预紧节点编号。

（4）Egroup, NUM：PSMESH 将操作的单元组。Egroup 可以为 L、A、V、ALL 等。

L（or LINE）-PSMESH 在被 NUM 指定的线上的单元进行。

A（or AREA）-PSMESH 在被 NUM 指定的面上的单元进行。

V（or VOLU）-PSMESH 在被 NUM 指定的体上的单元进行。

ALL-PSMESH 命令在所有被选择的单元上进行，NUM 被忽略。

（5）KCN：截面和法线方向所用的坐标系号。

（6）KDIR：在 KCN 坐标系下，截面的法线方向（x, y, z）。如果 KCN 是笛卡儿坐标系，预紧截面的法线方向平行于 KDIR 轴而不管预紧节点的位置。

（7）VALUE：在 KDIR 轴上，截面的位置点。

30.2.3　SLOAD 命令

功能：施加预紧力载荷。

格式：SLOAD, SECID, PLNLAB, KINIT, KFD, FDVALUE, LSLOAD, LSLOCK

参数：

（1）SECID：预紧截面号。

（2）PLNLAB：预紧载荷顺序标签。格式为"PLnn"，nn 从 1 到 99。当其值为 DELETE 时，删除 SECID 截面上的所有载荷。

（3）KINIT：为载荷 PL01 的初始键，有以下三种选择：

LOCK—在预紧截面上约束切断平面，默认；SLID—在预紧截面上解除切断平面的约束；TINY—施加一个小的载荷在想要的载荷之前，以免不收敛，在 KFD=FORC 时有效。

（4）KFD：力/位移键。指定 FDVALUE 是力或位移。选择 FORC 或 DISP。

（5）FDVALUE：预紧载荷值。

（6）LSLOAD：在哪个载荷步应用预紧载荷。

（7）LSLOCK：从该载荷步开始由预紧载荷产生的位移将被锁定。

30.3　单个螺栓连接的分析实例

/CLEAR　　　　　　　　　　　　　!清除数据库，新建分析

```
/FILNAME, E30                              !指定任务名为 E30
!创建模型
/PREP7
ET, 1, SOLID186                           !实体单元
ET, 2, TARGE170                           !目标单元
ET, 3, CONTA174                           !接触单元
R, 1, , , 0.1                             !定义实常数，KFN=0.1
R, 2, , , 0.1                             !实常数 1、2、3 用于分别定义 3 个接触对
R, 3, , , 0.1
MP, EX, 1, 2E11                           !定义材料模型，弹性模量为 2E11，泊松比为 0.3
MP, PRXY, 1, 0.3
/VIEW, 1, 1, 1, 1                         !改变视点
CYLIND, 0.04, 0.021, 0.005, 0.01, 180, 90    !创建被连接件和螺栓、螺母的模型
CYLIND, 0.04, 0.021, 0.015, 0.01, 180, 90    !由于结构形状和载荷存在对称性，故
CYLIND, 0.02, 0.015, 0.005, 0.015, 180, 90   !取结构的四分之一
CYLIND, 0.02, 0.015, 0.015, 0.02, 180, 90
CYLIND, 0.025, 0.02, 0.015, 0.02, 180, 90
CYLIND, 0.02, 0.015, 0.005, 0, 180, 90
CYLIND, 0.025, 0.02, 0.005, 0, 180, 90
VGLUE, 3, 4, 5, 6, 7                      !粘接
VATT, 1, 1, 1                             !为划分单元指定属性
ESIZE, 0.002                             !指定单元边长度
MSHKEY, 1                                 !指定映射网格
MSHAPE, 0                                 !指定单元形状为六面体
VMESH, ALL                               !对所有体划分单元
ASEL, S, , , 51                           !在螺栓和被连接件间创建接触对
NSLA, S, 1
REAL, 1
TYPE, 2
ESURF
ALLS
ASEL, S, , , 8
NSLA, S, 1
REAL, 1
TYPE, 3
ESURF
ALLS
ASEL, S, , , 7                            !在两个被连接件间创建接触对
NSLA, S, 1
REAL, 2
TYPE, 2
```

```
ESURF
ALLS
ASEL, S, , , 2
NSLA, S, 1
REAL, 2
TYPE, 3
ESURF
ALLS
ASEL, S, , , 1                                      !在螺栓和另一个被连接件间创建接触对
NSLA, S, 1
REAL, 2
TYPE, 2
ESURF
ALLS
ASEL, S, , , 55
NSLA, S, 1
REAL, 2
TYPE, 3
ESURF
ALLS
ASEL, S, , , 1                                      !进行自由度耦合
NSLA, S, 1
CP, 1, UZ, ALL
ASEL, S, , , 8
NSLA, S, 1
CP, 2, UZ, ALL
ALLS
PSMESH, , EXAMPLE, , VOLU, 3, 0, Z, 0.01, , , , ELEMS   !在体 3（螺栓）全球直角坐标 Z=0.01 处
                                                    !创建预紧截面 1

FINISH
!求解
/SOLU
ASEL, S, LOC, Y, 0                                  !施加约束
DA, ALL, UY
ASEL, S, LOC, X, 0
DA, ALL, UX
ALLS
SLOAD, 1, PL01, , FORCE, 5000, 1, 2                 !在预紧截面 1 上施加预紧力 Q_0=5000N
                                                    !在第一个载荷步应用预紧力，从第二个载
                                                    !荷步开始锁定预紧力产生的位移
SOLVE                                               !求解第一个载荷步
```

```
SFA, 8, , PRES, -1000/ 0.91028E-03          !施加工作载荷，即工作拉力 Qₑ=1000N
SFA, 1, , PRES, -1000/ 0.91028E-03
SOLVE                                        !求解第二个载荷步
FINISH
!查看结果
/POST1
SET, LAST                                    !读最后一个载荷步结果
PLNSOL, S, Z                                 !显示 Z 方向应力
ASEL, S, , , 2                               !选择被连接件接合面
NSLA, S, 1
SET, FIRST                                   !读第一个载荷步结果
PRNLD, F                                     !显示 FZ 的和为预紧力 5000N
SET, NEXT                                    !读第二个载荷步结果
PRNLD, F                                     !FZ 的和为残余预紧力 4024.8N
ALLS
FINISH
```

由残余预紧力等于 $Q_0 - \dfrac{k_c}{k_b + k_c} Q_e$，可以计算出被连接件的相对刚度 $\dfrac{k_c}{k_b + k_c}$ =0.9888。

在命令流中将工作拉力由 1000N 改为 4000N，再次用 ANSYS 进行分析，得出残余预紧力为 1085N。而由残余预紧力公式计算得出 $Q_0 - \dfrac{k_c}{k_b + k_c} Q_e = 5000 - 0.9888 \times 4000 = 1084.8$N，两者相符合，有限元分析正确。

30.4　螺栓组连接的分析实例

螺栓一般都成组使用，下面是由两个螺栓组成的螺栓组的分析过程。

```
/CLEAR                                       !清除数据库，新建分析
/FILNAME, E30-2                              !指定任务名为 E30-2
!创建模型
/PREP7
ET, 1, SOLID186                             !选择单元类型
ET, 2, TARGE170
ET, 3, CONTA174
MP, EX, 1, 2E11                             !定义材料模型
MP, PRXY, 1, 0.3
/VIEW, 1, 1, 1, 1                           !改变视点
BLOCK, -0.03, 0.03, -0.02, 0.02, 0.006, 0  !创建被连接件模型
BLOCK, -0.03, 0.03, -0.02, 0.02, 0.006, 0.012
CM, VVV1, VOLU
VSEL, NONE
```

```
CYL4, -0.02, 0, 0.006, 0, 0, 360, 0.012
CYL4, 0.02, 0, 0.006, 0, 0, 360, 0.012
CM, VVV2, VOLU
ALLS
VSBV, VVV1, VVV2
WPOFF, -0.02                                      !创建第一个螺栓模型
VSEL, NONE
CYLIND, 0, 0.005, 0, 0.012, 0, 360
CYLIND, 0, 0.0075, 0.016, 0.012, 0, 360
CYLIND, 0, 0.0075, 0, -0.004, 0, 360
VGLUE, ALL
WPOFF, 0.04                                       !创建第二个螺栓模型
VSEL, NONE
CYLIND, 0, 0.005, 0, 0.012, 0, 360
CYLIND, 0, 0.0075, 0.016, 0.012, 0, 360
CYLIND, 0, 0.0075, 0, -0.004, 0, 360
VGLUE, ALL
ALLS
ESIZE, 0.003                                      !划分单元
SMRTSIZE, 7
VSEL, S, , , 5, 6, 1
VSWEEP, ALL
VSEL, S, , , 1, 2, 1
VSWEEP, ALL
ALLS
MSHAPE, 1
MSHKEY, 0
VMESH, 4, 7, 3
VMESH, 9, 10, 1
R, 2, , , 0.1                                     !创建三个实常数，用于定义三个接触对
R, 3, , , 0.1
R, 4, , , 0.1
ASEL, S, , , 34, 46, 12                           !在螺栓和一个被连接件间创建接触对
NSLA, S, 1
REAL, 2
TYPE, 2
ESURF
ALLS
ASEL, S, , , 32
NSLA, S, 1
REAL, 2
```

```
TYPE, 3
ESURF
ALLS
ASEL, S, , , 31                          !在两个被连接件间创建接触对
NSLA, S, 1
REAL, 3
TYPE, 2
ESURF
ALLS
ASEL, S, , , 25
NSLA, S, 1
REAL, 3
TYPE, 3
ESURF
ALLS
ASEL, S, , , 33, 45, 12                  !在螺栓和一个被连接件间创建接触对
NSLA, S, 1
REAL, 4
TYPE, 2
ESURF
ALLS
ASEL, S, , , 26
NSLA, S, 1
REAL, 4
TYPE, 3
ESURF
ALLS
ASEL, S, , , 26                          !进行自由度耦合
NSLA, S, 1
CP, 1, UZ, ALL
ASEL, S, , , 32
NSLA, S, 1
CP, 2, UZ, ALL
ALLS
PSMESH, 1, , , VOLU, 1, 0, Z, 0.006, , , , ELEMS1   !在两个螺栓上分别创建预紧截面
PSMESH, 2, , , VOLU, 2, 0, Z, 0.006, , , , ELEMS2
FINISH
!求解
/SOLU
NSEL, S, LOC, Y, 0                       !施加约束
D, ALL, UY
```

```
ALLS
NSEL, S, LOC, X, 0
D, ALL, UX
ALLS
NSEL, S, LOC, Z, 0
D, ALL, UZ
ALLS
SLOAD, 1, PL01, , FORCE, 5000, 1, 2          !在两个预紧截面上分别施加预紧力 5000 N
SLOAD, 2, PL01, , FORCE, 5000, 1, 2          !，但顺序号（PL01）相同
SOLVE                                         !求解第一个载荷步
SFA, 32, , PRES, -8000/0.21738E-02           !施加工作载荷，即工作拉力 Qe =8000 N
SFA, 26, , PRES, -8000/0.21738E-02
SOLVE                                         !求解第二个载荷步
FINISH
!查看结果
/POST1
SET, LAST                                     !读最后一个载荷步结果
PLNSOL, S, Z                                  !显示 Z 方向应力
ASEL, S, , , 25                               !选择被连接件接合面
NSLA, S, 1
SET, FIRST                                    !读第一个载荷步结果
PRNLD, F                                      !显示 FZ 的和为预紧力 10000N
SET, NEXT                                     !读第二个载荷步结果
PRNLD, F                                      !FZ 的和为 2886.5N 残余预紧力
ALLS
FINISH
```

可以用与第 30.3 小节相同方法检验有限元解的正确性。

30.5 简化模型方法

前述方法螺栓、螺母采用实体单元，增加了计算容量。如果在分析时螺栓、螺母不是重点对象，可以用壳、梁单元简化它们。本实例就是对第 30.4 小节实例的简化处理。

```
/CLEAR                                        !清除数据库，新建分析
/FILNAME, E30-3                               !指定任务名为 E30-3
!创建模型
/PREP7
ET, 1, SOLID186                               !选择单元类型
ET, 2, TARGE170
ET, 3, CONTA174
ET, 4, SHELL181
```

```
ET, 5, BEAM188
MP, EX, 1, 2E11                              !定义材料模型
MP, PRXY, 1, 0.3
SECTYPE, 3, SHELL                           !定义壳截面
SECDATA, 0.004                              !壳厚度为 0.004
SECTYPE, 4, BEAM, CSOLID                    !梁截面
SECDATA, 0.005                              !圆截面半径
/VIEW, 1, 1, 1, 1                           !改变视点
BLOCK, -0.03, 0.03, -0.02, 0.02, 0.006, 0   !创建被连接件模型
BLOCK, -0.03, 0.03, -0.02, 0.02, 0.006, 0.012
CM, VVV1, VOLU
VSEL, NONE
CYL4, -0.02, 0, 0.006, 0, 0, 360, 0.012
CYL4, 0.02, 0, 0.006, 0, 0, 360, 0.012
CM, VVV2, VOLU
ALLS
VSBV, VVV1, VVV2
WPOFF, -0.02                                !创建螺母和螺栓头实体模型（面）
CYL4, 0, 0, 0, 0, 0.0075, 360
WPOFF, , , 0.012
CYL4, 0, 0, 0, 0, 0.0075, 360
WPOFF, 0.04
CYL4, 0, 0, 0, 0, 0.0075, 360
WPOFF, , , -0.012
CYL4, 0, 0, 0, 0, 0.0075, 360
HPTCREATE, AREA, 1, , COORD, -0.02          !在螺母和螺栓头实体面中心创建硬点
HPTCREATE, AREA, 2, , COORD, -0.02, , 0.012
HPTCREATE, AREA, 7, , COORD, 0.02, , 0.012
HPTCREATE, AREA, 8, , COORD, 0.02
LSTR, 57, 58                                !创建螺栓实体（线）
LSTR, 59, 60
ESIZE, 0.002                                !划分体单元
VSEL, S, , , 5, 6, 1
VSWEEP, ALL
TYPE, 4                                     !划分面单元
SECN, 3
ESIZE, 0.002
SMRTSIZE, 7
AMESH, 1, 2, 1
AMESH, 7, 8, 1
TYPE, 5                                     !划分线单元
```

```
SECN, 4
LMESH, 73, 74, 1
ALLS
R, 3, , , 0.1                              !创建三个实常数，用于定义三个接触对
R, 4, , , 0.1
R, 5, , , 0.1
ASEL, S, , , 2, 7, 5                       !在螺栓和一个被连接件间创建接触对
NSLA, S, 1
REAL, 3
TYPE, 2
ESURF
ALLS
ASEL, S, , , 32
NSLA, S, 1
REAL, 3
TYPE, 3
ESURF
ALLS
ASEL, S, , , 31                           !在两个被连接件间创建接触对
NSLA, S, 1
REAL, 4
TYPE, 2
ESURF
ALLS
ASEL, S, , , 25
NSLA, S, 1
REAL, 4
TYPE, 3
ESURF
ALLS
ASEL, S, , , 1, 8, 7                      !在螺栓和一个被连接件间创建接触对
NSLA, S, 1
REAL, 5
TYPE, 3
ESURF
ALLS
ASEL, S, , , 26
NSLA, S, 1
REAL, 5
TYPE, 2
ESURF
```

```
ALLS
ASEL, S, , , 26                                    !进行自由度耦合
NSLA, S, 1
CP, 1, UZ, ALL
ASEL, S, , , 32
NSLA, S, 1
CP, 2, UZ, ALL
ALLS
PSMESH, 1, , , LINE, 73, 0, Z, 0.006, , , , ELEMS   !在两个螺栓上分别创建预紧截面
PSMESH, 2, , , LINE, 74, 0, Z, 0.006, , , , ELEMS
FINISH
!求解
/SOLU
NSEL, S, LOC, Y, 0                                 !施加约束
D, ALL, UY
ALLS
NSEL, S, LOC, X, 0
D, ALL, UX
ALLS
NSEL, R, LOC, Z, 0.012
D, ALL, UZ
ALLS
SLOAD, 1, PL01, , FORCE, 5000, 1, 2               !在两个预紧截面上分别施加预紧力 5000N
SLOAD, 2, PL01, , FORCE, 5000, 1, 2               !，但顺序号（PL01）相同
SOLVE                                             !求解第一个载荷步
SFA, 32, , PRES, -8000/0.21738E-02                !施加工作载荷，即工作拉力 Q_e=8000N
SFA, 26, , PRES, -8000/0.21738E-02
SOLVE                                             !求解第二个载荷步
FINISH
!查看结果
/POST1
SET, LAST                                         !读最后一个载荷步结果
PLNSOL, S, Z                                       !显示 Z 方向应力
ASEL, S, , , 25                                    !选择被连接件接合面
NSLA, S, 1
SET, FIRST                                         !读第一个载荷步结果
PRNLD, F                                           !显示 FZ 的和为预紧力 9971.4N
SET, NEXT                                          !读第二个载荷步结果
PRNLD, F                                           !FZ 的和为残余预紧力 2097.5N
ALLS
FINISH
```

可见模型简化后的结果与未简化模型的结果略有差异，但误差可接受。

30.6　用温度收缩法模拟预紧力

另外还有其他方法。例如，若为螺栓施加一个比参考温度低的均匀温度场，并在材料模型中设置热膨胀系数，则螺栓会发生收缩变形，用以模拟螺栓的预紧作用。此方法分析时只需要一个载荷步，计算效率要高。但是，由于模拟螺栓预紧时螺栓变形是收缩的，导致螺栓的受力与实际不符（被连接件的受力是正确的，本实例的研究可以证明）。另外，施加温度大小需要根据预紧力的大小进行试算。具体应用的实例命令流如下：

```
/CLEAR
/FILNAME, E30-4
!创建模型
/PREP7
ET, 1, SOLID186                          !选择单元类型
ET, 2, TARGE170
ET, 3, CONTA174
R, 1, , , 0.1                            !定义 3 个实常数用于分别定义 3 个接触对
R, 2, , , 0.1
R, 3, , , 0.1
MP, EX, 1, 2E11                          !定义材料模型
MP, PRXY, 1, 0.3
MP, ALPX, 1, 16E-6
/VIEW, 1, 1, 1, 1
CYLIND, 0.04, 0.021, 0.005, 0.01, 180, 90   !创建被连接件和螺栓、螺母的模型
CYLIND, 0.04, 0.021, 0.015, 0.01, 180, 90
CYLIND, 0.02, 0.015, 0.005, 0.015, 180, 90
CYLIND, 0.02, 0.015, 0.015, 0.02, 180, 90
CYLIND, 0.025, 0.02, 0.015, 0.02, 180, 90
CYLIND, 0.02, 0.015, 0.005, 0, 180, 90
CYLIND, 0.025, 0.02, 0.005, 0, 180, 90
VGLUE, 3, 4, 5, 6, 7
VATT, 1, 1, 1                            !划分单元
ESIZE, 0.002
MSHKEY, 1
MSHAPE, 0
VMESH, ALL
ASEL, S, , , 51                          !在螺栓和被连接件间创建接触对
NSLA, S, 1
REAL, 1
TYPE, 2
```

```
ESURF
ALLS
ASEL, S, , , 8
NSLA, S, 1
REAL, 1
TYPE, 3
ESURF
ALLS
ASEL, S, , , 7                              !在两个被连接件间创建接触对
NSLA, S, 1
REAL, 2
TYPE, 2
ESURF
ALLS
ASEL, S, , , 2
NSLA, S, 1
REAL, 2
TYPE, 3
ESURF
ALLS
ASEL, S, , , 1                              !在螺栓和另一个被连接件间创建接触对
NSLA, S, 1
REAL, 2
TYPE, 2
ESURF
ALLS
ASEL, S, , , 55
NSLA, S, 1
REAL, 2
TYPE, 3
ESURF
ALLS
ASEL, S, , , 1                              !进行自由度耦合
NSLA, S, 1
CP, 1, UZ, ALL
ASEL, S, , , 8
NSLA, S, 1
CP, 2, UZ, ALL
ALLS
FINISH
!求解
```

```
/SOLU
ASEL, S, LOC, Y, 0                          !施加约束
DA, ALL, UY
ALLS
ASEL, S, LOC, X, 0
DA, ALL, UX
ALLS
ASEL, S, LOC, Z, 0
DA, ALL, UZ
ALLS
TREF, 0
BFV, 3, TEMP, -53.34                        !在螺栓上施加温度载荷，等效预紧力 5000N
SFA, 8, , PRES, -1000/ 0.91028E-03          !施加工作载荷，即工作拉力 Q_e=1000N
SFA, 1, , PRES, -1000/ 0.91028E-03
SOLVE                                       !求解
FINISH
!查看结果
/POST1
SET, LAST                                   !读最后一个载荷步结果
PLNSOL, S, Z                                !显示 Z 方向应力
ASEL, S, , , 2                              !选择被连接件接合面
NSLA, S, 1
PRNLD, F                                     !FZ 的和为残余预紧力 4035.5N
ALLS
FINISH
```

残余预紧力的值与第 30.3 小节中实例基本一致，证明该方法下被连接件的受力是正确的。

30.7　说明

在各个实例中均进行了自由度耦合操作，其目的是保证被连接件相对刚度不发生变化，该步骤在实际分析中不是必要的。有兴趣的读者可尝试删除该操作重新进行分析，再查看结果情况。

附 录

附表1 常用物理量及其单位

物理量名称	国际单位 名称	国际单位 符号	英制单位 名称	英制单位 符号	换算方法
长度	毫米	mm	英寸	in	1in=25.4mm
	米	m	英尺	ft	1ft=0.3048m
时间	秒	s	秒	s	
			小时	h	
质量	千克	kg	磅	lb	1lb=0.4539kg
			斯勒格	slug	1slug=32.2lb=14.7156kb
温度	摄氏温度	℃	华氏温度	°F	1°F=5/9℃
频率	赫兹	Hz	赫兹	Hz	
电流	安培	A	安培	A	
面积	平方米	m^2	平方英寸	in^2	$1in^2=6.4516\times10^{-4}m^2$
体积	立方米	m^3	立方英寸	in^3	$1in^3=1.6387\times10^{-5}m^3$
速度	米每秒	m/s	英寸每秒	in/s	1in/s=0.0254m/s
加速度	米每平方秒	m/s^2	英寸每二次方秒	in/s^2	$1in/s^2=0.0254m/s^2$
转动惯量	千克平方米	$kg\cdot m^2$	磅二次方英寸	$lb\cdot in^2$	$1lb\cdot in^2=2.928\times10^{-4}kg\cdot m^2$
力	牛顿	N	磅力	lbf	1lbf=4.448N
力矩	牛顿米	N·m	磅力英寸	lbf·in	1lbf·in=0.113N·m
能量	焦耳	J	英热单位	Btu	1Btu=1055.06J
功率（热流率）	瓦特	W		Btu/h	1Btu/h=0.293W
热流密度		W/m^2		$Btu/(h\cdot ft^2)$	$1Btu/(h\cdot ft^2)=3.1646W/m^2$
生热速率		W/m^3		$Btu/(h\cdot ft^3)$	$1Btu/(h\cdot ft^3)=10.3497W/m^3$
导热系数		W/(m·℃)		Btu/(h·ft·°F)	1Btu/(h·ft·°F)=1.731W/(m·℃)
对流系数		W/(m²·℃)		Btu/(h·ft²·°F)	1Btu/(h·ft²·°F)=1.731W/(m²·℃)
密度		kg/m^3		lb/ft^3	$1lb/ft^3=16.018kg/m^3$
比热		J/(kg·℃)		Btu/(lb·°F)	1Btu/(lb·°F)=4186.82J/(kg·℃)
焓		J/m^3		Btu/ft^3	$1Btu/ft^3=37259.1J/m^3$
压力、压强 应力、弹性模量	帕斯卡	Pa	磅每平方英寸	$psi(lbf/in^2)$	$1psi=6894.75Pa$，$1Pa=1N/m^2$
电场强度		V/m			

物理量名称	国际单位		英制单位		换算方法
	名称	符号	名称	符号	
磁通量	韦伯	Wb	韦伯	Wb	1Wb=1Vs
磁通密度	斯特拉	T	斯特拉	T	1T=1N/(A·m)
电阻	欧姆	Ω	欧姆	Ω	1Ω=1V/A
电感	法拉	F	法拉	F	
电容	法拉	F			
电荷量	库仑	C	库仑	C	1C=1A·s
磁矢位	韦伯每米	Wb/m			
磁阻率	米每亨利	M/H			
压电系数	库仑每牛顿	C/N			
介电系数	法拉每米	F/m			
动量	千克米每秒	kg·m/s	磅英寸每秒	lb·in/s	1lb·in/s=0.011529kg·m/s
动力黏度	帕斯卡秒	Pa·s	磅力秒每平方英尺	lbf·s/ft²	1lbf·s/ft²=47.8803Pa·s
运动黏度	平方米每秒	m²/s	平方英寸每秒	in²/s	1in²/s=6.4516×10⁻⁴m²/s
质量流量	千克每秒	kg/s	磅每秒	lb/s	1lb/s=0.453592kg/s

附表2 常用材料弹性模量和泊松比

材料名称	弹性模量 E （GPa）	切变模量 G （GPa）	泊松比 μ	材料名称	弹性模量 E （GPa）	切变模量 G （GPa）	泊松比 μ
灰铸铁	118～126	44.3	0.3	轧制锌	82	31.4	0.27
球墨铸铁	173		0.3	铅	16	6.8	0.42
碳钢、镍铬钢、合金钢	206	79.4	0.3	玻璃	55	1.96	0.25
				有机玻璃	2.35～29.42		
铸钢	202		0.3	橡胶	0.0078		0.47
轧制纯铜	108	39.2	0.31～0.34	电木	1.96～2.94	0.69～2.06	0.35～0.38
冷拔纯铜	127	48.0		夹布酚醛塑料	3.92～8.83		
轧制磷锡青铜	113	41.2	0.32～0.35	赛璐珞	1.71～1.89	0.69～0.98	0.4
冷拔黄铜	89～97	34.3～36.3	0.32～0.42	尼龙1010	1.07		
轧制锰青铜	108	39.2	0.35	硬聚氯乙烯	3.14～3.92		0.34～0.35
轧制铝	68	25.5～26.5	0.32～0.36	聚四氟乙烯	1.14～1.42		
拔制铝线	69			低压聚乙烯	0.54～0.75		
铸铝青铜	103	11.1	0.3	高压聚乙烯	0.147～0.245		
铸锡青铜	103		0.3	混凝土	13.73～39.2	4.9～15.69	0.1～0.18
硬铝合金	70	26.5	0.3				

附表3 常用材料线膨胀系数[$\alpha \times 10^{-6}$(1/℃)]

材料	温度范围℃								
	20	20～100	20～200	20～300	20～400	20～600	20～700	20～900	20～1000
工程用铜		16.6～17.1	17.1～17.2	17.6	18～18.1	18.6			

续表

材 料	温 度 范 围 ℃								
	20	20～100	20～200	20～300	20～400	20～600	20～700	20～900	20～1000
黄铜		17.8	18.8	20.9					
青铜		17.6	17.9	18.2					
铸铝合金	18.44～24.5								
铝合金		22.0～24.0	23.4～24.8	24.0～25.9					
碳钢		10.6～12.2	11.3～13	12.1～13.5	12.9～13.9	13.5～14.3	14.7～15		
铬钢		11.2	11.8	12.4	13	13.6			
3Cr13		10.2	11.1	11.6	11.9	12.3	12.8		
1Cr16Ni9Ti		16.6	17	17.2	17.5	17.9	18.6	19.3	
铸铁		8.7～11.1	8.5～11.6	10.1～12.1	11.5～12.7	12.9～13.2			
镍铬合金		14.5							17.6
砖	9.5								
水泥、混凝土	10～14								
胶木、硬橡皮	64～77								
玻璃		4～11.5							
赛璐珞		100							
有机玻璃		130							

附表 4 常用材料的密度

单位：t/m³

材 料	密 度	材 料	密 度	材 料	密 度
碳钢	7.8～7.85	轧锌	7.1	酚醛层压板	1.3～1.45
铸钢	7.8	铅	11.37	尼龙 6	1.13～1.14
高速钢（含钨9%）	8.3	锡	7.29	尼龙 66	1.14～1.15
高速钢（含钨18%）	8.7	金	19.32	尼龙 1010	1.04～1.06
合金钢	7.9	银	10.5	橡胶夹布传动带	0.8～1.2
镍铬钢	7.9	汞	13.55	木材	0.4～0.75
灰铸铁	7.0	镁合金	1.74	石灰石	2.4～2.6
白口铸铁	7.55	硅钢片	7.55～7.8	花岗石	0.6～3.0
可锻铸铁	7.3	锡基轴承合金	7.34～7.75	砌砖	1.9～2.3
紫铜	8.9	铅基轴承合金	9.33～10.67	混凝土	1.8～2.45
黄铜	8.4～8.85	硬质合金（钨钴）	14.4～14.9	生石灰	1.1
铸造黄铜	8.62	硬质合金（钨钴钛）	9.5～12.4	熟石灰	1.2
锡青铜	8.7～8.9	胶木板、纤维板	1.3～1.4	水泥	1.2
无锡青铜	7.5～8.2	纯橡胶	0.93	黏土耐火砖	2.10
轧制磷青铜	8.8	皮革	0.4～1.2	硅质耐火砖	1.8～1.9
冷拉青铜	8.8	聚氯乙烯	1.35～1.40	镁质耐火砖	2.6
工业用铝	2.7	聚苯乙烯	0.91	镁铬质耐火砖	2.8
可铸铝合金	2.7	有机玻璃	1.18～1.19	高铬质耐火砖	2.2～2.5
铝镍合金	2.7	无填料的电木	1.2	碳化硅	3.10
镍	8.9	赛璐珞	1.4		

参 考 文 献

[1] 赵熙元. 开口薄壁构件约束扭转的近似计算[J]. 钢结构，1997, 12(2): 7-14.

[2] 刘鸿文. 材料力学[M]. 第 2 版. 北京：高等教育出版社，1982.

[3] 庄表中，刘明杰. 工程振动学[M]. 北京：高等教育出版社，1989.

[4] 孙庆鸿，张启军，姚慧珠. 振动与噪声的阻尼控制[M]. 北京：机械工业出版社，1993.

[5] 王知行，刘廷荣. 机械原理[M]. 北京：高等教育出版社，2002.

[6] 黄锡恺，郑文纬. 机械原理[M]. 第 5 版. 北京：高等教育出版社，1981.

[7] 任仲贵. CAD/CAM 原理[M]. 北京：清华大学出版社，1991.

[8] 孙德敏. 工程最优化方法及应用[M]. 合肥：中国科学技术大学出版社，1997.

[9] 王国强. 实用工程数值模拟技术及其在 ANSYS 上的实践[M]. 西安：西北工业大学出版社，1999.

[10] 嘉木工作室. ANSYS5.7 有限元实例分析教程[M]. 北京：机械工业出版社，2002.

[11] 谭建国. 使用 ANSYS6.0 进行有限元分析[M]. 北京：北京大学出版社，2002.

[12] 商跃进. 有限元原理与 ANSYS 应用指南[M]. 北京：清华大学出版社，2005.

[13] 张朝晖，李树奎. ANSYS11.0 有限元分析理论与工程应用[M]. 北京：电子工业出版社，2008.

[14] 张乐乐，苏树强，谭南林. ANSYS 辅助分析应用基础教程上机指导[M]. 北京：清华大学出版社、北京交通大学出版社，2007.

[15] 王新敏. ANSYS 工程结构数值分析[M]. 北京：人民交通出版社，2007.

[16] 浦广益. ANSYS Workbench12 基础教程与实例详解[M]. 北京：中国水利水电出版社，2010.

[17] 李范春. ANSYS Workbench 设计建模与虚拟仿真[M]. 北京：电子工业出版社，2011.

[18] 华东水利学院. 弹性力学问题的有限单元法[M]. 北京：水利电力出版社，1978.

[19] 高德平. 机械工程中的有限元法基础[M]. 西安：西北工业大学出版社，1993.

[20] 赵经文，王宏钰. 结构有限元分析[M]. 第 2 版. 北京：科学出版社，2001.

[21] 任学平，高耀东. 弹性力学基础及有限单元法[M]. 湖北：华中科技大学出版社，2007.

[22] 蔡春源. 简明机械零件手册[M]. 北京：冶金工业出版社，1996.

[23] 西田正孝. 材料力学[M]. 北京：高等教育出版社，1977.

[24] 浦广益. ANSYS Workbench12 基础教程与实例详解[M]. 北京：中国水利水电出版社，2010.

反侵权盗版声明

电子工业出版社依法对本作品享有专有出版权。任何未经权利人书面许可，复制、销售或通过信息网络传播本作品的行为，歪曲、篡改、剽窃本作品的行为，均违反《中华人民共和国著作权法》，其行为人应承担相应的民事责任和行政责任，构成犯罪的，将被依法追究刑事责任。

为了维护市场秩序，保护权利人的合法权益，我社将依法查处和打击侵权盗版的单位和个人。欢迎社会各界人士积极举报侵权盗版行为，本社将奖励举报有功人员，并保证举报人的信息不被泄露。

举报电话：（010）88254396；（010）88258888

传　　真：（010）88254397

E-mail： dbqq@phei.com.cn

通信地址：北京市海淀区万寿路 173 信箱
　　　　　电子工业出版社总编办公室

邮　　编：100036